Konstruktionslehre

des allgemeinen Maschinenbaues

Konstruktionslehre des allgemeinen Maschinenbaues

Ein Lehrbuch für angehende Konstrukteure
unter besonderer Berücksichtigung des Leichtbaues

Von

Dr.-Ing. Robert Matousek

München

Mit 308 Abbildungen

Springer-Verlag
Berlin / Göttingen / Heidelberg
1957

ISBN 978-3-642-80780-0   ISBN 978-3-642-80779-4 (eBook)
DOI 10.1007/978-3-642-80779-4

Vorwort

Das vorliegende Buch wendet sich an ernsthaft strebende junge Ingenieure und nicht an solche, welche sich damit begnügen, Vorlagen durchzupausen, ohne dabei die Gedankengänge und Überlegungen kennenzulernen, welche zu dem endgültigen Erzeugnis führen.

Es zeigt sich immer wieder, daß bei den kleinsten konstruktiven Aufgaben, die dem Anfänger ohne Vorbild gestellt werden, die Schwierigkeiten so groß sind, daß er sich ohne eine zielbewußte Führung in ein endloses Probieren verliert. Aus diesem Grunde hat der Verfasser aus einer jahrzehntelangen Lehrerfahrung heraus den Versuch unternommen, in einer leicht faßlichen und geordneten Form einen methodischen Arbeitsplan zu zeigen, der es dem Anfänger ermöglicht, auf rationellem Wege bei seinen Konstruktionsübungen zum Ziele zu kommen. Daß dabei, wie die Erfahrung zeigt, die Freude am Konstruieren geweckt und das Selbstbewußtsein gestärkt wird, ist als weiterer Vorteil zu buchen.

Die Konstruktionslehre ist für den allgemeinen Maschinenbau geschrieben und behandelt daher die der Feinmechanik eigenen Herstellungsverfahren nicht.

Um dem Buch keinen zu großen Umfang zu geben und dadurch die Übersichtlichkeit und den wesentlichen Kern zu verdecken, wurden Zahlentafeln, Diagramme usw. weggelassen, da für diesen Zweck Taschen- und Lehrbücher zur Verfügung stehen.

Der Verfasser ist sich im klaren, daß eine Konstruktionslehre, welche nur aus einer Sammlung von Richtlinien und Regeln besteht, keinem Anfänger die Technik des Konstruierens vermitteln kann. Nur Übung führt hier zum Meister. Daher wurden eine Reihe von Übungsbeispielen dem Text beigefügt.

Dem Buch wurde auch ein umfangreiches Literaturverzeichnis von Veröffentlichungen über Einzeldarstellungen konstruktiver Fragen beigefügt, welche sich zur Weiterbildung besonders eignen.

Möge das Buch in dem jungen Ingenieur das Verständnis wecken für ein planvolles, zielbewußtes Arbeiten, dann wird auch er, wenn er die Technik des Konstruierens meistert, tiefe Freude empfinden über die Schönheit seiner schöpferischen Leistung.

Besonderer Dank gebührt dem Verlag, der in der gewohnten Weise das Buch mit großer Sorgfalt ausstattete.

München, im Herbst 1956

R. Matousek

Inhaltsverzeichnis

Einleitung

Über die Bedeutung der konstruktiven Arbeit. Die gewaltigen Leistungen der Technik in den letzten Jahrzehnten sind in erster Linie zu verdanken der engen Zusammenarbeit der Männer der Wissenschaft, der Konstruktion und der Fertigung. Dabei fällt den Konstrukteuren die wichtige Aufgabe zu, Vermittler zu sein zwischen wissenschaftlicher Erkenntnis und der Herstellung. Nachdem der Stellung des Konstrukteurs oft nicht die ihm gebührende Achtung gezollt wird, ist es notwendig, darauf hinzuweisen, daß er die sehr verantwortungsvolle Aufgabe hat, die gestellten Bedingungen des Kundenauftrags auf die bestmögliche Art zu berücksichtigen und damit erst die Grundlage zu schaffen für eine wirtschaftliche Herstellung. Die beste Werkstatteinrichtung mit den modernsten Werkzeugmaschinen, die ein rationelles Herstellungsverfahren ermöglichen, ist zwecklos, wenn nicht der Konstrukteur eine einwandfreie Arbeit leistet.

Eine Qualitätsarbeit der Werkstatt ist nur möglich, wenn eine hervorragende Konstruktion vorliegt. Ebenso ist der beste Kaufmann machtlos, wenn nicht der Konstrukteur bei seiner Tätigkeit schon auf die wirtschaftlichen Gesichtspunkte Rücksicht nimmt und die Herstellungskosten auf ein konkurrenzfähiges Minimum reduziert.

Die Arbeit des Konstrukteurs ist daher von grundsätzlicher Bedeutung für den Unternehmer wie für das gesamte Wirtschaftsleben.

Aus dieser Erkenntnis heraus wurde in der Literatur von Männern der Praxis immer wieder auf die Wichtigkeit einer grundsätzlichen Ausbildung im Konstruieren hingewiesen. Aus dem gleichen Grunde haben schon vor vielen Jahren große Industriewerke, um ihren Ingenieuren einige Regeln für eine fertigungsgerechte, montagegerechte usw. Konstruktion vor Augen zu halten, „Falsch"- und „Richtig"-Beispiele zusammengestellt. Der deutsche Ausschuß für technisches Schulwesen und die technisch-wissenschaftliche Lehrmittelzentrale haben in der gleichen Absicht eine reichhaltige Sammlung von Lehrbildern für richtiges Gestalten herausgebracht. Vom Ausschuß für wirtschaftliche Fertigung sind ebenfalls Konstruktionsregeln für Gußeisen, Stahlguß usw. veröffentlicht worden. Auch die Arbeitsgemeinschaft deutscher Betriebsingenieure hat in einer Mappe Gestaltungsregeln veröffentlicht als Teil eines Sammelwerks, das leider nicht weitergeführt wurde. In den letzten Jahren wurden in den Zeitschriften und in Buchform immer wieder Einzelfragen über Werkstoffwahl und Gestaltung behandelt, ein Beweis dafür, welche Bedeutung man einer gediegenen konstruktiven Arbeit beilegt.

Es gibt Studenten des Maschinenbaus, welche die Ansicht vertreten: „Was hab' ich mit der Konstruktion zu tun, ich will ja in den Betrieb oder in den Verkauf." Dieselben erkennen noch nicht die Vorteile, welche ihnen die Beschäftigung mit konstruktiven Fragen bringt. Die große Erfahrung hat viele Firmen aus diesem Grunde veranlaßt, die neu eintretenden Jungingenieure zunächst einige Zeit im

Konstruktionsbüro arbeiten zu lassen und dann erst in den Betrieb oder in andere Abteilungen zu nehmen.

Der Ingenieur im Betrieb, welcher die Schule des Konstrukteurs durchgemacht hat, wird mit ganz anderem Verständnis den Konstruktionen bei der Fertigung gegenüberstehen und sich viele Auskünfte beim Konstrukteur ersparen. Ist etwa ein als Gutachter tätiger Ingenieur denkbar, der keine Ahnung von der Wirkungsweise der Maschine, der Funktion der einzelnen Bauteile oder den Vor- und Nachteilen bestimmter konstruktiver Maßnahmen hat? Muß nicht ein Vertreter oft einem technisch versierten Kunden Auskunft geben über konstruktive Details? Ja es wird sogar häufig der Fall sein, daß das Konstruktionsbüro von einem Vertreter konstruktive Vorschläge verlangt.

Für den Ingenieur in der Verwaltung ist es nicht zuletzt auch von Nutzen, wenn er im Konstruktionsbüro die Einsicht gewonnen hat, daß Konstruieren eine sehr verantwortliche und geistig schwierige Tätigkeit ist, welche nicht in Akkordzeit geleistet werden kann.

In der richtigen Erkenntnis der Wichtigkeit von Konstruktionsübungen für alle Ingenieure hat der VDE ein Merkblatt für die Ausbildung zum Elektroingenieur herausgebracht, welches folgenden Passus enthält: „Das Konstruieren ist für die Ausbildung des Ingenieurs von größter Wichtigkeit, gleichviel, auf welchem Gebiet er später wirken wird. Ein Student, der eine gewisse konstruktive Fähigkeit erreicht und Freude am Konstruieren gewonnen hat, wird in der Praxis einen erheblich leichteren Stand haben, auch dann, wenn ihn sein Weg nicht in das Konstruktionsbüro führt. Für viele leitende Posten ist dies außerordentlich wichtig. Das Fehlen einer ausreichenden konstruktiven Fähigkeit bedeutet eine Lücke, die nur in Ausnahmefällen wieder geschlossen werden kann. Viele hervorragende Männer bestätigen immer wieder, daß sie großen Nutzen davon gehabt haben, selbst mehrere Jahre im Konstruktionsbüro gewesen zu sein und, daß eine gute Konstruktionspraxis im Rahmen der technischen Ausbildung sich erfahrungsgemäß für die Arbeit des Ingenieurs jederzeit günstig auswirkt, ganz gleich, ob er im Projektbüro, in der Fertigung, im Labor oder im Betrieb eingesetzt wird."

Es ist daher leicht zu verstehen, daß bei Stellenangeboten für Jungingenieure in den meisten Fällen ein großer Wert auf eine gute konstruktive Ausbildung gelegt wird.

I. Allgemeines über die Tätigkeit des Konstrukteurs

Was versteht man unter Konstruieren? Wenn man einem Konstrukteur bei seiner Arbeit zusieht, dann wird man feststellen, daß er beim Beginn einer neuen Aufgabe zuerst die gestellten Bedingungen genau studiert und nach längeren Überlegungen sich eine oder mehrere einfache schematische Skizzen anfertigt. Vielleicht wird er auch mit dem Rechenschieber sich schnell über einige Verhältnisse orientieren und dann wieder über Lösungsmöglichkeiten nachdenken. Erst wenn die Vorrichtung oder Maschine in seinem Geiste Gestalt angenommen hat, wird er sich entschließen, dieselbe maßstäblich unter abwechselndem Rechnen und Zeichnen in verschiedenen Rissen darzustellen. Dabei hat er aber noch zu überlegen, welcher Baustoff am günstigsten verwendet wird, welches Herstellungsverfahren am wirtschaftlichsten wird und wie sich dasselbe auf die Gestaltung auswirkt und vieles andere noch. Man sieht schon daraus, daß das Konstruieren zum größten Teil eine rein geistige, und zwar schöpferische Tätigkeit ist und durch die zeichnerische Tätigkeit, wie der Laie glaubt, allein nicht charakterisiert werden kann.

Vielfach wird an Stelle von Konstruieren auch Entwerfen gesagt. Das Entwerfen bezeichnet aber nur den zeichnerischen Teilvorgang des Konstruierens oder Planens. Erst wenn die Konstruktion im Kopf zu einer klaren Vorstellung gereift ist – und jede Konstruktion wird zuerst im Geiste geformt –, kann sie in einem Entwurf aufs Papier gebracht werden.

Auch der Begriff Planen kann nicht an Stelle von Konstruieren gesetzt werden. Beim Planen handelt es sich mehr um die Vereinigung von Fertigungserzeugnissen der Industrie mit Bauten oder Geländen.

Wir sehen also, daß es nicht einfach ist, eine alle Merkmale umfassende Definition des Begriffs Konstruieren zu geben. Eines ist sicher, beim Konstruieren liegt der Schwerpunkt des Schaffens unbedingt auf geistigem Gebiet. Diese geistige Arbeit ist äußerst verwickelt. Auf jeden Fall umschließt es, von einer höheren Warte aus betrachtet, alle konstruktiven Maßnahmen, das rein handwerkliche Zeichnen, Überlegungen physikalischer, technologischer, fertigungstechnischer, mathematischer und wirtschaftlicher Art, sowie die rein gestaltende Tätigkeit.

Man könnte vielleicht das Konstruieren durch folgende Begriffserklärung verständlich machen.

Der Konstrukteur hat auf Grund einer geistigen Tätigkeit unter Anwendung wissenschaftlicher Erkenntnisse die zeichnerischen Unterlagen zu schaffen für die Herstellung des technischen Erzeugnisses, daß nicht nur die durch seine Bestimmung festgelegten Bedingungen, sondern auch eine möglichst wirtschaftliche Herstellung gewährleistet werden.

Welche Arten von Konstruktionen gibt es? Wie auf jedem Gebiet der menschlichen Arbeit, gibt es auch bei der konstruktiven Tätigkeit verschiedene Stufen der Schwierigkeit.

In der Praxis unterscheidet man gewöhnlich Anpassungskonstruktionen, Entwicklungskonstruktionen und Neukonstruktionen.

Die Anpassungskonstruktion. In den weitaus meisten Fällen wird es sich bei der Arbeit des Konstrukteurs um eine Anpassung an vorhandene Vorbilder handeln. Es gibt Fabrikationszweige, welche in der Entwicklung so erstarrt sind, daß es sich praktisch für den Konstrukteur nur mehr um geringfügige, meistens maßliche Änderungen handelt. Besondere Ansprüche an ein Wissen und Können stellt also diese Art der konstruktiven Tätigkeit nicht. Der Konstrukteur kann diese Aufgaben mit der normalen fachlichen Ausbildung leicht lösen. Ich bin oft von Ingenieuren gefragt worden, warum ich mich nicht damit begnüge, die Studenten nach bewährten Vorbildern „konstruieren" zu lassen. Der Hauptgrund liegt darin, wie später noch ausgeführt wird, daß die konstruktiven Fähigkeiten des angehenden Ingenieurs damit gar nicht geschult werden.

Wer als sogenannter Pantographenkonstrukteur nur nach Vorbildern zu arbeiten gewohnt ist, wird erst fühlen und verstehen lernen, was Konstruieren heißt, wenn er vor eine neue Aufgabe, und sei sie auch noch so einfach, gestellt wird. Jeder Anfänger muß sich natürlich zuerst auf dem Gebiet der Anpassungskonstruktion bewähren. Leider bleiben hier viele der „Konstrukteure" stecken.

1*

Ein etwas höheres Maß von konstruktivem Können wird schon verlangt, wenn die bewährten Vorbilder, nach neuen Gesichtspunkten, wie Umstellung auf einen neuen Werkstoff oder ein anderes Herstellungsverfahren, geändert werden müssen. Beispiele darüber werden wir in einem späteren Kapitel finden.

Die Entwicklungskonstruktion. Eine erheblich größere wissenschaftliche Ausbildung und konstruktives Können ist notwendig, wenn es sich um eine Weiterentwicklung handelt. Es wird zwar auch hier von einem Vorbild ausgegangen. Das Endresultat der Konstruktion kann sich aber in diesem Falle unter Umständen ganz wesentlich vom Ausgangsprodukt unterscheiden.

Die Neukonstruktion. Nur ein kleiner Teil der für den Konstrukteurberuf sich entscheidenden Ingenieure wird ein so hohes Maß persönlicher Veranlagung mitbringen, daß er sich erfolgreich an eine Neukonstruktion heranwagen darf. Die Geschichte zeigt an vielen Beispielen, angefangen bei der Dampfmaschine, der Lokomotive, dem Auto, dem Flugzeug usw., wie schwer es ist, ohne Vorbild zweckmäßig zu konstruieren.

Über die Organisation im Konstruktionsbüro. In der Praxis hat sich die Gepflogenheit herausgebildet, entsprechend der verschiedenen Grade konstruktiver Tätigkeit unterschiedliche Berufsbezeichnungen zu verwenden.

Die nebenstehende Zusammenstellung (Abb. 1) zeigt die Organisation der Träger konstruktiver Arbeit in einem Büro.

Als Konstruktionsingenieur sollten nach dem Vorschlag des VDI diejenigen konstruktiv tätigen Ingenieure bezeichnet werden, welche schon auf Grund einer natürlichen besonderen Begabung und hervorragend mathematisch, naturwissenschaftlicher und technischer Kenntnisse zu einer absolut selbständigen Arbeit im besten Sinne befähigt sind.

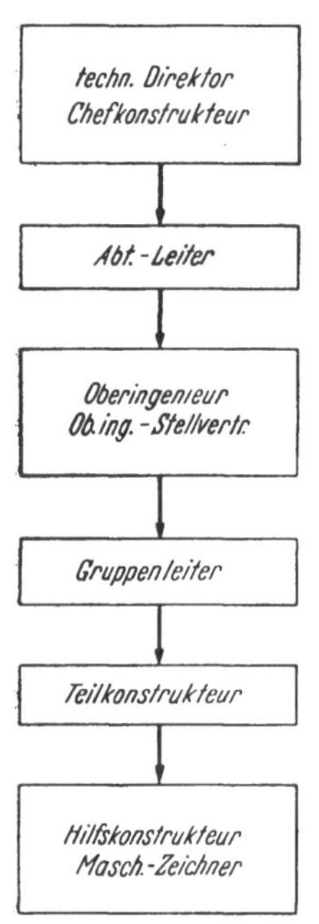

Abb. 1. Die Organisation der Arbeitskräfte im Ko-büro

Es sind die Eigenschaften, welche unbedingt von einem Chefkonstrukteur (der auch Direktor sein kann), Abteilungsleiter, Oberingenieur und dessen Stellvertreter verlangt werden können, also von Ingenieuren, welche auch ein großes Maß von Verantwortung zu tragen haben. Gruppenleiter sollen auch über ein gewisses Maß von Selbständigkeit verfügen und befähigt sein, Probleme ohne Vorbilder zu entwickeln.

Dagegen wird von einem Teilkonstrukteur eigentlich nur das Maß normaler berufsmäßiger Ausbildung verlangt, welche etwa ein Technikum vermittelt.

Damit soll aber nicht gesagt sein, daß Ingenieure, welche aus dieser Schule hervorgehen, nicht geeignet wären als Konstruktionsingenieure. Die Erfahrung bestätigt, daß sogar in vielen Fällen Absolventen von Ingenieurschulen in den verantwortungsvollsten Stellungen als Konstruktionsingenieure Hervorragendes leisten.

Die Maschinenzeichner und Hilfskonstrukteure sind meistens strebsame junge Leute, welche aus der Werkstatt ins Konstruktionsbüro übernommen werden und dort neben dem Besuch der Berufsschule ihre Ausbildung erfahren.

Es möge nicht unerwähnt bleiben, daß in der Industrie für die gehobenen Stellungen als Konstrukteur nicht Schulzeugnisse allein, sondern entsprechend den unabdingbaren Forderungen der Praxis nur das Wissen und Können entscheidet. Wer die Begeisterung und innere Kraft zur Weiterbildung aufbringt, kann sehr wohl vom Zeichner zum selbständigen Konstrukteur aufsteigen.

Über die Beziehungen des Konstruktionsbüros zu anderen Abteilungen. Die beiden Hauptgebiete des technisch produktiven Schaffens sind die Konstruktion und die Fertigung. Die Bedeutung des konstruktiven Schaffens geht schon daraus hervor, daß das technische Erzeugnis vom Konstrukteur so durchgebildet sein muß, daß es auf die wirtschaftlichste Art hergestellt werden kann. Konstruktion und Fertigung stehen also in ganz enger Wechselbeziehung zueinander. In Erwägung dieser Tatsache ist es daher in vielen Werken üblich, daß von Zeit zu Zeit die verantwortlichen Männer des Betriebs zu gemeinsamem Austausch ihrer Erfahrungen mit den Konstruktionsingenieuren zusammenkommen.

Aber auch zwischen anderen Abteilungen einer Fabrik und dem Konstruktionsbüro bestehen noch Wechselbeziehungen. Oft können Versuchsergebnisse auf dem Prüffeld zu bedeutenden Verbesserungen führen oder es müssen erst die Grundlagen für die Konstruktion eines neuen Erzeugnisses geschaffen werden. Daß jeder Entwicklungsingenieur oder in größeren Werken dessen Abteilung mit dem Konstruktionsbüro in engster Beziehung steht, versteht sich von selbst. Auch

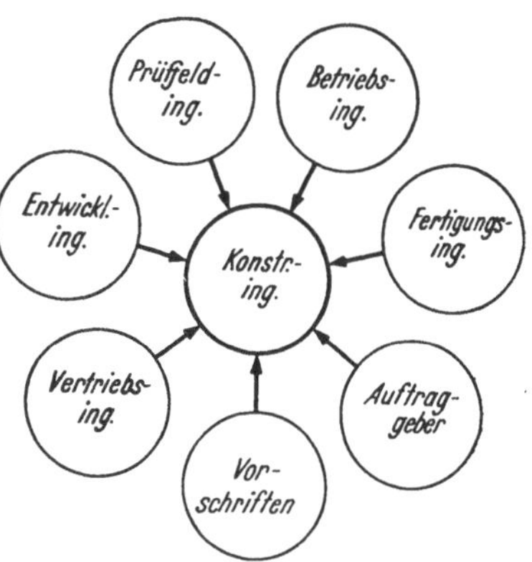

Abb. 2. Beziehung des Ko-büros zu anderen Abteilungen

vom Vertriebsingenieur kann der Konstrukteur oft wichtige Gesichtspunkte erhalten, die seine Arbeit beeinflussen.

Behördliche Vorschriften, man denke nur an die bau- und feuerpolizeilichen Vorschriften für Dampfkessel, bestimmen bisweilen eine Konstruktion maßgebend.

Das Konstruktionsbüro muß natürlich engste Fühlung nehmen mit dem Auftraggeber, um dessen Wünsche klarzustellen, damit dieselben weitgehendst berücksichtigt werden können.

Die Abb. 2 soll diese Wechselbeziehungen veranschaulichen.

Warum eine besondere Konstruktionslehre? Der junge Ingenieur wird während seiner Ausbildung in den verschiedenen Wissensgebieten mit einer Unsumme von Wissensstoff und Kenntnissen vollgestopft. Er merkt erst die Hilflosigkeit, wenn er vor die Aufgabe gestellt wird, das Gelernte für einen bestimmten Zweck sinnvoll anzuwenden. Solange es sich um bekannte Ausführungen oder Vorbilder handelt, wird dieses Wissen ja ausreichen, um mit den bekannten Mitteln eine Lösung zu finden. Sobald er aber Bestehendes weiter entwickeln oder ganz Neues ohne Vorbild schaffen soll, wird er kläglich versagen, wenn er nicht das Wissen innerlich vertieft und so verarbeitet hat, daß er die höhere Stufe des Verstehens erreichte. Für einen Teilkonstrukteur wird zur Not das reine Wissen ausreichen. Der Konstruktionsingenieur muß aber das selbständige Denken, das logische Folgern und Schließen und das Kombinieren gelernt haben. Viele Menschen glauben das zu erreichen durch den Besuch von Vorträgen und das Lesen von Fachbüchern, erkennen aber nicht, daß sie nur immer wieder neue Kenntnisse sammeln.

Das Verstehen, verbunden mit logischem Folgern und Urteilen, ist eine Fähigkeit, die nicht von außen herangetragen werden kann, sondern eine rein persönliche innere Angelegenheit darstellt, welche nur durch fleißiges Nachdenken und Verarbeiten der Kenntnisse erworben wird. Sie ist, wie ja schon früher erwähnt, eine grundsätzliche Voraussetzung für das selbständige Konstruieren und befähigt den Konstrukteur, unterstützt von einer lebendigen Phantasie, zu schöpferischer Leistung.

Der Unterricht im Konstruieren wurde früher so gehandhabt, daß man dem Studenten eine Aufgabe im Entwerfen von Kraft- und Arbeitsmaschinen stellte. Ohne weitere Vorbereitung im konstruktiven Denken wurde er dann mit dieser Aufgabe allein gelassen. Die Folge war, daß er sich ein gutes Vorbild besorgte, einige Hauptabmessungen berechnete und dann mit dem Abkupfern der Vorlage begann. Der geistige Wert dieser Pantographenarbeit war dabei sehr gering, denn er brauchte sich nicht mehr den Kopf zu zerbrechen über den Aufbau der Maschine, über das kinematische Zusammenwirken der einzelnen Bauteile, über die Gestalt der Bauteile, sowie über Material- und Herstellungsfragen usw., alles lag ja im Vorbild schon fertig vor. Die konstruktiven Überlegungen hatten vielleicht schon Generationen von Konstrukteuren unter mühevoller Denkarbeit und schmerzlichen Erfahrungen ausgeführt. Es ist klar, daß bei dieser Art des Konstruierens in der Schule der Anfänger nur zum Kopisten, zum Bildmaler erzogen wird, weil er den ganzen Komplex des konstruktiven Denkens nicht kennenlernt.

Selbst wenn dem Anfänger eine Aufgabe mit Benützung einer Vorlage gestellt wird, muß er sich die Frage vorlegen: Wo und wie fang' ich jetzt an? Hier beginnt schon die erste Schwierigkeit. Gewöhnlich wird er zuerst nach Formeln suchen und die Erfahrung machen, daß er die Gesetzmäßigkeiten der Mechanik, der Kinematik usw. nach eigenem Gutdünken anwenden muß. Das Herumtasten und Herumprobieren, welches den Anfänger auszeichnet, hat zu der Anschauung geführt, daß das Konstruieren eine Gefühlssache ist. Ganz besonders wird dabei immer wieder betont, daß man ja zum Konstruieren geboren sein, also eine Begabung dafür mitbringen muß. Das ist doch eine selbstverständliche Voraussetzung. Kein Mensch wird je abstreiten, daß alle geistigen und manuellen Betätigungen eine Begabung erfordern. Welche hohen Eigenschaften aber gerade in dieser Hinsicht an den Konstrukteur gestellt werden, zeigt der folgende Abschnitt.

Diejenigen, welche immer auf eine besondere Begabung für die konstruktive Tätigkeit hinweisen, wollen damit zum Ausdruck bringen, daß Konstruieren nicht lehrbar ist. Die Analyse der konstruktiven Arbeit von berufener Seite [1]* hat in den letzten Jahrzehnten die Erkenntnis gebracht, daß auch die Technik des Konstruierens planmäßig gelehrt werden kann, genau so wie auch alle anderen Berufe die Grundlagen ihrer Fachtätigkeit auf der Schule planmäßig vermittelt bekommen.

Bezüglich der Ausbildung zum Konstrukteur kann man auch oft den Einwand hören, besonders von Studenten, welche in der Erkenntnis ihrer mangelhaften Begabung das Konstruieren nur auf ein reines Abkupfern beschränken möchten: Das Konstruieren lernt man ja doch erst in der Praxis. Gewiß! Zur Meisterschaft bringt man es erst durch viele Übung in der Praxis. Das gilt aber ebenfalls für

---

* Literaturangabe im Anhang

alle anderen Berufe. Wer aber jahrzehntelang nur Vorbilder kopiert, wird es auch dort nicht zum selbständigen Konstrukteur bringen.

Die Herstellungsverfahren der Werkstücke sind bereits zu einer so hohen Vollkommenheit gediehen, daß ein Optimum an Ausbringung je Zeiteinheit bei einem Mindestaufwand der Kosten gewährleistet ist. Der Konstrukteur, welcher nicht die Grundlage für eine rationelle Herstellung schafft, hat mit der Entwicklung der Fertigung nicht Schritt gehalten. Die große Mannigfaltigkeit der ausgeführten Lösungen für eine bestimmte Aufgabe, mit genau umschriebenen Bedingungen, beweisen ja gerade, daß bei den Konstrukteuren oft eine ziemliche Unsicherheit besteht in der Anzahl der dem geforderten Zweck am besten dienenden Mittel und, daß sie sich vielfach noch sehr im unklaren darüber sind, inwiefern der Baustoff, die Gestaltung und Anordnung der Teile einen Einfluß auf die Verbilligung der Herstellung, der Erleichterung des Zusammenbaus und der Betriebssicherheit usw. haben können.

Es soll nicht verkannt werden, daß bereits namhafte Vorstöße gemacht wurden, um den angehenden Konstrukteur zu einer rationellen Arbeitsmethode zu erziehen. Viele Aufsätze in den technischen Zeitschriften und Einzeldarstellungen in Buchform beschäftigen sich mit dem gleichen Problem. Für den Anfänger ist es aber schwer, aus der Fülle der Veröffentlichungen das Gemeinsame und Grundlegende zu erkennen. Vor allem fehlen Übungsbeispiele. Mit einer Gegenüberstellung von ,,Falsch" und ,,Richtig"-Beispielen oder mit Gestaltungsregeln allein kann der Anfänger zu einem methodisch planmäßigen Denken nicht erzogen werden.

Die Vorteile der zielbewußten Planarbeit liegen hauptsächlich im Vermeiden aller überflüssigen Wiederholungsarbeit. Wer ohne zielbewußte Überlegung eine zufällig gefundene Lösung verfolgt, wird oft merken, daß er sich in eine Sackgasse verrannt hat und nun wieder von vorne anfangen muß. Nur die Arbeit nach einem methodischen Arbeitsplan erspart dem Konstrukteur solche Überraschungen. Die richtige und wohlüberlegte Arbeit bringt ihm also einen Zeitgewinn, vermeidet geistigen Energieverlust und verbessert damit den Wirkungsgrad seiner Arbeit.

Auf eins sei jetzt schon hingewiesen: Wer da glaubt, daß die Methodik nun eine willkommene Gelegenheit ist, mit geringstem Aufwand an geistiger Tätigkeit, ohne selbständiges Denken, auch das Konstruieren zu erlernen, der wird bald sehr enttäuscht sein. Der methodische Arbeitsplan bietet keinen Ersatz für die geistigen Fähigkeiten, wie Vorstellungsvermögen, logisches Denken, Konzentrationsfähigkeit, Kombinationsgabe und erfinderischen Geist. Er ist nur wegweisend.

II. Der Konstrukteur

Die Eigenschaften des Konstrukteurs. Jeder Student, der den Beruf des Konstrukteurs ergreifen will, soll bedenken, daß das konstruktive Schaffen nicht nur eine absolut klare, zielstrebige Verstandestätigkeit, sondern auch einen erfinderischen und intuitiven Geist neben einer ganzen Reihe von charakterlichen und seelischen Eigenschaften erfordert. Diese Eigenschaften können aber nicht erworben werden, sondern entspringen einer besonderen Begabung.

Nachstehende Zusammenstellung zeigt eine Übersicht über die für die Eignung zum Konstrukteur notwendigen Fähigkeiten und Eigenschaften.

1. Vorstellungsvermögen für Körper, statische Kräfte und Spannungen, dynamische Vorgänge, hydraulische Kräfte und Strömungen, elektrische Vorgänge und thermische Vorgänge.
2. Kombinationsgabe.
3. Logisches Denken.
4. Konzentrationsfähigkeit.
5. Erfindungsgabe.
6. Gedächtnis.
7. Gewissenhaftigkeit.
8. Verantwortungsgefühl.
9. Ehrlichkeit.
10. Ausdauer.
11. Willensstärke.
12. Ästhetisches Gefühl.
13. Temperament.
14. Persönliches Auftreten.
15. Gewandtheit in Rede und Schrift.

1. Vorstellungsvermögen. Ein gutes Vorstellungsvermögen ist eine Grundbedingung für den technischen Beruf und besonders für den Konstrukteur. Seine Schöpfungen sind immer Körper, zusammengesetzt aus möglichst einfachen Grundgebilden, wie gerader Zylinder, Kegel und Kugel, welche im Geiste von ihm geformt, bearbeitet und zusammengesetzt werden, bevor er sie in einem Entwurf zeichnerisch niederlegt. Der Konstrukteur muß sich auch in das Zusammenarbeiten der einzelnen Bauteile, in den Kräftefluß durch dieselben, in die Verteilung der inneren Spannungen und in alle physikalischen Vorgänge der Maschinen oder Apparate einfühlen können.

Es gibt natürlich verschiedene Grade dieser Fähigkeit. Vom Anfänger muß schon verlangt werden, daß er sich wenigstens die einfachen Grundformen und deren Kombinationen, deren Durchdringungen und Schnitte vorstellen kann. Wer zur Unterstützung der Vorstellung hier schon mit Modellen arbeiten muß, wird es nie zu einem selbständigen Konstrukteur bringen. Eine gewisse Vorstellungskraft ist selbst für den Maschinenzeichner erforderlich.

2. Kombinationsgabe. Vorstellungsvermögen und Kombinationsgabe sind Hauptbestandteile einer schöpferischen Phantasie, für die der Konstrukteur eine gewisse Veranlagung mitbringen muß. Alle Maschinen und Industrieerzeugnisse bestehen aus bekannten Grundbauelementen. Durch Kombination dieser Elemente schafft der Konstrukteur auch ohne Vorbilder immer neue Gebilde, welche bestimmten vorgeschriebenen Zwecken dienen. Bekanntlich kann auch durch entsprechende Kombination bereits vorhandener Erfindungen etwas ganz Neues entstehen, das ebenfalls zum Patent anerkannt wird. Erst durch geschickte Kombination der Naturgesetze kann der Konstrukteur die Auswirkung derselben seinen Plänen dienstbar machen.

3. Logisches Denken. Der Verstand muß durch möglichste Ausschaltung aller unnützen und nebensächlichen Zwischenarbeiten, sowie aller störenden Ablenkungen zu konzentriertem produktivem Denken freigemacht werden. Daher werden vom Konstrukteur hochentwickelte Verstandeskräfte verlangt. Er muß die Wechselbeziehungen zwischen Ursache und Wirkung und das Wesentliche gegenüber dem zu Vernachlässigenden recht erkennen. Sein Urteil über Art und Größe der verschiedenen Einflüsse der einzelnen Faktoren eines technischen Vorgangs soll einfach und klar sein.

Auf eines soll aber hier ganz besonders hingewiesen werden. Nur für einen Teil seiner Überlegungen und Entscheidungen kann er die Mathematik zu Hilfe nehmen. Seine geistige Tätigkeit besteht oft in der ausgiebigen Anwendung des einfachen, gesunden und klaren Menschenverstandes.

Von dem Besitze dieser Naturgabe hängt es also in erster Linie ab, wieweit ein Konstrukteur befähigt ist, in den verschiedenen Fällen das Richtige zu treffen, Verbesserungsmöglichkeiten zu finden oder neue und bessere Wege zur Erreichung eines bestimmten Zwecks anzugeben.

4. Konzentrationsfähigkeit. Jede erfolgreiche geistige Tätigkeit verlangt eine ausschließliche Beschäftigung des ganzen Gedankenapparats mit dem vorliegenden Problem. Auch die konstruktive Gedankenarbeit erfordert auf hoher Stufe eine sehr scharfe Konzentration. Diese Fähigkeit kann nur durch lange Übung erworben werden. Nervöse und unruhige Geister werden diese Kunst nie erlernen.

5. Erfindungsgabe. Die meisten Menschen betrachten einen Erfinder mit einer gewissen Ehrfurcht. Sie glauben, daß der Gegenstand der Erfindung eine Art plötzlicher Offenbarung einer besonderen intuitiven Begabung ist. Es soll natürlich nicht abgeleugnet werden, daß das Erfinden eine gewisse Begabung voraussetzt. Aber diese besteht darin, daß der Erfinder auf Grund eines scharfen logischen Verstandes, durch Urteilen, Folgern und Kombinieren schrittweise zu etwas Neuem, zu einer Erfindung kommt, obwohl er unter Umständen gar keine Erinnerungsbilder verwenden kann.

Schon REULEAUX bemerkt, daß „beim Erfinden sich der eine Gedanke immer aus dem anderen entwickelt, daß eine wahre Stufenleiter von Ideen durchlaufen wird bis zum Ziele. – Von Eingebung oder augenblicklicher Erleuchtung ist nichts zu merken".

Das Erfinden ist auch eine planmäßige geistige Arbeit. Man kann daher auch von einer Methodik des Erfindens sprechen. Bis zu einem gewissen Grade ist folglich das Erfinden auch lehrbar.

Übrigens wird von jedem Konstrukteur eine gewisse Erfindungsgabe verlangt, so beim Auffinden von zweckbestimmten Lösungsmöglichkeiten oder bei der Kombination bekannter Vorstellungsbilder zu einem neuen Erzeugnis. Wenn der Erfindergeist einer strengen zielbewußten konstruktiven Tätigkeit dient, ist er nur zu begrüßen.

Es gibt aber auch Konstrukteure, welche vom Erfinden wie besessen sind und immer mit neuen Ideen aufwarten. Vor solcher Leidenschaft sei besonders gewarnt. Sie bringt dem Erfinder nur ganz selten einen finanziellen Erfolg. Schon KRUPP sagte: „Ein guter Konstrukteur kann durch die Früchte seiner Arbeit leichter von der Dachkammer in die bel étage ziehen als ein Erfinder. Meistens landet der letztere von der bel étage in der Dachkammer."

6. Gedächtnis. Wie jeder Geistesarbeiter, so muß auch der Konstrukteur über ein normales Maß von Gedächtnis verfügen. Ein solches ist ja schon notwendig für das Studium der grundlegenden Wissenschaften. Außerdem gehören zum geistigen Rüstzeug eines Konstrukteurs eine große Menge von Daten und Formeln, die er auch ohne Taschenbuch immer zur Hand haben muß. Ein gutes Gedächtnis hilft ihm auch, im Laufe der Zeit einen Erfahrungsschatz zu sammeln, der für seine weiteren konstruktiven Maßnahmen von Nutzen sein wird.

Nicht minder wichtig wie die geistigen Fähigkeiten sind auch seine charakterlichen und seelischen Eigenschaften. Leider können gerade diese für die Praxis so wichtigen Eigenschaften während der Studienzeit wenig geschult und auch beobachtet werden. Es könnte daher der Anfänger den Eindruck gewinnen, daß es auf

sein charakterliches Verhalten nicht so ankommt. Mancher ist schon in Ermange-
lung dieser Eigenschaften gestrauchelt und hat sich das verlorene Vertrauen nur
mehr schwer wieder erringen können.

7. Gewissenhaftigkeit. Eine der Haupteigenschaften, die man sogar schon
vom einfachen Zeichner fordern muß, ist die Gewissenhaftigkeit und Sorgfalt bei
der Arbeit. Der kleinste Fehler, welcher vom Konstruktionsbüro in die Werkstätte
gelangt, kann bei der modernen Serien- oder Massenfabrikation den größten
Schaden anrichten. Es kann aber auch vorkommen, daß sich gewisse Nachlässig-
keiten des Konstrukteurs in der Werkstatt noch nicht zeigen, z. B. unzweckmäßiger Baustoff, zu geringe Bemessung einzelner Teile usw. Hier liegt der Fall
noch schlimmer, denn Reklamationen, welche vom Kunden kommen, schaden dem
Ruf des Werks. Der Konstrukteur, dem solche Fehler unterlaufen, wird bald sein
Ansehen verloren haben.

8. Verantwortungsgefühl. Ein selbständiger Konstrukteur ohne den Mut
zur Verantwortung ist undenkbar. Dieser Mut setzt ein Selbstvertrauen voraus,
das dann vorhanden ist, wenn er sein Arbeitsgebiet vollständig beherrscht. Wer
nicht die innere Triebkraft zur Erlangung der geistigen Selbständigkeit und Verantwortung aufbringt, wird auf den gewünschten beruflichen Aufstieg verzichten
müssen.

9. Ehrlichkeit. Junge Konstrukteure sind gewöhnlich sehr verliebt in ihre
ersten konstruktiven Erzeugnisse, so daß sie ganz geknickt sind, wenn man Korrekturen vornimmt. Die Ehrlichkeit gegen sich selbst verlangt vom Konstrukteur
auch den Mut zur Selbstkritik seiner Arbeit, die ja immer nur als eine Annäherung
an die ideale Lösung zu betrachten und deshalb stets noch einer Verbesserung
fähig ist. In der Beurteilung einer fremden Arbeit enthalte man sich jedoch
einer Kritik, solange man nicht selbst eine bessere Lösung in Vorschlag bringen
kann.

10. Ausdauer. Man muß zugeben, daß es für den Konstrukteur auch viele
Arbeiten gibt, welche nicht gerade geistig sehr ansprechend sind und daher als
langweilig empfunden werden, so z. B. Gewichtsberechnungen der vielen Einzelteile eines Fahrzeugs, die Ermittlung der Schwerpunktslage usw. Wenn man
aber bedenkt, daß auch solche Arbeiten im Interesse der Konstruktion erledigt
werden müssen, dann wird sich auch dafür die richtige Schaffensfreude und Ausdauer einstellen.

11. Willensstärke. Es gibt keinen Konstrukteur, welcher nicht den beruflichen Erfolg seinem willenmäßigen Verhalten, seiner Initiativkraft und seinem
Unternehmungsgeist verdanken würde. Viele Beispiele in der Geschichte der
Technik bestätigen, daß gerade die willensstarken Ingenieure es waren, welche,
allen Einwendungen und Widerständen zum Trotz, doch zu Erfolg und Anerken-
nung kamen (DIESEL, OSKAR VON MILLER, SCHMIDT).

12. Ästhetisches Gefühl. Man hat den Satz aufgestellt, daß alles Zweckmäßige schön ist. Das könnte aber zu der Ansicht verleiten, daß man nur zweckmäßig zu konstruieren braucht, um schöne und ansprechende Formen zu erhalten.
Das stimmt zwar im großen und ganzen. Aber leider gibt es noch genug Fälle, wo
der Konstrukteur sich auch auf das Gefühl verlassen muß. Bei solchen Gelegen-
heiten wird dem Konstrukteur ein ausgeprägtes ästhetisches Gefühl bei der
Gestaltung von großem Nutzen sein.

13. **Temperament.** Es wurde schon erwähnt, daß ein verfahrener, nervöser Mensch sich ebensowenig wie ein Phlegmatiker für eine Tätigkeit eignet, welche wie das Konstruieren die geistigen, charakterlichen und seelischen Eigenschaften in Anspruch nimmt. Vom Konstrukteur wird daher ein harmonisches und ausgeglichenes Temperament verlangt.

14. **Persönliches Auftreten.** Vom Konstrukteur, der als Gruppenleiter, Abteilungsleiter oder Chefkonstrukteur tätig und daher einer größeren Anzahl von Leuten vorgesetzt ist, verlangt man eine Eigenschaft, welche bei jedem Kaufmann als selbstverständlich vorausgesetzt wird, nämlich ein sicheres Auftreten und die Gewandtheit im Umgang mit Menschen, mit denen er infolge seiner gehobenen Stellung beruflich in Berührung kommt. Auch eine gewisse Menschenkenntnis wird von ihm verlangt, damit er im Büro die richtigen Kräfte an der richtigen Stelle einsetzen kann und so eine gedeihliche Zusammenarbeit gewährleistet wird.

15. **Gewandtheit in Rede und Schrift.** Es hängt vielleicht mit der stillen geistigen Arbeit zusammen, daß man so häufig Konstrukteure antrifft, welche bei gegebener Gelegenheit ihre Ansicht nicht gewandt in freier Rede vertreten können. Gerade die fähigsten Köpfe unter denselben müssen es immer wieder erleben, daß man ihren vorausschauenden und fortschrittlichen Arbeiten oft den heftigsten Widerstand entgegensetzt. Will der Konstrukteur sich demgegenüber behaupten, so muß er dazu seine ganze Gewandtheit in Rede und Schrift aufbieten können.

Welche Kenntnisse verlangt man von einem Konstrukteur? Jeder Geistesarbeiter muß in seinem Beruf über ein bestimmtes Wissen verfügen. Für sich allein genommen wäre dieses Wissen von sehr geringem Wert. Erst in Verbindung mit einem Können, einem planmäßigen logischen Denken, Kombinieren, Urteilen und Folgern wird er zu einer erfolgreichen Arbeit befähigt.

Auch für den Konstrukteur sind die Kenntnisse, welche er sich aus den verschiedenen Wissensgebieten sammelt, unerläßliche Voraussetzung für seine konstruktive Tätigkeit. Und welches sind nun diese Wissensgebiete? Praktisch kommen alle Disziplinen in Frage, welche er während seines Studiums kennenlernt, angefangen von der Mathematik bis zur Wirtschafts- und Betriebslehre.

Folgende Zusammenstellung gibt einen Überblick über die für den Konstrukteur wichtigsten Wissensgebiete.

1. Mathematik:	Elementare und höhere Mathemaitk
	Darstellende Geometrie
	Mechanik: Feste Körper (Statik, Festigkeitslehre und Dynamik)
	Flüssige Körper (Hydrostatik, Hydraulik)
	Gasförmige Körper (Aerostatik, Aerodynamik, Thermodynamik)
2. Physik:	Elektrizitätslehre
	Optik
	Akustik
3. Chemie:	Anorganische und organische Chemie (Grundlagen)
4. Technologie:	Werkstoffkunde (physikalisch und chemisch)
	Herstellungsverfahren (spanlos, zerspanend, Einzel- und Massenfakrikation)
5. Maschinenlehre:	Maschinenzeichnen
	Maschinenteile
	Kraftmaschinen
	Arbeitsmaschinen
	Getriebelehre

Die erste Stufe in der Ausbildung des Konstrukteurs besteht darin, daß er das Wissen und die Kenntnisse aufnimmt, welche ihm diese Disziplinen vermitteln. Nutzen wird er aber davon nur dann haben, wenn er den Lehrstoff weiterverarbeitet, angeregt durch Fragen und Probleme, welche er sich selber stellt, bis er zur souveränen Beherrschung der einzelnen Wissensgebiete sich durchringt. Auf der zweiten Stufe seiner geistigen Entwicklung wird er dann auch die großen Zusammenhänge und die gegenseitigen Bedingtheiten erkennen und sich bewußt werden, daß alle Disziplinen für seinen Beruf ein organisches Ganzes bilden.

Im nachfolgenden werden einige für den angehenden Konstrukteur wichtige Gesichtspunkte erläutert.

1. Mathematik. Die Beschäftigung mit der Mathematik hat den großen Vorteil, daß man zum planmäßigen logischen Denken erzogen wird. Sie ist aber für den Konstrukteur noch von ganz besonderer Wichtigkeit, denn sie bildet das Fundament für viele andere technische wissenschaftliche Spezialgebiete. Die Beherrschung der mathematischen Gesetze und Verfahren liefert das geistige Rüstzeug, um die gesetzmäßigen Zusammenhänge der verschiedenen physikalischen Größen zu ergründen und die hiermit gewonnenen Erkenntnisse zur Klärung der von ihm behandelten Probleme zu verwenden.

Auf eines aber wurde schon hingewiesen. Man darf nicht erwarten, daß man mit Hilfe mathematischer Überlegungen und Ansätze alle konstruktiven Probleme lösen könnte. Der Anfänger verfällt sehr leicht diesem Irrtum. Man kann es immer wieder erleben, daß Anfänger bei Beginn einer konstruktiven Arbeit eifrig nach Formeln für die Lösung suchen, ohne zunächst einmal den gesunden Menschenverstand sprechen zu lassen. Konstruktive Aufgaben, die nach einem gewissen mathematischen Rezept erledigt werden können, wie etwa der Entwurf eines Schwungrads oder die Beschaufelung eines Ventilators, sind daher so recht nach den Wünschen der Anfänger. Der angehende Konstrukteur wird aber bald entdecken, daß die Fälle, wo er einwandfrei rechnen kann, relativ selten sind und gerade oft die schwierigsten Fragen nicht in einer mathematischen Gleichung angesetzt werden können, sondern durch andere geistige Überlegungen gelöst werden müssen.

Für einen Teilkonstrukteur oder Gruppenleiter reicht gewöhnlich die Kenntnis der einfachen höheren Mathematik aus. Muß er dagegen als selbständiger Konstrukteur noch das Studium moderner Forschungsarbeiten in den Bereich seiner Arbeit ziehen, dann ist er gezwungen, seine mathematischen Kenntnisse dementsprechend zu erweitern.

Darstellende Geometrie. Die Grundbedingung für jede konstruktive Tätigkeit ist, wie schon erwähnt, ein gutes räumliches Vorstellungsvermögen, ganz gleich, ob es sich um Körper, um kinematische Zusammenhänge, um den Verlauf von Kräften, um die Verteilung von Spannungen, um Strömungsvorgänge usw. handelt. Diese Fähigkeit, welche der Konstrukteur bis zu einem gewissen Grade mitbringen muß, kann durch planmäßige Arbeit weiterentwickelt werden. Dazu eignen sich besonders am Anfang die Übungen in der perspektivischen oder axonometrischen Darstellung von Körpern und später oder gleichzeitig der Gebrauch der orthogonalen Projektion mit Aufriß, Grundriß und Seitenansicht.

Es gibt zwar auch Fälle, wo der Konstrukteur in der Praxis zum Modell greift. Meistens handelt es sich dabei um die Klärung von räumlich sehr verwickelten

Beziehungen, wie etwa die Zugänglichkeit oder Montagemöglichkeit einer an sich schon sehr gedrängten Maschinenanlage. Zeichnerische Versuche zur Lösung solcher Fragen sind oft ein eitles Unterfangen. Bekannt ist ja auch die Verwendung von Modellen im Fahrzeugbau, um einen möglichst vollkommenen Eindruck der ästhetischen Wirkung der Karosserie zu bekommen.

Das „Lesen" technischer Zeichnungen erfordert bei verwickelten Formen oft längere Zeit, bis man sich eine klare Vorstellung von dem dargestellten Gegenstand machen kann. Daher greifen viele Firmen zu dem Hilfsmittel und bringen auf der Werkzeichnung noch eine axonometrische Darstellung, damit der Betrieb sich sofort ein Bild von dem Werkstück machen kann.

2. Physik. „Die ganze Technik ist nur angewandte Physik." Daraus ergibt sich schon die Bedeutung für die berufliche Tätigkeit des Ingenieurs. Die für den Ingenieur im allgemeinen, und für den Konstrukteur im besonderen wichtigen Gebiete der Physik haben sich zu eigenen Lehrgebäuden für die Technik entwickelt. Sie werden in Spezialvorträgen behandelt, welche das spätere Schaffen des Konstrukteurs berücksichtigen. Es sind dies die Kapitel über Mechanik der festen, flüssigen und gasförmigen Körper, die Elektrizitätslehre usw. Dabei ist es wichtig, daß der Ingenieur, welcher sich der Konstruktion zuwenden will, nicht nur die Gesetzmäßigkeiten kennenlernt, sondern sie auch im gegebenen Augenblick bei seiner Konstruktionsarbeit entsprechend berücksichtigt. Dies ist erfahrungsgemäß nicht so einfach und erfordert eine starke Einfühlung in die physikalischen Vorgänge. Da man meistens nur die Wirkungen und nicht die Ursachen beobachten kann, ist es notwendig, daß sich der Konstrukteur konkrete Hilfsvorstellungen über Begriffe, wie Masse, Kräfte, Trägheitswiderstände, Reibung, Drall, Wärmeleitung usw. macht, damit er erfolgreich an die Lösung seiner Aufgabe herantreten kann.

3. Chemie. Es gibt Ingenieure, welche den chemischen Kenntnissen geringen Wert beilegen. Sie stehen auf dem Standpunkt, daß für den Konstrukteur nur die Kenntnis der physikalischen Eigenschaften der Baustoffe und deren Verarbeitungsmöglichkeiten notwendig sind. Aber auch über den Aufbau, das chemische Verhalten der Werkstoffe und deren Aggregatsänderungen muß der Ingenieur Bescheid wissen. Dazu sind eben grundlegende Kenntnisse der unorganischen und organischen Chemie notwendig.

4. Technologie. Die Technologie bildet einen der wichtigsten Grundpfeiler in der Ausbildung. Neben der wichtigen Kenntnis der chemischen und physikalischen Eigenschaften der Baustoffe hat sich der Anfänger auch mit den Herstellungsverfahren und aller ihrer Hilfsmittel vertraut zu machen. Einige Erfahrungen auf diesem Gebiet soll sich bekanntlich der Anfänger schon vor Beginn seines Studiums während der praktischen Ausbildung aneignen. Dieselben reichen aber nicht für eine konstruktive Tätigkeit aus, da ihm gewöhnlich in dieser Zeit noch die nötigen wissenschaftlichen Grundlagen für das tiefere Verständnis der technologischen Überlegungen und Vorgänge fehlen. Außerdem sind die auf die Massenfabrikation hinzielenden Herstellungsverfahren und die hochleistungsfähigen Spezialwerkzeugmaschinen ständig in der Weiterentwicklung begriffen. Es ist deshalb nötig, daß der Konstrukteur durch dauerndes Studium der einschlägigen Literatur und Rücksprache mit dem Betrieb auf dem laufenden bleibt.

5. **Maschinenlehre.** Zu den eigentlichen Konstruktionsfächern gehören:

Maschinenzeichnen,	Gestaltungslehre,
Maschinenelemente,	Leichtbau
Getriebelehre,	Entwerfen von Kraft- und Arbeitsmaschinen.

Maschinenzeichnen. Das Maschinenzeichnen gehört zum Handwerk des Konstrukteurs. Es verhält sich zur schöpferischen konstruktiven Tätigkeit wie etwa das Maschinenschreiben zur Schriftstellerei. Bei einigem guten Willen und Fleiß sowie etwas Vorstellungsgabe kann jeder so weit kommen, daß er nach den bekannten methodischen Regeln eine einwandfreie werkstattgerechte Zeichnung fertigstellen kann, vorausgesetzt, daß ihm alle dazu nötigen Unterlagen gegeben werden. Die Konstruktionslehre setzt diese Fertigkeit voraus. Anleitung zum Maschinenzeichnen findet man in einer Reihe guter Lehrbücher [2].

Maschinenteile. Jedes industrielle Erzeugnis, mag es auch noch so große Ausmaße haben, besteht aus einer mehr oder weniger großen Anzahl von Einzelteilen, sogenannten Elementen, von deren zweckmäßigen Gestalt und Zusammenfügung das Wirken des Ganzen abhängt. Bei genauerer Betrachtung ist ohne weiteres ersichtlich, daß eine große Zahl solcher Elemente immer wieder vorkommen, um dem gleichen Zweck zu dienen, wobei allerdings ihre Formen, Baustoffe und Abmessungen durch die Besonderheit des Verwendungszwecks maßgebend bestimmt werden. Die meisten dieser Elemente lassen sich daher auf einen gemeinsamen Nenner bringen, so daß es sich dann nur um eine verhältnismäßig kleine Zahl von Grundbauformen handelt.

Die Kenntnis dieser Bauelemente ist für die spätere konstruktive Tätigkeit von größter Bedeutung. Eine große Literatur [3] steht dem Konstrukteur darüber zur Verfügung. Leider beschränken sich diese Werke fast nur auf die rechnerische Behandlung und lassen die vielen konstruktiven Gesichtspunkte außer Betracht.

Getriebelehre [4]. Bei Neukonstruktionen ist es von größter Wichtigkeit, alle Lösungsmöglichkeiten für eine bestimmte Wirkung zu kennen, um dann die beste auszuwählen. Die Getriebelehre, besonders die Synthese zeigt dem Konstrukteur Mittel und Wege zum Auffinden solcher Mechanismen. Daher wird er sich mit dieser Wissenschaft besonders beschäftigen müssen.

Gestaltungslehre [5]. Es gab eine Zeit, da glaubte man mit einer Gestaltungslehre den Jünger der Technik in die Geheimnisse des Konstruierens einführen zu können. Es gibt eine ganze Reihe von Veröffentlichungen darüber. Das Gestalten ist aber nur eine Teilfunktion der konstruktiven Tätigkeit und die „Gestaltungsregeln" sind daher allein nicht geeignet, eine umfassende konstruktive Arbeit zu erlernen. Das Konstruieren umfaßt alle Überlegungen und Maßnahmen vom Auftrag bis zur werkstattreifen, zeichnerischen Festlegung der Lösung. Ähnlich ist es mit dem

Leichtbau. Hier handelt es sich nur um die Gestaltung mit ganz besonderer Berücksichtigung des Gewichts. Solche Fragen kann man nur mit einem angehenden Konstrukteur behandeln, welcher bereits den gesamten Aufgabenbereich der konstruktiven Tätigkeit kennt.

Entwerfen von Kraft- und Arbeitsmaschinen. In diesem Fachgebiet, sollte man glauben, müßte eigentlich die Möglichkeit gegeben sein, das Konstruieren in seinem ganzen Umfang zu erlernen. Die Wirklichkeit sieht aber leider so aus, daß nur konstruktive Übungen an Hand von Vorbildern durchgeführt werden, so daß der angehende Konstrukteur sich kein Kopfzerbrechen zu machen braucht über den kinematischen Aufbau, über Material, Herstellungs- und Gestaltungsfragen. Er braucht nur an Hand einiger Hauptabmessungen das Vorbild zu vergrößern oder zu verkleinern. Daß man durch diese Kopistentätigkeit nie die konstruktiven Überlegungen kennenlernt oder gar darin zum selbständigen Konstrukteur geschult wird, ist einleuchtend. Es gibt meines Wissens im ganzen Bundesgebiet auch heute noch nicht eine technische Schule, an welcher die Wissenschaft vom Konstruieren in einem eigenen Fach nach einem methodischen Plan gelehrt wird. Kann es da wundernehmen, wenn die Industrie über eine mangelnde Ausbildung von Konstrukteuren klagt? Nicht aus diesem Grunde allein wurde hier der Versuch unternommen, in den folgenden Kapiteln einen methodischen Arbeitsplan für den Konstrukteur an einfachen Übungsbeispielen zu zeigen.

Zum Schlusse dieser Betrachtungen über das notwendige geistige Rüstzeug des Konstrukteurs sei noch auf einen wichtigen Umstand hingewiesen. Es gibt Wissensgebiete, welche schon ziemlich abgeschlossen sind, wie Mathematik, Mechanik, Dynamik, Hydraulik usw., wenigstens soweit sie in ihrem Umfang für das Konstruieren in Frage kommen. Die chemische Industrie liefert uns aber immer neue Werkstoffe, es werden immer neue und bessere Herstellungsverfahren und Werkzeugmaschinen entwickelt. Die Technik ist, wie kaum ein anderer Berufszweig, in einer schnellen Entwicklung begriffen. Würde sich daher der Konstrukteur mit dem begnügen, was er auf der Schule gelernt hat, so würde er sehr bald veraltern. Um Schritt halten zu können mit dem jeweiligen Stand der Technik, muß er die einschlägigen Zeitschriften aufmerksam verfolgen, Einsicht nehmen in einschlägige Patente, Kataloge und Broschüren anfordern und durchstudieren, sowie Skizzen und Notizen sammeln über Beobachtungen und neue Erfahrungen, die er bei Vorträgen und auf Ausstellungen gemacht hat.

III. Die konstruktiven Gesichtspunkte

Der rationelle Arbeitsplan für das Konstruktionsbüro. Die planvolle Arbeit des Konstrukteurs soll seine ganze Tätigkeit im Büro bestimmen. Sie umfaßt

1. seine rein geistig schöpferische Arbeit, also die Tätigkeit, welche man gemeinhin als Konstruieren bezeichnet und deren Arbeitsmethodik in den folgenden Abschnitten näher behandelt wird und

2. die organisatorischen Maßnahmen im Büro, wie die Reihenfolge und Verteilung der konstruktiven Arbeiten um eine planmäßige Arbeitsvorbereitung für den Betrieb und damit eine rasche Erledigung des Auftrags zu ermöglichen. Diese Arbeitsplanung kann an der Schule nicht durchgeführt werden, da die Voraussetzungen dazu fehlen. Ein aufmerksamer Anfänger wird sie aber in der Praxis bald lernen.

Der Gesamtentwurf liegt am besten in einer Hand, zumindest muß er von einem Konstruktionsingenieur überwacht werden. Es handelt sich dabei, ausgehend von der Aufgabenstellung, um die Festlegung eines bestimmten Aufbaus, um die Wahl der entsprechenden Baustoffe und geeignete Herstellungsverfahren und um die Gestaltung der Einzelteile wenigstens so weit, daß man bei genauer Durcharbeitung oder Teilarbeit auf keine Schwierigkeiten mehr stoßen wird.

Ist diese Arbeit soweit gediehen, dann wird der leitende Konstruktionsingenieur die weitere Durcharbeitung in einzelne Baugruppen aufteilen.

Die Richtlinien, nach welchem die Reihenfolge der einzelnen Arbeiten am zweckmäßigsten ausgeführt werden, sind bestimmt durch die Länge der Lieferzeit der Einzelteile. Erfahrungsgemäß erfordern Gußstücke, besonders dann, wenn sie anderweitig bestellt und oft noch Angebote von mehreren Firmen eingeholt werden müssen, lange Lieferzeiten. Ähnlich kann auch der Fall bei großen Schmiedestücken, wie etwa Kurbelwellen, liegen. Man wird also dafür Sorge tragen, daß diese Teile zuerst in Angriff genommen und durchkonstruiert werden. Auch die eigene Werkstätte braucht frühzeitige Angaben über Material, Werkzeuge, Lehren, Vorrichtungen usw. Unter Umständen müssen auch für die Fertigung entsprechende Arbeitsmaschinen und Arbeitskräfte freigemacht werden. Eine Rücksprache mit dem Betrieb über Herstellungsmöglichkeiten und zur Arbeitsvorbereitung ist unerläßlich. In wirtschaftlich geleiteten Betrieben wird ja schon seit langem von einer planmäßigen Arbeitsvorbereitung Gebrauch gemacht, soweit die zur Herstellung eines Industrieproduktes nötigen Teilarbeiten in den Aufgabenbereich des Betriebs gehören.

Von einer planmäßigen Durchführung dieser Vorarbeiten von seiten der Konstruktionsbüros kann die rasche Erledigung eines Auftrags aufs wirksamste unterstützt und eine reibungslose und störungsfreie Abwicklung aller durchzuführenden Teilarbeiten gewährleistet werden.

Im allgemeinsten Falle umfaßt also der Arbeitsplan des Konstrukteurs folgende Abschnitte:

1. Genaue Festlegung der Wünsche des Kunden bzw. der Problemstellung.
2. Prüfung des Auftrages auf die Möglichkeit der Durchführung mit eigenen Mitteln.
3. Beschaffung aller zur konstruktiven Durcharbeitung notwendigen Unterlagen, Vorarbeiten usw.
4. Ermittlung von Lösungsmöglichkeiten und Auswahl der besten Lösung.
5. Methodische Durcharbeitung des Gesamtentwurfs.
6. Aufteilung des Gesamtentwurfs in Gruppen.
7. Teilkonstruktion mit Rücksicht auf Vordringlichkeit.
8. Rücksprache mit dem Betrieb wegen Fertigungsplanung.
9. Fertigungskonstruktion der Gruppen- und Einzelteile.
10. Rücksprache mit dem Betrieb, evtl. auch mit dem Kunden zwecks Änderungsvorschlägen.
11. Anfertigung sämtlicher notwendiger Werkzeichnungen.
12. Abnahme des fertigen Bauwerks bzw. Durchführung von Versuchen auf dem Prüfstand und Auswertung der Versuchsergebnisse.
13. Einholung des Kundenurteils über Bewährung und evtl. Verbesserungsvorschläge.

Da im folgenden nur auf die rein konstruktiven Maßnahmen eingegangen werden kann, kommen für den angehenden Konstrukteur allein die Punkte 1, 4, 5, 9 und 11 in Frage.

Welche Gesichtspunkte beeinflussen die Konstruktion? Ein Teilkonstrukteur wird noch wenig Schwierigkeiten mit der Berücksichtigung konstruktiver Gesichtspunkte haben, da man ihm so viele Unterlagen und Richtlinien geben wird, daß er seine Aufgabe lösen kann, ohne einen Einblick in die Gesichtspunkte zu haben, welche die ganze Anlage bestimmen. Natürlich wird er im Laufe der Zeit mit immer neuen technischen Gesichtspunkten bekannt werden, so daß er allmählich mit dem gesamten Aufgabenbereich des Konstrukteurs vertraut wird. Der Weg vom unselbständigen Teilkonstrukteur zum selbständigen Konstrukteur ist aber ein sehr langer und gelingt nur strebsamen und ausdauernden jungen Leuten.

Daher ist es notwendig, begabte Studierende schon an der Schule mit der Lösung von Konstruktionsaufgaben bekanntzumachen, an die sie in der Praxis erst als selbständige Konstruktionsingenieure herankommen.

Der Anfänger wird bei der Durcharbeitung einer konstruktiven Aufgabe gar bald merken, daß er nicht nur alle Wünsche des Kunden berücksichtigen, sondern auch noch auf eine ganze Reihe von Gesichtspunkten Rücksicht nehmen muß, die mit der Herstellung zu tun haben. Sie werden in solcher Fülle auftreten, daß er nicht wissen wird, wie und in welcher Reihenfolge er dieselben meistern soll. Dabei ist es so, daß nicht alle Forderungen in gleicher Weise berücksichtigt werden können. Oft sind dieselben recht gegensätzlicher Natur. Die Kunst des Konstruierens besteht nach A. ERKENS „in einem fortgesetzten Prüfen, Abwägen und Ausgleichen, manchmal recht gegensätzlicher Forderungen, bis dann als Endergebnis zahlreicher Gedankenverbindungen, eines Netzes von Gedanken, die Konstruktion entsteht".

Nachdem die Gesichtspunkte bei neuen Aufgaben in immer wieder neuen Formen auftreten können, ist es leicht verständlich, daß Ingenieure wie REULEAUX und BACH sogar von endlos vielen Forderungen sprachen. Wenn man das Gemeinsame vieler solcher Gesichtspunkte zusammenfaßt in Sammelbegriffen, wie etwa Herstellungsverfahren, Baustoffeigenschaften usw., dann ergeben sich, wie C. VOLK gezeigt hat, etwa dreißig solcher Punkte, welche die Konstruktion beeinflussen.

Damit ist eigentlich schon sehr viel erreicht, denn nun kann der Anfänger nachsehen, ob er nicht eine der wichtigen Anforderungen übersehen hat.

Man kann natürlich die Einflußgrößen nach verschiedenen Gesichtspunkten ordnen. Damit der Lernende einen schnellen Überblick über dieselben bekommt, sei nach Dr. WÖGERBAUER [1] die Einteilung gewählt in

I. Betriebsaufgaben, welche die Anforderungen des Kunden und

II. Verwirklichungsaufgaben, welche die Herstellung in der Werkstätte berücksichtigen.

I. Betriebsaufgaben	*II. Verwirklichungsaufgaben*
Geforderte Wirkung	Wirkungsweise
Mechanische Beanspruchung	Mechanische Beanspruchung
Klimatische Einflüsse	Stückzahl
Chemische Einflüsse	Gestalt
Mechanische Ortsbedingungen	Baustoff
Größe	Baustoffzustand
Gewicht	Überzugstoff
Versandfähigkeit	Stoffbeschaffungslager
Handhabung	Herstellungsverfahren
Wartung	Zusammenbauverfahren
Instandsetzung	Arbeitsaufwand
Wirtschaftlicher Energieverbrauch	Maschinenpark
Gebrauchsdauer	Passungen
Betriebssicherheit	Feinheit der Oberfläche
Betriebskosten	Vorrichtungen und Werkzeuge
Aussehen	Lehren und Prüfmöglichkeiten
	Termin

I. Betriebsaufgaben	*II. Verwirklichungsaufgaben*
Termin	Kosten der Herstellung
Stückzahl	DIN-Normteile, Werknormteile
	Baustoffnormen
	Abfallverwertung
	Schutzrechte
	Verwendung vorhandener Erzeugnisse

Die Bedeutung der einzelnen Gesichtspunkte kann bei verschiedenen Aufgaben
sehr stark wechseln. Daher bedeutet die obige Zusammenstellung nicht eine bestimmte Rangordnung.

Wie kann man die Gesichtspunkte übersichtlich ordnen? Die einzelnen Gesichtspunkte bestehen nicht unabhängig nebeneinander. Sie können also nicht für
sich allein zur Lösung einer Aufgabe verwendet werden. Selbst ein Anfänger wird
bei der Lösung der einfachsten Aufgabenstellung bald herausfinden, daß die
Gesichtspunkte, welche er zu berücksichtigen hat, alle in einer Abhängigkeit
zueinander stehen und meistens sogar mehrere eine gleichzeitige Beachtung erfordern.

Man kann eine direkte und indirekte Beziehung dieser Gesichtspunkte unterscheiden, z.B. beeinflußt die Stückzahl direkt die Herstellung und indirekt die
Gestalt.

Wenn man die Beziehungen der einzelnen Einflußgrößen aufeinander untersucht, so wird man finden, daß die Wirkungsweise, der Baustoff, die Herstellung
und die Gestalt die meisten solcher Beziehungen besitzen. Diesen vier Gesichtspunkten kommt deshalb eine besondere Bedeutung zu. Sie bilden Gruppenmittelpunkte, welche die Übersichtlichkeit im Ablauf der Konstruktionsarbeit sehr erleichtern.

Im nachfolgenden sind diese vier Gruppenmittelpunkte mit ihren Einflußgrößen dargestellt.

I. Wirkungsweise	*II. Baustoff*	*III. Herstellung*	*IV. Gestalt*
Wirkung	Gestalt	Gestalt	Wirkungsweise
Mechanische Bean-	Größe	Baustoff	Mechanische Bean-
spruchung	Gewicht	Aussehen	spruchung
Klimatische Ein-	Mechanische Bean-	Feinheit der Ober-	Baustoff
flüsse	spruchung	fläche	Herstellung
Chemische Einflüsse	Chemische Einflüsse	Klimatische Ein-	Mechanische Orts-
Mechanische Orts-	Klimatische Ein-	flüsse	bedingungen
bedingung	flüsse	Maschinenpark	Größe
Größe	Feinheit der Ober-	Termin	Gewicht
Gewicht	fläche	Vorrichtungen,	Normteile
Versandfähigkeit	Herstellung	Werkzeuge	Vorhandene
Handhabung	Kosten	Lehren	Erzeugnisse
Wartung	Gebrauchsdauer	Passungen	Aussehen
Instandsetzung	Stückzahl	Schutzrechte	Handhabung
Energieverbrauch	Termin	Stückzahl	Wartung
Gebrauchsdauer	Stoffbeschaffungs-	Kosten	Instandsetzung
Betriebssicherheit	lager	Instandsetzung	Oberflächen-
Betriebskosten	Abfallverwertung		beschaffenheit
Aussehen	Lärmfreiheit		Versandfähigkeit
Termin	Betriebssicherheit		Leistungsbedarf
Stückzahl	Baustoffnormen		
Lärmfreiheit			

Diese vier Gruppenmittelpunkte stehen ebenfalls in gegenseitiger Beziehung zueinander. So beeinflußt die Gestalt den Baustoff und die Wirkungsweise. Der Baustoff kann nur mit Rücksicht auf die Wirkungsweise, der Gestalt und der Herstellung gewählt werden. Während die Gestalt wieder in erster Linie von der Wirkungsweise unter gleichzeitiger Rücksichtnahme auf den Baustoff und die Herstellung festgelegt werden kann. Die Herstellung wird ihrerseits natürlich besonders vom Baustoff und der Gestalt bestimmt.

Die Verknüpfung dieser vier Gruppen mit den Herstellungskosten sei durch das Schaubild (Abb. 3) veranschaulicht.

Die Verbindungslinien zeigen die gegenseitige Abhängigkeit. Es beeinflußt die Wirkungsweise, die Gestalt und den Baustoff, der Baustoff kann aber nur mit Rücksicht auf Gestalt und die Herstellung gewählt werden.

Man sieht also, daß beim Konstruieren eine sehr komplizierte Gedankenarbeit geleistet werden muß.

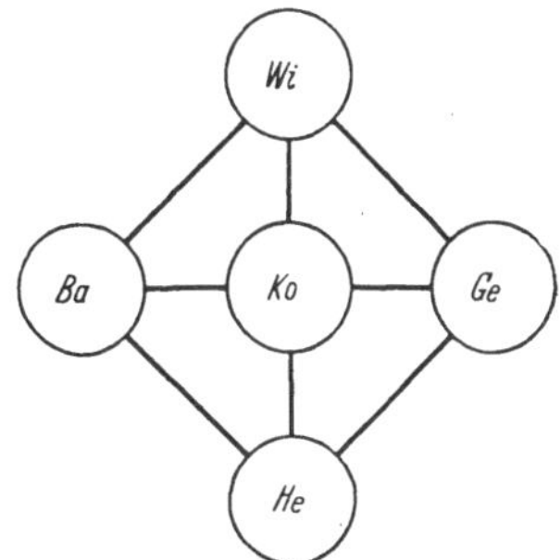

Abb. 3. Die Verknüpfung von Wirkungsweise, Baustoff, Herstellung, Gestaltung and Kosten

Daher ist es nicht zu verwundern, daß diese Betrachtungen auf den Anfänger zunächst sehr verwirrend und entmutigend wirken. Trotz dieser verwickelten Beziehungen der konstruktiven Gesichtspunkte kann man den Ablauf der Gedankenarbeit ordnen und damit sehr vereinfachen.

IV. Die planvolle Arbeit des Konstrukteurs

A. Der methodische Arbeitsplan

Die Erfahrung lehrt, daß auf allen Gebieten der menschlichen Tätigkeit, ob handwerklich oder geistig, nur ein methodisch planmäßiges Vorgehen den Erfolg am schnellsten verbürgt.

Es gibt natürlich auch Bedenken, die man gegen eine methodische Lösung ins Feld führen könnte. So wird vielleicht mancher fürchten, daß ein methodischer Arbeitsplan den Konstrukteur in ein Prokrustesbett einzwängen könnte, aus dem er nicht mehr herausfindet. Wer das glaubt, weiß nicht, daß alle erfolgreichen, körperlich und geistig schaffenden Menschen sich solcher Methoden bei ihrer Arbeit bedienen, die sie im Stadium des Lernens zuerst bewußt anwenden, um dann bei fortschreitender Meisterschaft sich ihrer unbewußt zu bedienen. Auch der Konstrukteur wird durch die Anwendung „methodischer Regeln" in seinem Schaffen nicht gehemmt oder gar geistig verknöchern. Wenn ihm das methodisch planmäßige Denken in Fleisch und Blut übergegangen ist, wird er um so freier schaffen können.

Der methodische Arbeitsplan ist zwar zeitsparend, aber nicht in dem Sinne, daß man das konstruktive Schaffen als Akkordarbeit auffassen darf. Die zu einer erfolgreichen konstruktiven Tätigkeit nötigen Überlegungen lassen sich auf keinen Fall zu einer bestimmten Zeit erzwingen, wie das bei einer eingeübten Handfertigkeit möglich ist.

2*

Wir haben gesehen, daß die große Zahl der technischen Gesichtspunkte in vier Gruppen zusammengefaßt werden können. Es handelt sich also jetzt nur darum, die günstigste Reihenfolge derselben festzulegen. Die Erfahrung hat gezeigt, daß folgender Weg am zweckmäßigsten ist.

Nach dem Studium der Aufgabe wird man in einer schematischen Handskizze, einer Prinzipkonstruktion, die verlangte Wirkung festlegen, dann den Baustoff wählen und endlich die Gestaltung mit Rücksicht auf die wirtschaftliche Herstellung durchführen.

Das ist in groben Umrissen der methodische Arbeitsplan für den Konstrukteur. Bildlich kann man denselben etwa so darstellen (Abb. 4):

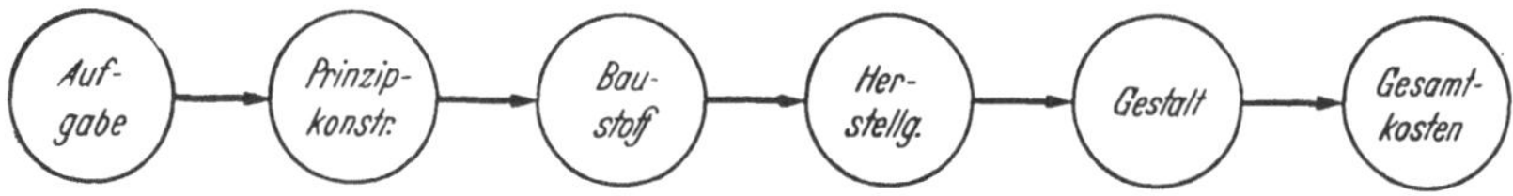

Abb. 4. Der methodische Arbeitsplan

Wir werden nun im folgenden das Studium dieser Gesichtspunkte in der gleichen Reihenfolge durchnehmen.

Der Gesamtarbeitsplan des Konstrukteurs gliedert sich also in folgende Teilaufgaben:

I. Die genaue Definition der Aufgaben und die Festlegung aller damit zusammenhängenden Fragen.

II. Die Aufstellung aller Lösungsmöglichkeiten für die nach I. geforderte Wirkung in einer schematischen Darstellung (Prinzipkonstruktion) und die Auslese der besten Lösung.

III. Die Auswahl des geeignetsten Baustoffs.

IV. Die Überlegungen herstellungstechnischer Fragen.

V. Die zweckmäßigste Gestaltung.

VI. Die Ermittlung der Gesamtkosten.

Die Prinzipkonstruktion stellt in ihrer schematischen Form ein Gerippe dar, welches nur die endgültige Gestalt ahnen läßt. Um zu einer Grundform zu kommen, muß der Konstrukteur vorerst Annahmen über den Baustoff und die Art der Herstellung machen, also die Gedankenreihe Baustoff → Herstellung → Gestalt durchlaufen.

Nach Festlegung der Grundform hat der Konstrukteur ein angenähertes Bild vom Bauwerk vor sich und kann nun zu einer wohlüberlegten Auswahl des Baustoffs schreiten. Damit ist er auch in der Lage, nach Berücksichtigung aller wirtschaftlichen Gesichtspunkte für die Herstellung, die Gestaltung vorzunehmen.

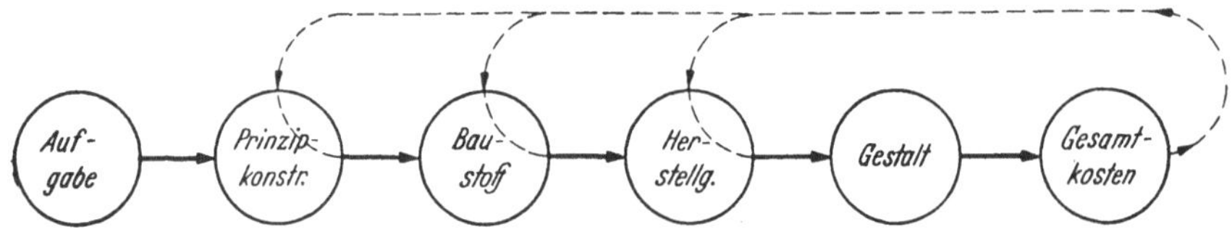

Abb. 5. Der methodische Arbeitsplan bei Nichtbefriedigung der Gesamtkosten

Die Gesamtkosten entscheiden immer über das endgültige Werkstück. Befriedigen die Kosten nicht, so ist es notwendig, daß man nochmals die Überlegung in der Reihenfolge Baustoff → Herstellung → Gestalt → Kosten vornimmt (s. Abb. 5).

B. Die Aufgabenstellung

Bevor an die konstruktive Lösung einer technischen Aufgabe herangetreten werden kann, müssen die einzelnen Gesichtspunkte, welche bei einem vorliegenden Auftrag zu berücksichtigen sind, möglichst klargestellt werden.

Die Arten von Aufgabenstellungen. Die Forderungen, welche der Kunde stellen kann, sind folgender Art:

Geforderte Wirkung	Instandsetzung
Mechanische Beanspruchung	Wirtschaftlicher Energieverbrauch
Klimatische Einflüsse	Gebrauchsdauer
Chemische Einflüsse	Betriebssicherheit
Mechanische Ortsbedingung	Betriebskosten
Größe	Aussehen
Gewicht	Termin
Versandfähigkeit	Stückzahl
Handhabung	Lärmfreiheit
Wartung	

Eine allgemein gültige Reihenfolge der Kundenforderungen, geordnet nach der Wichtigkeit, ist nicht möglich, da mit jeder Aufgabe die Bedeutung der Forderung wechselt. Meistens ist ja auch nur ein Teil dieser Forderungen zu erfüllen. Für den Konstrukteur ist es aber sehr wichtig, genauen Bescheid zu wissen über den Grad der Notwendigkeit der einzelnen Wünsche. Vielfach ist sich der Kunde darüber noch selbst im unklaren. Es wird daher von Vorteil sein, wenn er mit einem Vertreter der Firma seine Wünsche so klar wie möglich festlegt und über die Erfüllbarkeit derselben unterrichtet wird. Oft ist es aber dem Konstrukteur erst möglich, bestimmte Angaben zu machen, inwieweit den einzelnen Wünschen des Kunden nachgekommen werden kann. Auf jeden Fall ist es für beide Teile vorteilhaft, vor der Inangriffnahme der Aufgabe die Forderungen so genau festzulegen, wie das nur möglich ist.

Man kann sich dazu zweckmäßig verschiedener systematischer Bewertungspläne bedienen. Eine Darstellung, wie sie auch sonst in der Technik üblich ist, sei hier im folgenden verwendet. Die Bewertung der notwendigen Forderungen kann nach Punkten in folgender Abstufung vorgenommen werden;

1. Forderungen, welche unbedingt zu erfüllen sind, mit .... 3 Punkten
2. Forderungen, welche möglichst vollständig erfüllt werden sollen, wenn auch die Lösung zu einem Kompromiß führt, mit .... 2 Punkten
3. Forderungen, deren Erfüllung nur dann verlangt wird, wenn dieselbe auf wirtschaftliche Art möglich ist, mit.. 1 Punkt
4. Forderungen, welche unwichtig sind und vernachlässigt werden können, mit 0 Punkten

Eine bildliche Darstellung ist auch hier wie in vielen anderen Fällen der Technik am übersichtlichsten und einer tabellarischen Zusammenstellung vorzuziehen. Daher wurde die in Abb. 6 gezeigte schematische Darstellung gewählt.

Man kann natürlich nicht zuviel von der graphischen Darstellung verlangen. Der Umfang einer Aufgabenstellung kann oft sehr groß sein. Die Betriebsbedingungen und das Leistungsprogramm einer Lokomotive umfassen z. B. ein ganzes Buch. Für solche Fälle ist das Diagramm (Abb. 6) nicht geeignet. Aber in vielen anderen Fällen, wo die Aufgabe nicht so groß ist, bringt es dem Konstrukteur wesentliche Vorteile. Er überblickt sofort die verschiedene Vordringlichkeit der einzelnen Kundenwünsche und wird durch Eintragen der Diagrammlinien für die ausgeführte Lösung sofort sehen, wieweit er den Anforderungen gerecht geworden ist.

Das Ideal wäre, daß alle Forderungen im gleichen Maße erfüllt werden. Das ist aber wohl nie zu erreichen. Man wird sich meistens mit einem Kompromiß begnügen müssen. Es muß aber verlangt werden, daß alle Forderungen, welche mit zwei und drei Punkten gestellt wurden, erreicht werden.

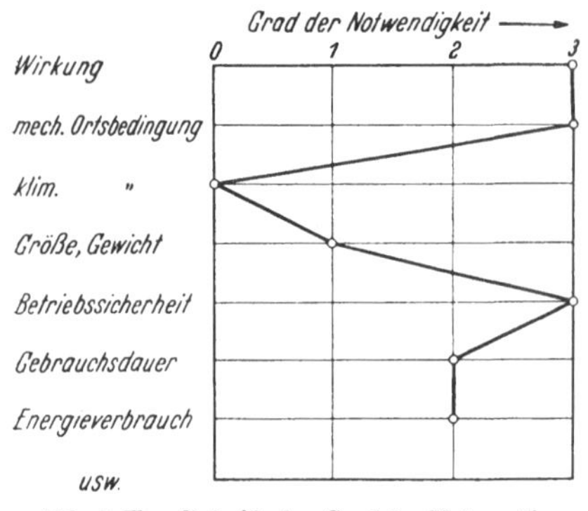

Abb. 6. Kennlinie für den Grad der Notwendigkeit der gestellten Aufgabe

Im folgenden wollen wir zunächst die einzelnen Gesichtspunkte näher betrachten, welche im allgemeinen dem Bedürfnis des Auftraggebers entsprechen.

Wirkung. Von jeder Maschine, jedem Gerät und jedem einfachen Maschinenteil verlangt man eine bestimmte Wirkung. Man unterscheidet, je nach der Beanspruchung des Konstruktionselementes, folgende verschiedene Arten der Wirkung:

mechanisch, elektrisch, optisch, thermisch, magnetisch, akustisch.

Von diesen Wirkungsarten kommt eigentlich nur die mechanische für sich allein vor. Alle anderen nicht mechanisch wirkenden Elemente sind wegen ihres mechanischen Aufbaus auch mechanisch beansprucht.

Häufig treten noch andere Wirkungen hinzu, wie z.B. bei den Kollektorlamellen. Dieselben haben vornehmlich die Aufgabe, elektrisch zu wirken. Sie werden aber infolge des Stromdurchgangs erwärmt und durch die Fliehkraft nicht unerheblich mechanisch beansprucht. Wohlgemerkt sind das Wirkungen, welche der Auftraggeber gar nicht verlangt. Der Kunde hat bei Bestellung eines Elektromotors nur den Wunsch, daß die elektrische Energie auf möglichst wirtschaftliche Weise in eine mechanische mit bestimmtem Drehmoment und Tourenzahl umgewandelt wird. Der Konstrukteur hat also neben den verlangten Wirkungen noch auf eine Reihe anderer Rücksicht zu nehmen, die sich aus der Konstruktion ergeben.

Die vom Kunden verlangte Wirkung wird erreicht durch eine sinnvolle Anordnung verschiedener Bauelemente. Meistens kann man auf verschiedene Weise die gleiche Wirkung erreichen. Wird z.B. die hin und her gehende Bewegung einer Tischplatte durch die Aufgabenstellung verlangt, so gibt es dafür mehrere Lösungen. Es ist nun eine vordringliche Aufgabe des Konstrukteurs, diese Lösungsmöglichkeiten aufzusuchen und dann, wie wir noch sehen werden, eine Auswahl der besten Ausführung zu treffen.

Mechanische Beanspruchung. Außer den durch die Wirkung geforderten Beanspruchungen wird das technische Erzeugnis durch den Verwendungsort mechanisch beeinflußt. Es handelt sich hier um Kräfte, Stöße, Schwingungen, Geschwindigkeiten oder Beschleunigungen, welche durch die eigenartigen Verhältnisse der Verwendung hervorgerufen werden. Hierher gehören auch alle durch Unachtsamkeit, wie Stöße, Fallenlassen usw., hervorgerufenen Beschädigungsmöglichkeiten. In den meisten Fällen wird der Auftraggeber über diese mechanischen

Beanspruchungen keine näheren Angaben machen können. Es ist daher Aufgabe des Konstrukteurs, diese Beanspruchungen klar zu erkennen und festzulegen. Wenn keine Erfahrungswerte darüber zur Verfügung stehen, muß er durch theoretische Überlegungen oder nötigenfalls durch Versuche sich die notwendigen Unterlagen für die Berechnung verschaffen.

Klimatische und chemische Einflüsse. Die nähere Umgebung des Verwendungsortes beeinflußt stark die Konstruktion. Die klimatischen Einwirkungen sind vor allem thermischer und chemischer Art. Das technische Erzeugnis muß daher, je nach den äußeren Verhältnissen, widerstandsfähig sein gegen große Temperaturunterschiede im Winter und Sommer, gegen stark veränderliche Luftfeuchtigkeit, gegen die chemische Einwirkung verschiedener Gase und Dämpfe sowie gegen die korrosiven Einwirkungen von Wasser oder wäßrigen Lösungen von Salzen, Säuren, Basen, Elementenbildung

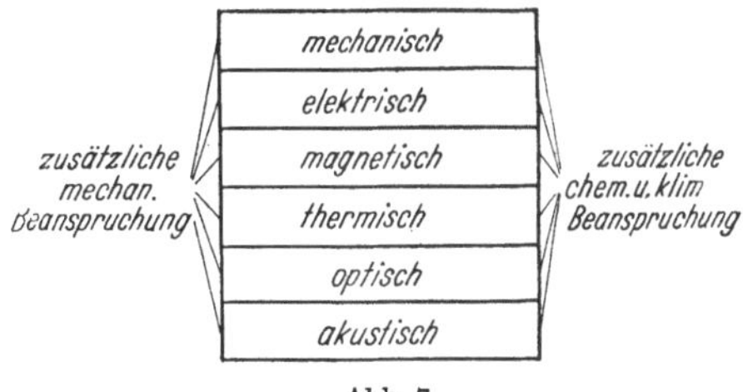

Abb. 7

usw. Besondere Beachtung erfordern diese Gesichtspunkte im chemischen Apparatebau.

Die mechanischen, klimatischen und chemischen Einflüsse des Verwendungsortes stehen natürlich auch im engsten Zusammenhang mit den verschiedenen Wirkungsgrößen, wie Abb. 7 zeigt.

Mechanische Ortsbedingungen. Unter den Gesichtspunkt „Ortsbedingungen" fallen alle Vorschriften von seiten des Auftraggebers, bestimmte örtliche Gegebenheiten zu berücksichtigen. Sie können dem Konstrukteur oft viel Kopfzerbrechen verursachen, z. B. wenn es sich darum handelt, bei räumlich beschränkten Verhältnissen einen Laufkran unterzubringen oder auf engstem Raum ein Getriebe einzubauen. Im Fahrzeug- und Flugzeugbau sind solche Rücksichtnahmen beim Konstruieren sehr häufig.

Größe und Gewicht. Jeder Konstrukteur wird schon aus rein wirtschaftlichen Gründen danach trachten, seinen Konstruktionen die kleinsten Abmessungen zu geben, auch wenn durch den Auftrag keine Beschränkungen in dieser Richtung vorgeschrieben sind. Der Forderung nach einem Minimum an Raumbedarf und an Materialkosten wird eine solche fundamentale Bedeutung für das konstruktive Schaffen beigemessen, daß vielfach die Konstrukteure darin allein schon eine Gewähr für eine richtige Lösung der gestellten Aufgaben erblicken.

Wenn aber, wie bei Fahrzeugen, Flugzeugen oder im Schiffbau, besondere Vorschriften über Abmessungen und Gewichte gemacht werden, dann muß der Konstrukteur in erhöhtem Maße der Forderung nach einem Minimum an Größe und Gewicht Genüge leisten. Alle konstruktiven Gesichtspunkte für die Erreichung einer besonders leichten Konstruktion sind zusammengefaßt unter dem Sammelbegriff „Leichtbau", wie später gezeigt wird. Man legte früher diesen Grundsätzen für die Ausbildung zum Konstrukteur eine solche Bedeutung bei, daß man an den Ingenieurschulen ein eigenes Fach „Leichtbau" einführte.

Versandfähigkeit. Bei der Gestaltung der technischen Erzeugnisse muß auch Rücksicht auf die verschiedenen Transportmittel genommen werden. Dabei spielen neben der Versandmöglichkeit auch die Versandkosten einschließlich Zölle eine Rolle. Große und sperrige Bauwerke wird der Konstrukteur so unterteilen, daß ein Versand möglich wird. Aber auch bei kleinen Erzeugnissen muß man evtl. an die Versandfähigkeit denken, z.B. sind Instrumente oft sehr empfindlich gegen Stöße und Erschütterungen. Man kann sie dadurch transportfähig machen, daß man für Arretierung oder Zerlegung bestimmter Teile Sorge trägt.

Handhabung. Vor allem ist bei der Handhabung von Erzeugnissen zu beachten, welche Art von Personen, geschult oder ungeschult, zur Bedienung vorhanden sind. Ebenso ist die Art des Betriebs von ausschlaggebender Bedeutung für die Ausbildung der Hilfsmittel zur Handhabung. Die Armatur einer Lokomotive wird zweifellos derber auszuführen sein als etwa diejenige eines Lastautos, und diese wieder anders als diejenige eines eleganten Personenwagens. Viele der Handgriffe, Hebel und Handräder sind genormt. Bei der freien Gestaltung derselben wird sich der Konstrukteur von obigen Gesichtspunkten leiten lassen. Auch auf das psychologische Empfinden des Kunden ist Rücksicht zu nehmen.

Wartung. Unter Wartung versteht man die für die Aufrechterhaltung des Betriebs notwendigen Instandhaltungsarbeiten, wie Reinigen, Schmieren, Nachziehen der Schrauben, Auswechseln ausgenützter, schadhafter Teile usw. Um diese Arbeiten schneller durchführen zu können, muß der Konstrukteur für eine leichte Zugänglichkeit dieser Teile sorgen und die Anzahl der zur Wartung nötigen Werkzeuge auf ein Minimum beschränken.

Instandsetzungsmöglichkeit. Für die Instandsetzungsmöglichkeit kommen drei Fälle in Betracht. Es kann sein, daß die Reparatur eines einfachen Erzeugnisses teurer kommt als die Auswechslung des ganzen Teils. In diesem Falle ist eine weitere Unterteilung zwecks Ersatz nicht richtig. Oft ist es zu empfehlen, Teile, die einem raschen Verschleiß unterworfen sind, austauschbar durchzubilden und dem Kunden Ersatzteile zu liefern, welche er selbst auswechseln kann. Es kann aber auch vorkommen, daß die Auswechslung oder Reparatur eine besondere Sachkenntnis erfordert. In diesem Falle muß sogar Vorsorge getroffen werden, daß der Kunde keine Eingriffe in die Erzeugnisse vornehmen kann, sondern die Reparatur seiner Lieferfirma oder einem entsprechenden Reparaturwerk überläßt.

Energieverbrauch. Der Kunde wird aus finanziellen Gründen ein ganz besonderes Interesse daran haben, daß das geforderte Erzeugnis einen möglichst geringen Energieverbrauch hat, d.h. möglichst wirtschaftlich ist. Für den Konstrukteur ergibt sich daraus die Forderung, daß er bei der konstruktiven Gestaltung des Erzeugnisses alle Faktoren ermittelt, welche einen wesentlichen Einfluß auf die Verringerung des Energieverbrauchs ausüben, und dieselben bei der Konstruktion berücksichtigen. Die Wirtschaftlichkeit im Energieverbrauch eines Erzeugnisses ist ein zuverlässiger Maßstab für die Güte des Fabrikats und ist mitbestimmend für die Konkurrenzfähigkeit gegenüber älteren und unvollkommenen Ausführungen.

Gebrauchsdauer. Jeder Abnehmer eines technischen Bauwerks wird ein großes Interesse an einer möglichst langen Gebrauchsdauer haben. Es ist daher für den Konstrukteur ein wichtiger Grundsatz, auch wenn vom Kunden keine besonderen Forderungen in dieser Richtung gestellt werden, durch günstige Bemessung, richtige Auswahl des Baustoffs und anderer Maßnahmen dafür zu sorgen, daß das Erzeugnis möglichst lange in Betrieb gehalten werden kann. Zweifellos wäre es ideal, wenn alle Konstruktionselemente eine gleich große Lebensdauer hätten. Meistens haben aber einzelne Teile infolge mechanischer, thermischer oder chemischer Einwirkung eine kürzere Lebensdauer als das Ganze. Damit der Betrieb in diesem Falle keine größere Unterbrechung erleidet, ist für eine schnelle Auswechselbarkeit der verschleißenden Teile zu sorgen.

Betriebssicherheit. Die Zuverlässigkeit eines technischen Erzeugnisses bei dauerndem Gebrauch ist eine Eigenschaft, welche von jedem Käufer besonders hoch geschätzt wird. Die störungsfreie Durchführung einer bestimmten Arbeitsleistung ist vor allem abhängig von der Zuverlässigkeit und Sicherheit der Wirkungsweise aller daran beteiligten Konstruktionselemente.

Es erwächst also daraus für den Konstrukteur die verantwortungsvolle Aufgabe, bei der konstruktiven Durchbildung seiner Arbeit bis ins kleinste sich stets zu überlegen, welchen ungünstigen Einflüssen, möglichen Überbeanspruchungen, Verschleißwirkungen oder sonstigen Störungen die verschiedenen Einzelteile unterliegen und welche Auswirkungen sich für die Sicherheit des Erzeugnisses damit ergeben.

Betriebskosten. Im ganz engen Zusammenhang mit dem Gesichtspunkt über den Energieverbrauch stehen die Betriebskosten. Zum größten Teil finden dieselben ihren Ausdruck in dem Wirkungsgrad des Bauwerks. Der Konstrukteur hat daher alle Faktoren zu berücksichtigen, welche auf denselben einen Einfluß haben. Im Betrieb können sich durch unsachgemäße Bedienung, durch Verschleiß und Undichtheiten Verluste an Schmieröl, Kühlwasser, Brennstoffe, Dämpfe, Gase usw. einstellen, welche den Betrieb ganz wesentlich verteuern. Daher wird die Lieferfirma im eigenen Interesse dem Kunden

Betriebsvorschriften in die Hand geben. Dieselben geben dem Kunden Anweisungen über die Bedienung, über das frühzeitige Erkennen von Fehlern und Abstellen derselben. Gleichzeitig bieten dieselben dem Lieferanten einen gewissen Schutz vor unbegründeten Reklamationen und einen Rückhalt bei Streitigkeiten.

Aussehen. Im allgemeinen gilt für den Konstrukteur der Satz: „Alles Zweckmäßige ist schön." Nun gibt es aber auch viele Industrieerzeugnisse, bei denen das Publikum eine saubere und glatte äußere Form wünscht. Bei Werkzeugmaschinen legt man heute auf ein solches Aussehen einen großen Wert. Auf den inneren Aufbau hat die äußere Erscheinungsform dann wenig Einfluß und der Konstrukteur kann in diesem Punkte dem Zeitgeschmack des Kunden leicht entgegenkommen.

Lärmfreiheit. Eine mit Lärm arbeitende Maschine ist für den Besitzer selbst auf die Dauer unerwünscht. Noch viel weniger ist es zulässig, die Umgebung damit zu belästigen. Man würde dadurch sehr bald mit den polizeilichen Vorschriften in Konflikt kommen. Es gibt für den Konstrukteur verschiedene Möglichkeiten, die unerwünschten akustischen Wirkungen am Erzeugnis zu beseitigen oder zu mildern. Auf jeden Fall muß eine lärmende Maschine akustisch isoliert aufgestellt werden. Oft hilft schon eine Änderung des Standortes. Berechnungen führen bei den komplizierten baulichen Verhältnissen der Umgebung gewöhnlich zu keinem Resultat. Der Versuch entscheidet hier alles.

Termin. Bei jedem Auftrag wird ein Termin für die Lieferung vereinbart. Manchmal wird er vom Kunden vorgeschrieben, aber meistens ist er das Resultat gemeinsamer Verhandlungen. Er muß immer nach Rücksprache mit dem Konstruktionsbüro und dem Betrieb erfolgen, besonders bei Neukonstruktionen. Die

Einhaltung des Termins kann bei großen Aufträgen oft durch vereinbarte Konventionalstrafen erzwungen werden.

Stückzahl. Über dieselbe werden natürlich immer Angaben gemacht. Sie ist von großer Bedeutung für die Auswahl des Baustoffs und die Fertigung und beeinflußt auf diese Weise auch die Konstruktion maßgebend. So wird man z.B. bei einer geringen Stückzahl sich überlegen müssen, ob Gießen noch wirtschaftlich ist oder besser durch Schweiß- oder Schmiedearbeiten ersetzt werden kann.

Gesamtkosten. Dies ist ein Gesichtspunkt der verständlicherweise den Kunden stark interessiert. Er hat auf die Arbeit des Konstrukteurs insofern einen Einfluß, als derselbe bemüht sein muß, die Auswahl des Baustoffs und die Gestaltung nach wirtschaftlichen Gesichtspunkten so vorzunehmen, daß ein konkurrenzfähiger Gesamtpreis erreicht wird.

Die Arten von Aufgabenstellungen. Man unterscheidet verschiedene Arten von Aufgabenstellungen, je nachdem sie vom Kunden oder vom eigenen Werk ausgehen, wie folgende Zusammenstellung zeigt:

Kundenaufträge	Fertiges Erzeugnis
	Fertiges Erzeugnis mit Änderungen
	Reklamationen
	Reparaturen
	Neukonstruktion
	Verbesserung
Werkaufträge	Weiterentwicklung
	Neukonstruktion
	Erfindung

Der Kundenauftrag. Der Kunde, welcher durch Reklame, Inserate und Empfehlungen vom Vorhandensein einer für die Befriedigung seiner Wünsche in Betracht kommenden Firma genügend unterrichtet ist, wird sich am besten zwecks genauer Fassung und Umgrenzung seines Auftrags eine fachkundige Beratung einholen, indem er sich direkt an das ausführende Unternehmen oder einen Vertreter desselben wendet. Druckschriften, Prospekte und Kataloge sollten nicht nur der Reklame dienen, sondern auch alle für den Abnehmer wichtigen Daten, wie Hauptabmessungen, Gewichte, garantierte Werte, evtl. Diagramme, einfache erläuternde Schnittzeichnungen usw. enthalten. Ein gut unterrichteter Auftraggeber wird natürlich seine Wünsche so darlegen können, daß es nicht mehr vieler Rücksprache mit dem Konstruktionsbüro bedarf.

In den meisten Fällen wird es sich bei den Aufträgen um Objekte handeln, welche serienweise hergestellt werden, nur daß den besonderen Wünschen des Abnehmers entsprechend kleinere bauliche Änderungen vorzunehmen oder zusätzliche Einrichtungen anzubringen sind. Derartige Änderungsarbeiten bilden in vielen Fällen die Hauptbeschäftigung des Konstruktionsbüros. Es handelt sich dabei meistens um Anpassungskonstruktionen.

Neben diesen Konstruktionsarbeiten können, besonders bei noch nicht genügend erprobten Neukonstruktionen, Reklamationen, Reparaturen oder Verbesserungsvorschläge vom Auftraggeber vorgebracht werden, welche als Anpassungskonstruktion aber eine große Sorgfalt erfordern im Interesse der Wahrung des guten Rufs des Unternehmens. Hier besteht die Aufgabe des Konstrukteurs vor allem darin, den wahren Ursachen der Beanstandung auf das sorgfältigste nachzuprüfen, um durch entsprechende Änderung und Verbesserung die aufgefundenen Mängel zukünftig zu beheben.

Ein höchstes Maß des konstruktiven Könnens erfordert die Lösung neuer Aufgaben, die vom Kunden gestellt werden. Sehr häufig sind erst durch Versuche und theoretische Überlegungen die Grundlagen für eine konstruktive Verwirklichung des Problems zu schaffen, für das noch kein Vorbild vorhanden ist.

Der Werkauftrag. Außer den Kundenaufträgen hat jedes Werk laufend eigene Konstruktionsaufgaben zu erledigen. Teils sind es Verbesserungsarbeiten, welche sich aus den Erfahrungen ergeben, die im Kundendienst gesammelt wurden, teils sind es Weiterentwicklungsarbeiten, die aus der Beobachtung der eigenen Fabrikate folgen.

Eine besondere Art von Arbeitsaufträgen für das Konstruktionsbüro sind solche, welche aus dem Bestreben der Firma entstehen, durch die Ergebnisse sorgfältiger Marktbeobachtungen veranlaßt, aus sich selbst Neukonstruktionen oder konstruktive Verbesserungen zu schaffen, welche auf dem Schutz eigener Patente gegründet, den wesentlichen Fortschritt auf dem entsprechenden technischen Gebiet darstellen sollen. Bei diesen Arbeiten hat der Konstrukteur besonders die wirtschaftlichen Grundsätze im Auge zu behalten, um im vorhinein ein technisches Erzeugnis zu schaffen, welches nicht nur eine bedeutende Verbesserung in der Reihe der Lösungsmöglichkeiten zum Ausdruck bringt, sondern auch im Hinblick auf die Preiswürdigkeit als Marktware einen wirksamen Vorsprung gegenüber der einschlägigen Konkurrenz in Aussicht stellt. Dabei ist die konstruktive Durchbildung derart zu leiten, daß ein Erzeugnis entsteht, welches durch auswechselbare und verstellbare Teile, durch zusätzliche Anbringung von Sondereinrichtungen und Ausbau oder Erweiterungsmöglichkeiten einer möglichst weitgehenden Anpassungsfähigkeit gerecht wird.

Übungsaufgaben

Das Studium der Aufgabe gehört mit zur Ausbildung des jungen Konstrukteurs. Sie muß daher so umfangreich und präzise gestellt werden, daß alle Rückfragen unnötig werden. Bis jetzt wurde meines Wissens noch keine Übung in diesem Sinne an den Schulen durchgeführt. Die gestellten Aufgaben sind meistens so mangelhaft, daß der Studierende einen großen Spielraum für eigene Annahmen hat und, wenn er kritisch veranlagt ist, immer wieder Fragen an seinen Lehrer richtet.

Bei großen Firmen erhält der Teilkonstrukteur die für seine Arbeiten notwendigen Angaben von der übergeordneten Stelle und ist meistens nicht im Bilde über den ganzen Umfang der Aufgabe. Dagegen kann er bei kleineren Unternehmen, wo die Tätigkeit des Teilkonstrukteurs, des Gruppenleiters und Oberingenieurs in einer Hand liegt, selbst bald in die Lage kommen, den Schriftsatz über eine Anfrage nach den wesentlichen Gesichtspunkten klarzustellen oder im direkten Verkehr mit dem Kunden die Aufgabe eindeutig festzulegen. Dieses Können erfordert eine besondere Übung. Daher werden im folgenden einige Beispiele angeführt.

1. Aufgabe. Die Übungsaufgaben an der Schule, besonders wenn es sich um Kraft- oder Arbeitsmaschinen handelt, haben oft folgenden Text:

Es sind zu entwerfen das Laufrad, die Spirale und der Lagerstuhl einer vertikalachsigen Schachtpumpe für eine Fördermenge von Q l je sek und eine Förderhöhe von H m bei einer Tourenzahl von n Umdr./min.

Entspricht eine solche Aufgabe auch nur annähernd den Verhältnissen in der Praxis? Ist es da ein Wunder, wenn der Lernende glaubt, es müßten die Verhältnisse immer so einfach liegen, ohne weitere Einschränkungen und besondere Wünsche? Die vorliegende Übungs-

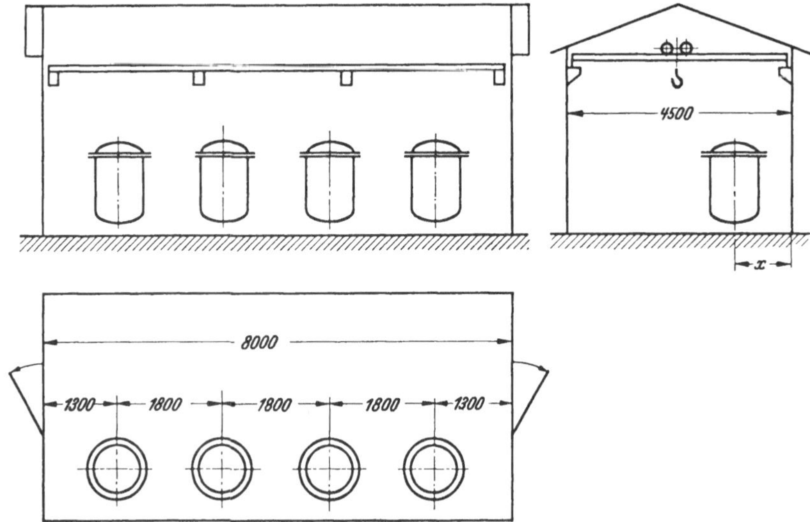

Abb. 8. Lageplan eines chemischen Betriebs mit 4 Autoklaven

aufgabe ist bei einer solchen Fassung nur als Berechnungsbeispiel zu werten. Das übrige ist Bildmalerei nach bewährten Vorlagen.

Die für uns gestellte Aufgabe besteht nun darin, anzugeben, an Hand der Zusammenstellung über Kundenforderungen, welche Angaben noch gemacht werden müssen, um den Auftrag möglichst klarzustellen.

2. Aufgabe. Von einem Kunden liegt eine Anfrage mit folgenden Angaben vor:

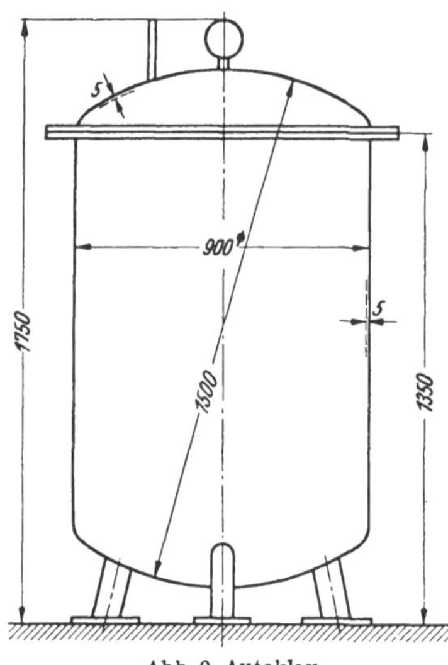

Abb. 9. Autoklav

In einem chemischen Betrieb stehen bereits vier Autoklaven in einer Halle (Lageplan Abb. 8). Zum Ausführen und Einsetzen eines Korbes in die Autoklaven steht ein Laufkran mit elektrisch angetriebener Einschienenlaufkatze für 500 kg zur Verfügung. Da der Kran nicht gleichzeitig auch zum Öffnen und Schließen des Deckels benützt werden kann, soll eine Vorrichtung zur Bedienung desselben von einem Mann angebracht werden. Die Autoklaven dienen zum Kochen. Verwendet wird eine zehnprozentige Natronlauge. Das Kochen erfolgt bei ein Zehntel atü. Die Abmessungen des Autoklaven sind aus der Abb. 9 zu ersehen. Im Deckel ist nur ein Manometer und ein Thermometer angebracht. Die Abdichtung gegen austretende Dämpfe erfolgt durch einen Dichtungsring, der am unteren Flansch festgeklebt ist. Der Deckel wird bei achtstündigem Betrieb alle vier Stunden geöffnet.

In welcher Zeit könnte die Vorrichtung geliefert werden und wie hoch belaufen sich die Gesamtkosten?

Der Konstrukteur soll nun untersuchen, ob die Angaben alle ausreichend sind für die Konstruktion der Abhebevorrichtung für den Deckel? Die Überprüfung erfolgt am besten an Hand der Gesichtspunkte für den Kundenauftrag. Außerdem soll in graphischer Darstellung der Grad der notwendigen Einzelwünsche gezeigt werden.

C. Die Prinzipkonstruktion

Die konstruktive Tätigkeit beginnt mit dem Studium der Wünsche des Auftraggebers. Auf S. 17 wurden diese Anforderungen des Kunden zusammengestellt und einzeln besprochen. Für die Aufstellung von Lösungsmöglichkeiten sind aber nicht alle diese Gesichtspunkte von gleicher Bedeutung. An erster Stelle steht natürlich die Forderung nach einer bestimmten Wirkung. Von Einfluß auf die Prinzipkonstruktion sind dann noch die mechanische Beanspruchung, die Ortsbedingung, die Größe und der wirtschaftliche Energieverbrauch, während die anderen Forderungen für die Auswahl des Baustoffs, die Herstellung und die Gestaltung von Einfluß sind und dort berücksichtigt werden müssen.

Im allgemeinen wird man mehrere Lösungen für die gestellte Aufgabe finden. Es wird dem Anfänger empfohlen, sich nicht mit einer oder zwei solcher Lösungen zu begnügen, sondern zu versuchen, alle nur denkbaren Ausführungsmöglichkeiten in Form von einfachen schematischen Skizzen festzulegen. Es sind damit folgende Vorteile für den Konstrukteur verbunden.

1. Er bekommt ein sicheres Gefühl, weil er ja die verschiedenen Lösungsmöglichkeiten sowie deren Vor- und Nachteile kennenlernt. Damit kann er alle kritischen Einwände schnell entkräften.

2. Er ist vor der unliebsamen Überraschung geschützt, daß andere Firmen dasselbe Problem besser lösen. So kann man beim Durchblättern von Patenten immer wieder die Erfahrung machen, daß eine patentierte Ausführung durch andere Firmen umgangen und sogar noch verbessert wird. Wenn der Konstrukteur alle Lösungsmöglichkeiten des gestellten Problems kennt, kann er das Patent so abfassen, daß jede Konkurrenz ausgeschaltet wird.

Wie findet man die verschiedenen Lösungsmöglichkeiten? Das Auffinden einer Lösung für die in der Aufgabe gestellten Forderungen ist nur selten die Folge einer plötzlichen Eingebung – wenn auch vom Konstrukteur erfinderischer Geist verlangt wird –, sondern einer planmäßigen Überlegung. Auf jeden Fall soll sich der Konstrukteur nicht allein auf seine Intuition verlassen. Dem Anfänger muß die Ansicht genommen werden, daß es sich bei dieser Arbeit nur um eine erfinderische Tätigkeit handelt.

REULEAUX beschäftigte sich auch in seinem Buch über Kinematik schon vor 80 Jahren mit dieser Frage. Er sagt: „Daß auf dem Gebiet der Maschinenprobleme (gemeint sind die Mechanismen) dieselben intellektuellen Operationen einführbar sind, mit welchem die Wissenschaft auch an anderen Stellen die Forschung betreibt . . . und . . . daß das Erfinden Denken ist, wenn wir dieses also für unseren Stoff zu ordnen vermögen, haben wir auch den Weg zum Erfinden angebahnt.“

Es gibt eine Anzahl von Gesichtspunkten, welche dem Konstrukteur eine Anregung zum Auffinden von Wirkungslösungen geben. Es wäre also Zeitverschwendung, zu warten, bis einem etwas Brauchbares einfällt.

Der rationell denkende Konstrukteur wird systematisch die im folgenden angeführten Punkte durchgehen und dabei sicher zu mehreren Lösungen kommen.

Anregung zum Auffinden von Lösungen für die geforderte Wirkung geben:

1. die bekannten Ausführungen,	6. die Fachzeitschriften und Vorträge,
2. die Kinematik,	7. die Ausstellungen,
3. die Bauelemente,	8. die physikalischen Eigenschaften,
4. die geschichtliche Entwicklung,	9. andere Fachgebiete,
5. die Patentschriften,	10. Versuche.

1. Bekannte Ausführungen. In erster Linie wird bei der Forderung nach einer Wirkungsweise der Konstrukteur versuchen, ganz automatisch aus dem Schatz seiner Erinnerung eine ähnliche Lösung zu finden. In vielen Fällen führt das auch zum Ziel. Der Anfänger möge daraus den großen Vorteil eines guten Gedächtnisses erkennen, auf den schon früher hingewiesen wurde. Bereits während seiner Studienzeit kann er durch Betrachten von Katalogen und Prospekten, durch Studium technischer Zeitschriften, durch Besuch von Ausstellungen und durch die Beobachtung im täglichen Leben bewußt Erfahrungen in dieser Hinsicht sammeln. Notwendig ist dabei allerdings, daß er über die verschiedenen Probleme, über die Wirkungsweise der verschiedenen Mechanismen, und handle es sich auch nur um den Aufbau eines Drehbleistifts, nachdenkt und versucht sie nachzuschaffen.

2. Die Kinematik. Die Lehren der Kinematik sind für den selbständigen Konstrukteur eine Vorbedingung für seine schöpferische Tätigkeit. Die Kinematik ist aber auch gleichzeitig eine Fundgrube für Lösungen der verschiedensten geforderten Wirkungen. In erster Linie wird dem Konstrukteur natürlich die Frage interessieren: Welche Lösungsmöglichkeiten kennt man bereits für ein bestimmtes Bewegungsproblem? Er wird also zunächst nach einer Zusammenstellung von bereits entwickelten Mechanismen suchen. Solche Werke sind in reicher Anzahl vorhanden [4].

3. Die bekannten Bauelemente. Jedes Gerät, jede Maschine, ob einfach oder kompliziert, besteht aus den in dem Vortrag über Maschinenteile gelehrten Bauelementen. Welcher Gedanke liegt nun näher als der, diese Elemente der Reihe nach durchzugehen und zu überlegen, ob und wie sie zur Lösung der Aufgabe verwendet werden können. Ein einfaches Beispiel wird dies zeigen. Bekannt sind

Mechanische Elemente

Hebel, Stangen	Nocken
Spindeln	Sperrwerke
Räder (Zahnräder, Reibräder)	Kupplungen
Seile, Stahlbänder, Riemen, Ketten	Ventile, Schieber, Hähne
Federn	Zylinder, Kolben
Kurvenscheiben	

Hydraulische Elemente
Pneumatische Elemente
Elektrische Elemente
Optische Elemente
Akustische Elemente

Man kann natürlich auch diese Bauelemente untereinander kombinieren und findet damit eine sehr große Zahl von Anordnungen. Für das Aufsuchen von Lösungen ist es aber zu empfehlen, zuerst nur nach den einzelnen Elementen zu fragen, also z.B., kann ich den Mechanismus mit Hebeln oder mit Spindel und Mutter bauen?

Es sei nun die Aufgabe gestellt, eine hin und her gehende geradlinige Bewegung in eine um 90° dazu versetzte gleiche Bewegung zu verwandeln. Weitere Forderungen seien noch nicht gestellt.

Jeder wird sich sofort an die bekannte Lösung mit einem Winkelhebel erinnern, Abb. 10, Ausführung a. Es kann sein, daß noch die eine oder andere der angegebenen Lösungen aus der Erinnerung gefunden wird. Wir wollen aber nun versuchen, an Hand der Bauelemente weitere Lösungen anzugeben. Von der Kinematik her dürfte die Lösung b bekannt sein. Mit Zahnrad und Zahnstange läßt sich auch eine Lösung c finden. In manchen Fällen verwendet man statt des Zahn-

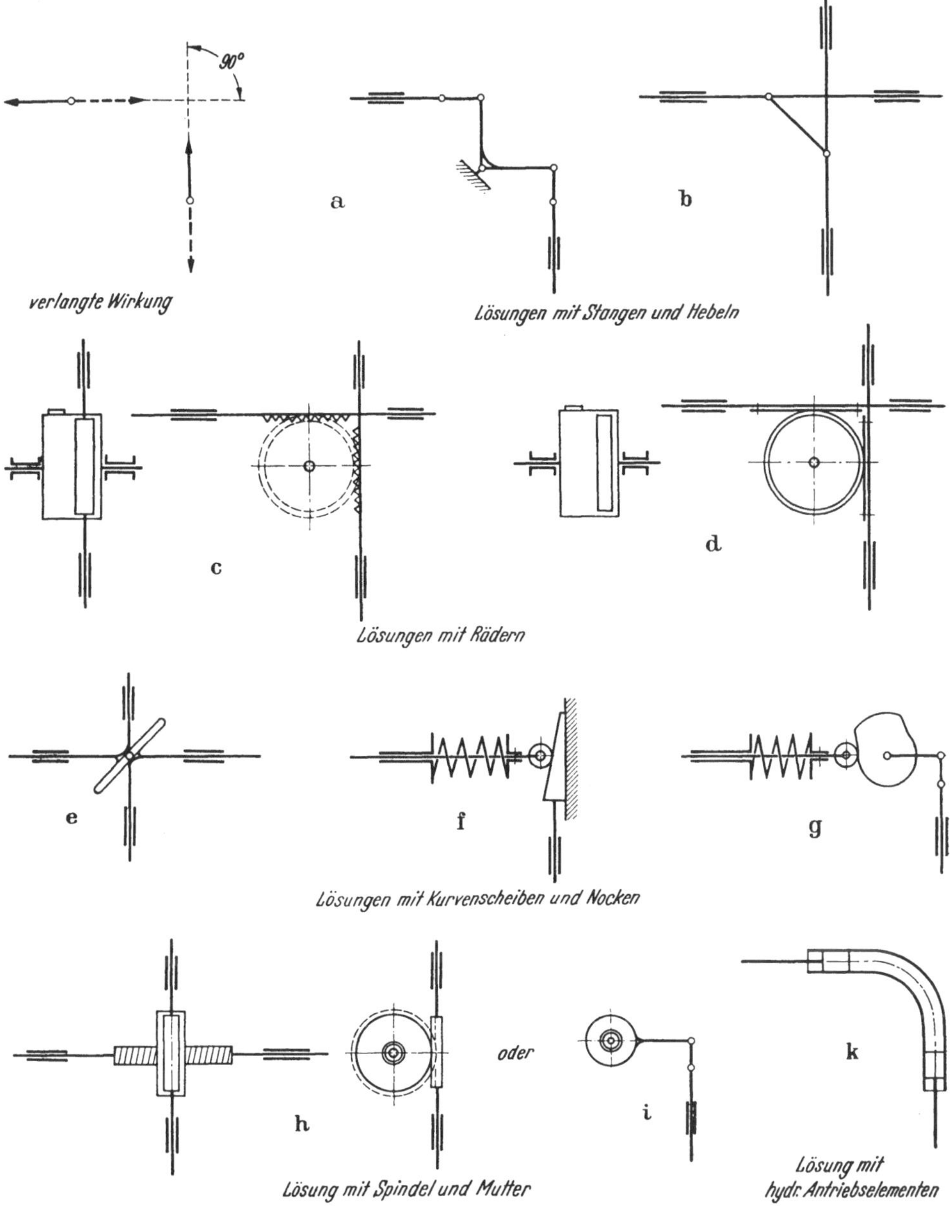

Abb. 10 a—k. Zusammenstellung von Lösungsmöglichkeiten

stangenantriebs Stahlbänder, welche um eine Rolle geschlungen und auf derselben wie auf der Stange befestigt werden, Ausführung d. Die Ausführungen e, f und g zeigen Lösungen mit Kulisse, Schub- und Drehnocken. Auch die Spindel mit

Mutter kann in Verbindung mit Zahnstange oder Hebelantrieb zur Lösung führen, Ausführung h und i. Viele Vorteile bietet oft der rein hydraulische Antrieb, Ausführung k.

Es soll nicht behauptet werden, daß mit den Ausführungen von a bis k schon alle Lösungsmöglichkeiten erschöpft sind. Eine Kombination der Bauelemente würde sicherlich noch zu anderen Lösungen führen. Auf jeden Fall hat der Anfänger gesehen, daß das systematische Durchgehen einzelner Bauelemente zu immer neuen „Erfindungen" anregt.

Wenn keine weiteren Bedingungen gestellt werden, erfüllen alle Lösungen die anfangs gestellte Forderung.

In einem folgenden Kapitel wird gezeigt werden, wie man zur Auslese der besten Lösung kommt.

4. Die geschichtliche Entwicklung. Sehr wertvolle Fingerzeige zum Auffinden von Lösungsmöglichkeiten bietet das Studium der geschichtlichen Entwicklung eines Erzeugnisses. Allerdings gibt es wenig geschlossene geschichtliche Darstellungen in der technischen Literatur, so daß der Konstrukteur meistens gezwungen ist, die einzelnen Daten aus verschiedenen Büchern und Zeitschriften zusammenzutragen. Dieses Quellenstudium ist viel zu zeitraubend und kann dem Konstrukteur nicht immer zugemutet werden. Es gibt aber einen einfachen Weg zum Studium der Geschichte und der besteht darin, daß man die Patentschriften über das entsprechende Gebiet durchblättert. Da dieselben chronologisch geordnet sind, ist es ein leichtes, in kurzer Zeit sich einen Überblick über bereits vorhandene Ausführungen zu verschaffen. Man verfällt auf diese Weise nicht in den Fehler, bereits vorhandene Wirkungslösungen zu wiederholen, weil man sieht, in welchem Grade der Vollkommenheit solche Probleme schon gelöst sind und in welcher Richtung man die Entwicklung weitertreiben kann.

5. Die Patentschriften. Das Studium der Patentschriften schützt also vor Nacherfindungen und gibt wertvolle Anregungen zum Auffinden neuer Lösungen.

6. Fachzeitschriften und Vorträge. Der erfahrene Konstrukteur wird es nie unterlassen, die einschlägige Fachliteratur zu verfolgen und sich schriftliche Notizen mit Sachregister und kurzer Inhaltsangabe zu machen. Ebenso kann der Konstrukteur aus Fachvorträgen manche für seine Arbeit wertvolle Idee gewinnen. Auch der Gedankenaustausch mit Berufskameraden, selbst anderer Fachgebiete, bringt in dieser Hinsicht nützliche Anregungen.

7. Ausstellungen. Ein Hauptvorteil der Ausstellungen für den Konstrukteur liegt darin, daß sie gewöhnlich früher als die Literatur das Neueste bringen. Die Möglichkeit, Erzeugnisse der Konkurrenz gleichzeitig zu sehen und zu vergleichen, wird ihm auch manche Anregung für sein Schaffen geben.

8. Physikalische Eigenschaften. Ein sehr lohnender Weg zur Auffindung einer neuen Lösung ist eine systematische Sichtung der physikalischen Naturgesetze. Handelt es sich z. B. um ein Instrument für die Bestimmung der Gasgeschwindigkeit in einem Rohr, so wird man mit großem Vorteil diejenigen physikalischen Größen suchen, welche sich direkt oder indirekt mit der Gasgeschwindigkeit ändern, s. Abb. 11.

Auf diese Weise findet man alle Möglichkeiten der Geschwindigkeitsmessung.

9. Andere Fachgebiete. Die Ausbildung des Konstrukteurs soll, wie schon früher erwähnt, möglichst allgemein sein, denn er wird durch Beobachtung anderer

Fachgebiete oft wertvolle Anregung zur Auffindung neuer Lösungen bekommen, z.B. wird der Autokonstrukteur manche Ideen vom Lokomotiv- oder Flugzeugbau nutzbringend verwenden können.

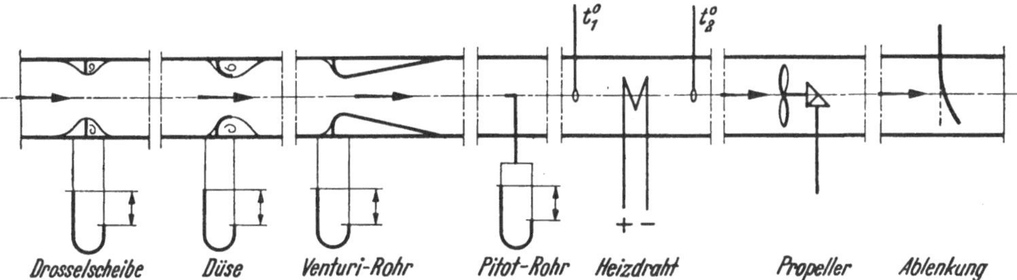

Abb. 11. Physikalisch bedingte Messungen der Gasgeschwindigkeit

10. Versuche. Neue Wirkungslösungen werden häufig durch Versuche ermittelt. Meistens handelt es sich dabei um die Verwirklichung von Wirkungen, für welche die notwendigen theoretischen und praktischen Erfahrungen fehlen. Um ein sinnloses Herumprobieren darf es sich dabei freilich nicht handeln. Die Versuche müssen nach einem bestimmten vorgefaßten Plan durchgeführt werden, wenn sie zum Erfolg führen sollen.

Wie findet man die beste Lösung? Das auf S. 30 gestellte Problem ergab sich als Teilaufgabe bei einer Übungsaufgabe, nämlich der Konstruktion eines Dampfmotors. Die Aufgabe hieß folgendermaßen:

Für eine stehende, rasch laufende Zweizylinder-Gleichstrom-Heißdampfmaschine von 20 PS und 800 Touren soll der beste Antriebmechanismus für einen im Zylinderkopf horizontal bewegten Einlaßschieber nach Schema Abb. 12 erfolgen. Die Exzentrizität und der Schieberweg betragen 30 mm.

Die bekannte Lösung für den Antrieb des Schiebers war der Winkelhebel. Da meldete sich ein Studierender mit der Frage, ob man nicht auch einen Zahnstangenantrieb nach Ausführung c verwenden kann. Dadurch angeregt, meldeten sich weitere Studenten mit anderen Ausführungsvorschlägen, so daß wir schließlich systematisch alle möglichen Lösungen zusammenstellten, s. Abb. 10a bis k. Nun setzte eine endlose Kritik ein über die Vor- und Nachteile der verschiedenen Ausführungen. Handelt es sich um ein oder zwei Forderungen, dann ist die Entscheidung für die beste Lösung noch einfach. Es wurden aber immer mehr Anforderungen in die Diskussion geworfen, so daß die ganze Angelegenheit recht unübersichtlich wurde. Der vorliegende Fall ist typisch für viele ähnlich gelagerte in der Praxis. Es handelt sich nämlich hier nicht um die Verwirklichung der in der Aufgabenstellung geforderten Wirkung allein, sondern auch um Probleme, die sich erst mit der Konstruktion der Maschine ergeben. Der Konstrukteur muß in solchen Fällen die das Problem bestimmenden Gesichtspunkte erst selbst zusammenstellen.

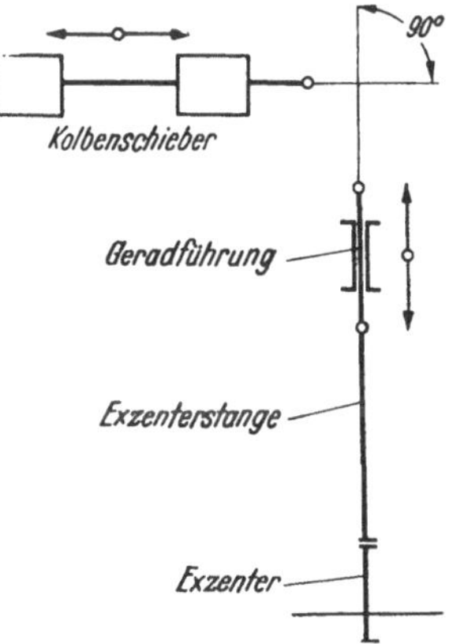

Abb. 12. Schema für einen Schieberantrieb

Im vorliegenden Beispiel wurden also zuerst die verschiedenen Einflußgrößen ermittelt. Sie lauteten:

1. Genauigkeit der geforderten Wirkung,
2. zwangläufiger Antrieb,
3. Einfachheit der Ausführung,
4. geringe Abnützung in den Gelenken und Führungen,
5. geringer Energieverbrauch,
6. geringe Massenwirkungen,
7. geringe Herstellungskosten.

Der Bewertungsplan [6]. Um die Auswahl bei vielen gestellten Forderungen zu erreichen, hat man in der Praxis ein Verfahren entwickelt, das schnell die geeignete Lösung finden läßt. Man stellt in einem Bewertungsplan alle gefundenen Lösungen und die geforderten Bedingungen des Problems zusammen und bewertet die Eignung dieser Lösungen nach Punkten.

Die Bewertung kann dann etwa folgendermaßen vorgenommen werden:

sehr gut brauchbar	3 Punkte
gut brauchbar	2 Punkte
zur Not brauchbar	1 Punkt
unbrauchbar	0 Punkt

Eine feinere Abstufung mit mehr Punkten ist leicht möglich und gibt ein genaueres Bild. Steht in einer Kolonne die Null, dann ist die entsprechende Ausführung unbrauchbar. Die beste Lösung ist also gekennzeichnet durch die größte Punktzahl. Die ideale Lösung müßte für jede Anforderung mit der höchsten Punktzahl belegt werden. Der Vergleich der gefundenen besten Lösung mit der vollkommenen Lösung wird also ein Bild geben, wie weit man sich dem Ideal genähert hat. Man könnte hier von einem Vollkommenheitsgrad oder einer Wertigkeit sprechen, ausgedrückt durch das Verhältnis $= \dfrac{\text{Punktzahl der wirklichen Lösung}}{\text{Punktzahl der Ideallösung}}$.

Man hat ausgeführte Konstruktionen durch den Bewertungsplan auf den Vollkommenheitsgrad untersucht, um festzustellen, wo die schwache Stelle in der Konstruktion liegt und wo die Verbesserung und Weiterentwicklung angesetzt werden kann.

Der Bewertungsplan ist auf jeden Fall eine sehr gute Handhabe zur Ermittlung einer Auswahl unter verschiedenen Lösungen. Er gibt aber nicht ein mathematisch genaues Bild über die wirklichen Verhältnisse. Das ist auch nicht erforderlich. Es genügt doch schon, und ist ein großer Vorteil, wenn man durch diese Art der Bewertung eine kleine Gruppe von Lösungen herausfindet, welche die größte Punktzahl erreichen. Sind z. B. zwei beste Lösungen mit 20 und 21 Punkten gefunden, so muß die letztere nicht unbedingt vorgezogen werden. Wir werden noch sehen, wie man unter zwei oder drei anscheinend gleichwertigen Lösungen die beste herausfindet.

Um Einwänden vorzubeugen, soll gleich darauf hingewiesen werden, daß man natürlich nicht für jedes auftretende Problem einen Bewertungsplan aufstellen wird. Das würde viel zu zeitraubend sein. Der geübte Konstrukteur wird in den meisten Fällen ohne ihn auskommen. Aber für den Anfänger ist er auf jeden Fall ein gutes Hilfsmittel zur Auswahl und zur Schulung der kritisch abwägenden Verstandesarbeit.

Man könnte auch Bedenken äußern, daß verschiedene Konstrukteure den einen oder anderen Gesichtspunkt anders bewerten und damit zu einem verschiedenen Endresultat kommen. Die Erfahrung zeigt aber, daß trotz der teilweise verschiedenen Ansicht über die Bewertung selbst, wenn der Versuch mit Anfängern durchgeführt wird, praktisch immer die gleiche Endlösung herauskommt.

Im vorliegenden Fall wird der geübte Konstrukteur die beste Lösung auch ohne Bewertungsplan finden. Er sei aber aufgestellt, um dem Anfänger an einem einfachen Beispiel die Verwendung des Bewertungsplanes zu erklären.

Maßgebend für die Auslese sind natürlich

1. die Wünsche des Kunden und

2. solche Gesichtspunkte, welche oft nicht oder nur indirekt vom Auftraggeber gestellt werden, aber die Konstruktion maßgebend beeinflussen.

Es sind dies folgende Punkte:

Mechanische Wirkungen	*Nicht mechanische Wirkungen*
Kräfte	thermisch
Kraftverlauf	elektrisch
Stöße	magnetisch
Schwingungen	akustisch
Mechanische Festigkeit	
Massenwirkungen	
Steifigkeitsgrad	

Für das oben erwähnte Bewegungsproblem sieht also der Bewertungsplan folgendermaßen aus (Abb. 13):

Lösungen	a	b	c	d	e	f	g	h	i	k	ideal
Geforderte Wirkung	3	0	3	3	0	1	1	0	0	3	3
Zwangloser Antrieb	3	—	3	3	—	0	0	—	—	3	3
Einf. Lösung der Ausführung....	3	—	2	2	—	—	—	—	—	2	3
Geringe Abnützung	2	—	2	2	—	—	—	—	—	2	3
Geringe Massenwirkung	3	—	2	2	—	—	—	—	—	0	3
Geringer Energieverbrauch	3	—	2	2	—	—	—	—	—	—	3
Herstellkosten	3	—	1	2	—	—	—	—	—	—	3
	20	—	15	16	—	—	—	—	—	—	21

Abb. 13. Bewertungsplan

Das gleiche Resultat deckt sich also mit der üblichen Ausführung und hätte, wie schon gesagt, auch ohne Bewertungsplan gefunden werden können. Der Gewinn für den Anfänger liegt eben darin, daß er sich Gedanken gemacht hat über andere Ausführungsmöglichkeiten und jetzt weiß, warum kein Versuch gemacht wurde, einen anderen Antrieb zu wählen, im Gegensatz zu dem unselbständigen Konstrukteur, welcher ängstlich nach Vorbildern ausschaut und sie gedankenlos kopiert.

Auf Schritt und Tritt treten an den Konstrukteur solche Fragen heran. Ist es vielleicht gleichgültig oder nur Ansichtssache, ob man ein Gleit- oder Wälzlager wählt.

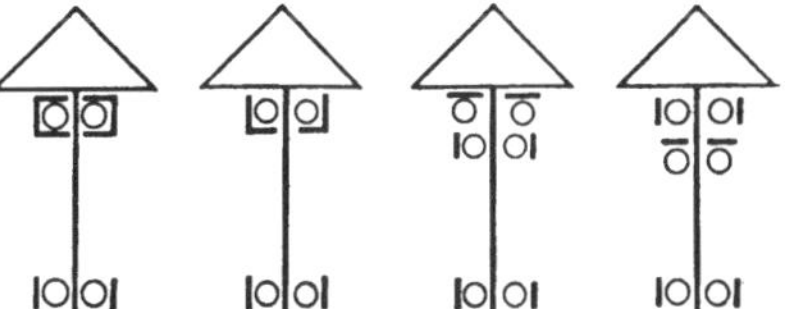

Abb. 14. Möglichkeiten der Lagerung einer Kegelradwelle

Selbst dann, wenn man sich nach begründeter Überlegung für das Wälzlager entschieden hat, ist es noch eine Frage, wie man die Lager auswählt und anordnet. Man denke nur etwa an die Lagerung einer Kegelradwelle (Abb. 14). Wie viele Möglichkeiten der Ausführung sind da dem Konstrukteur noch gegeben

3*

und welche ist die zweckmäßigste? Oder sind vielleicht alle diese Ausführungen gleichwertig?

Für die gelenkige Lagerung eines Schwenkarms stehen dem Konstrukteur allein acht Ausführungsmöglichkeiten zur Verfügung. Für welche soll er sich entscheiden? (Abb. 15.) Wer nicht gelernt hat, solche Probleme zu lösen, wird kläglich daran scheitern.

Viele unselbständige Konstrukteure scheuen sich, über Mechanismen nachzudenken, welche durch ihre Alleinherrschaft gewissermaßen schon sanktioniert sind. Man denke nur an den Parallelkurbelantrieb bei Lokomotiven. Jede andere Lösung von vornherein abzulehnen ist doch eine Voreingenommenheit. Warum eignen sich folgende Antriebe für Kuppelräder nicht? (Abb. 16.)

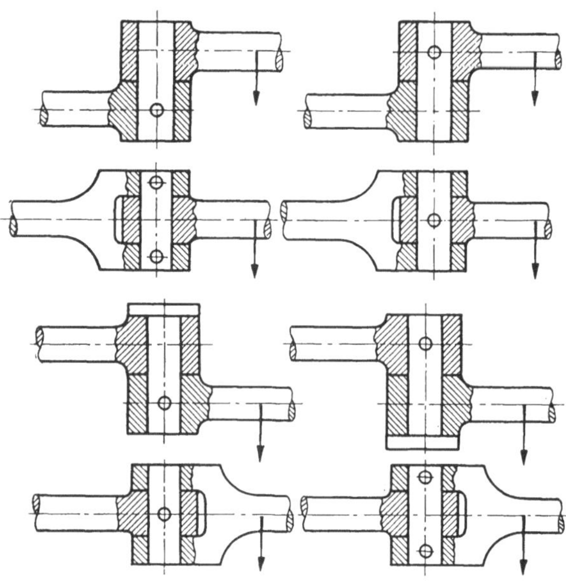

Abb. 15. Ausführungsmöglichkeiten eines Gelenkes

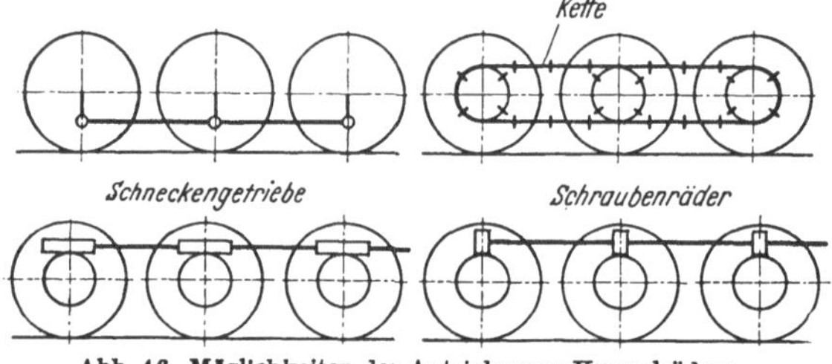

Abb. 16. Möglichkeiten des Antriebs von Kuppelrädern

Es müssen aber nicht immer kinematische Probleme sein, deren verschiedene Lösungen man auf ihre Vor- und Nachteile hin untersuchen soll. Ein Beispiel dafür ist etwa die Frage: Welche Möglichkeiten der Anordnung von Zylindern und Schiebern gibt es bei einer stehenden Zwillingsdampfmaschine? (Abb. 17.)

Ähnliche Beispiele werden dem Konstrukteur immer begegnen. Wir wollen aber jetzt zu unserer Aufgabe zurückkehren. Nachdem also die Ausführung (Abb. 10 a) mit dem Winkelhebel als aussichtsreichste Lösung gefunden wurde, geht es an die Festlegung einer Grundform. Aber schon treten wieder neue Fragen auf. Muß der Winkelhebel gerade die

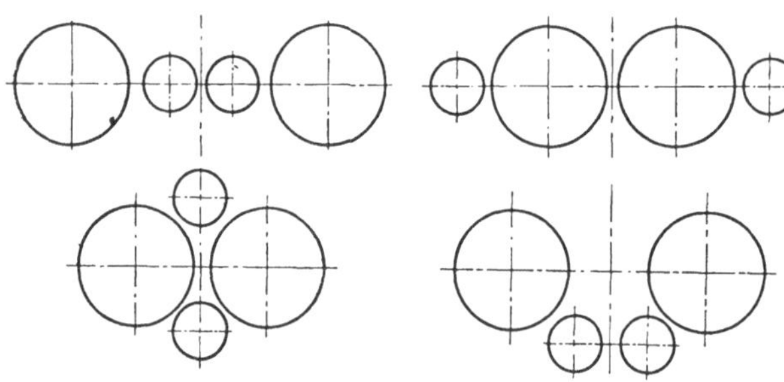

Abb. 17. Anordnungsmöglichkeiten von 2 Zylindern mit 2 Schiebern

gewählte Lage haben oder kann man ihn nicht günstiger anders anordnen? (Abb. 18.)

Diese Frage wird durch die örtlichen Verhältnisse leicht zu klären sein. Bekanntlich verlangt man von Steuerungen eine große Maßhaltigkeit. Bildet sich nun ein Spiel in jedem Gelenk aus, so wirkt das ungünstig auf die Steuerungspunkte und damit auf die Wirtschaftlichkeit der Maschine. Man könnte nun auf den Gedanken kommen, einige dieser Gelenke dadurch zu verringern, daß man eine der Ausführung von Abb. 19 wählt. Wenn man aber bedenkt, daß erfahrungsgemäß Gelenke immer weniger zu einer Abnützung neigen als Gleitführungen, dann wird man auf die Ausführungen a und b verzichten. Abgesehen davon

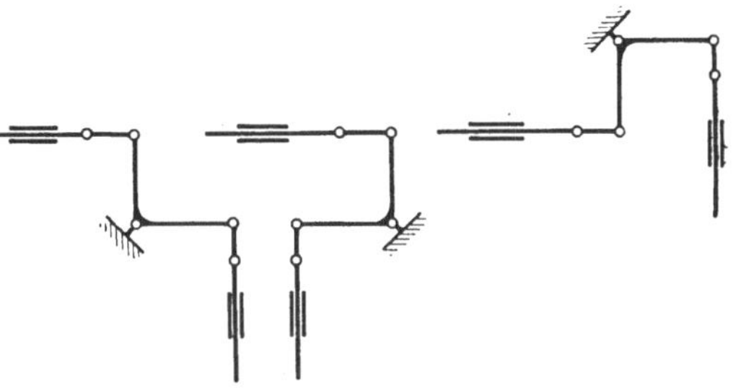

Abb. 18. Anordnung eines Winkelhebels

werden die letzteren Ausführungen teuer und erfordern auch einen größeren Energieverbrauch. Damit wäre also die gestellte Aufgabe so weit gelöst, daß man nun nach Wahl des Baustoffes und der Herstellung an die Gestaltung herantreten kann.

Es gibt auch unbelehrbare Anfänger im Konstruieren, welche in ihre Lösungen so vernarrt sind, daß sie dem Ergebnis des Bewertungsplans keinen Wert beilegen. In solchen Fällen gibt es ein einfaches Heilmittel, das an der Schule leicht durchgeführt werden kann, in der Praxis wegen Zeitverlust wohl nicht immer anwendbar ist. Man läßt den Zweifler seine Lösung, auf die er schwört, etwa Ausführung f, g oder h (Abb. 10) durchkonstruieren. Er wird dann sehr bald merken, daß

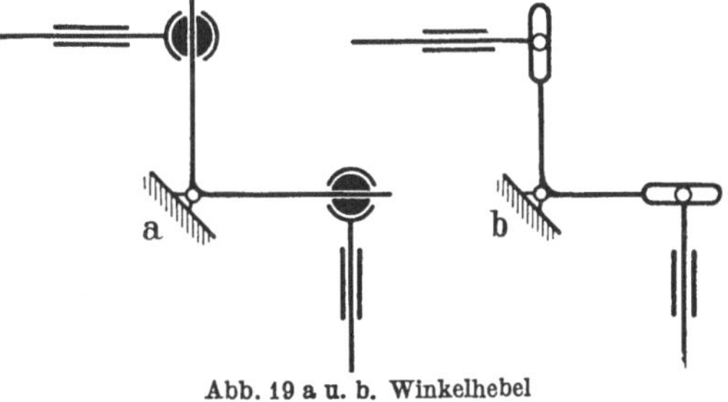

Abb. 19 a u. b. Winkelhebel

die Schwierigkeiten immer größer werden. Man hat übrigens früher oft mehrere gefundene Lösungen von einzelnen Gruppen durcharbeiten lassen und dann diejenige Lösung genommen, welche die größten Vorteile bot. Aber ist das nicht sehr zeitraubend und unwirtschaftlich?

Was soll aber geschehen, wenn durch den Bewertungsplan zwei Lösungen vorliegen mit gleicher Punktzahl? Sind diese beiden Lösungen wirklich gleichwertig? In seltenen Fällen trifft diese Annahme zu. Man wird aber auch hier zu einem eindeutigen Resultat kommen, wenn man die anscheinend gleichwertigen Lösungen schärfer unter die Lupe nimmt. Meistens genügt eine präzisere Stellung der Anforderungen unter Einbeziehung von weiteren fertigungstechnischen Gesichtspunkten, um zu einem endgültigen Ergebnis zu kommen. In vielen Fällen bringt allein schon die Frage nach den Herstellungskosten die Entscheidung.

Übungsaufgaben

Die Technik des Konstruierens läßt sich nur durch viele Übung erlernen. Ein methodischer Arbeitsplan, konstruktive Richtlinien, Merkmale und „Falsch"- und „Richtig"-Beispiele allein führen nicht zum Erfolg. Der angehende Konstrukteur soll nicht nur immer neues Wissen und neue Kenntnisse sammeln, sondern endlich einmal zu einem schöpferischen Arbeiten befähigt werden. Das ist nur durch viele Übung zu erreichen. Daher werden zum Abschluß dieses Kapitels einige Übungsbeispiele empfohlen. Die Lösungen dazu findet der Lernende am Schluß des Buches in einem Anhang.

3. Aufgabe. Es soll eine geradlinige hin und her gehende Bewegung einer Stange auf eine parallel zu dieser liegenden zweiten Stange übertragen werden, und zwar so, daß die Wege der Stangen immer gleich, aber entgegengesetzt sind (Abb. 20). Man suche die kinematischen Lösungsmöglichkeiten.

4. Aufgabe. Eine Tischplatte (Abb. 21) von 1200 mm $\varnothing$ aus Grauguß von 8 mm Stärke soll parallel ohne seitliche Verschiebung und Verdrehung gehoben und gesenkt werden.

Abb. 20. Problemstellung

Die Bedingungen für die Aufgabe lauten:

1. Die Nutzbelastung betrage 100 kg. Dieselbe greife immer möglichst in der Nähe der Tischmitte an.

2. Der gesamte Hub der Tischplatte soll 100 mm betragen.

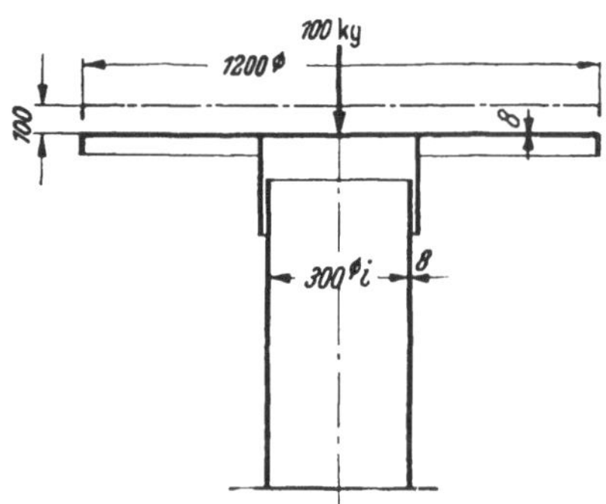

Abb. 21. Maßskizze für einen Arbeitstisch

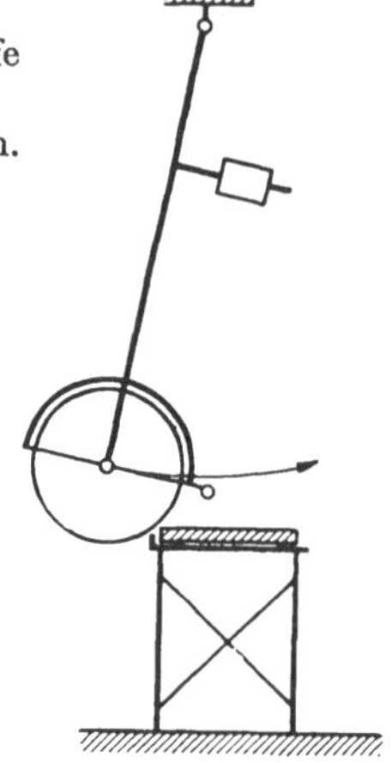

Abb. 22. Schematische Darstellung der Pendelsäge

3. Die Tischplatte muß eine vollkommen glatte Oberfläche haben und in jeder Stellung festgehalten werden können.

4. Der Tischfuß (GG) soll als runde Säule ausgebildet sein mit einem Innendurchmesser von 300 mm.

5. Der Antriebsmechanismus soll innerhalb des Tischfußes untergebracht werden.

6. Zur Bedienung verwende man ein Handrad mit Kurbel und waagrechter Welle.

7. Erwünscht ist eine Feineinstellung auf $1/_{10}$ mm.

8. Es kommen zehn Stück zur Ausführung.

Man untersuche zuerst, welche Lösungsmöglichkeiten für den Antrieb es gibt und ermittle dann mit dem Bewertungsplan die beste Lösung.

5. Aufgabe. Die früher viel verwendeten Pendelsägen zum Ablängen von Brettern (Abb. 22) sind inzwischen

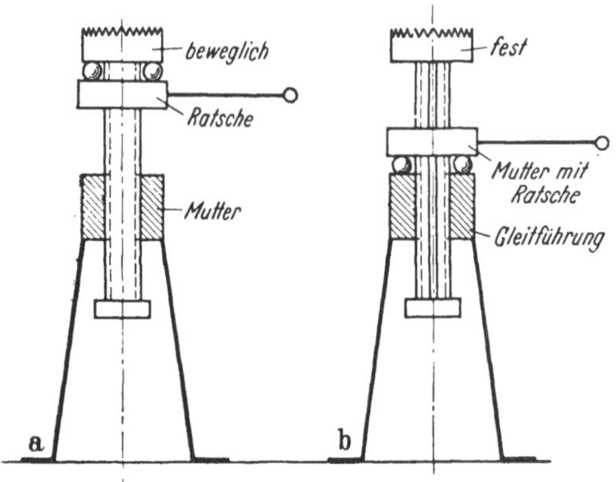

Abb. 23 a u. b. Schraubenwinden

wegen vieler Nachteile, wie körperliche Anstrengung, Unfallmöglichkeit, örtliche Gebundenheit, hohe Bauart usw., wieder verlassen worden. Sie wurden ersetzt durch eine Abkürzsäge niederer Bauart, welche die erwähnten Nachteile nicht hat.

Nun soll untersucht werden, welche Mechanismen für die geforderte horizontale geradlinige hin und her gehende Bewegung der Kreissäge noch verwendet werden können.

6. Aufgabe. Ein Konstrukteur stößt bei der Konstruktion eines Schneckengetriebes mit obenliegender Schnecke auf die Frage nach der Teilung des Gehäuses.

Auf welche verschiedenen Arten kann dieselbe durchgeführt werden und welche ist am vorteilhaftesten?

7. Aufgabe. Einem angehenden Konstrukteur kam beim Entwurf einer Schraubenwinde der Gedanke, daß neben der Ausführung a (Abb. 23) auch noch eine andere nach b möglich ist. Warum bevorzugt man meistens die Ausführung a? Kurze Erläuterung der Vor- und Nachteile der Bauarten a und b.

D. Der Baustoff

Welche Gesichtspunkte bestimmen die Wahl des Baustoffs? Die Bestimmung des geeigneten Baustoffes für ein Konstruktionselement gehört mit zu den schwierigsten Aufgaben des Konstrukteurs, schon allein wegen der sehr großen Anzahl der Gesichtspunkte, welche Einfluß darauf nehmen. Im Konstruktionsunterricht wird gerade diese Aufgabe auf die leichte Schulter genommen. Man begnügt sich oft damit, die Auswahl des Baustoffes nach einer Tabelle zu treffen, in welcher die Verwendungsart des Baustoffs angegeben ist. In vielen Fällen ist dem Anfänger schon deshalb freie Hand gelassen, weil keine bestimmten Anforderungen in dieser Hinsicht gestellt werden. Auch in der Praxis liegt die Zeit nur wenige Dezennien zurück, wo man sich bei der Auswahl des Materials nicht viel Kopfzerbrechen machte. Die Zeiten sind vorbei, wo man in den Stücklisten nur die Angabe für Gußeisen oder Stahl fand. Die moderne Technik hat eine Fülle von Baustoffen aller Art mit den verschiedensten Eigenschaften geschaffen. Es gibt allein über 100 unlegierte und mehrere 100 legierte Stähle und immer weiter werden neue Werkstoffe entwickelt. Welches Neuland haben doch die hochlegierten Stähle und die Aluminiumlegierungen für den Konstrukteur eröffnet. In der Verwendung von Kunstharzpreßstoffen stehen wir z. B. erst am Anfang. Welche Verwendungsmöglichkeiten bereiten jetzt schon die wärme- und schlagfesten Kunstharze. Heute können bereits Plastikstoffe aus Kunstharz mit Konstruktionen aus Stahl in Konkurrenz treten (s. Karosseriebau). Man kann ruhig behaupten, daß in vielen Fällen die konstruktive Weiterentwicklung eine reine Werkstofffrage geworden ist. So wäre z. B. die Weiterentwicklung der Dampfturbine ohne die hochwärmefesten Baustoffe undenkbar. Das gleiche gilt in erhöhtem Maße auch für den Gasturbinenbau.

Die Gesichtspunkte, welche die Auswahl des Baustoffs bestimmen, wurden schon auf S. 18 aufgestellt, seien aber nochmals aufgezählt:

Baustoffeigenschaften,	Stückzahl,
Gestalt,	Termin,
Größe,	Stoffbeschaffungslage,
Herstellung,	Abfallwertung.
Kosten,	

Dabei sind unter dem Sammelbegriff „Baustoffeigenschaften" eine Reihe von weiteren Gesichtspunkten zusammengefaßt. Es sind dies:

das Gewicht,	die Gebrauchsdauer,
die mechanische Beanspruchung,	die Lärmfreiheit,
die klimatische Beanspruchung,	die Betriebssicherheit,
die chemische Beanspruchung,	die Baustoffnormen.
die Feinheit der Oberfläche,	

Im folgenden seien kurz die wichtigsten Gesichtspunkte besprochen, welche auf die Auswahl des Baustoffs einen Einfluß haben.

Baustoffeigenschaften. Der Konstrukteur kann nur mit Hilfe eines Stoffes dem gewünschten Mechanismus eine greifbare Gestalt geben. Der Baustoff muß daher alle oben angegebenen Forderungen erfüllen, d.h. er muß die entsprechenden Eigenschaften dazu besitzen. Aus diesem Grunde ist es nicht zu verwundern, daß die Eigenschaften des Stoffs einen entscheidenden Einfluß auf die Auswahl desselben ausüben.

In der Tab. 1 sind diese Haupteigenschaften zusammengestellt.

Tabelle 1. *Stoffeigenschaften*

physikalisch	mechanisch	technologisch	chemisch
Spezifische Wärme	Wichte	Gießbarkeit	Beständigkeit gegen:
Schmelzpunkt	Zugfestigkeit	Schmiedbarkeit	Säuren
Wärmeleitfähigkeit	Druckfestigkeit	Walzbarkeit	Basen
Wärmedehnzahl	Abscherfestigkeit	Tiefziehfähigkeit	Oxydation
Elektrische Leit- fähigkeit	Biegefestigkeit	Zerspanbarkeit	Wasser
Magnetisierungs- intensität	Dauerfestigkeit	Schweißbarkeit	Öle
Sättigung	Wechselfestigkeit	Lötbarkeit	Technische Fette
Remanenz	Verdrehfestigkeit	Schwindung	Benzin
Koerzitivkraft	Knickfestigkeit	Oberflächeneigen- schaft	Seifenlösung
Permeabilität	Elastizitätsgrenze		Elementenbildung
	Elastizitätsmodul		
	Schlagbiegefestig- keit		
	Dehnzahl		
	Härte		
	Wärmefestigkeit		
	Verschleißfestigkeit		
	Gleitfähigkeit		

Im folgenden seien kurz die wichtigsten Einflußgrößen besprochen.

Manchmal ist die Art des Baustoffes schnell entschieden. Handelt es sich z.B. um Kühl- oder Heizrohre, welche eine sehr gute Wärmeleitfähigkeit besitzen sollen, so stehen bekanntlich für diesen Zweck Messing-, Kupfer- oder Aluminiumrohre im Handel zur Verfügung. Die Berücksichtigung räumlicher oder wirtschaftlicher Fragen bringt dann in diesem Falle eine schnelle Entscheidung.

Die Hauptbaustoffe für den Maschinenbau sind Gußeisen, Stahlguß, Stahl und Leichtmetall für höher beanspruchte Teile. Sind sehr große Kräfte vorhanden, so ist für die Konstruktion gewöhnlich der Stahl das Gegebene. Allerdings ist damit noch nicht entschieden, welche Sorte man wählen soll. Darüber soll im folgenden Kapitel gesprochen werden. Viel schwieriger ist die Wahl des Baustoffes im Kleinapparatebau, wo die Festigkeit durch die technologisch bedingten Abmessungen schon weitgehend gewährleistet ist. Handelt es sich z.B. um das Gestell für ein Kleingerät, so könnte dasselbe in Gußeisen, Stahl, Bronze, Rotguß, Messing, einer Aluminium- oder Magnesiumlegierung, einer Zinklegierung, in Kunstpreßstoff evtl. sogar in Keramik ausgeführt werden. Hier müssen also noch weitere Gesichtspunkte dazukommen, um die Auswahl eindeutig festlegen zu können.

Wird vom Kunden ein bestimmtes Gewicht für das technische Erzeugnis vorgeschrieben, so handelt es sich meistens um eine leichtere als die normale Ausführung. Es wäre nun falsch, zu glauben, daß man dies nur mit einem Baustoff von kleinerer Wichte erreichen kann. Die Hilfsmittel, welche dem Konstrukteur zur Erreichung einer leichteren Bauart zur Verfügung stehen, sind unter dem Begriff „Leichtbau" zusammengefaßt und werden dort eingehend behandelt.

Entscheidend für die Wahl des Baustoffes sind auch die Reibungswerte, Verschleiß- und Korrosionsfestigkeit sowie die thermischen Eigenschaften. Gußeisen hat z.B. die Eigenschaft, daß bei Temperaturen über 300° das „Wachsen" eintritt. Ist nun ein Gehäuse aus Gußeisen Temperaturen von über 300° ausgesetzt, so kann nur Stahlguß verwendet werden, welcher dieses eigentümliche Verhalten nicht aufweist.

Der Forderung nach höherer Gebrauchsdauer des technischen Erzeugnisses sucht der Konstrukteur gewöhnlich dadurch gerecht zu werden, daß er die Dimensionierung mit geringer Beanspruchung durchführt. Es können aber noch andere Baustoffeigenschaften einen großen Einfluß auf die Lebensdauer einzelner Bauteile haben, etwa die Widerstandsfähigkeit gegen thermische und chemische Einflüsse, sowie gegen Verschleiß. In Fällen, wo Vereinbarungen über die Gebrauchsdauer getroffen werden, sollte der Konstrukteur die Auswahl der Werkstoffe so treffen, daß alle Teile möglichst gleich lang im Betrieb bleiben können, ohne ersetzt werden zu müssen.

Gestalt. Solange nur die Prinzipkonstruktion in schematischer Zeichnung vorliegt, läßt sich in wenigen Fällen voraussagen, welche Art des Baustoffs in Frage kommt. Für fachwerkähnliche Gebilde, für Stangen oder Hebel größeren Ausmaßes wird man wohl z.B. von Grauguß keinen Gebrauch machen. Eine bestimmtere Auswahl des Baustoffs kann in solchen Fällen überhaupt nicht vorgenommen werden.

Als die Schweißtechnik noch wenig entwickelt war, konnte man oft die Ansicht hören, daß man für komplizierte Teile nur gießbares Material verwendet. Heute ist das aber nicht mehr gültig, da man selbst sehr verwickelte Bauteile durch Schweißen herstellen kann. Natürlich spielen immer noch andere Gesichtspunkte bei der Wahl des Baustoffes mit. Man kann, und das gilt auch für die Betrachtung der anderen Gesichtspunkte, nur unter Berücksichtigung aller Bedingungen die Entscheidung treffen.

Größe. Große Bauteile, wie Maschinenrahmen, werden heute meistens in Stahl geschweißt ausgeführt. Doch gibt es auch Maschinengestelle in Grauguß von größten Ausmaßen und Gewichten (z.B. Turbinenober- und -unterteile von je rd. 50000 kg) herunter bis zu Werkstücken des Kleinmaschinenbaues von wenig Kilogramm Gewicht. Man sieht also, daß die Größe allein nicht entscheidend für die Wahl des Baustoffes ist.

Herstellung. Die Herstellung hat insofern einen Einfluß auf die Wahl des Baustoffs, als durch besondere Umstände oder durch die Forderung nach den niedersten Herstellungskosten bestimmte Herstellungsverfahren in Frage kommen. So verlangen z.B. Oberflächeneigenschaften, die nur durch zusätzliche Bearbeitung oder entsprechende Überzugsstoffe erreicht werden können, besondere Stoffe.

Kosten. Bei fast allen konstruktiven Arbeiten spielt die Kostenfrage eine ausschlaggebende Rolle. Hier sind es vor allem die Materialkosten. Dieselben hängen stark von der Stoffbeschaffungslage ab. Es genügt, wenn man dem Studierenden nur die notwendigsten Unterlagen gibt (vielleicht Preisverhältniszahlen), damit er die Kosten bei der Auswahl der Werkstoffe rein qualitativ berücksichtigen kann. Der Konstrukteur, welcher in der Praxis steht, kann sich damit natürlich nicht zufrieden geben. Er muß auf Grund genauer Kalkulation seine Entscheidungen treffen.

Stückzahl. Die Forderung nach einer gewissen Stückzahl wird von den Kunden immer gestellt. Sie gibt einen wichtigen Anhaltspunkt für das Ausscheiden gewisser Baustoffe. Wenn z.B. nur fünf Stück eines Bauteils verlangt werden, so wird bei einer Neuanfertigung Gußmaterial kaum in Frage kommen, sondern man wird an Stahl denken, der viel wirtschaftlicher durch Schweißen oder Handschmieden verarbeitet werden kann.

Termin. Ähnliche Gesichtspunkte beeinflussen auch hier die Wahl des Baustoffs. Ein sehr kurz gestellter Termin erlaubt oft nicht die Ausführung in gießbaren Materialien, so daß man an die Herstellung in Stahl denken wird.

Stoffbeschaffungslage. Wirtschaftliche und politische Gründe können zur Folge haben, daß gewisse Baustoffe schwer oder gar nicht zu beschaffen sind. In solchen Fällen ist der Konstrukteur dann gezwungen, sich mit anderen Baustoffen zu behelfen, welche nicht immer ein 100%iger Ersatz für den nicht erreichbaren Baustoff sind. Erfahrungsgemäß sind in diesen Zeiten auch die Lieferzeiten sehr lang und unsicher, so daß eine termingerechte Arbeit oft schwer zu erreichen ist.

Wie nimmt man die Auswahl der Baustoffe vor? Normalerweise äußert der Kunde keine Wünsche bezüglich der Baustoffe. Bei Behörden- oder Firmenaufträgen kann dies anders sein. Hier kann es vorkommen, daß die Vorschriften darüber sogar sehr weit gehen.

Wir gehen also von der Tatsache aus, daß keine Wünsche über Baustoffe in der Aufgabenstellung enthalten sind. In diesem Falle muß der Konstrukteur selbst die Gesichtspunkte für die Wahl des Baustoffes zusammenstellen, welche sich aus den Wünschen des Kunden ergeben. Wird z.B. verlangt, daß ein Gerät im Freien steht und der Witterung ausgesetzt ist, so muß eine Korrosionsfestigkeit gegen klimatische Einflüsse gefordert werden. Besteht die Möglichkeit der Beschädigung durch Schlag oder Stoße, dann wird man vom Baustoff eine gewisse Schlagfestigkeit, Kerbfestigkeit und Dehnzahl verlangen. Viele mechanische Anforderungen ergeben sich erst während der Konstruktion, so die verschiedenen Festigkeitswerte nach der kräftetechnischen Untersuchung. Der Anfänger wird gut tun, vor der Aufstellung der verschiedenen Gesichtspunkte für die Wahl des Baustoffs die Tab. 1 durchzulesen, ob er nicht einen wichtigen Gesichtspunkt vergessen hat.

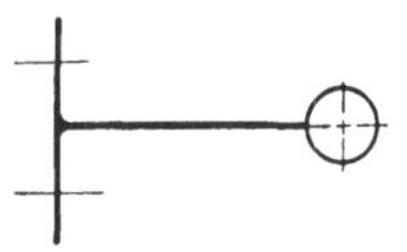

Abb. 24. Stangenhalter

Es gibt viele Fälle, in denen ein Bauelement in den verschiedensten Werkstoffen ausgeführt werden kann.

Man kann z.B. einen einfachen Stangenhalter (Abb. 24) in Gußeisen, Stahlguß, Temperguß, Stahl, geschmiedet oder geschweißt, in Rotguß oder Aluminiumlegierung ausführen. Freilich wird durch nähere Bedingungen eine Reihe dieser Stoffe als unbrauchbar ausscheiden. Es wird aber kaum möglich sein, auf den ersten Anhieb zu sagen, welcher Baustoff am geeignetsten ist. Man wird also in erster Annäherung durch den bereits bekannten Bewertungsplan die geeignetste Art des Baustoffes auswählen. Für diese Arbeit sieht der Bewertungsplan etwa folgendermaßen aus (Abb. 25).

Werkstoff	GG	GS	GT	St	Rg	AL-	KSt	usw.
Festigkeit Klimatische Beständigkeit Kerbfestigkeit Dehnung usw.								

Abb. 25. Bewertungsplan

Bleiben wir bei dem obigen Beispiel des Stangenhalters. Die Aufgabe, welche uns hier gestellt wird, laute:

Es soll ein Stangenhalter an einem Behälter im Freien angebracht werden. Die näheren Forderungen sind folgende:

Geforderte Wirkung: Vorrichtung zur Lagerung einer Welle von 15 mm.

Mechanische Ortsbedingungen: 150 mm Ausladung, Anschlußfläche eben in beliebiger Höhe.

Mechanische Beanspruchung: Geringe Kräfte, aber Möglichkeit der Beschädigung.

Chemische Ortsbedingungen: Ausführung im Freien.

Gebrauchsdauer: 10 Jahre.

Wartung: Keine.

Aussehen: Glatte runde Formen.

Gewicht: Bedeutungslos.

Stückzahl: 20 Stück.

Termin: 3 Wochen.

Herstellungskosten: Möglichst niedrig.

Die Prinzipkonstruktion ist in diesem Falle eindeutig (Abb. 24).

In die engere Wahl für die Baustoffe kommen nur Gußeisen, Temperguß und Stahl, da Stahlguß zu hochwertig und Rotguß sowie die Aluminiumlegierungen zu teuer werden. Kunstpreßstoff ist wegen klimatischer Einflüsse nicht geeignet. Damit ergibt sich folgende Bewertung (Abb. 26).

Für die Bewertung mit Punkten sei diesmal eine Skala zugrunde gelegt, welche eine feinere Abstufung ermöglicht.

Sehr gut brauchbar .... 7 bis 9 Punkte
Gut brauchbar .... 4 bis 6 Punkte
Wenig brauchbar .... 1 bis 3 Punkte
Unbrauchbar .... 0 Punkte

Werkstoff	GG	GT	St	ideol
Mechanische Festigkeit	8	8	9	9
Klimatische Beständigkeit	6	5	4	9
Gebrauchsdauer	9	9	9	9
Aussehen	9	9	7	9
Herstellkosten	3	2	6	9
Punktzahl	35	33	35	45

Abb. 26. Bewertungsplan

Die Ausführungen in Grauguß und Stahl geschweißt sind nach dieser Aufstellung gleichwertig. Da bezüglich der mechanischen Beanspruchung keine nennenswerten Anforderungen gestellt sind, werde der einfache Maschinenbaustahl St 00.11 gewählt.

Im Bewertungsplan wurde schon Rücksicht genommen auf die niedrigeren Herstellungskosten für die Ausführung in Stahl. Die Vorkalkulation bestätigt diese Annahme von neuem, s. Abb. 27. Die Herstellkosten für 20 Stück ergeben sich dabei zu 145,38 DM für den Gußteil und 71,80 DM für den Stahlteil.

Damit hat man ein eindeutiges Ergebnis und wird sich für die Schweißkonstruktion entscheiden, wenn nicht etwa auf das elegantere Aussehen der Gußkonstruktion besonderer Wert gelegt wird.

Die Auswahl des Werkstoffes ist aber nicht immer so einfach wie in dem behandelten Beispiel. Hat der Bewertungsplan in der ersten Auslese die Verwendung von Stahl als vorteilhaft ergeben, dann muß der Konstrukteur erst die geeignetste Stahlsorte aussuchen. Die Werkstoffblätter geben ihm dabei wertvolle Hinweise durch die Angaben über den Verwendungszweck. Dabei ist noch folgen-

Kosten je Stück	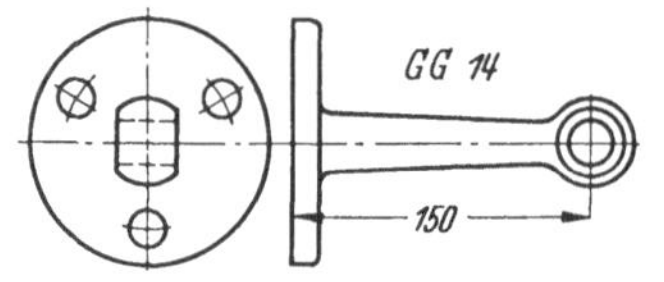 GG 14	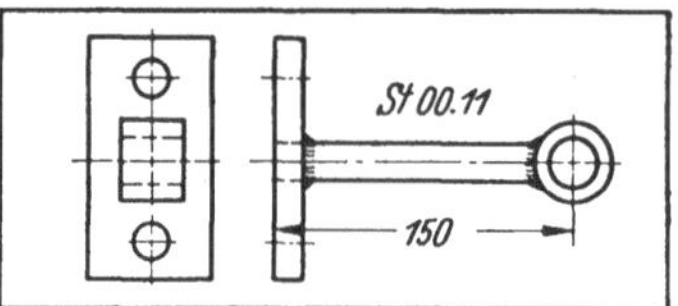 St 00.11
Werkstoff-Kosten	0,70 DM	0,40 DM
Modell-Kosten	34,98 DM	——
Lohnkosten des Rohteils	2,46 DM	——
Lohnkosten Bearbeitung	2,36 DM	3,19 DM
Herstellkosten für 20 Stück	145,38 DM	71,80 DM

Abb. 27. Vergleich der Herstellungskosten

des zu beachten: Jedes spezielle Fachgebiet, z. B. der Hebezeug-, der Stahl- oder Fahrzeugbau usw. verwenden auf Grund langjähriger Erfahrungen besondere Werkstoffe. Der Konstrukteur muß diese Stoffe genau kennen und unter denselben zuerst seine Auswahl treffen. Erst wenn sie den Anforderungen nicht mehr genügen, sollte er sich für andere Werkstoffe entscheiden.

Die wichtigsten Baustoffe [7]. Ein großer Teil der für den Konstrukteur des allgemeinen Maschinenbaus wichtigsten Baustoffe sind genormt. Von Werkzeug- und Sonderstählen fehlt noch die Normung. Da es vor allem die Aufgabe der Technologie ist, die Kenntnisse über die Baustoffe zu vermitteln, sei hier nur an das Wesentlichste erinnert. Die genaueren Details über Festigkeitseigenschaften, Zusammensetzung, Anwendungsgebiete, Bearbeitungsmöglichkeiten usw. findet der Konstrukteur in den Normblättern oder in den bekannten Taschenbüchern.

Eisenmetalle. Eine Übersicht über die genormten Eisen- und Stahlsorten gibt die Tab. 2.*

Der Grauguß [8]. Der Grauguß ist in sechs Marken verschiedener Güte genormt. Der normale Grauguß ist ausreichend für Maschinenguß ohne besondere Gütevorschriften, also für Maschinenteile von untergeordneter Bedeutung. Für

---

* Die Normblattangaben werden mit Genehmigung des Deutschen Normenausschusses wiedergegeben. Maßgebend ist die jeweils neueste Fassung des Normblattes im Normformat A 4, das bei der Beuth-Vertrieb-GmbH, Berlin W 15 und Köln, erhältlich ist.

Tabelle 2. *Übersicht über die genormten Eisen- und Stahlsorten* (Auszüge)

DIN Blatt	Bezeichnung		Kurzzeichen	Zugfestigkeit kg/mm²	Bruch-Dehnung %
DIN 17006 (1949) alt	*Grauguß*	normal {	GG–12 GG–14 GG–18	12 14 18	0 0 0
DIN 1691 (Nov. 1949)		hochwertig { Sonderguß {	GG–22 GG–26 GG–30	22 26 30	0 0 0
DIN 17006 alt DIN 1681 (März 1942)	*Gußstahl* Sondergüten	normal {	GS–38 GS–45 GS–52 GS–60	38 45 52 60	20 16 12 8

DIN 17006 alt DIN 1692 (Nov. 1950)	*Temperguß:* handelsüblich {
	
	hochwertig {
			GTW–35
			GTS–35
			GTW–40
			GTS–38
				35
				35
				40
				38
					4
					10
					5
					12

DIN 1611 (Dez. 1935)	*Maschinenbaustahl*		St 00.11 St 34.11 St 37.11 St 42.11 St 50.11 St 60.11 St 70.11	(31–50) 34–42 37–45 45–50 50–60 60–70 70–85	(25) 25 20 20 18 14 10
DIN 1612 (März 1943)	*Formstahl:* Handelsgüte Sondergüte Normalgüte Sondergüte Sondergüte		St 00.12 St 34.12 St 37.12 St 42.12 St 44.12	 34–42 37–45 42–50 44–52	 18–30 18–25 18–24 18–24
DIN 1613 (Sept. 1943)	*Schraubenstahl* *Nietstahl*		St 38.13 St 34.13	38–45 34–42	20 25
DIN 1621 (Sept. 1924) bis 1623 (Mai 1932)	*Stahlbleche*			bis 45	
DIN 1651 (Aug. 1954)	*Automatenstähle*			bis 70	
DIN 17200 und 17210 (Dez. 1951)	*Einsatz- und Vergütungsstähle* (früher DIN 1661 bis 1665)				
DID 17175 (Okt. 1951)	*Nahtlose Stahlrohre*				

höher beanspruchte Teile findet der hochwertige Grauguß Anwendung, z. B. hochbeanspruchte Maschinengestelle, Zylinder usw. In Ausnahmefällen stehen dem
Konstrukteur Sondergüten, ein säurebeständiger, ein alkalibeständiger, ein feuer-
beständiger und ein Hartguß zu Verfügung.

Die Festigkeitseigenschaften des Gußeisens sind von der Abkühlungsgeschwindigkeit bedingt, daher werden dieselben nach den Wandstärken abgestuft in den
Normblättern angegeben. Auf die nähere Erläuterung der Eigenschaften des Graugusses wird bei den Gestaltungsfragen auf S. 61 eingegangen.

Der Stahlguß [9] Der Stahlguß hat gegenüber dem Gußeisen und dem Temperguß eine größere mechanische Festigkeit. Er wird daher dann in Anwendung
kommen, wenn es sich um größere Kräfte handelt und das Gießen gegenüber
dem Schweißen oder Schmieden Vorteile bringt. Seine Eigenschaften sind denen
des Stahls gleichzusetzen.

Stahlguß kann natürlich auch legiert werden. Für besondere Anforderungen,
die große Zähigkeit, große Härte, große Verschleißfestigkeit usw. erfordern, stehen
noch eine ganze Reihe von Sondermarken zur Verfügung, so daß der Konstrukteur
bei der Suche nach dem geeigneten Stahlguß kaum in Verlegenheit kommen wird.
Die Formgebung dieses gießbaren Werkstoffes wird an späterer Stelle (S. 75)
besprochen.

Der Temperguß [10]. Der Temperguß wird durch Glühbehandlung aus dem
weißen Gußeisen erhalten. Er wird in drei Güteklassen hergestellt, als handels-
üblicher Temperguß, als hochwertiger weißer Temperguß und als hochwertiger
schwarzer Temperguß. Seine Festigkeitswerte liegen höher als bei Grauguß. Sie
sind etwa den Werten des einfachen unlegierten Maschinenbaustahls gleichzusetzen. Ein Vorteil gegenüber Gußeisen ist seine Dehnbarkeit. Wenn es sich also
um größere Kräfte handelt und eine Dehnung verlangt wird, dann kann man bei
verwickelten kleinen Gußstücken mit Vorteil Temperguß verwenden.

Die unlegierten Stähle [11]. Wenn der Konstrukteur sich nach reiflicher
Überlegung für Stahl entschieden hat, dann wird er zuerst versuchen, mit den
unlegierten Kohlenstoffstählen der DIN 1611 auszukommen. In jedem guten
Taschenbuch sind ausführliche Tabellen über diese Maschinenstähle veröffentlicht.
Der Konstrukteur kann dann an Hand der Angaben über Verwendungszweck,
Bearbeitungsmöglichkeit und Eigenschaften die entsprechende Marke wählen.

Sehr wichtig sind auch aus wirtschaftlichen Gründen die Angaben über die
lagerhaltigen und gebräuchlichen Abmessungen. Im Preis sind bei den unlegierten
Stählen keine sehr großen Unterschiede vorhanden. Wenn es sich nicht um sehr
hohe Beanspruchung handelt, wird er mit diesen Stählen auskommen, da Festigkeiten bis 85 kg/mm² mit ausreichender Dehnung zur Verfügung stehen.

Für Schrauben und Nieten sind die Sonderlegierungen in DIN 1613 genormt.
Schrauben lassen sich auch, wenn es sich um Leichtbau handelt, aus legierten
Stählen mit großen Festigkeitswerten herstellen, welche trotz ihres höheren
Preises noch wirtschaftlich sind, da sich ihre Abmessungen und auch die der
Flanschen verkleinern.

Formstahl ist für fünf verschiedene Güteklassen in DIN 1612 genormt. Als
Normalgüte gilt die Marke St 37.12.

Für gewöhnliche Blechkonstruktionen, Behälter, Windkessel usw. stehen die
Baubleche nach DIN 1621 zur Verfügung. Für den Dampfkesselbau bestehen

eigene Festigkeitsvorschriften. Der Konstrukteur muß sich im gegebenen Falle damit besonders befassen. Für Tiefzieharbeiten eignen sich die Bleche nach DIN 1623 von normaler bis höchster Ziehbeanspruchung (Karosserieteile).

Für Einsetz- und Vergütungsarbeiten eignen sich die normalen Maschinenbaustähle des DIN 1611 nicht. In der DIN 1661 steht dem Konstrukteur ein für diese Zwecke geeignetes Material zur Verfügung. Bei höherer Beanspruchung kommt letztere Gruppe für kleinere Schmiedestücke in Frage. Bei größeren Schmiedestücken wird man jedoch zu den legierten Stählen greifen, da die unlegierten Stähle nicht genügend durchgehärtet und durchvergütet werden können. Zur Erreichung besonders harter Oberflächen eignen sich die Stähle mit weniger als 0,2% Kohlenstoff.

Die legierten Stähle [11]. Wenn der Konstrukteur mit den Eigenschaften der unlegierten Stähle nicht auskommt, stehen ihm noch eine große Anzahl von legierten Stählen zur Verfügung. Es gibt über 300 Marken, von denen ein Drittel als Baustähle verwendet werden können. Durch den Zusatz von verschiedenen Legierungselementen, wie Ni, Chr, Mn, Wo, Mo usw., kann man eine bedeutende Steigerung der verschiedenen Eigenschaften erreichen. Aber leider ist es so, daß die Eigenschaften meistens nicht im gleichen Maße zunehmen. So gibt es höchstfeste Stähle mit großer Brinellhärte, aber kleiner Dehnung und großer Kerbempfindlichkeit. Der Konstrukteur muß also mit großer Vorsicht die Marken auswählen, welche den Anforderungen am meisten gerecht werden.

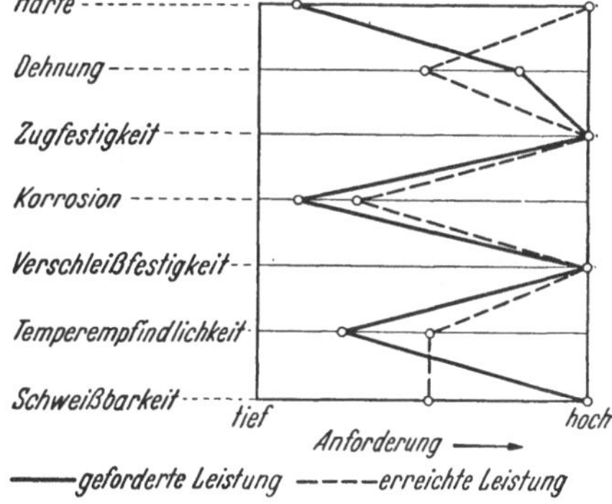

Abb. 28. Darstellung der Ausnutzung gegebener Stoffeigenschaften

Es wird gut sein, wenn er sich nochmals genau überlegt, auf welche Stoffeigenschaften er ein besonderes Augenmerk richten muß. Dabei kann ihm eine graphische Darstellung gute Dienste leisten, s. Abb. 28.

Bei diesem Beispiel wird also besonderer Wert auf höchste Zugfestigkeit, Verschleißfestigkeit und Schweißbarkeit gelegt. Der gewählte Baustoff muß diese drei Eigenschaften auf jeden Fall erfüllen. Ist die Schweißbarkeit nicht ganz einwandfrei, dann ist die Aufgabe nicht erfüllt. Es ist leider nicht möglich, den Idealfall zu erreichen, daß alle geforderten Eigenschaften sich mit den wirklich vorhandenen des Baustoffs decken. Daher wird meistens die Auswahl des Werkstoffs nur eine angenäherte Lösung, ein Kompromiß sein. Es wird also oft der Fall eintreten, daß der Konstrukteur von mehreren Stählen sich für eine bestimmte Marke entscheiden muß. Für die letzte Entscheidung ist maßgebend, daß alle vordringlich gestellten Anforderungen vom Stahl erfüllt werden. Außerdem spielen noch andere Gesichtspunkte, wie die Bearbeitungsmöglichkeit und vor allem der Preis eine große Rolle.

Die legierten Stähle sind in DIN 17200 und DIN 17210 genormt. Zur schnelleren Orientierung muß der Konstrukteur die Einflüsse der einzelnen Legierungselemente auf die Eigenschaften des Stahls kennen. Deshalb sei nochmals kurz darauf hingewiesen:

Der Kohlenstoff: Mit steigendem Kohlenstoffgehalt nimmt die Festigkeit zu von 30 bis 100 kg/mm², die Dehnung fällt von 28% auf 2%, die Härte steigt von 100 bis 350 Br und die Schweißbarkeit nimmt ab.

Silizium: Silizium gibt dichten Guß. Bei steigendem Siliziumgehalt rückt die Elastizitätsgrenze höher, es wird aber die Schmied- und Schweißbarkeit vermindert.

Mangan: Mangan erhöht vor allem die Verschleißfestigkeit.

Chrom: Chrom erhöht die Festigkeit, Dehnung und Härte. Chromstähle sind rostsicher und hoch hitzebeständig.

Nickel: Durch Nickelzusatz wird die Festigkeit und die Dehnung verbessert. Nickelstähle sind nicht rostend und hoch hitzebeständig. Häufig kommt die Verwendung mit Chrom als Chromnickelstähle vor.

Molybdän: Molybdän steigert die Warmfestigkeit, verbessert die Durchvergütung und beseitigt die Anlaßsprödigkeit.

Phosphor: Phosphor erhöht die Festigkeit, senkt aber die Dehnung und Schlagfestigkeit.

Wolfram: Wolfram wirkt härtesteigernd.

Kupfer: Kupfer verbessert die Rostbeständigkeit.

Aluminium: Aluminiumstähle eignen sich zum Nitrieren.

Durch geeignete Legierung mehrerer dieser Stoffe mit Eisen können verschiedene Eigenschaften besonders gesteigert werden. Man unterscheidet z. B.:

Hochfeste Stähle: Cr-, CrNiMo-, Mn- und MnSi-Stähle.

Hochhitzebeständige Stähle: Cr-Stähle.

Verschleißfeste Stähle: Mn-, MnMo-Stähle und CrMoW-Stähle.

Schwerrostende Stähle: Cr-, CrNi-, CrMo- und die gekupferten Stähle.

Die Taschenbücher geben in dieser Hinsicht genügend Aufklärung und Unterlagen.

Nichteisenmetalle [*12*]. Die für den Maschinenbau wichtigsten Nichteisenmetalle sind die Legierungen:

> Kupfer-Zink-Legierungen (Messing)
>> DIN 1709 Blatt 1 und 2 (Dezember 1953) Gußlegierungen
>> DIN 17660 (Dezember 1954) Knetlegierungen
>> DIN 17661 (August 1954) Knetlegierungen
>
> Kupfer-Zinn-Legierungen (Bronzen, Rotguß)
>> DIN 1705 (Dezember 1953) Gußlegierungen
>> DIN 17662 (August 1954) Knetlegierungen
>
> Al-Legierungen
>> DIN 1714 (Dezember 1953) Guß-Al-Bronze
>> DIN 1725 Blatt 1 Al-Knetlegierungen
>> DIN 1725 Blatt 2 (Juni 1951) Gußlegierungen
>
> Mg-Legierungen
>> DIN 1729 Blatt 1 (November 1943) Knetlegierungen
>> DIN 1729 Blatt 2 (November 1943) Gußlegierungen

Die Messinge haben eine Reihe guter Eigenschaften. Für Armaturen und kleinere Gehäuseteile lassen sich die Gußlegierungen gut verwenden. Die Sondermarken können sogar für höher beanspruchte Teile gebraucht werden. Auch die Härte ist beachtlich. Als weiterer Vorteil kommt noch die Korrosionsfestigkeit dazu. Die Warmfestigkeit ist nicht hoch. Temperaturen von 200° sollen im allgemeinen nicht überschritten werden.

Die Knetlegierungen eignen sich für Warmpressen, Schmieden, Biegen und Kaltwalzen. Auch hier stehen dem Konstrukteur Marken von guten mechanischen Eigenschaften, wie großer Festigkeit, Dehnung und Härte zur Verfügung. Alle näheren Details sind den DIN-Blättern zu entnehmen.

Kupfer-Zinn-Legierungen. Eine häufige Verwendung im Maschinenbau finden die Bronzen und der Rotguß. Es sind Werkstoffe mit recht günstigen Eigenschaften. Die Zugfestigkeiten sind zwar nicht hoch, lassen sie aber geeignet erscheinen für den Maschinen-, Apparate- und Armaturenbau. Diese Legierungen haben gute Lagerlaufeigenschaften bei hohen Flächenpressungen. Sie sind korrosionsbeständig. Dagegen sind sie empfindlich gegen Temperaturen von über 200° bis 250°.

Durch Zusetzen von Aluminium erhalten die Bronzen sehr günstige Eigenschaften. Die mechanische Festigkeit und die chemische Beständigkeit werden wesentlich erhöht, so daß sie für mechanische hochbeanspruchte Teile, wie Zahn- und Schneckenräder, verwendet werden können. Für Lager eignen sich die Aluminiumbronzen wenig, auf jeden Fall nicht für solche mit hohen Flächendrücken. Diese Sonderbronzen sind in DIN 1714 zusammengestellt.

Bleibronzen. Die Bleibronzen kommen vor allem für hochbeanspruchte Lager und Büchsen in Frage. Sie eignen sich für höchste Drücke bis zu 350 at bei hohen Gleitgeschwindigkeiten. Bleibronze hat nur den Nachteil, daß sie keine Einlaufeigenschaft besitzt und sehr empfindlich gegen Ecken ist. Die Lager aus dieser Sonderlegierung müssen daher mit Diamanten genauestens ausgedreht werden.

Aluminiumlegierungen [13]. Durch Legieren mit verschiedenen Stoffen hat das Aluminium sehr günstige Eigenschaften bekommen, daß es zu einem Werkstoff für den Konstrukteur geworden ist, auf den im modernen Maschinenbau nicht mehr verzichtet werden kann. Es stehen heute dem Konstrukteur Aluminiumlegierungen zur Verfügung, welche in ihren Festigkeitseigenschaften dem einfachen Baustahl gleichkommen. Dazu kommen eine gute Korrosionsbeständigkeit und Schwingungsfestigkeit. Von ganz besonderer Bedeutung ist die geringe Wichte (2,7), welche den Aluminiumlegierungen überall dort, wo es sich um große Massenkräfte handelt, ein Neuland in der Verwendung eröffnete. Die Legierungen lassen sich warm und kalt behandeln, man kann sie vergießen, schmieden, schweißen, löten und kleben. Die DIN-Blätter 1725 unterscheiden Guß- und Knetlegierungen in überreicher Anzahl. Sie sind in jedem Taschenbuch zu finden und werden daher hier nicht gebracht.

Außerdem sind von allen Aluminiumgießereien und Walzwerken Prospekte zu haben, welche ausgiebige Ratschläge über die Eigenschaften und Verwendungszwecke der verschiedenen Legierungen enthalten. Für Bearbeitungsfragen geben die Merkblätter der Aluminiumzentrale e. V. Düsseldorf Auskunft. In die Hand eines jeden Konstrukteurs, der sich mit diesem Werkstoff beschäftigt, gehört das Aluminium-Taschenbuch, Aluminium-Verlags-GmbH. Düsseldorf.

Wenn der Konstrukteur die Forderungen seiner Aufgabe genau kennt, dann wird er an Hand dieser Unterlagen den geeigneten Baustoff auswählen können. Dem Konstrukteur stehen auch eine große Zahl von Walzprofilen, Sonderprofilen, Rohren und Blechen zur Verfügung.

Die Festigkeitswerte sind abhängig von der Art des Gusses, Kokillen- oder Sandguß, oder bei den Knetlegierungen vom Zustand weich, halbhart und hart.

Es sind noch eine Reihe von Sonderlegierungen des Aluminiums mit Eigenschaften entwickelt worden, die es geeignet machen für Kolben als Lagermaterial, für Spritzguß (DIN 1744) und für Automatenarbeit.

Magnesiumlegierungen [14]. Die Magnesiumlegierungen DIN 1729 haben eine noch kleinere Wichte (1,8) als die Aluminiumlegierungen. Sie können daher mit Vorteil dort verwendet werden, wo es sich darum handelt, möglichst mit dem Gewicht zu sparen, also im Fahr- und Flugzeugbau. Man unterscheidet Guß- und Knetlegierungen. Die kalte Verformbarkeit ist allerdings begrenzt, dagegen kann man einwandfrei Werkstücke durch Schmieden und Pressen bei 300° herstellen. Sie lassen sich auch leicht vergießen. Die Legierungen des Magnesiums sind besonders warmfest. Temperaturen von über 200° sollten sie nicht ausgesetzt werden. Ein Nachteil ist der, daß sie leicht korrodieren. Sie müssen daher durch Anstriche usw. geschützt werden.

Holz. Das Holz hat sehr bestechende Eigenschaften. Es ist im Verhältnis zu anderen Baustoffen sehr leicht zu bearbeiten und relativ billig, aber leider stehen dem Eigenschaften gegenüber, welche der Konstrukteur nicht schätzt, nämlich stark veränderliche Festigkeit und das „Schwinden". Für maßhaltige Konstruktionen oder gar tolerierte Teile ist es daher nicht zu gebrauchen. Es kann aber mit Vorteil in der Landwirtschaft für Maschinen und Geräte und im Gerüst- und Wagenbau verwendet werden.

Kunststoffe [15]. In den letzten 30 Jahren sind eine große Zahl neuer Kunststoffe entwickelt worden, die in ihrem chemischen und mechanischen Verhalten sehr verschieden sind. Für die richtige Wahl des entsprechenden Stoffes muß der Konstrukteur ihre Eigenschaften genau kennen. Es kann nicht Aufgabe des Buches sein, die einzelnen Kunststoffe zu besprechen. Diese Kenntnisse muß der Konstrukteur sich in der Werkstoffkunde erarbeiten. Außerdem sind in jedem guten Taschenbuch ausführliche Tabellen darüber zu finden.

Man kann die Einteilung der Kunststoffe nach ihrem Verhalten in härtbare und unhärtbare einteilen. Von den letzteren hat das Plexiglas eine Bedeutung für den Fahr- und Flugzeugbau erreicht. Die anderen Stoffe dieser Gruppe finden höchstens Anwendung im Haushalt und im Kunstgewerbe. Die härtbaren Kunststoffe haben an sich nur eine geringe Festigkeit. Dieselbe kann erhöht werden durch Füllstoffe, so daß eine Verwendung im Maschinenbau als Lager, Zahnräder, Schrauben, Rohrleitungen und Gehäuseteile für Kleinmaschinen und Apparate möglich ist. Die Formgebung dieser Stoffe wird später bei der „Gestaltung" besprochen.

E. Die Herstellung

Welche Faktoren beeinflussen die Herstellung? Nachdem der Konstrukteur, ausgehend von den Forderungen des Kunden, die günstigsten Prinzipikonstruktionen festgelegt hat, war es seine Aufgabe, für die einzelnen Bauteile den richtigen Werkstoff zu wählen. Wir haben gesehen, daß man schnell zum Ziele kommt, wenn man einen Bewertungsplan zu Hilfe nimmt. Mit der Festlegung des Werkstoffes ist eigentlich auch schon eine Entscheidung in erster Annäherung über das Herstellungsverfahren getroffen. Hat man sich z. B. wegen sehr geringer Stückzahl und guter mechanischer Eigenschaften für Stahl entschieden, dann kommt in erster Linie nur Freiformschmieden oder Schweißen in Frage. Man sieht also, daß die Herstellung vom Baustoff und von der Stückzahl stark beeinflußt werden. Die weitere Gestaltgebung des Bauteils, sein Aussehen, die Beschaffenheit der Oberfläche, die zur Verfügung stehenden Maschinen, Werkzeuge und Vorrichtungen usw. bestimmen dann die weitere Bearbeitung.

Der Vollständigkeit halber seien hier nochmals die Gesichtspunkte aufgezählt, welche einen Einfluß auf die Herstellung nehmen können. Es sind dies:

Gestalt,	Vorrichtungen und Werkzeuge,
Baustoff,	Lehren,
Aussehen,	Passungen,
Feinheit der Oberfläche,	Schutzrechte,
klimatische Einflüsse,	Stückzahl,
Maschinenpark,	Kosten,
Termin,	Instandsetzung.

Auf den Gesichtspunkt, die Herstellungskosten, sei jetzt schon ganz besonders hingewiesen. Die Wirtschaftlichkeit der Herstellung ist von so überragender Bedeutung für die Tätigkeit des Konstrukteurs, daß sie zum großen Teil den weiteren Ablauf der Gestaltung bestimmt. Es sind dies vor allem folgende Überlegungen, deren sich der Anfänger immer wieder erinnern soll, bis sie zu seinem geistigen Besitz werden und er sie unbewußt zur rechten Zeit anwendet. Man vermeide:

1. großen Werkstoffabfall,	6. teure Bearbeitungsverfahren,
2. Umspannungen des Werkstücks,	7. Nacharbeiten,
3. Hilfsvorrichtungen,	8. Ausschuß und
4. Sonderwerkzeuge,	9. schwierigen Zusammenbau.
5. Maschinenwechsel,	

Es wurde schon früher darauf hingewiesen, daß eine gedeihliche Arbeit in der Praxis nur möglich ist, wenn das Konstruktionsbüro und die Fertigung zusammenarbeiten. Wie wäre es sonst möglich für den Konstrukteur, Rücksicht zu nehmen auf die jeweilige Beanspruchung des Maschinenparks und auf vorhandene Lehren, Werkzeuge usw.?

Kenntnisse in der Fertigungstechnik werden vom Konstrukteur vorausgesetzt. Die Kenntnisse darüber vermitteln an den Schulen eigene Fachgebiete, so daß es sich erübrigt, im Rahmen einer Konstruktionslehre darauf näher einzugehen. Sollte das Wissen des Anfängers in manchen Fertigungstechniken noch Lücken aufweisen, so kann ihm nur dringend empfohlen werden, dieselben möglichst bald auszufüllen. In der Praxis wird er auch in dieser Hinsicht immer Neues dazulernen müssen, da die ständig neu entwickelten Werkstoffe eine besondere Bearbeitung verlangen.

F. Die Gestaltung

Was hat der Konstrukteur bei der Gestaltung zu berücksichtigen? Die Gestaltung ist für einen Außenstehenden die augenfälligste Tätigkeit beim Konstruieren. Sie wird daher vielfach für die alleinige und wichtigste konstruktive Tätigkeit gehalten. Sogar an manchen Schulen glaubte man in einem besonderen Fach „Gestaltungslehre" die Geistesarbeit beim Konstruieren erschöpfend lehren zu können. Das ganze Problem des Konstruierens ist vielfach nur im Hinblick auf die Gestaltung betrachtet worden. Daher finden sich auch dafür die meisten Vorschläge in Form von „Falsch"- und „Richtig"-Beispielen, „Winke für den Konstrukteur" und „Richtlinien" für die Gestaltung nach DIN und VDI. Der angehende Konstrukteur wird aber schon erkannt haben, daß das Gestalten nur eine Teilaufgabe des gesamten konstruktiven Schaffens ist.

Die Gestaltung wird von vielen Faktoren maßgeblich beeinflußt. Es sind dies:

1. Wirkungsweise (Prinzipkonstruktion),	9. Verwendung vorhandener Erzeugnisse,
2. mechanische Beanspruchung,	10. Aussehen,
3. Baustoff,	11. Handhabung,
4. Herstellung (Kosten),	12. Wartung,
5. räumliche Bedingungen,	13. Instandsetzung,
6. Größe,	14. Oberflächenbeschaffenheit,
7. Gewicht,	15. Versandfähigkeit,
8. Normteile,	16. Leistungsbedarf.

Bevor wir im folgenden die wesentlichen dieser Einflußgrößen untersuchen, sollen einige allgemeine Gesichtspunkte für die Gestaltung erörtert werden.

Allgemeine Gesichtspunkte für die Gestaltung. Wir haben gesehen, daß alle konstruktiven Maßnahmen nach einem bestimmten Plan durchgeführt werden müssen, wenn man nicht Gefahr laufen will, sich andauernd in Sackgassen zu verlaufen und unnütze Leerlaufarbeit zu leisten.

Ein zielbewußtes Arbeiten ist auch beim Gestalten notwendig. Es wurde der Satz von einem erfahrenen Konstrukteur einmal aufgestellt: „Mehr konstruieren und weniger erfinden." Damit wollte man die obige Forderung nur bestätigen, denn das Erfinden wird vielfach als eine geistige Tätigkeit angesehen, welche sprunghaft intuitiv vor sich geht.

Bewährte Konstruktionen sollten ohne triftige Gründe nie aufgegeben werden. Es gibt Konstrukteure, und besonders sind dies Anfänger, welche in den Fehler verfallen, alles bereits Vorhandene besser machen zu wollen. Man bedenke, daß auch andere Konstrukteure aus reiflicher Überlegung die Gestaltung vornahmen. Vielleicht steckt sogar eine besondere Erfahrung in der vorliegenden Ausführung, welche man selbst noch nicht kennt. Daher sollte man immer die Vorbilder genau studieren und erst dann übernehmen, wenn die Absichten und Gedanken des anderen Konstrukteurs genau bekannt sind.

Man kann bei den Anfängern beobachten, daß sie leicht mißmutig werden, wenn sie öfters ihre Konstruktionen ändern müssen. Solche junge Leute sollen bedenken, daß es viel leichter ist, eine Konstruktion zehnmal auf dem Papier zu ändern als nur einmal in der Werkstätte.

Bekanntlich sind dem Konstrukteur die Maßstäbe für seine zeichnerischen Arbeiten vorgeschrieben. Für Verkleinerungen wird er mit $M\,1:2,5$, $M\,1:5$ und $M\,1:10$ und für Vergrößerungen mit $M\,2:1$, $M\,5:1$ und $M\,10:1$ auskommen. Er soll sich natürlich in diesen Maßstäben üben und es so weit bringen, daß er sich die wirklichen Abmessungen vorstellen kann. Trotzdem ist es zu empfehlen, wenn möglich, die Bauteile in natürlicher Größe zu entwerfen.

Es ist eine allgemeine Gepflogenheit, geänderte Maße durch Unterstreichen kenntlich zu machen. Handelt es sich aber um mehrere geänderte Maße, so ist es besser, die Zeichnung zu ändern.

Es gibt Konstrukteure, welche sehr empfindlich gegen jede Kritik ihrer Arbeit sind. Man höre sich ruhig jede Kritik an, ob fachmännisch oder nicht, sie bringt den Konstrukteur oft auf neue Gedanken.

Jeder Konstrukteur muß für die Berechnung einen besonderen Akt anlegen, welcher mit den Zeichnungen aufgehoben wird. Er ist ein wichtiges Dokument bei Reklamationen und kann bei gerichtlichen Entscheidungen eine entscheidende Rolle spielen.

1. Der Einfluß der Prinzipkonstruktion auf die Gestaltung

Die bereits durch frühere Überlegung festgelegte Prinzipkonstruktion stellt gewissermaßen nur ein Skelett dar, welches aber den grundsätzlichen Aufbau schon ahnen läßt. Es ist natürlich noch ein weiter Weg bis zur endgültigen Form des gewünschten Erzeugnisses, aber trotzdem birgt die Prinzipkonstruktion schon den Hauptgedanken zur Lösung des gestellten Problems.

Es ist übrigens sehr lehrreich, wenn sich der Anfänger auch die umgekehrte Aufgabe stellt, eine fertige Maschine oder Vorrichtung nur in einem Schema aufzuzeichnen. Er muß dann lernen, das Wesentliche herauszugreifen und darzustellen.

In solch eine Lage kommt der Konstrukteur öfters als der Anfänger denkt. Es ist z. B. allgemein üblich, bei Patentanmeldungen die verlangte Zeichnung in möglichst schematischer Form darzustellen. Ein ähnlicher Fall kann eintreten, wenn der Konstrukteur irgendwo eine Vorrichtung sieht, die für ihn von Wichtigkeit ist. Er wird sich dann das Wesentliche derselben nur in einer schematischen Skizze aufnotieren. Solche Darstellungen sind auch für den Laien leichter verständlich und viel übersichtlicher als fertige Erzeugnisse.

2. Der Einfluß der mechanischen Beanspruchung auf die Gestaltung

Jeder Körper hat eine räumliche Ausdehnung, hat bestimmte Abmessungen und Formen, welche der Konstrukteur auf Grund vieler Überlegungen erst festlegen muß. Die mechanische Beanspruchung gibt dem Konstrukteur die ersten Anhaltspunkte für die Gestaltung und Dimensionierung der Einzelteile. Jedes Bauelement einer Maschine oder eines Gerätes überträgt Kräfte, welche zum großen Teil von der Anordnung abhängig sind. Der Konstrukteur muß daher sein Augenmerk auf den günstigsten Kräftefluß richten, damit die Einzelkräfte und die Abmessungen möglichst klein werden. Es ist aber auch zu beachten, daß die geometrische Gestalt die Festigkeit beeinflußt, eine Erkenntnis, welche für die Dimensionierung der Bauteile nicht übergangen werden kann.

Die meisten Anfänger vertreten die Ansicht, daß man die Abmessungen des Maschinenteils von vornherein ohne Zeichnung festlegen kann. In Wirklichkeit wechseln beim Konstruieren die Rechnung und die Zeichnung sich dauernd ab. Ein Beispiel möge das erläutern.

Für einen Auslegerkran soll das Hubwerk berechnet und entworfen werden. Bekannt sind die Nutzlast Q, die Hubgeschwindigkeit v in m/min und die Hubhöhe H in m.

Damit kann man vorläufig die Antriebsleistung für das Hubwerk oder die Nennleistung des Motors berechnen, wenn man den Wirkungsgrad für das Getriebe schätzungsweise einsetzt. Der Seildurchmesser ist mit der Nutzlast gegeben. Von letzterer hängt der kleinste zulässige Trommeldurchmesser D ab. Die Anzahl der Trommelumdrehungen pro min, welcher der Hubgeschwindigkeit entsprechen, sind dann

$$n_{\mathrm{Tro}} = \frac{v}{D \cdot \pi}\,\mathrm{U.p.m.}$$

Von jetzt ab beginnen Überlegungen, welche die Konstruktion schon maßgebend beeinflussen. Nachdem der Elektromotor eine bedeutend größere Tourenzahl als die Trommel hat, ist man gezwungen, ein Getriebe auszuführen. Die Untersetzung i ergibt sich aus der Beziehung

$$i = \frac{n_{\text{El. m.}}}{n_{\text{Tro}}}.$$

Dieser Wert ist direkt abhängig von der Tourenzahl des Elektromotors.

Nun kann man die Tourenzahl für eine bestimmte Nennleistung des Motors noch in weiten Grenzen wählen. Nimmt man einen Langsamläufer, dann wird die Untersetzung kleiner und das Getriebe einfacher und billiger, aber dafür der Motor teurer. Im umgekehrten Fall ist der Schnelläufer billiger, aber dafür das Getriebe umfangreicher und teurer. Hier entscheidet also die Rentabilität.

Aber damit sind noch nicht alle Schwierigkeiten in der Auswahl des Getriebes überwunden. Man kann auch das Getriebe verschieden aufbauen. Hat man z. B. eine Untersetzung von $i = 120$ gefunden, dann kann das Getriebe abgestuft werden durch drei Zahnradpaare in $120 = 4 \cdot 5 \cdot 6$ oder ein Schneckenradgetriebe und zwei Zahnradpaare in $120 = 10 \cdot 3 \cdot 4$ oder vielleicht sogar durch ein Schneckengetriebe und ein Zahnräderpaar in $120 = 20 \cdot 6$. Es sind aber noch weitere Anordnungen möglich. Wie ist nun hier die Entscheidung zu treffen?

Der Anfänger oder unsichere Konstrukteur geht den Weg, daß er nach einer bereits vorhandenen Ausführung sucht. Hat er ähnliche Verhältnisse gefunden, dann übernimmt er das Vorbild und beruhigt sich, denn er glaubt nun Einwände mit dem Hinweis entkräften zu können, daß so etwas Ähnliches schon ausgeführt ist. Das mag auch in den meisten Fällen zutreffen. Aber zum selbständig denkenden Konstrukteur wird er auf diese Weise nicht erzogen.

Man denke nur an solche Fälle, wo kein Vorbild vorhanden ist. Hier muß er dann selbständig aus verschiedenen Lösungsmöglichkeiten die Entscheidung treffen. Wer das nicht geübt hat, wird, wie schon öfters erwähnt, nie ein selbständiger Konstrukteur.

Schon die Frage allein, ob man das Zahnrädervorgelege vom Motor aus in $4 \cdot 5 \cdot 6$ oder in $6 \cdot 5 \cdot 4$ aufteilen soll, ist nicht gleichgültig, denn die Drehmomente werden zur Trommel hin immer größer. Es kann also sein, daß die Aufteilung $6 \cdot 5 \cdot 4$ ein leichteres und daher billigeres Vorgelege ergibt. Ein Schneckengetriebe wird immer teurer als ein gleichwertiges Zahnradvorgelege. Es hat allerdings den Vorteil, daß es, wenn nötig, selbsthemmend gebaut werden kann.

Der einzig richtige Weg für den Konstrukteur, eine Entscheidung zu treffen, besteht in diesem Falle darin, verschiedene Annahmen durchzukalkulieren und die billigste Ausführung zu wählen.

Nachdem die Anordnung des Getriebes entschieden ist, muß man unbedingt zur Festlegung der Abmessungen desselben mit dem Entwurf des Hubwerks beginnen. Die schematische Skizze sieht etwa folgendermaßen aus (Abb. 29).

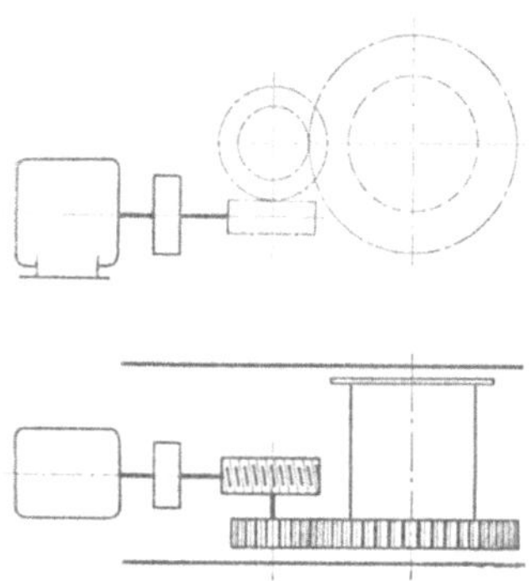

Abb. 29. Schematische Darstellung des Hubwerks

Nach Festlegung der Prinzipkonstruktion wird die Trommel aufgezeichnet (Abb. 30). Es wird eine Schraubentrommel gewählt, damit das Seil eine sichere Führung hat. Bekannt ist bereits durch Rechnung der Seildurchmesser d und der

Windungsdurchmesser D. Aus der Hubhöhe H berechnet man die Anzahl der Schraubengänge. Damit ergibt sich mit entsprechendem Spiel für die Seillagen und Reservewindungen die Breite B. Die Trommelwandstärke wird vorläufig angenommen.

Die Welle kann erst dimensioniert werden, wenn wir etwas Näheres über deren Länge wissen. Vorerst drängt sich die Frage auf: Soll das Zahnrad mit der Trommel verbunden oder außerhalb des Lagers angeordnet werden? Eine einfache Überlegung zeigt sofort, daß die letztere Ausführung teurer wird. Wir verbinden also das Zahnrad mit der Trommel. Wie groß soll jetzt der Teilkreisdurchmesser des Zahnrades gemacht werden? Auf jeden Fall muß er größer sein als der Trommeldurchmesser, und zwar so groß, daß das Schneckengetriebe, welches das Ritzel antreibt, nicht an die Trommel stößt. Man wird also jetzt die Hauptabmessung desselben, den Modul, den Schneckenrad- und Schneckendurchmesser ermitteln.

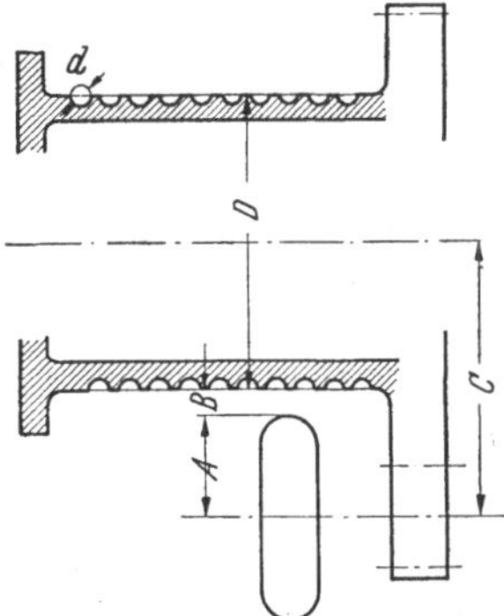

Abb. 30. Seiltrommel mit Vorgelege

Das Drehmoment des Schneckenrads ergibt sich aus dem Lastmoment $Q \cdot D/2$ unter Berücksichtigung der Untersetzung des Zahnradvorgeleges. Damit kann man auf die bekannte Weise den Modul für das Schneckengetriebe bei Annahme des Baustoffes für Schnecke und Rad, der Gängigkeit und der Untersetzung berechnen. Nach Festlegung des Außendurchmessers A vom Schneckengehäuse bekommt man nach Annahme eines kleinen Abstandes B von der Trommel die Zentrale C für das Vorgelege.

Jetzt kann man die vorläufigen Radien r_1 und r_2 der Zahnräder bestimmen und dann mit dem Lastmoment $Q \cdot D/2$ den Zahndruck ermitteln. Das Material für die Zähne des großen Zahnrades wird mit Rücksicht auf den Zahndruck und die Gleitgeschwindigkeit gewählt. Mit diesen Annahmen errechnet sich dann der Modul, die Zahnbreite und der genaue Teilkreisdurchmesser von dem großen und kleinen Rad.

Die Zeichnung hat jetzt etwa das Aussehen wie in Abb. 30. Aber schon drängen sich eine Reihe von neuen Problemen auf. Soll man die Trommel fest oder drehbar auf der Welle lagern? Wie verbindet man am besten das große Zahnrad mit der Trommel? Der Anfänger und der ans Abkupfern gewohnte Detailkonstrukteur wird nun wieder eifrig nach einem Vorbild suchen und seinen weiteren Entwurf danach richten. Wenn man Anfänger fragt, warum sie z. B. die Trommel fest auf der Welle lagern, dann wird man fast immer die stereotype Antwort bekommen: Weil es die Firma X auch so macht. Manchmal beobachten die Anfänger aber auch, daß es eine Firma Y anders macht. Dann setzt beim kritisch veranlagten Konstrukteur die Überlegung ein nach dem Warum.

Hier sei gleich dem angehenden Konstrukteur der allgemeine Rat gegeben, selbst zu versuchen, die Gründe zu ermitteln, welche zu den verschiedenen Lösungen in der Praxis führten. Wir haben doch schon gesehen, daß die verschiedenen Anforderungen auch verschiedene Lösungen bedingen. Um die Vor- und Nachteile verschiedener Ausführungen ein und desselben Problems zu finden, braucht man nur die einzelnen Gesichtspunkte der Betriebs- und Verwirklichungsaufgaben (S. 17) systematisch durchzugehen. Wenn der Anfänger selbst zu einem Resultat kommt, wird er einen geistigen Gewinn haben. Sollte er aber nicht hinter die Ursachen der vorliegenden Lösungen kommen, dann kann er sich ja an einen erfahrenen Konstrukteur wenden. Auf keinen Fall darf man Vorbilder übernehmen, deren Vor- und Nachteile man nicht kennt.

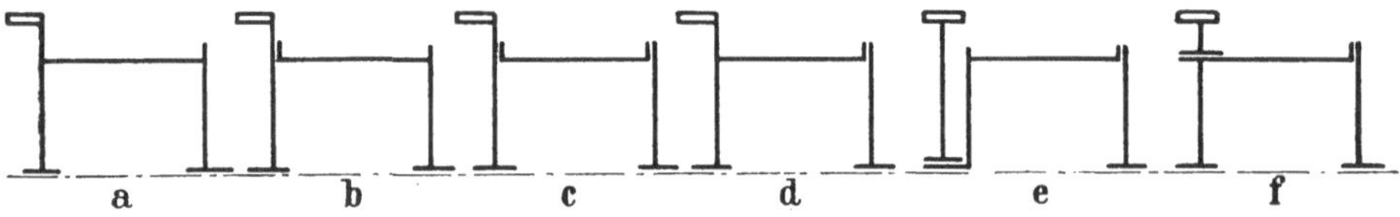

Abb. 31 a—f. Ausführungsmöglichkeiten der Verbindung von Zahnrad und Trommel

Und nun zurück zu unserem Beispiel. Die vordringliche Aufgabe ist zunächst die Frage nach der Verbindung von Zahnrad und Trommel. Der selbständige Konstrukteur verläßt sich nicht unüberlegt auf jedes Vorbild, sondern durchdenkt alle Möglichkeiten der Ausführung. Dazu genügen schematische Skizzen (Abb. 31).

Der ungeübte Konstrukteur kann die Auswahl mit Hilfe des uns schon bekannten Bewertungsplanes vornehmen, unter Beachtung der Gesichtspunkte, Modellkosten, Stützung des Kerns, Entfernung des Kernes und Bearbeitungskosten. Der erfahrene Konstrukteur wird die Ausführungen b, c und d herausgreifen und dann wahrscheinlich die Ausführung b wählen.

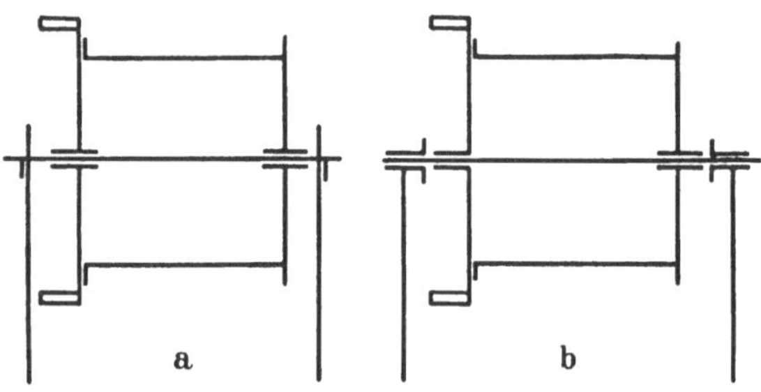

Abb. 32 a u. b. Verschiedene Lagerung der Trommel

Jetzt wäre nur noch die Frage nach der Lagerung der Trommel zu entscheiden. Man hat bekanntlich zwei Ausführungen zur Auswahl (Abb. 32). Die Lösung dieser Aufgabe verlangt keine langjährige Erfahrung. Sie kann mit den Kenntnissen eines Anfängers gelöst werden. Der Fall ist so klar, daß man ohne Bewertungsplan auskommt. Der Übersichtlichkeit halber sei hier eine Gegenüberstellung (Tab. 3) der Vor- und Nachteile bei der Ausführung a und b gewählt. Die Vorteile der Ausführung a sind so groß, daß man gern den Nachteil der umständlichen Schmierung in Kauf nimmt.

Tabelle 3

Gesichtspunkte	Ausführung	
	a	b
Beanspruchung der Welle	Ruhend Keine Kerbwirkung	Wechselnd Kerbwirkung durch Keilnut
Lagerung	Keine besonders formsteife Lagerung notwendig	Formsteife Lagerung notwendig
	Einfacher, billiger Aufbau der Lagerung	Kräftiger und teurerer Aufbau der Lagerung
	Etwas gehinderte Zugänglichkeit der Lager	Leichte Zugänglichkeit der Lager

Also entschließen wir uns zur Ausführung a. Nach dieser Entscheidung kann man die Trommel mit dem Zahnrad so weit entwerfen, daß man die ganze Breite derselben erhält (Abb. 33). Die Lagerdrücke G und H errechnen sich aus den beiden Endstellungen E und F. Damit sind die Belastung der Welle und deren Stützdrücke bekannt. Die Berechnung kann somit nach Wahl des Baustoffes auf Biegung erfolgen. Wir zeichnen jetzt die Welle mit dem gefundenen Durchmesser ein und überschlagen noch die spezifische Lagerbelastung. Für kleinere Belastungen sind keine Büchsen notwendig. Damit kann die Trommel mit der Lagerung fertig entworfen werden. Es ist jetzt nur noch die angenommene Trommelwandstärke nachzurechnen auf Verdrehung und das Zahnrad auf Festigkeit. Zur Befestigung des Zahnrads mit der Trommel verwende man keine teueren Paßringe, sondern Paßschrauben oder Spannhülsen mit gewöhnlichen Schrauben.

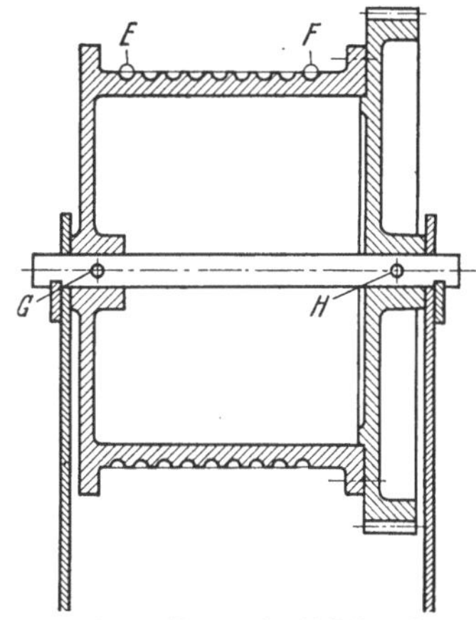

Abb. 33. Trommel mit Zahnrad

Wir wollen die Aufgabe damit beenden. Der angehende Konstrukteur sollte an einem Beispiel sehen, daß sich beim Konstruieren die Rechnung nicht getrennt von der Gestaltung durchführen läßt, sondern durch die fortschreitende Zeichnung erst immer wieder neue Grundlagen für die weitere Berechnung geschaffen werden. Daneben sind beim Gestalten eine ganze Reihe von Fragen über die Wahl des Baustoffs, die Herstellung usw. zu lösen. Davon werden wir in späteren Kapiteln noch hören.

Die Gesichtspunkte für die Gestaltung, welche der Konstrukteur bezüglich der mechanischen Beanspruchung zu berücksichtigen hat, seien in einigen Regeln zusammengestellt.

Merkregeln

1. Sorge für einen klaren, möglichst einfachen Kräftefluß unter Vermeidung zusätzlicher Spannungen.

Der Idealfall ist dann gegeben, wenn nur Zug- oder Druckspannungen in dem Bauteil

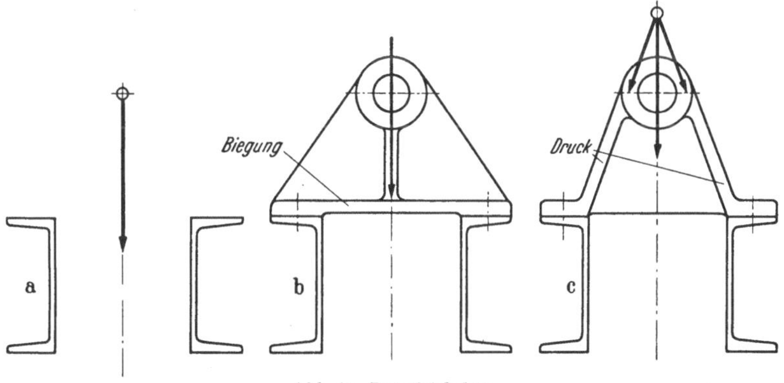

Abb. 34. Lagerböckchen

vorkommen. Das läßt sich in vielen Fällen erreichen. Wenn z. B. die Aufgabe gestellt ist, daß ein Lagerbock an zwei U-Eisen angeflanscht werden soll (Abb. 34), dann wäre es ungünstig, dafür die Form b zu wählen, weil hier der untere Flansch auf Biegung beansprucht wird. Im Gegensatz zur Ausführung c, wo die Rippen nur Druckkräfte aufzunehmen haben. Für Gußeisen spielt das, wie wir später sehen werden, eine wesentliche Rolle.

2. Man kann obige Erfahrung zusammenfassen in der Merkregel: Lege den Werkstoff möglichst in Richtung der Kraftlinien.

Dieser Satz drückt übrigens ein Naturgesetz aus. In der Morphologie der Pflanzen und Tiere gibt es dafür viele Beispiele.

3. Verwende möglichst Formen, welche eine günstige, d. h. geringe Beanspruchung erwarten lassen, z. B. Zylinder, Kegel und Kugelflächen.

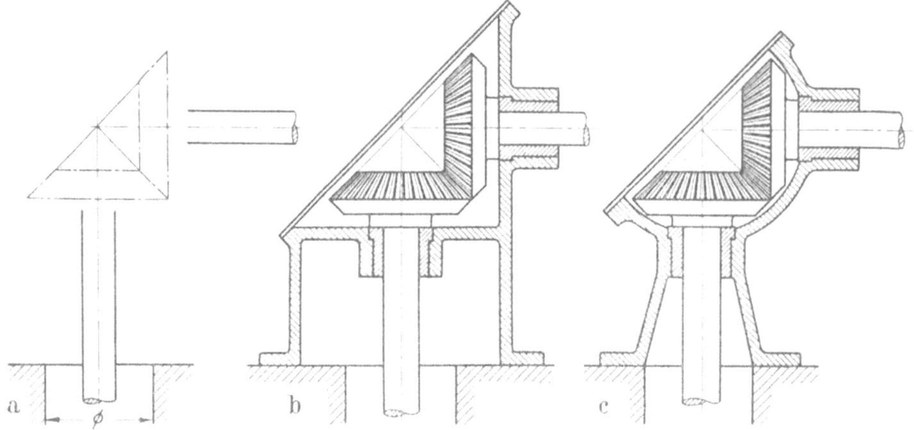

Abb. 35 a—c. Gehäuse für ein Kegelräderpaar

Dieselben sind auch einfach herzustellen. Man kann hier von einem Lebensgesetz sprechen, denn die Natur vermeidet dort, wo es auf Festigkeit ankommt, ebene Flächen und gestaltet nur nach runden Formen.

Der Anfänger ist geneigt, die ebenen Formen zu bevorzugen. Man kann das an folgendem Beispiel (Abb. 35) sehen. Ist die Aufgabe gestellt, für ein Kegelräderpaar das Gehäuse und den Anschlußflansch zu entwerfen, dann werden die meisten ähnliche Formen wie die Ausführung b wählen, obwohl Ausführung a einfacher, billiger, steifer, gefälliger und gußtechnisch richtiger ist.

4. Suche die tatsächlich auftretenden äußeren und inneren Kräfte.

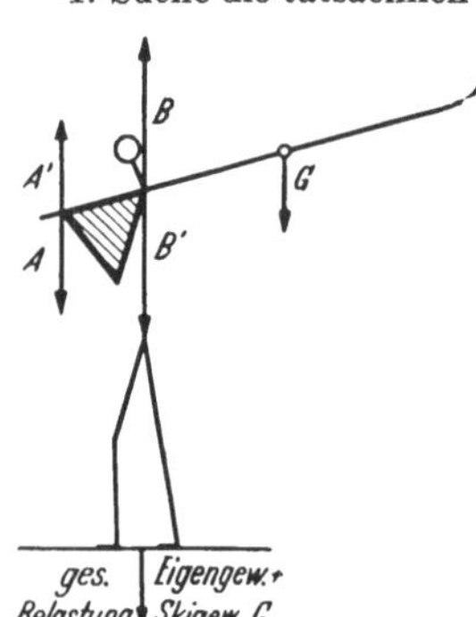

Abb. 36. Bodendruck eines Skifahrers

Das ist eigentlich eine Forderung, welche vor Inangriffnahme jeder Aufgabe zu entscheiden ist. Es kursiert unter den Technikern eine Scherzfrage, welche den Unterschied zwischen äußeren und inneren Kräften gut illustriert. Wenn ein Skifahrer nach Abb. 36 seine Skier auf der Schulter trägt, dann drücken sie mit der Kraft B', welche ein Vielfaches des Gewichts der Skier sein kann, auf die Schulter. Wird der Skifahrer nun um den Schulterdruck B' schwerer? Die Antwort lautet natürlich nein. Er kann nur um das Gewicht G der Skier schwerer werden, denn die Kräfte A' und B' wirken als innere Kräfte in dem geschlossenen Dreieck, Schulter, Arm und Skiende.

5. Überlege, ob noch zusätzliche Massenkräfte, Zwangsverformungen und Schlag- oder Stoßbeanspruchungen auftreten.

Solche Massenkräfte sind immer unerwünscht und deren Beseitigung bereitet oft dem Konstrukteur große Schwierigkeiten. Wenn federnde Zwischenglieder vorhanden sind, können sogar Resonanzerscheinungen auftreten, welche leicht zu Brüchen führen. Bekannt dürften die Biegungsschwingungen von Dampfturbinenwellen sein, welche hervorgerufen werden durch eine exzentrische Lage des Gesamtschwerpunktes der Scheiben oder die Schüttelschwingungen bei den alten elektrischen Lok mit Stangenantrieb. Die Ursache lag hier in der

Elastizität des Übertragungsmechanismus und den stoßweise auftretenden Lagerkräften. Überhaupt sind die Auswirkungen der Massenkräfte bei den Fahrzeugen zu beobachten. Ein Beispiel dafür ist das Auto Abb. 37.

6. Gestalte den Maschinenteil immer von innen nach außen.

Es ist ein Lebensgesetz, das man überall in der Natur bestätigt finden kann. Es gilt auch für die Baukunst. Selbst wenn der Grundriß vorgeschrieben ist, wird der Architekt von innen heraus den Aufbau anordnen und einteilen und dann erst die Fassade entwerfen. Ganz ähnlich ist es im Maschinenbau. Freilich können hier räumliche Abmessungen vorgeschrieben sein. Ist z.B. die Breitenabmessung sehr eingeengt, dann muß die Möglichkeit gegeben sein, daß sich der Bauteil in die Länge entwickeln kann. Ein gewisses Mindestvolumen verlangt jedes technische Erzeugnis. Unmögliches läßt sich nicht verwirklichen. Die Entwicklung geschieht aber immer von innen nach außen, allerdings mit Ausweichmöglichkeiten nach irgendeiner Richtung. Beispiele dafür finden wir später bei der Besprechung des Einflusses räumlicher Bedingungen auf die Gestaltung.

7. Berechne und dimensioniere zunächst überschlägig nach den Gesetzen der klassischen Festigkeitslehre.

Das Gefühl kann nicht so weit entwickelt werden, daß man für alle Fälle ohne Rechnung auskommt, besonders dann nicht, wenn es sich um neue Formen handelt. Eine überschlägige Berechnung gibt dem Konstrukteur erst das Gefühl der Sicherheit.

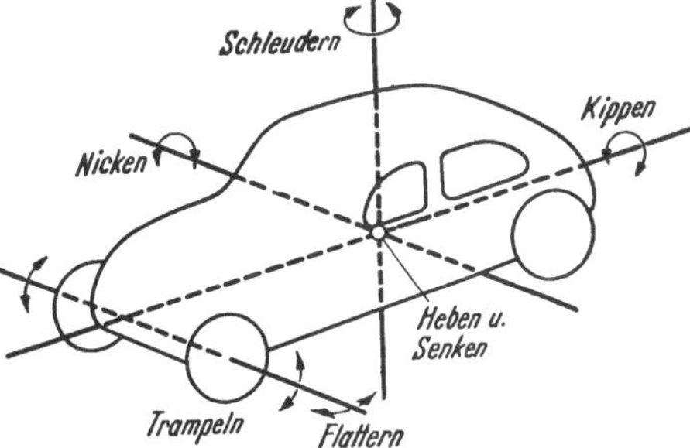

Abb. 37. Massenkräfte am Fahrzeug

8. Man ermittle nun die Kerbstellen und Spannungsspitzen und frage sich dann,

9. wie man die Spannungsspitzen abbauen kann. Näheres darüber erfahren wir auf S. 156.

10. Die endgültige Durchrechnung und Dimensionierung erfolge dann auf Grund der Dauer- und Gestaltfestigkeit.

Übungsaufgaben

Der angehende Konstrukteur muß die Gesetze für Statik, Mechanik und Dynamik genau kennen. Für die Lösung der bekannten Schulbeispiele ist eine so reichhaltige Literatur vorhanden, daß der Studierende immer eine Anleitung dazu findet. Trifft er aber während der Konstruktion auf ein unbekanntes Problem,

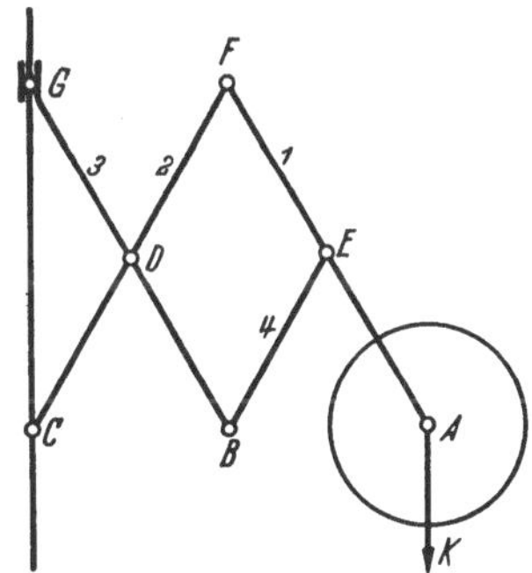

Abb. 38. Aufbau einer Parallelpendelsäge

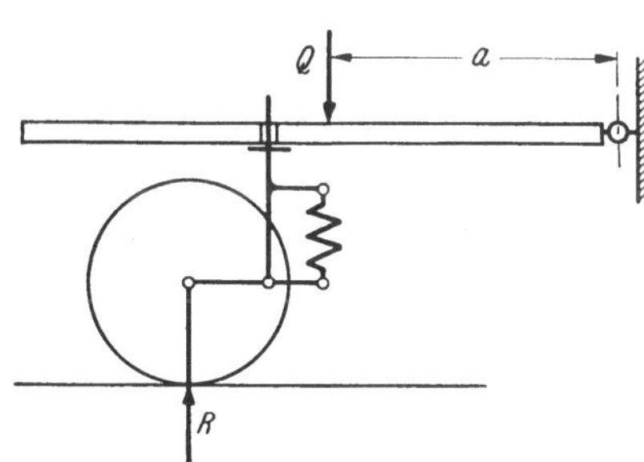

Abb. 39. Aufbau eines Einradanhängers

dann treten für ihn große Schwierigkeiten auf, weil gewöhnlich Beispiele dafür fehlen und er gezwungen ist, festzustellen, welche Gesetzmäßigkeiten vorliegen und wie der Berechnungsgang vorzunehmen ist. Zur Übung sollen daher hier zwei kleinere Aufgaben folgen.

8. Aufgabe. Für die Bewegung einer parallel geführten Kreissäge wird eine sogenannte Nürnberger Schere verwendet (Abb. 38). In dem Punkt A greife eine Kraft K senkrecht nach abwärts an. Man ermittle die Kräfte in den Gelenken B, C, D, E, F und in der Führung G. Außerdem bestimme man die Art der Beanspruchung der Stangen.

9. Aufgabe. Von einem Einradanhänger für einen Pkw ist die Nutzlast Q und deren Abstand vom Drehpunkt bekannt. In der Abb. 39 sind alle für die weitere Berechnung wichtigen Maße gegeben.

Gesucht sind alle äußeren Kräfte auf die Lager und Gelenke der Radgabel und Schwingen.

3. Der Einfluß des Baustoffs auf die Gestaltung

Der Baustoff beeinflußt ganz wesentlich die Gestalt. Das gilt für alle Techniken, ganz gleich, ob es sich um den Maschinenbau, die Holzbildhauerei oder die Fabrikate aus Kunstpreßstoff usw. handelt. Freilich gab es im Maschinenbau auch eine Zeit, wo man in Verkennung dieser Gesetzmäßigkeit gußeisernen Maschinenteilen die nicht stoffgerechte Form von dorischen oder gotischen Bauwerken aufzwang.

Die vielen in der Literatur bekannten Beispiele und Hinweise über das Verhältnis von Baustoff und Gestalt sind für den Anfänger verwirrend. Dabei läßt sich aber das Problem „Einfluß der Baustoffe auf die Gestaltung" auf eine sehr einfache Formel bringen.

Wenn man nämlich die Eigenschaften des Materials kennt, dann braucht man *die Gestaltung nur so vorzunehmen, daß die günstigsten Eigenschaften möglichst ausgenützt und die ungünstigsten tunlichst vermieden werden.*

Die Eigenschaften der Werkstoffe kann man immer in solche physikalischer, chemischer und technologischer Art einteilen.

Nach dieser Einteilung wollen wir künftig alle für den Maschinenbau wichtigen Stoffe, welche sich spanlos verformen, also gießen, schmieden, pressen und spritzen lassen, untersuchen.

4. Der Einfluß der Herstellung auf die Gestaltung

Jedes Herstellungsverfahren gibt der äußeren Erscheinung eines Maschinenteils ein ganz besonders charakteristisches Gepräge. Wer kann nicht schon nach dem Aussehen allein z. B. ein Gußstück von einer Schweißkonstruktion unterscheiden? In Gußeisen läßt sich praktisch jede gewünschte Form herstellen. Das war zum Teil mit schuld, daß man im Anfang des Maschinenbaues, wie schon erwähnt, in vollkommener Verkennung des Zwecks, des Materials und der Herstellung Lagerstühle als gotische Fenster ausbildete. Es bedurfte einer Entwicklungsarbeit von mehreren Jahrzehnten, bis man erkannte, daß die Stoffeigenschaft die Bearbeitung bestimmt und diese wieder der äußeren Form ein besonderes Gepräge gibt.

Der Konstrukteur muß daher mit allen Bearbeitungsverfahren vertraut sein und dieselben bei der Gestaltung fortwährend berücksichtigen.

Untrennbar mit der Herstellungsfrage ist die Kostenfrage verbunden. Die Zeiten sind schon lange vorbei, wo man sich zufrieden gab, wenn der Maschinenteil so gestaltet war, daß man ihn herstellen konnte und er seinen Zweck erfüllte. Der scharfe Konkurrenzkampf und die Forderung nach Wirtschaftlichkeit zwingt den Konstrukteur, auch bei der herstellungsgerechten Gestaltung nach den geringsten Kosten zu trachten.

a) Gestaltung von Gußteilen [16]

Gußeisen ist der wichtigste Baustoff für den allgemeinen Maschinenbau. Daher soll seine Gestaltung eingehender besprochen werden.

I. Physikalische Eigenschaften

Härte. Die Härte des normalen Graugusses ist ziemlich hoch (~ 200 Br). Für besondere Fälle, wie Brechbacken, Ziehringe, Stempel usw., steht eine sehr harte Qualität dem Konstrukteur zur Verfügung (Hartguß).

Zug- und Druckfestigkeit. Wegen der Wichtigkeit des Gußeisens sei hier ein Auszug aus DIN 1691 gebracht.

Tabelle 4. *Grauguß nach DIN 1691* (Nov. 1949, Auszug)

Güteklasse	Marke		Zugfestigkeit σ_B in kg/mm² bei Bandstärken von				Biegefestigkeit σ_B in kg/mm² bei Bandstärken von			
	neu DIN 17006	bisher	4–8	8–15	15–30	30–50	5–8	8–15	15–30	30–50
Normaler Grauguß	GG 12	Ge 12.91	—	12	12	15	—	—	—	—
	GG 14	Ge 14.91	18	16	14	11	32	30	28	24
	GG 18	Ge 18.91	22	20	18	15	38	36	34	30
Hochwertiger Grauguß	GG 22	Ge 22.91	26	24	22	19	44	42	40	36
	GG 26	Ge 26.91	—	28	26	23	—	48	46	42
Sondergrauguß	GG 30	Ge 30.91	—	—	30	(25)	—	—	48	(45)

Man sieht aus der Zusammenstellung, daß bei Gußeisen die Festigkeit von der Wandstärke abhängig ist. Außer dem Kohlenstoff und Siliziumgehalt hängt die Graphitausscheidung von der Abkühlungsgeschwindigkeit ab. Diese ist aber abhängig von der Wandstärke des Gußstücks. Es wird also bei verschiedenen Wandstärken eines Gußstücks das Gefüge ein anderes und damit auch die Festigkeit sich ändern.

Daraus ergibt sich für den Konstrukteur allein schon der Hinweis, bei der Gestaltung von Gußstücken möglichst gleiche Wandstärken zu wählen. Wir werden aber später sehen, daß dafür noch andere Gesichtspunkte maßgebend sind.

Die Festigkeitswerte der in Tab. 4 angegebenen Marken liegen tiefer als die von Stahl. Reiner Perlitguß mit fein verteiltem Graphit kann aber Festigkeitswerte des einfachen Maschinenbaustahls, nämlich 30 bis 55 kg/mm² und darüber erreichen, sogar mit Dehnungeigenschaften, welche bekanntlich dem gewöhnlichen Grauguß fehlen.

Auffallend ist der große Unterschied zwischen Druck- und Zugfestigkeit. Das Verhältnis ist etwa 4:1. Die Gußkonstruktionen sollten deshalb vornehmlich auf Druck beansprucht werden. Das läßt sich zwar nicht immer erreichen, aber in manchen Fällen ist es doch möglich, die Gestaltung so vorzunehmen, daß Zug- und Biegungskräfte vermieden oder wenigstens verringert werden (Abb. 40).

Biegefestigkeit. Eine Eigenart des Gußeisens besteht darin, daß die Biegefestigkeit bedeutend größer ist als die Zugfestigkeit. Das Verhältnis ist etwa 2:1. Dies hängt damit zusammen, daß sich bei der Biegung die neutrale Faser gegen die Druckseite verschiebt und damit die Zugkräfte kleiner werden. Trotzdem wird aber der Konstrukteur darauf bedacht sein, für die auf Biegung beanspruchten Teile möglichst günstige Querschnittformen zu wählen; es sind dies (Abb. 41):

Es ist eine bekannte Tatsache, daß gewölbte Flächen eine größere Festigkeit
haben als ebene. Daher sollte der Konstrukteur bestrebt sein, bei Gußkonstruk-

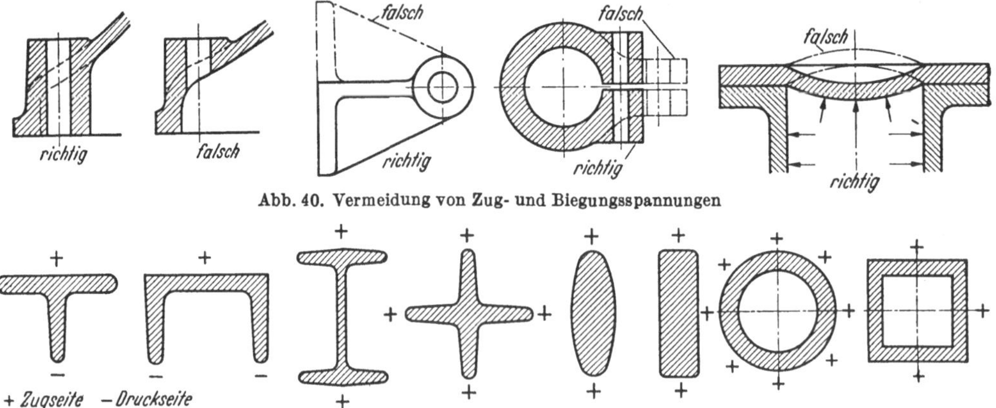

Abb. 40. Vermeidung von Zug- und Biegungsspannungen

Abb. 41. Richtige Wahl der Zugseite bei verschiedenen Querschnittsformen

tionen möglichst Zylinder, Kegel und Kugelflächen für die Gestaltung der Körper
zu verwenden.

Schon BACH hat entdeckt, daß die Biegefestigkeit bei Gußeisen von der Querschnittsform abhängig ist (Abb. 42). Der Konstrukteur muß darauf Rücksicht
nehmen.

Der Anfänger hat gewöhnlich Angst beim Einsetzen von Festigkeitswerten für
Zug und Biegung. Das ist auch bis zu einem gewissen Grad berechtigt. Nur dann,
wenn man über die Spannungsverteilung im Werkstück einigermaßen sicher ist,
darf man die höheren Festigkeitswerte einsetzen.

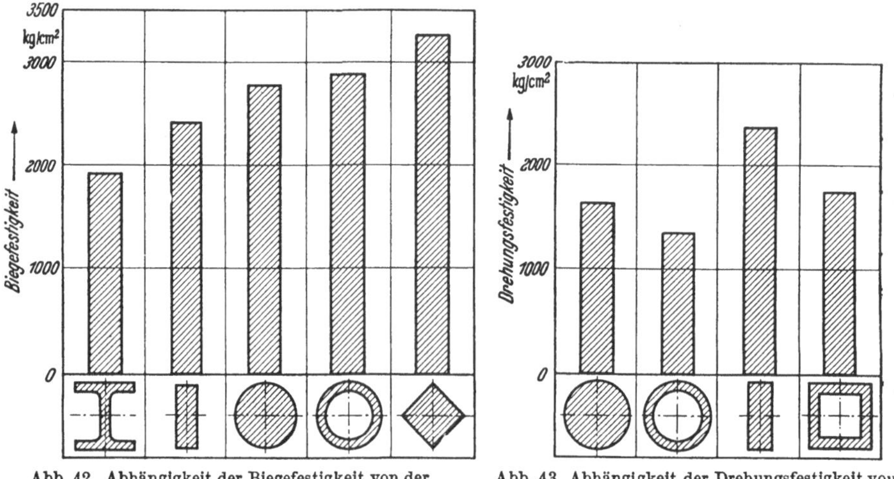

Abb. 42. Abhängigkeit der Biegefestigkeit von der
Querschnittsform bei Grauguß

Abb. 43. Abhängigkeit der Drehungsfestigkeit von
der Querschnittsform bei Grauguß

Schub- und Torsionsfestigkeit. Darüber liegen leider wenige Versuche vor. Man
darf die Verdrehungsfestigkeit etwa gleich der Biegefestigkeit wählen. In Wirklichkeit sind die Festigkeitswerte für Verdrehung auch abhängig von der Form
des Querschnitts (Abb. 43).

Für den ringförmigen Querschnitt wäre also die Verdrehungsfestigkeit am kleinsten. Das darf aber nicht zu dem Schlusse verleiten, daß dieser Querschnitt nun am ungünstigsten für Verdrehungsbeanspruchung wäre. Wenn man die Querschnitte gleicher Flächen (also gleicher Gewichte) auf ihr polares Trägheitsmoment hin untersucht, dann erkennt man, daß der ringförmige Querschnitt den höchsten Wert erreicht und damit auch die günstigste Beanspruchung.

Für Teile, die auf Verdrehung beansprucht sind, kommt in erster Linie der Zylinder, der Kegel und die mit Diagonalrippen ausgesteifte kastenförmige Hohlform in Frage (Abb. 44), wie solche bei Werkzeugmaschinen schon lange verwendet werden.

Elastizität. Der Elastizitätsmodul E ist stark veränderlich und abhängig von der Spannung. Er schwankt zwischen $E = 490\,000$ bis $1\,130\,000$ kg/cm², ist also ungefähr um die Hälfte kleiner als bei Stahl. Das bedeutet, daß sich Gußeisen bei gleicher Spannung als Stahl mehr durchbiegt. Es ist also bei gleicher Starrheit ein größerer Materialaufwand notwendig als bei Stahl.

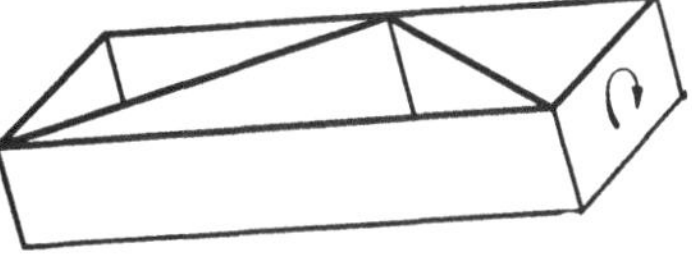

Abb. 44. Drehungsfester kastenförmiger Körper

Bruchdehnung. Die Bruchdehnung ist für den normalen Grauguß so gering, daß man sie praktisch mit null annehmen kann. Gußeisen ist also nicht geeignet für schlagartige Beanspruchung auf Teile, welche unter Belastung nicht plötzlich brechen dürfen, sondern sich deformieren sollen.

Temperaturbeständigkeit. Eine eigenartige Erscheinung bei Gußeisen ist das „Wachsen". Der Einfluß der Temperatur auf die Festigkeit ist bis etwa 350° gering. Dagegen zerfällt über 400° der Karbidkohlenstoff in Ferrit und Graphit. Dabei findet gleichzeitig eine gefährliche Volumenvergrößerung statt. Dieselbe bewirkt Spannungen im Gußstück, die sich den vorhandenen Spannungen überlagern und an den gefährlichen Querschnitten zu Rissen führen. Die Festigkeit nimmt natürlich auch über 400° stark ab. Für Dampfturbinengehäuse, welche Dampftemperaturen über 400° ausgesetzt sind, wird man daher Stahlguß verwenden, welcher diese gefährliche Eigenschaft nicht hat.

Verschleißbarkeit. Verschleißfester Guß ist natürlich auch vom Gefüge abhängig. Bei abnehmendem Perlit wird das Gefüge verschleißfest, besonders bei Gegenwart von sekundärem Zementit und Ledeburit. Solches Material ist dann für Teile geeignet, welche großem Verschleiß unterliegen, wie Straßenwalzen, Brechbacken, Ziehringe usw.

Was die Gleiteigenschaft betrifft, verhält sich Gußeisen ähnlich wie Bronze oder Rotguß. Es wird daher für Lager, Kolben, Schieber usw. verwendet. Bei Lagern kann man die Oberfläche schleifen und polieren. Es ist sehr empfindlich gegen Kanten. Man muß daher darauf achten, daß die Gehäusebohrung mit der Wellenmittellinie genau fluchtet. Die zulässigen Flächendrücke und die Umfangsgeschwindigkeit sind kleiner als bei Bronze, Rotguß oder Weißmetall.

II. Chemische Eigenschaften

Vor allem wird eine Beständigkeit des Baustoffs gegen Wasser, feuchte Luft, Säuren und Basen verlangt. Im allgemeinen kann man sagen, daß Gußeisen nicht rostsicher ist gegen Wasser und Luftfeuchtigkeit. Dagegen gibt es eine Sorte, welche säure- und alkalibeständig ist und die mit Vorteil in der chemischen Industrie Verwendung findet. Es lassen sich aber die Korrosionserscheinungen durch entsprechende Oberflächenbehandlung vermeiden, nämlich durch Anstriche, durch Auflagematerial, durch Plattierungen, durch Galvanisieren oder durch Verzinken, Verzinnen und Verbleien.

III. Technologische Eigenschaften

In der Gießerei wird die Eigenschaft der Metalle verwendet, bei entsprechend hohen Temperaturen flüssig und damit gießbar zu werden. Man gießt dann das flüssige Metall in Formen, deren Hohlräume die Gestalt und die Abmessungen des gewünschten Bauteils haben. Nach dem Erkalten und Erstarren wird der Abguß aus der Form genommen, geputzt und auf verschiedenen Werkzeugmaschinen fertig bearbeitet.

Die Technologie der Herstellung eines Gußstücks muß natürlich dem Konstrukteur genau bekannt sein, damit er bei seinen Konstruktionen Rücksicht nehmen kann auf die vielen gießereitechnischen Erfordernisse. Die Vermittlung dieser Kenntnisse ist aber nicht Aufgabe einer Konstruktionslehre, sondern gehört mit entsprechenden Übungen in die Vorträge über Technologie und Fertigung. Hier sei nur die Auswirkung technologischer und fertigungstechnischer Gesichtspunkte auf die Gestaltung besprochen.

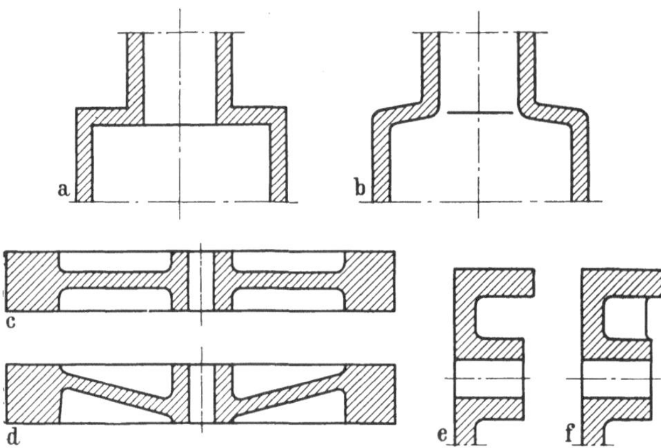

Abb. 45a—f. Gestaltung von Grauguß mit Rücksicht auf Gießbarkeit

Alle Gestaltungsregeln sind zurückzuführen auf

1. die gießtechnischen Eigenschaften: a) die Gießbarkeit, b) die Seigerungserscheinungen, c) das Schwinden, d) die Lunkerbildung und

2. die gießereitechnischen Erfordernisse.

An Hand dieser Einteilung sollen nun hier die wichtigsten Richtlinien für die Gestaltung besprochen werden.

Rücksicht auf Gießbarkeit. Um ein gutes Durchfließen und Ausfüllen der Form zu erzielen, wäre es nicht notwendig, Ecken abzurunden und Flächen schräg zu legen. Man könnte also ohne weiteres auch Formen wie Abb. 45a gießen, wenn nicht andere Gesichtspunkte dazu zwingen würden.

So bilden sich beim Gießen Gasausscheidungen (Blasen), welchen die Möglichkeit gegeben werden muß, nach oben abzuziehen. Das wird durch Schräglage von Wänden oder zusätzlichen Rippen erreicht (Abb. 45b, d und f). Die Möglichkeit der Luft, einen Abzug zu verschaffen, ist eine Maßnahme, welche den Gießereifachmann angeht.

Rücksicht auf Seigerungserscheinungen. Beim Gießen bilden sich oft Spritzer, welche bei niedrigen Gußtemperaturen eine Erstarrung von Schwefeleisenlegierungen in Form von Kugeln zur Folge haben, welche die Güte des Gusses herabsetzen. Diese Erscheinungen sind nur für den Gießereifachmann von Bedeutung.

Rücksicht auf Lunkerbildung. Der erkaltete Guß hat ein kleineres Volumen als der flüssige. Die Gesamtvolumenänderung nennt man das „Schwinden". Die unangenehmen Folgen des Schwindens sind die Lunkerbildung und die Entstehung von Spannungen. Das Saugen oder Lunkern entsteht dadurch, daß sich die

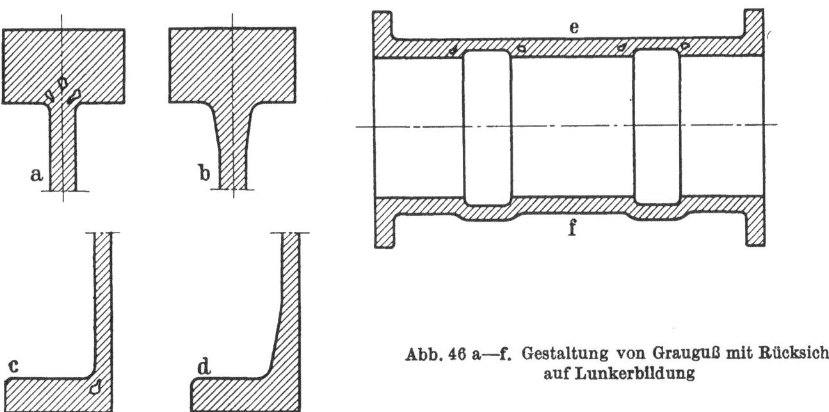

Abb. 46 a—f. Gestaltung von Grauguß mit Rücksicht auf Lunkerbildung

Außenseiten des Gußstücks und die Teile mit den kleineren Wandstärken zuerst abkühlen und erstarren. Infolge des Schwindens wird das flüssige Gußeisen nachgesaugt. Wird es daran gehindert oder gehemmt, dann entstehen Hohlräume, sogenannte Lunker (Abb. 46a, c und e). Daher sind allmähliche Übergänge und gleiche Wandstärke zu empfehlen (Abb 46b, d und f). Der Gießereifachmann hat übrigens verschiedene Mittel, um die ungleiche Abkühlung zu verhindern. Frühzeitiges Abdecken, Abschreckplatten, welche die Wärme leichter ableiten, Ansetzen verlorener Köpfe usw. Hinreichender Siliziumgehalt vermindert übrigens

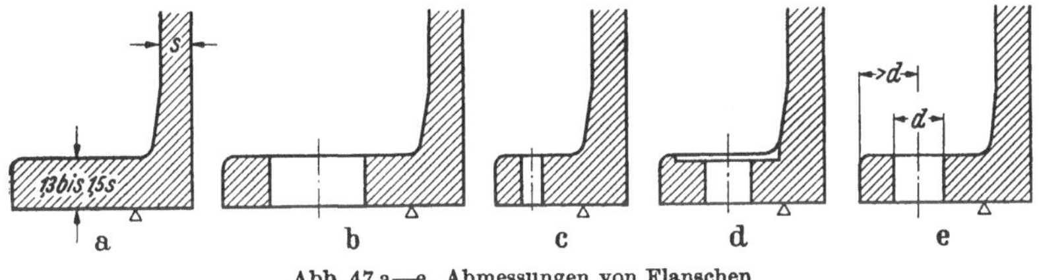

Abb. 47 a—e. Abmessungen von Flanschen

auch das Schwinden. Der Konstrukteur muß bei der Gestaltung schon Rücksicht darauf nehmen, daß das Lunkern vermieden wird. Dies geschieht durch Ausbildung möglichst gleicher Wandstärken und Schaffung von allmählichen Übergängen, sowie durch Vermeidung von Stoffanhäufungen.

Auf einen Fehler, den die Anfänger immer wieder machen, sei in diesem Zusammenhange hingewiesen. Die Flanschdicke wird nicht gleich, sondern stärker als die Wanddicke gemacht (Abb. 47a), und zwar aus Festigkeitsgründen sowie wegen der Bearbeitung der Anschlußflächen. Dabei ist natürlich ein allmählicher Übergang von der Wand zum Flansch zu wählen (genormt). Die Schraubenstärke muß auch in einem vernünftigen Verhältnis zur Flanschdicke stehen, nicht etwa wie bei der Ausführung b und c. Die Schrauben werden möglichst nahe an die Wand herangesetzt, aber nicht so, daß der Übergang angeschnitten wird wie bei Ausführung c. Die Entfernung von Schraubenmitte zum Flansch-

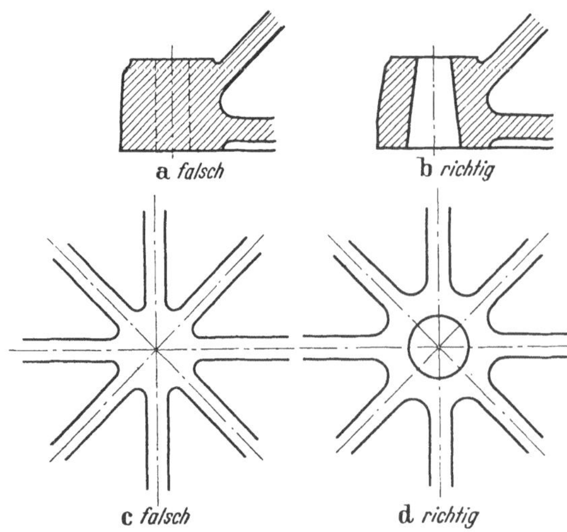

a falsch   b richtig

c falsch   d richtig

Abb. 48a—d. Vermeidung von Werkstoffanhäufungen

rand wird vom Anfänger gewöhnlich zu groß gemacht, obwohl das zur Festigkeit des Flansches nicht beiträgt. Es genügt, dieses Maß etwas größer als d zu machen.

Vermeidung von Werkstoffanhäufungen. Überall, wo Werkstoffanhäufungen vorhanden sind, besteht die Gefahr, daß Lunker sich bilden. Der Konstrukteur muß daher die Gestaltung so vornehmen, daß dies vermieden wird (Abb. 48 b u. d).

Vermeidung von Verziehungen und Gußspannungen. Die Forderung nach gleicher Wandstärke hat auch noch einen anderen Vorteil. Es werden nämlich durch diese Maßnahme die unangenehmen Gußspannungen vermieden. Diese gefährlichen Spannungen entstehen dadurch, daß sich die einzelnen Wände des Gußstücks infolge der verschiedenen Wandstärke ungleich abkühlen und daher

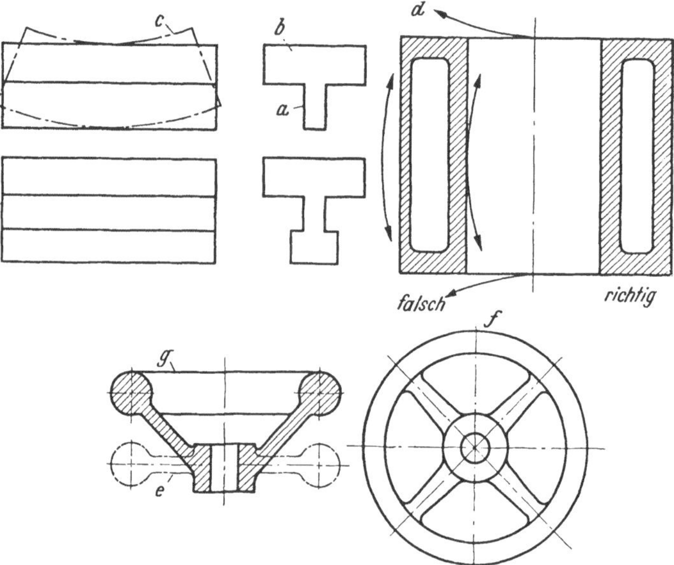

Abb. 49. Vermeidung von Verziehungen und Gußspannungen

ungleich schwinden. Kühlt sich z. B. die Rippe a in Abb. 49 zuerst ab und erstarrt, so wird der Flansch b infolge der größeren Wandstärke noch eine höhere Temperatur besitzen. Wenn die Abkühlung des Flansches weiter fortschreitet, wird er am Schwinden durch die Wand *a* behindert. Es entsteht eine Zugspannung welche das ganze Gußstück nach Ausführung c deformiert. Ähnliche Beispiele siehe Ausführung d und e. Man kann das Schwinden vermeiden durch die Anordnung von Teilfugen Ausführung f oder durch Schrägstellung der Arme nach Ausfüh-

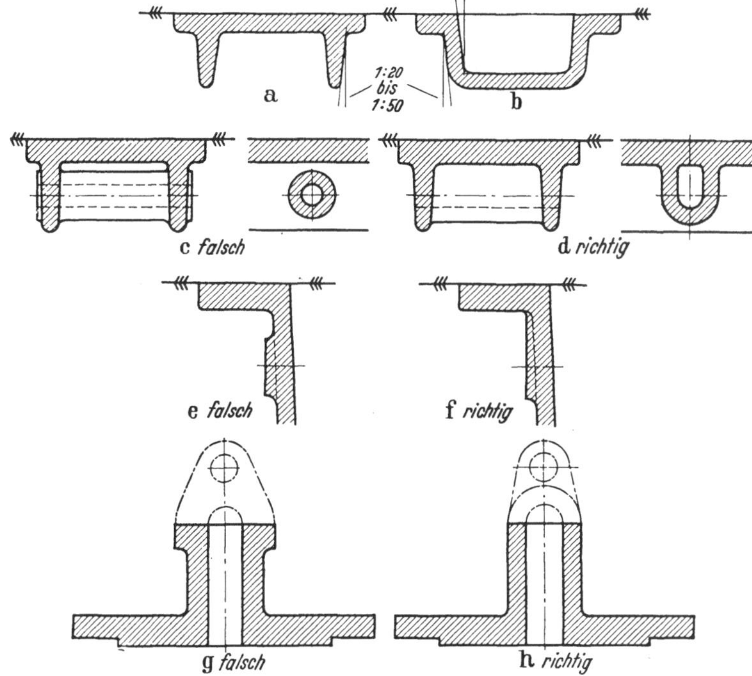

Abb. 50 a—h. Rücksicht auf Herausheben des Modells

rung g. Auf die schon erwähnten Hilfsmittel zur Erreichung gleichmäßiger Abkühlung sollte sich der Konstrukteur nicht verlassen, sondern so gestalten, daß die Gefahr der Spannungsbildung vermieden wird.

Rücksicht auf Herausheben des Modells. Um das Modell aus der Form herausheben zu können, ohne ein Abbröckeln von Formsand zu riskieren, ist es notwendig, die Wände in Richtung des Herausheben abzuschrägen (Abb. 50a und b).

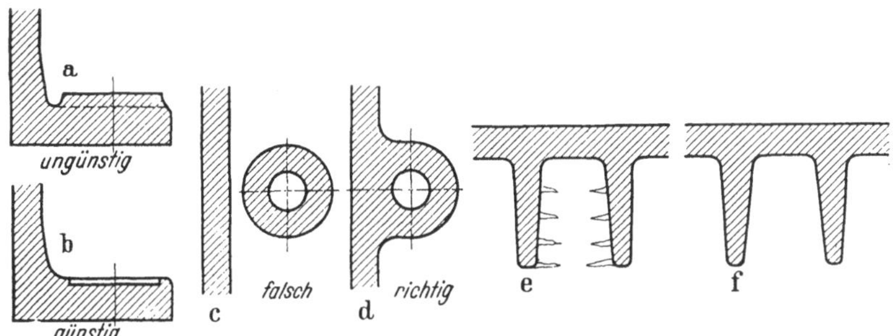

Abb. 51 a—f. Rücksicht auf Festigkeit der Form

Dem Herausheben aus der Form können auch vorspringende Teile hinderlich sein (Abb. 50c, e und g). Eine Abhilfe schafft die Formgebung d, f und h.

5*

Rücksicht auf Festigkeit der Form. Dünne Stellen in der Sandform sind zu vermeiden, da sie leicht abbrechen oder beim Gießen durchbrechen. Man wird deshalb solche Fälle wie in Abb. 51a und c vermeiden und durch andere Formgebung ersetzen, Ausführung b und d. Stehen Rippen sehr eng beieinander, so kann es vorkommen, daß das Modell beim Herausheben die Form abreißt (Abb. 51e). Eine stärkere Neigung der Rippenwände beseitigt diese Gefahr, Ausführung f.

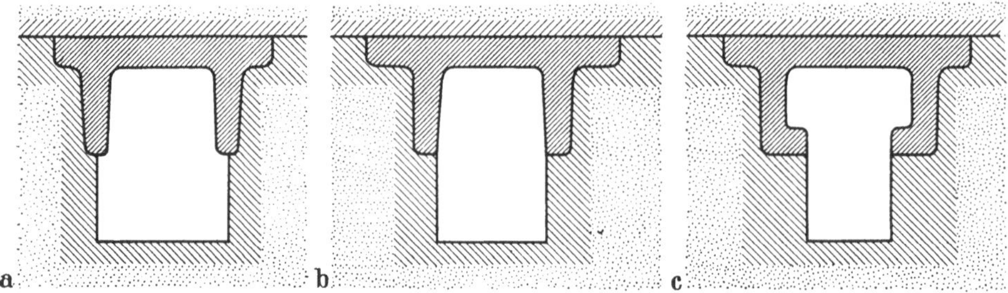

Abb. 52 a—c. Rücksicht auf Abrunden der Kanten

Rücksicht auf Abrunden der Kanten. Beim Anfänger herrscht vielfach eine Unklarheit über die Abrundungen von Kanten. Man kann sogar an solchen „Kleinigkeiten" erkennen, ob der angehende Konstrukteur schon vertraut ist mit der Abhängigkeit der Formgebung von der Art des Einformens (Abb. 52 a, b und c).

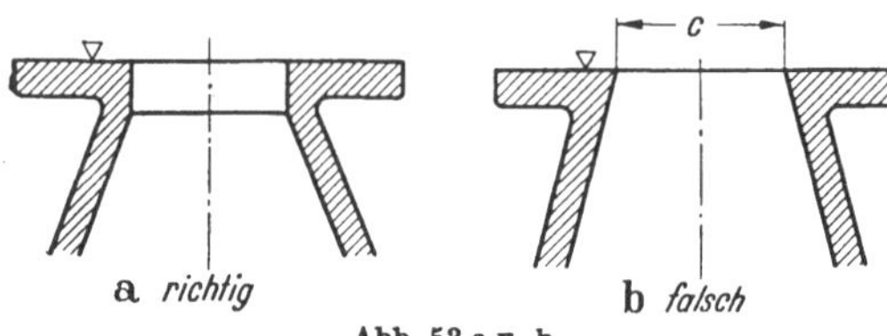

Abb. 53 a u. b

Bearbeitete Flächen bilden mit der rohen Gußwand immer scharfe Ecken. Man kann sie natürlich leicht abphasen. Oft liegt aber kein dringender Grund vor, sie abzurunden. Außerdem sollen die Gußwände nie schräg (Abb. 53 b), sondern möglichst senkrecht (Ausführung a) in die Arbeitsfläche auslaufen, denn in ersterem Falle würde bei der Bearbeitung das Maß c sich ändern.

Rücksicht auf Anordnung der Abschrägungen. Die Anordnung der schrägen Flächen ist abhängig von der Lage der Teilfugen (Abb. 54 b, c und d).

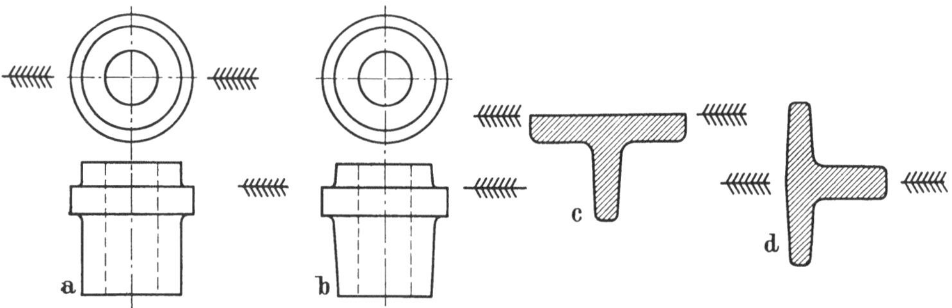

Abb. 54 a—d. Rücksicht auf Anordnung der Abschrägungen

Rücksicht auf einfache Kernformen. Gußstücke mit Hohlräumen verlangen sogenannte „Kerne". Sie verteuern das Einformen. Wenn man also schon gezwungen ist, Kerne zu verwenden, so wird man danach trachten, denselben wenigstens eine möglichst einfache Form mit geraden, leicht herzustellenden Flächen zu geben. Beispiele dafür sehen wir in Abb. 55 b und d, gegenüber a und c.

Rücksicht auf Kernlagerung. Die Kerne müssen sicher gelagert werden können, damit sie sich beim Gießen nicht verschieben. Die Ausführung Abb. 56 a wäre z. B. nicht zu empfehlen, da der Kern freitragend ist. In diesem Falle müßte man noch eine weitere Abstützung schaffen, entweder nach Ausführung b oder c. Sind mehrere Kerne notwendig, so legt man dieselben mit Vorteil in eine Teilebene (Abb. 56 d).

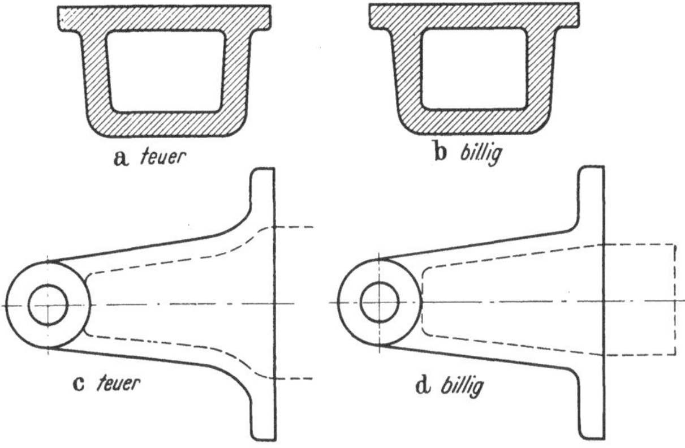

Abb. 55 a—d. Rücksicht auf einfache Kernformen

Vermeidung von Kernen. Durch entsprechende Gestaltung gelingt es oft dem Konstrukteur Kerne zu vermeiden. Ein sehr bekanntes Beispiel sind dafür die eingezogenen Hohlräume, Ausführung Abb. 57 c. Solche Formen verlangen immer

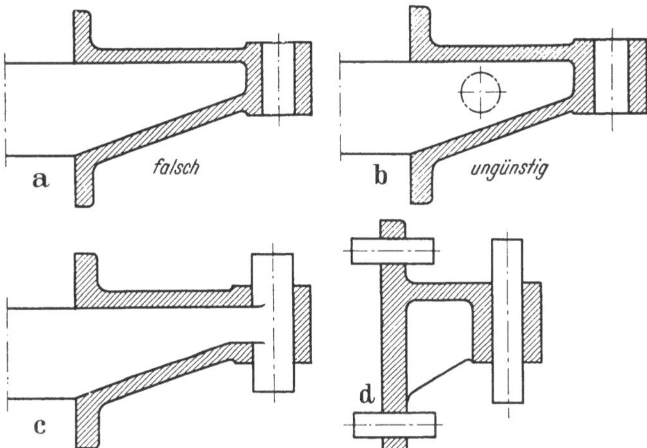

Abb. 56 a—d. Rücksicht auf günstige Kernlagerung

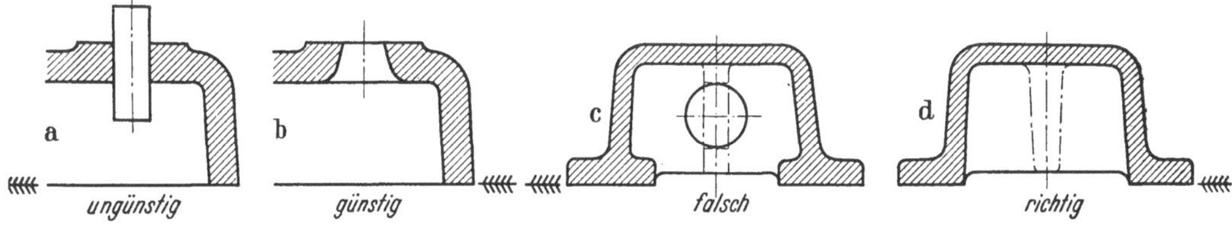

Abb. 57 a—d. Vermeidung von Kernen

einen teuren Kern, und wenn Rippen vorhanden sind, so müssen dieselben mit Öffnungen versehen sein zur Stützung der Kerne. Eine Abänderung der Gestalt nach Ausführung d kann ohne Kern mit zwei Kästen eingeformt werden. Die Ausführungen a und b zeigen Beispiele mit gegossenen Schraubenbohrungen. Es läßt sich nicht genau sagen, bis zu welchem Durchmesser man die Schraubenlöcher noch wirtschaftlich mitgießt. Unter 20 mm wird das wohl kaum der Fall sein. Wenn man nach Ausführung b das Schraubenloch konisch gestaltet, kann man ohne Kern auskommen.

Rücksicht auf stehenden oder liegenden Guß. Die Frage, ob stehend oder liegend gegossen werden soll, ist oft nicht einfach. In Zweifelsfällen ist es am besten, wenn

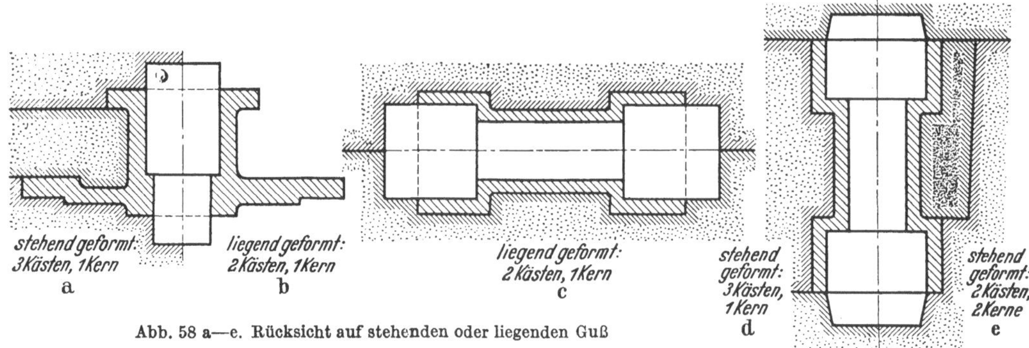

Abb. 58 a—e. Rücksicht auf stehenden oder liegenden Guß

sich der Konstrukteur mit dem Betrieb darüber berät. Auf jeden Fall kann der Konstrukteur durch zweckmäßige Gestaltung das Einformen bedeutend vereinfachen und verbilligen. Zum Beispiel sind für den Schieber d (Abb. 58) bei stehendem Guß zwei Kästen und zwei Kerne notwendig, während bei liegendem Guß (Ausführung c) nur zwei Kästen und ein Kern erforderlich sind. Maßgebend ist natürlich auch noch die Forderung nach der Dichtheit des Gusses auf die Art der Einformung. Der Zylinderdeckel a erfordert bei stehendem Guß drei Kästen und einen Kern, während bei liegendem Guß in der abgewandelten Form b nur zwei Kästen und ein Kern notwendig sind.

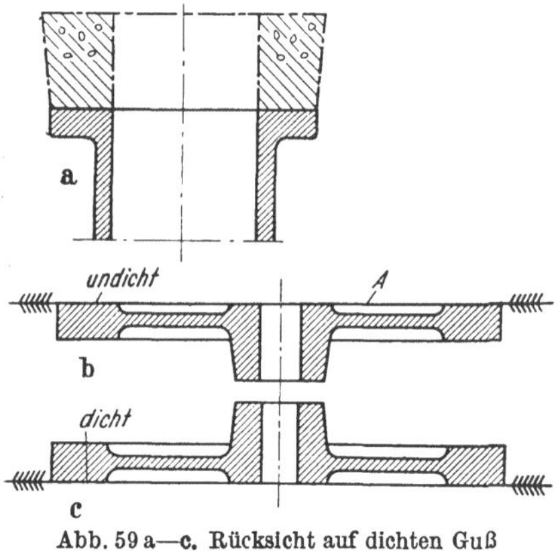

Abb. 59 a—c. Rücksicht auf dichten Guß

Rücksicht auf dichten Guß. Bei jedem Gußstück, ob liegend oder stehend gegossen, ist das dichtere Gefüge unten. Will man z. B. bei stehend gegossenem Zylinder (Abb. 59 a) den oberen Flansch im Guß dicht erhalten, dann setzt man auf denselben einen sogenannten „verlorenen Kopf" auf. Derselbe wird dann nach dem Erkalten abgetrennt. Soll die Fläche *A* des Deckels dicht gegossen werden, dann muß man denselben so einformen, daß die Fläche *A* nach unten zu liegen kommt (Ausführung c).

Rippen- oder Hohlguß. Nach der äußeren Form kann man bei Gußstücken zwei Bauarten unterscheiden, nämlich den Rippen- und den Hohlguß. Der Hohlguß wirkt ruhiger und ästhetischer als der Rippenguß. Er ist aber teurer wegen der Herstellung der Kerne. Auch bei Rippenguß können die Rippen so ungünstig gelegt werden, daß ein umständliches und teures Einformen notwendig wird (Abb. 60 b und c) im Vergleich zu den günstigen Ausführungen a und d.

Modell oder Schablone. Für Umdrehungskörper eignet sich oft ganz besonders die Schablonenformerei. Sie ersetzt die teuren Holzmodelle. Die mit der Schablone hergestellten Formen haben außerdem noch den Vorteil, daß sie genau rund sind im Gegensatz zu den Holzmodellen, welche sich verziehen können. Die Frage nach der Anwendung von Modell- oder Schablonenformerei ist rein wirtschaftlicher

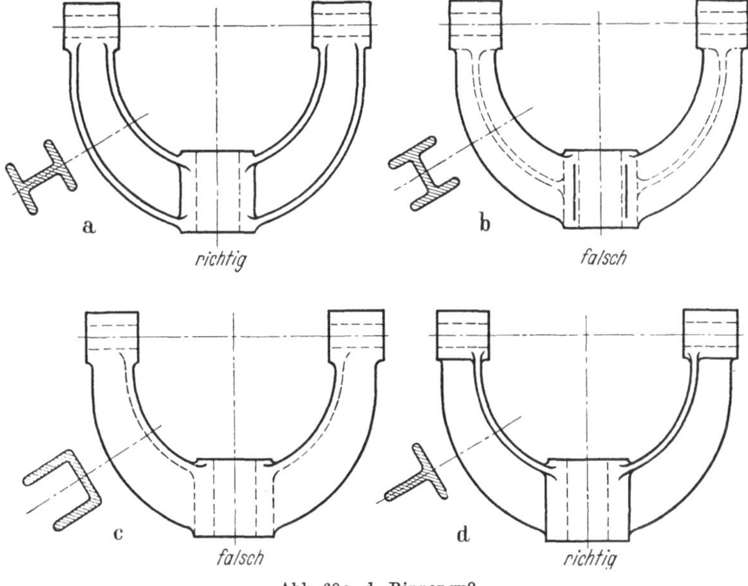

Abb. 60a–d. Rippenguß

Natur. Beim Schablonieren fallen zwar die Tischlerlohnkosten und die Holzkosten weg, aber der Formerlohn wird höher. Das Formen mit Schablonen eignet sich daher nur für Einzelherstellung oder für eine geringe Stückzahl, während für Serien- und Massenherstellung nur das Modellformen in Frage kommt. Bis zu welcher Stückzahl noch wirtschaftlich mit der Schablone gearbeitet werden kann, muß von Fall zu Fall entschieden werden.

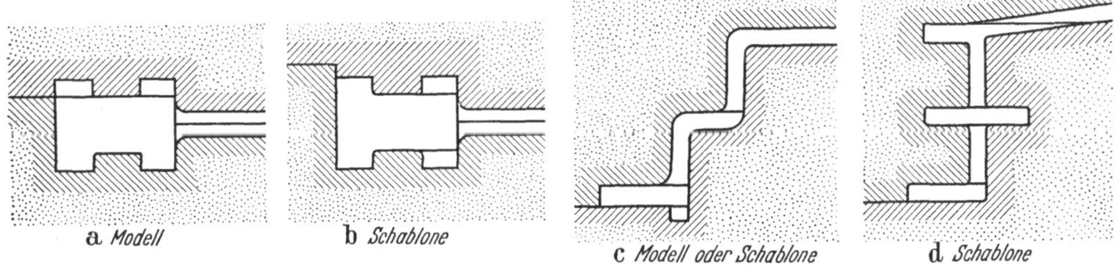

Abb. 61a–d. Modell oder Schablone

Alle in Abb. 61a, b, c und d dargestellten Fälle können mit der Schablone hergestellt werden. Dabei zeigt sich der Vorteil des Schablonierens ganz besonders bei Ausführung d. Bei Anwendung der Modellformerei werden in diesem Falle drei Kästen und zwei Kerne notwendig, während man bei der Schablonenarbeit nur zwei Kästen benötigt.

Rücksicht auf Bearbeitungszugabe. Der Anfänger übersieht gern, daß für die Bearbeitung am Modell Zugaben gemacht werden müssen. Dabei kommt es oft zu unmöglichen Formen (Abb. 62a, c und e). Im Sande von der üblichen Zusam-

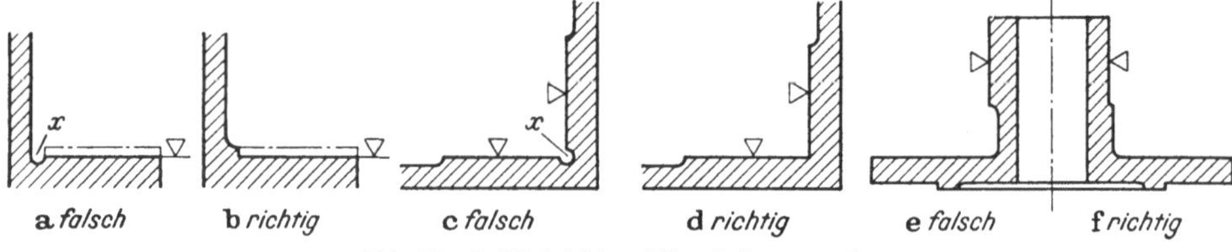

Abb. 62a–f. Rücksicht auf Bearbeitungszugabe

mensetzung lassen sich so feine Teile, wie sie sich an den Ecken X ergeben, nicht formen. Abhilfe kann durch die Gestaltung nach Ausführung b und d geschaffen

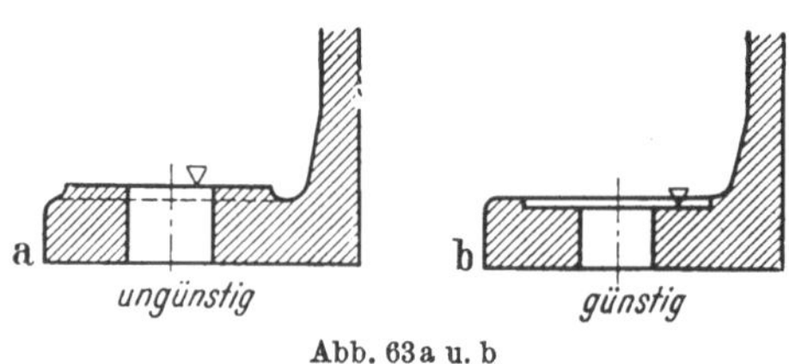

Abb. 63a u. b

werden. Ausführung nach e würde einen eigenen Aufsteckring erfordern, während sich die Ausführung f leicht aus der Form heben läßt.

In diesem Zusammenhang sei auch gleich darauf hingewiesen, daß man auf die so gern verwendeten Putzen am besten ganz verzichtet (Abb. 63). Sie kosten mehr Geld und können am Gußstück versetzt kommen, was nicht gerade schön aussieht. Daher wähle man die Ausführung b.

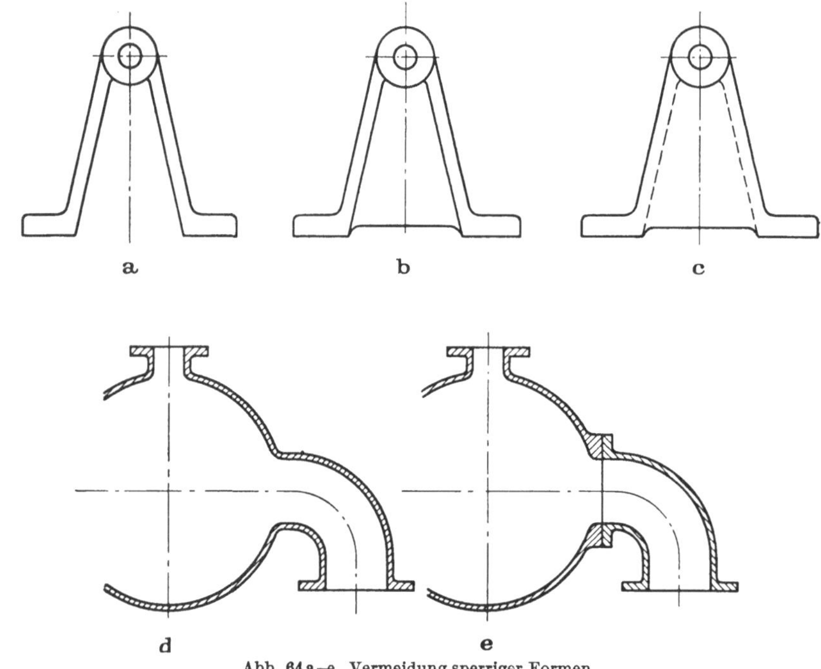

Abb. 64a–e. Vermeidung sperriger Formen

Vermeidung sperriger Formen. Der Konstrukteur sollte seinen Gußstücken eine möglichst geschlossene Form geben, schon aus festigkeitstechnischen Gründen.

Werkstücke mit weit abstehenden Teilen, sogenannte sperrige Formen, sind also zu vermeiden. Beispiele dafür sind in Abb. 64a und d zu sehen. Man kann dem abhelfen durch entsprechende Formgebung (Ausführung b oder c) oder dadurch, daß man eine Teilung des Gußstücks vornimmt (Ausführung e).

Der Anfänger möge, bevor er an die Konstruktion eines Gußstücks herangeht, wenigstens die wichtigsten Richtlinien für dessen Gestaltung sich ins Gedächtnis rufen und danach handeln.

Merkregeln

1. Wähle die günstigste Form bezüglich der Festigkeit.
2. Meide Gußeisen für schlag- und stoßartige Beanspruchungen.
3. Meide Gußeisen bei Temperaturen über 300°.
4. Forme den Gußkörper mit möglichst gleichen Wandstärken.
5. Vermeide scharfe Ecken und Stoffanhäufungen.
6. Sorge für allmähliche Übergänge.
7. Achte auf Abschrägungen.
8. Achte auf Abrundungen.
9. Vermeide eingezogene Formen, Ansteckteile und geschlossene Hohlräume.
10. Sorge für einfache Kerne und gute Lagerung derselben.

Übungsaufgaben

10. Aufgabe. Es soll ein Wandlagerbock in Gußeisen entworfen werden. Dabei sind nach Abb. 65 folgende Abmessungen einzuhalten. Der Zapfen sitze in der Nabe fest. Die an den

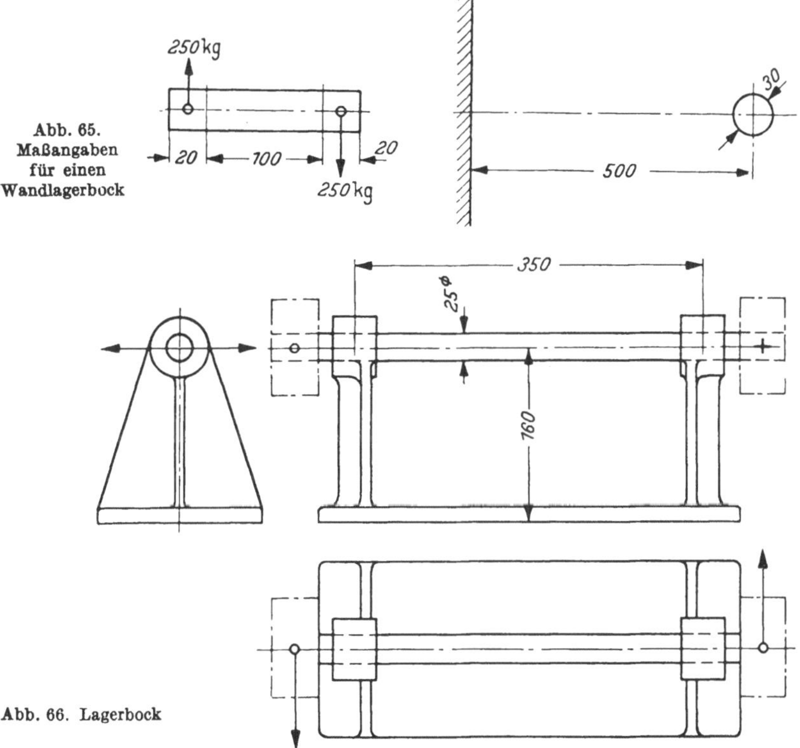

beiden vorstehenden Zapfen angreifenden Kräfte sind gleich groß und konstant, wirken aber in entgegengesetzter Richtung.

Man mache Vorschläge für eine zweckentsprechende Gestaltung.

11. Aufgabe. Was ist an dem Gußstück (Abb. 66) auszusetzen? Zur Orientierung über die Größe sind zwei Hauptmaße und über die Beanspruchung die Resultierenden der Riemenzugkräfte angegeben.

Man mache Änderungsvorschläge für die Lagerung.

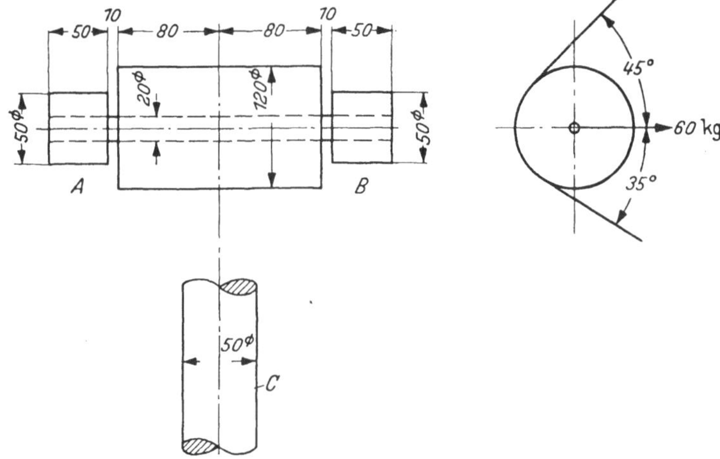

Abb. 67. Angaben für eine gabelförmige Lagerung

12. Aufgabe. Eine Umlenkriemenscheibe ist drehbar auf einer Welle gelagert (Abb. 67). Die Welle wird in den beiden Lagern *A* und *B* festgehalten.

Man soll nun unter Berücksichtigung der eingeschriebenen Maße die beiden Lager in eine gabelförmige Gußkonstruktion mit dem Rohr *C* fest verbinden. Welche von den bekannten Querschnittsformen ist am besten für die Gestaltung der Gabelarme geeignet?

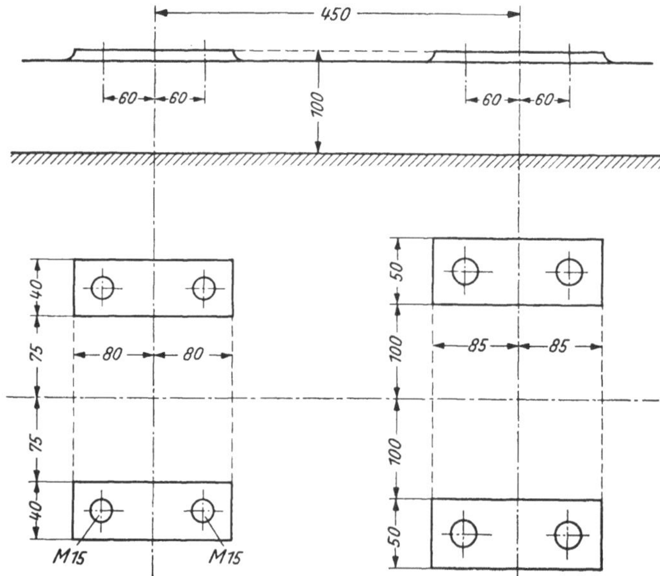

Abb. 68. Anschlußmaße für eine Grundplatte

13. Aufgabe. Ein Pumpenaggregat, bestehend aus Pumpe und Elektromotor, soll auf einer gußeisernen Grundplatte gelagert werden. Man gestalte dieselbe form- und festigkeitsgerecht.

Aus der Abb. 68 sind die Maße für die Anschlußflächen von Motor und Pumpe, sowie die
Höhenmaße der Grundplatte zu ersehen. Das
vom Elektromotor übertragene Drehmoment sei
4 mkg.

14. Aufgabe. Das in Abb. 69 schematisch
dargestellte Gußstück soll form- und gießgerecht
durchgebildet werden. Die eingeschriebenen
Maße zeigen die Größenverhältnisse.

Man ändere das Gußstück so ab, daß seine
Herstellung keine form- und gießtechnischen
Schwierigkeiten bietet.

15. Aufgabe. Wie muß der Doppelhebel
eingeformt werden, damit Kerne vermieden
werden? (Abb. 70).

Man gestalte für diesen Fall die Querschnitte
der Hebelarme und gebe die Lage der Teilebene an.

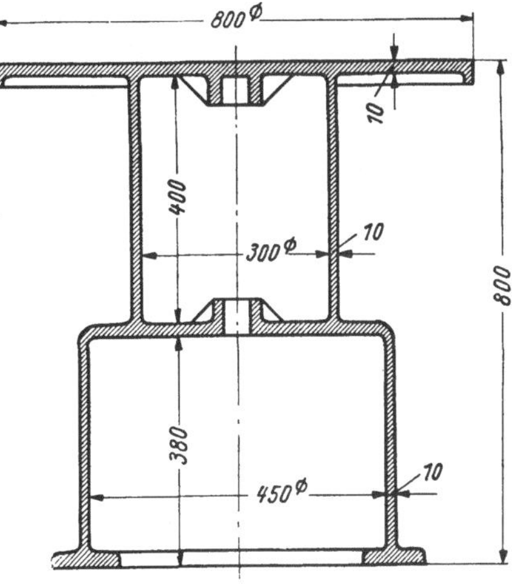

Abb. 69. Tisch aus Grauguß

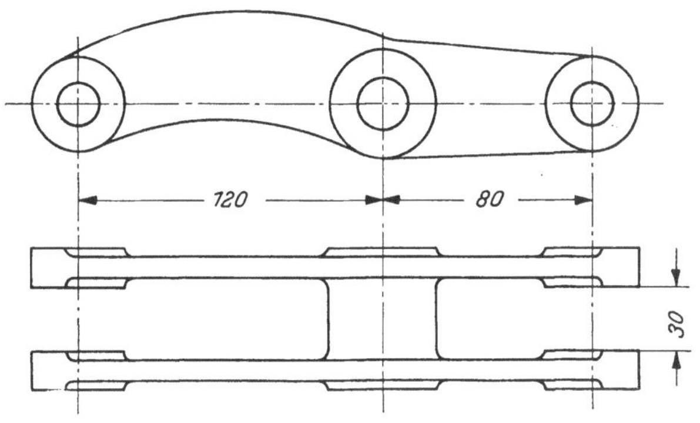

Abb. 70. Doppelhebel

b) Gestaltung von Stahlgußteilen [16]

Im Gegensatz zum Gußeisen hat der Stahlguß höhere Festigkeitseigenschaften.
Er wird daher an Stelle von Gußeisen immer dann Verwendung finden, wenn es
sich um höhere Beanspruchung handelt und man auf die Vorteile des Gießens
nicht verzichten will.

Bei der Gestaltung von Stahlgußteilen muß natürlich auch auf die Stoffeigenschaften Rücksicht genommen werden. Wir wollen uns deshalb seine Eigenschaften nochmals kurz vergegenwärtigen und danach die Gestaltung einrichten.

I. Physikalische Eigenschaften

Der Stahlguß wird in vier Normalgüten hergestellt, s. S. 45, welche für den
allgemeinen Maschinenbau in den meisten Fällen ausreichen. Für besondere
Zwecke stehen dem Konstrukteur noch Sondergüten und der legierte Stahlguß
zur Verfügung.

Härte. Die große Härte macht Stahlguß ebenso wie Gußeisen geeignet für
Brechbacken, Kollergangteile usw.

Zug- und Druckfestigkeit. Der Stahlguß hat ähnliche Festigkeitseigenschaften
wie der normale Maschinenbaustahl. Da sein Gefüge nicht so dicht ist wie bei

Walz- oder Schmiedeteilen, müssen die Festigkeitswerte etwas niedriger angesetzt
werden. Die Zugfestigkeit ist aber zwei- bis viermal so groß wie bei Gußeisen.
Seine Druckfestigkeit ist ungefähr gleich der Zugfestigkeit. Man braucht also nicht
wie bei Gußeisen ängstlich darauf bedacht sein, Zugspannungen zu vermeiden.
Daraus ergibt sich eine andere, viel freiere Formgebung. In Stahlguß könnte man
das Lagerböckchen nach Abb. 71a oder b ausführen, während es für Gußeisen mit
Rücksicht auf Zug- und Druckspannungen am zweckmäßigsten nach Ausführung c gestaltet wird.

Biegefestigkeit. Die Biegefestigkeit von Stahlguß ist etwa doppelt so groß wie
von Gußeisen. Wegen der größeren Festigkeitswerte von Stahlguß gegenüber Gußeisen ergeben sich bei Umkonstruktionen von Gußeisen auf Stahlguß bei letzteren
kleinere Abmessungen und daher kleinere Gewichte.

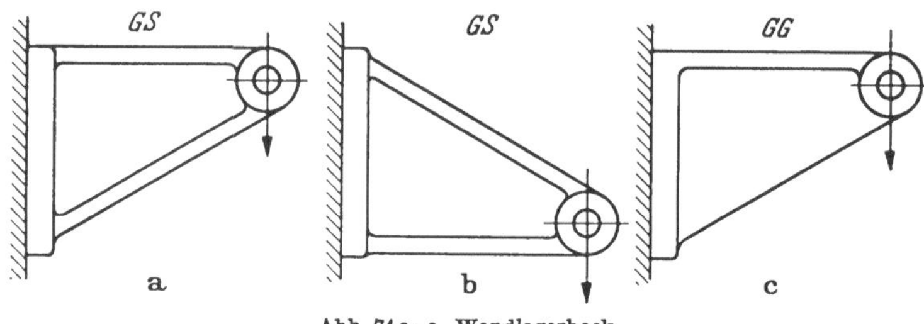

Abb. 71a—c. Wandlagerbock

Torsionsfestigkeit. Der Unterschied zwischen Gußeisen und Stahlguß ist hier
nicht so groß wie bei der Zug- und Biegungsbeanspruchung, aber immerhin kann
man mit Werten rechnen, welche um 50% größer als bei Gußeisen sind.

Die Festigkeitseigenschaften von Stahlguß können durch Zusatz von Cu, Mn,
Ni usw. ganz bedeutend erhöht werden.

Elastizität. Der Elastizitätsmodul von Stahlguß verhält sich zu dem von Gußeisen wie 2:1, d.h. also Stahlguß ist mehr für steifere Konstruktionen wie Gußeisen geeignet. Gußeisen hat aber eine größere Dämpfungsfähigkeit. Durch geeignete Gestaltung läßt sich Stahlguß auch schwingungsfest bauen, eine Eigenschaft, welche z.B. für Bauteile des Fahrzeugbaus verlangt wird.

Bruchdehnung. Die Bruchdehnung ist bei Stahlguß 12 bis 20%. Stahlguß ist
daher sehr gut zu verwenden für Bauteile, welche unter starker Belastung nur
elastische oder dauernde Formänderungen erleiden, aber nicht plötzlich brechen
dürfen.

Temperaturbeständigkeit. Die Ursachen des „Wachsens" wurden schon bei Gußeisen erklärt. Da im Stahlguß kein freier Graphit vorhanden ist, tritt hier diese
Erscheinung nicht auf. Stahlguß kann daher bei Temperaturen über 400° verwendet werden.

Verschleißfestigkeit. Durch Legierung mit Mangan bekommt der Stahlguß eine
höhere Zähigkeit und Verschleißfestigkeit. Er kann dann überall dort verwendet
werden, wo die Teile einen größeren Widerstand gegen Abnützung haben müssen,
z.B. bei Baggerteilen und Zerkleinerungsmaschinen.

Als Lagerbaustoff kommt Stahlguß nicht in Frage, dagegen als Werkstoff für
Lagerschalen, welche mit Weißmetall ausgegossen werden.

II. Chemische Eigenschaften

Es gibt eine besondere Sorte von Stahlguß, welche rostfrei ist. Seine Beständigkeit gegen Säuren und Basen ist noch zu wenig bekannt.

Die Oberflächenbehandlung ist wie bei Gußeisen (s. S. 63) möglich.

III. Technologische Eigenschaften

Die Gestaltungsrichtlinien für Gußeisen können sinngemäß auch für Stahlguß in allen den Punkten übernommen werden, wo die Eigenschaften beider Stoffe nicht voneinander abweichen, also vor allem für den modell- und formgerechten Entwurf. Es ist aber bei Stahlguß ein besonders Augenmerk darauf zu richten, wo unterschiedliche Eigenschaften vorliegen.

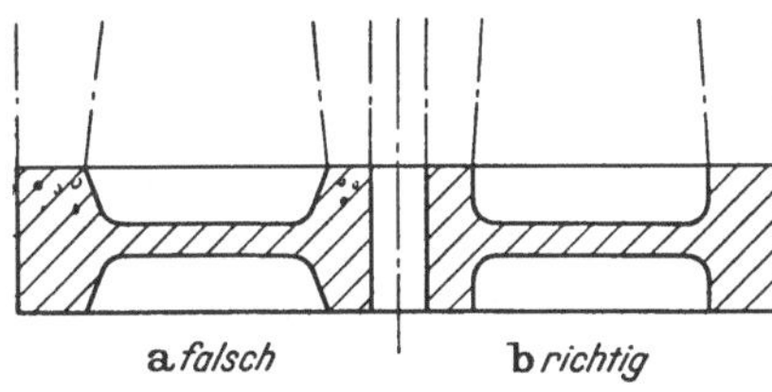

Abb. 72. Vermeidung von Drosselstellen

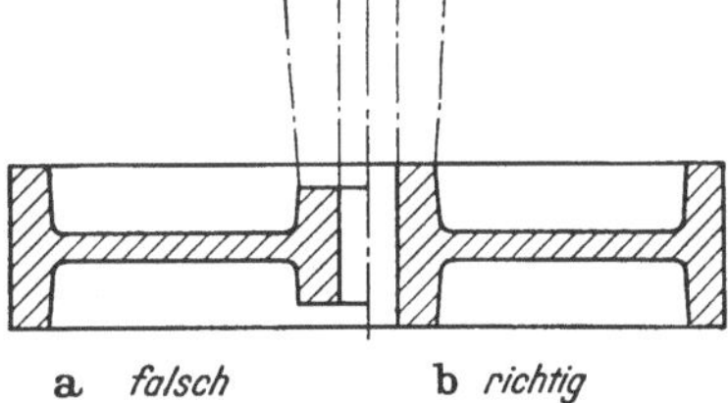

Abb. 73. Entfernungsmöglichkeit der Steigtrichter

Stahlguß hat vor allem einen höheren Schmelzpunkt (1450°) als Gußeisen. Er ist zähflüssig, neigt mehr zur Blasenbildung und hat ein doppelt so großes Schwindmaß. Die gießtechnische Behandlung ist daher schwieriger als bei Gußeisen.

Alle Gestaltungsmaßnahmen, welche mit diesen Eigenschaften zusammenhängen, erfordern daher gegenüber Gußeisen eine sorgfältigere Beachtung. Es sind also vor allem die Gesichtspunkte, welche für einen gieß-, maß- und putzgerechten Entwurf maßgebend sind.

Da die Gefahr der Lunkerbildung bei Stahlguß größer ist als bei Gußeisen, muß der Konstrukteur noch strenger als bei letzterem darauf sehen, daß der Gußkörper mit möglichst gleicher Wandstärke ausgeführt wird.

Man vermeide vor allem Drosselstellen durch richtig gewählte Ausrundungen (Abb. 72). Die Anbringung von Trichtern (verlorenen Köpfen) ist überall dort sehr wichtig, wo Stoffanhäufungen vorhanden sind. Der Konstrukteur hat also bei der Formgebung dafür zu sorgen, daß solche angebracht und auch hernach leicht entfernt werden können (Abb. 73 b). Zur Vermeidung der Lunkerbildung, zum Abführen der Blasen und der Schlacke muß bei Stahlguß viel mehr als bei Gußeisen von Steigtrichtern Gebrauch gemacht werden. Dieselben erreichen oft ein Gewicht, das 50 bis 100% des Werkstückgewichtes ausmacht.

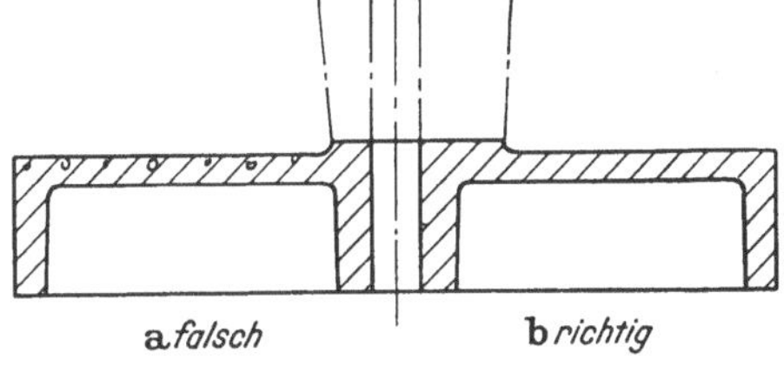

Abb. 74. Rücksicht auf großen Anschluß der Trichter

Für den Ansatz von Trichtern sind die Flächen genügend groß zu wählen (Abb. 74 b), sonst besteht die Gefahr, daß sich nach Ausführung a Lunker ausbilden.

Dicht zu gießende Flächen wird man, wie bei Gußeisen, unten liegend anordnen. Ist das nicht möglich, so ist eine Schlackenleiste anzuordnen, welche nach dem Guß abgearbeitet werden kann.

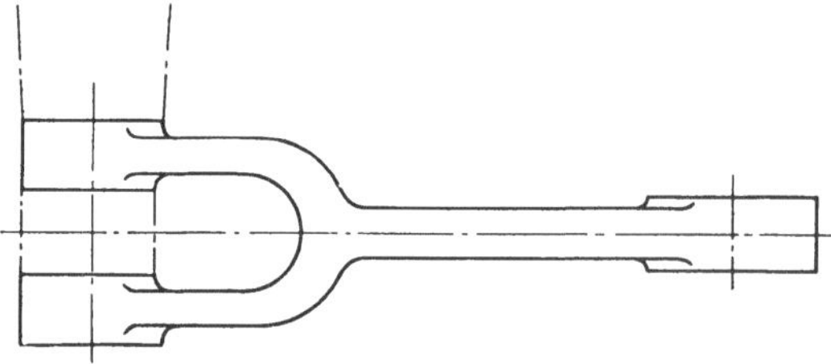

Abb. 75. Rücksicht auf dichten Guß der Lageraugen

Will man beim Gabelkopf in Abb. 75 einen dichten Guß erreichen, dann ist es notwendig, voll zu gießen, damit die Blasen nach oben abziehen und sich keine Lunker ausbilden können.

Um die Stoffanhäufung zu überwachen, hat sich die Methode mit den Kontrollkreisen eingebürgert.

Stoßen zwei Wände gleicher Stärke zusammen, dann bildet sich an dieser Stelle immer eine Stoffanhäufung (Abb. 76 a). Sie kann aber verringert werden, wenn eine Wandstärke kleiner gewählt wird (Ausführung b). Daher wählt man bei Stahlguß die Rippen immer schwächer als die Wand, nämlich im Verhältnis $= \dfrac{\text{Rippenstärke}}{\text{Wandstärke}} = 0{,}6$ bis 0,8 und rundet mit Radien = ein Drittel bis ein Viertel Wandstärke aus.

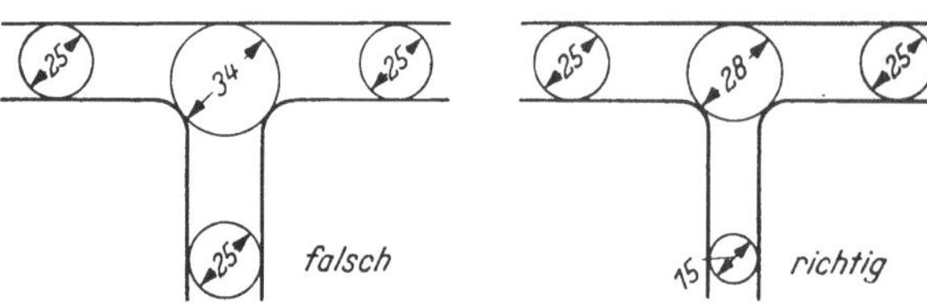

Abb. 76. Vermeidung von Stoffanhäufungen

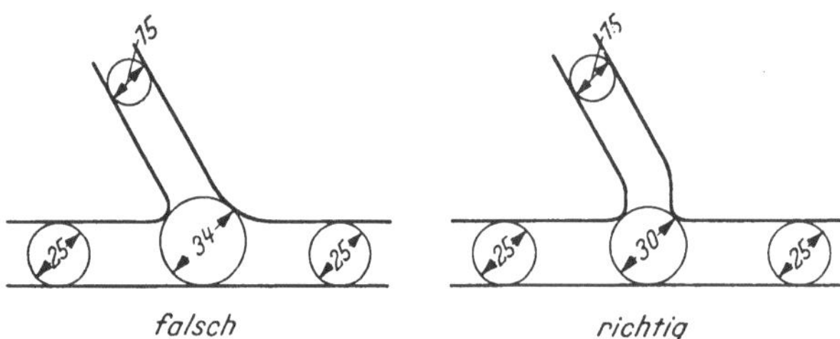

Abb. 77. Vermeidung schräger Anschlüsse von Rippen

Der schräge Anschluß von Rippen ergibt eine größere Stoffanhäufung als der senkrechte (Abb. 77). Man sollte ihn deshalb vermeiden, wo es möglich ist.

Die doppelt so große Schwindung bei Stahlguß gegenüber Gußeisen bewirkt die Gefahr der Warmrißbildung schon in der Form. Bei einer Längenausdehnung von 500 mm beträgt die Schwindung bereits 10 mm. Gibt die Form nicht so viel nach, dann besteht die Gefahr der Rißbildung an der gefährlichen Stelle (Abb. 78 a). Man kann sich durch Verstärkung der schwächsten Stelle durch sogenannte Schwundrippen helfen, die unter Umständen hernach wieder weggearbeitet werden.

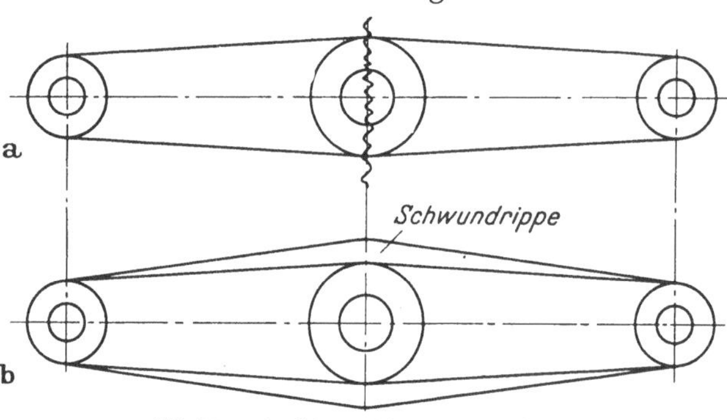

Abb. 78 a u. b. Schwundrippe gegen Rißgefahr

Ein anderes Mittel gegen diese Gefahr besteht darin, daß man gefährdete Stellen durch Rippen verstärkt (Abb. 79 b).

Wegen des großen Schwindens ist auch bei Stahlguß die Maßabweichung größer als bei Gußeisen. Der Konstrukteur hat also die Gestaltung so vorzunehmen, daß ein Schwinden möglichst gleichmäßig stattfindet (gleiche Wandstärken, Vermeidung von Stoffanhäufung usw.). In manchen Fällen kann man in rotwarmem Zustand ein Nachrichten des Gußstücks vornehmen.

Abb. 79a u. b. Nabenverstärkung gegen Rißgefahr

Das Putzen ist bei Stahlguß auch schwieriger als bei Gußeisen. Durch das größere Schwinden werden die Kerne fester an die Gußstücke angepreßt und sind daher schwieriger zu entfernen. Der Konstrukteur muß aus diesem Grunde dafür sorgen, daß die Kerne gut zugänglich sind und leicht entfernt werden können.

Zusammenfassend kann gesagt werden, daß alle Richtlinien für die Gestaltung von Gußeisen auch für Stahlguß Gültigkeit haben. Wegen der abweichenden Eigenschaften des Stahlgusses ist aber ein besonderes Augenmerk zu richten auf folgende *Merkregeln*;

1. Peinliche Vermeidungen von Stoffanhäufungen.
2. Reichlicher Gebrauch von Steigtrichtern.
3. Genügend große Ansatzflächen für Steigtrichter.
4. Entfernungsmöglichkeiten der Steigtrichter.
5. Vermeidung von Drosselstellen durch richtig gewählte Abrundungen.
6. Verwendung möglichst gleicher Wandstärken.

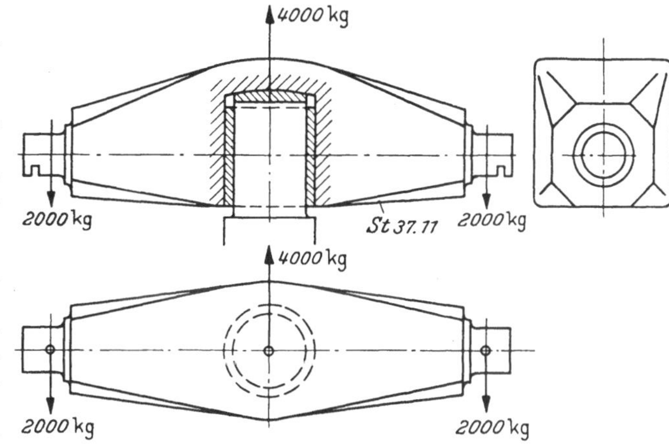

Abb. 80. Querhaupt (geschmiedet)

7. Rippen immer kleiner als die Wandstärken.
8. Vermeidung von Warmrissen durch Schwundrippen.
9. Gute Lagerung der Kerne.
10. Leichte Entfernbarkeit der Kerne.

Übungsaufgaben

16. Aufgabe. Das Querhaupt eines Drehkrans wird häufig als Schmiedestück ausgeführt (Abb. 80).

Bei laufender Ausführung dieses Bauteils kann man aber auch daran denken, dasselbe aus Stahlguß herzustellen.

Die an den Zapfen angreifenden äußeren Kräfte sind in Abb. 80 eingetragen.

Man soll nun versuchen, das Querhaupt in Stahlguß zu gestalten, wobei das Längslager auch als Wälzlager ausgeführt werden darf.

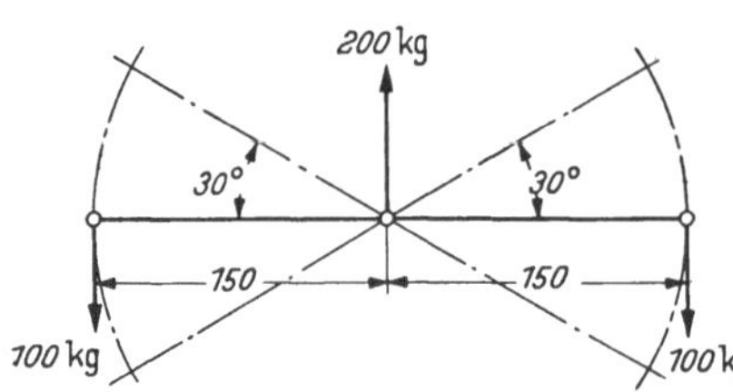

Abb. 81. Abmessungen eines Doppelhebels

17. Aufgabe. Ein Doppelhebel mit den in der Abb. 81 gegebenen Maßen wird mit den eingeschriebenen Kräften belastet. Der Doppelhebel macht nur eine schwingende Bewegung mit einem Ausschlag von 30° um die Mittellage. Die beiden äußeren Augen sollen als Lager ausgebildet werden. In der mittleren Bohrung steckt ein fester Zapfen.

Man gestalte den Doppelhebel in Gußeisen und Stahlguß.

c) Gestaltung von Tempergußteilen [16]

Der Temperguß kommt nur für solche Teile in Frage, welche sich infolge ihrer Kleinheit und ihrer verwickelten Form nicht mehr im Stahlguß oder als Schmiedestück herstellen lassen und Gußeisen nicht geeignet erscheint wegen der Forderung nach größerer Festigkeit und Dehnung. Die Frage, ob Temperguß oder Schmiedestück, hängt stark von der geforderten Stückzahl ab und ist von Fall zu Fall durch eine Kostenrechnung zu entscheiden.

Der Temperguß wird also verwendet nur für kleinere Teile von 0,5 bis 2 kg wie Maschinenschlüssel, Beschlagteile, Ketten, Räder, Hebel, Formstücke, Teile von landwirtschaftlichen Maschinen usw. Es können aber auch Teile bis 30 kg in Temperguß hergestellt werden, z. B. für den Fahrzeugbau (Differentialgehäuse). Die Richtlinien für die Formgebung sind auch hier wieder abhängig von den besonderen Eigenschaften des Werkstoffs.

Wie schon erwähnt, wird der Temperguß in zwei Güteklassen hergestellt nach DIN 17006 (s. S. 45).

I. Physikalische Eigenschaften

Härte. Temperrohguß ist hart und kann daher für Mahlscheiben, Schleifflächen, Sandstrahldüsen usw. Verwendung finden.

Festigkeit. Die Festigkeitswerte sind größer als bei Gußeisen, aber kleiner als bei Stahlguß. Bei den aus Temperguß hergestellten Teilen handelt es sich weniger um hoch beanspruchte Werkstücke. Vor allem spielt bei ihnen die Zähigkeit eine größere Rolle. Man kann die Festigkeitswerte annehmen wie bei normalem Maschinenbaustahl. Es ergeben sich also auch ähnliche Abmessungen wie bei letzterem.

Temperaturbeständigkeit. Die Zugfestigkeit nimmt von 400° an bedeutend ab. Es gibt aber auch einen feuerbeständigen Rohguß, welcher für Schmelzgefäße verwendet werden kann.

Verschleißfestigkeit. Zur Erzielung großer Verschleißfestigkeit kann der schwarze Temperguß gehärtet werden. Als Lagerbaustoff kommt Temperguß nicht in Frage, auch nicht für Lagerschalen. Lageraugen im Temperguß müssen daher bei Verwendung von Gleitlagern ausgebüchst werden.

II. Chemische Eigenschaften

Die Sorte GTW 35 ist korrosionsfest. Oberflächenvergütung ist bei Temperguß möglich. Er läßt sich verbleien und verzinnen.

III. Technologische Eigenschaften

Der Temperguß wird dadurch hergestellt, daß man weißes Gußeisen von geeigneter Zusammensetzung in Formen gießt. Durch eine nachträgliche Glühbehandlung erhält man

a) in einer oxydierenden Atmosphäre den weißen Temperguß und

b) in einer neutralen Atmosphäre den schwarzen Temperguß.

Das unterschiedliche Verfahren in der Herstellung von Werkstücken aus Temperguß gegenüber solchen aus Gußeisen führt zu eigenen Gestaltungsregeln, welche neben denen von Gußeisen besonders zu berücksichtigen sind.

Da bei der Herstellung des weißen Tempergusses das Glühfrischen nur bis zu Tiefen von wenigen Millimetern wirksam ist, vermeide man größere Querschnitte und verwende nur solche mit Wandstärken von 8 bis 15 mm, also flache, T-, Doppel-T-, U- und +-förmige Querschnitte.

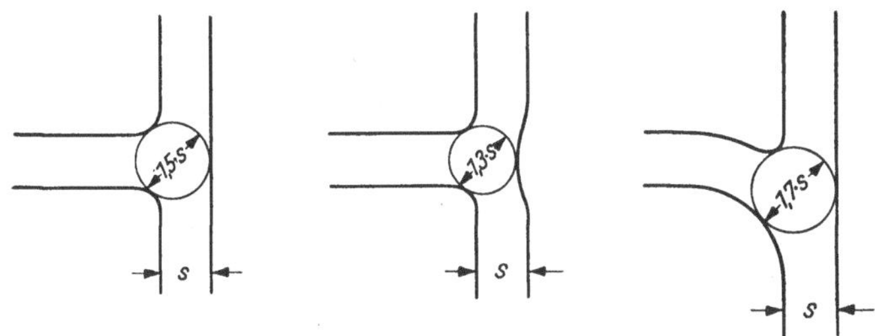

Abb. 82. Kontrolle der Stoffanhäufungen

Bei schwarzem Temperguß ist die Temperkohle gleichmäßig über den ganzen Querschnitt verteilt, wenn richtig geglüht wird. Er hat im Unterschied zum weißen Temperguß ein gleichmäßigeres Gefüge. Es können daher, wie bei Gußeisen, Querschnittsformen gewählt und Wandstärken bis 30 mm ausgeführt werden.

Durch die nachträgliche Glühbehandlung können Verziehungen, Risse und Brüche entstehen. Besonders groß ist diese Gefahr beim weißen Temperguß. Wenn man bedenkt, daß das Schwindmaß bis 2% betragen kann, dann wird man verstehen, daß im Gegensatz zu Gußeisen die Gefahr der Lunkerbildung größer ist. Der Konstrukteur muß daher bestrebt sein, bei der Gestaltung alles das zu vermeiden, was zu Stoffanhäufungen führen kann, wie z. B. scharfe Ecken, scharfe Übergänge und Vollgießen von Bohrungen.

Zur Vermeidung von Stoffanhäufungen an den Verbindungsstellen kann man auch hier die Ausrundung mit den Kontrollkreisen nachprüfen (Abb. 82).

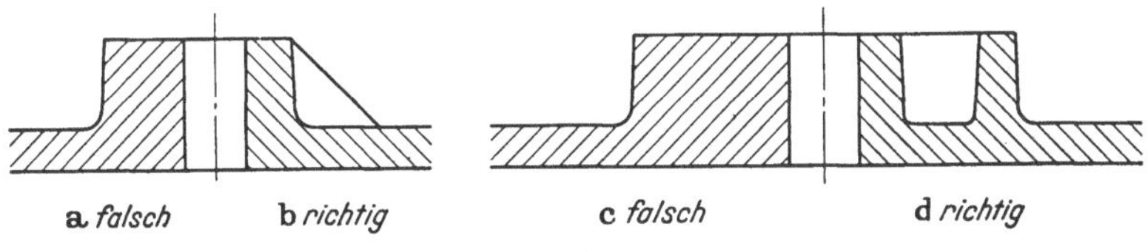

Abb. 83a—d. Vermeidung von Stoffanhäufungen

Für weißbrüchigen Temperguß sind die Stoffanhäufungen besonders gefährlich wegen Lunkerbildung. Außerdem bleibt der innere Kern wegen nicht genügender

Entkohlung hart. Abhilfe kann geschaffen werden durch Verwendung von Rippen (Abb. 83) oder Aussparungen (Abb. 83 d). Ein Ausweg bestünde noch darin, daß man die Ausführung a im schwarzen Temperguß herstellt.

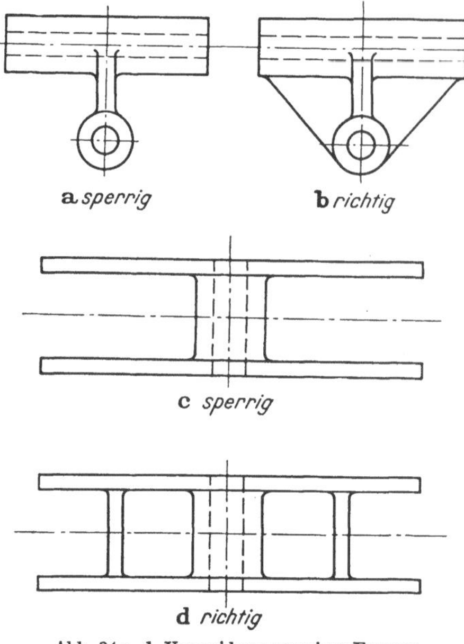

Abb. 84 a–d. Vermeidung sperriger Formen

Bei Gußeisen gießt man oft Gabelköpfe voll, damit die Gase nach oben entweichen können und sich ein dichtes Gefüge ausbildet. Wegen der größeren Neigung zur Lunkerbildung muß man bei weißem Temperguß davon Abstand nehmen.

Stark ausladende Teile eines Werkstückes neigen beim Gießen allgemein zum Verziehen. Bei Temperguß ist diese Gefahr wegen des größeren Schwindmaßes und des nachträglichen Glühens noch größer. Man kann zwar den Temperguß wieder ausrichten, wird aber trotzdem bemüht sein, dem Werkstück eine solche Gestalt zu geben, daß eine Nacharbeit nicht notwendig wird. Der Konstrukteur hilft sich gegen Verziehen am besten durch Anbringung von Stegen oder Rippen (Abb. 84).

Der Temperguß wird in der Regel zweimal geputzt. Daher vermeide man zu dünn bemessene Teile, weil sonst die Gefahr besteht, daß dieselben beschädigt werden (Abb. 85 b).

Abb. 85 a u. b. Rücksicht auf Beschädigung

Der Temperguß wird gießtechnisch so behandelt wie Gußeisen. Daher gelten sinngemäß hier die gleichen Gestaltungsregeln. Die nachträgliche Glühbehandlung und das große Schwindmaß zwingen den Konstrukteur zu besonderen Maßnahmen. Dieselben seien hier kurz zusammengefaßt.

Merkregeln

1. Für den schwarzen Temperguß ist praktisch nur der Gießvorgang maßgebend. Es gelten daher entsprechend die gleichen Richtlinien wie für Gußeisen.

2. Beim weißen Temperguß ist außer den bekannten gießtechnischen Erfordernissen noch auf die Gefahr der Glühbehandlung Rücksicht zu nehmen, nämlich auf

a) die Verwendung gleicher Wandstärken (8 bis 15 mm),
b) die Vermeidung von Stoffanhäufungen,
c) die Verwendung geeigneter Anschlußradien an Verbindungsstellen,
d) die Anwendung von Rippen und Aussparungen an Stelle von großen Stoffanhäufungen,
e) möglichste Vermeidung von Kernen.

Metallegierungen. Die für den Maschinenbau wichtigsten Metallegierungen sind:

1. die Kupfer-Zinklegierungen (Messing und Tombak),
2. die Kupfer-Zinnlegierungen (Bronze und Rotguß),
3. die Aluminiumbronzen,
4. die Bleibronzen,
5. die Aluminiumlegierungen.

Die ersten drei Sorten werden für kleinere Bauteile, Zahnräder, Schnecken, Gehäuse und Armaturen verwendet. Die Festigkeitseigenschaften dieser Stoffe sind in jedem guten Taschenbuch zu finden. Die Kupfer-Zink- und Zinnlegierungen besitzen keine hohen Festigkeitswerte. Dieselben entsprechen etwa denen von Grauguß. Ihre Härte ist viel kleiner. Sie besitzen aber eine beachtliche Bruchdehnung.

Höhere Festigkeitswerte haben die Aluminiumbronzen. Es kommen hier Zugfestigkeiten von 35 bis 45 kg/mm² vor, also Werte, welche dem gewöhnlichen Maschinenbaustahl entsprechen. Auch die Brinellhärte steht dem Stahl nicht viel zurück. Die Gleiteigenschaften sind für alle drei Legierungsarten ausgezeichnet, so daß sie als Lagerschalen für höhere Drücke und Gleitgeschwindigkeiten Verwendung finden.

Da die gußbaren Marken dieser Legierungen gute gießtechnische Eigenschaften besitzen, gelten für sie die gleichen Gesichtspunkte wie für die Gestaltung von Gußeisen (s. S. 64 bis 73).

Die Aluminiumlegierungen erfordern besondere Erfahrungen des Gießereifachmanns wegen einer möglichen Verschlackung der Schmelze, welche durch die leichte Oxydation von Aluminium hervorgerufen wird.

Die Bleibronzen sind auch gießtechnisch schwierig zu behandeln, da sie zur Entmischung neigen und es daher zur Schichtenbildung kommen kann. Ihre Zugfestigkeit ist sehr gering. Sie finden daher als Spritzgußmaterial nur für kleinere Gußstücke im Apparatebau Verwendung. Als Lagerbaustoffe kann man die Bleibronzen für höchste Drücke bis 350 at verwenden, muß aber die Lagerschalen mit Diamanten genau auf Toleranz ausdrehen, da die Legierung keine Einlaufeigenschaften besitzt.

d) Gestaltung von Aluminiumgußteilen [17]

In den letzten Jahren haben die Leichtmetalle in immer steigenderem Maße auf allen Gebieten des Maschinenbaus Eingang gefunden. Der Grund dafür liegt vor allem in dem geringen spezifischen Gewicht, das ungefähr zwei Drittel niedriger als bei allen Schwermetallen ist. Die Leichtmetalle lassen sich bei hoher Schnittgeschwindigkeit leichter und billiger zerspanen als andere Metalle. Dazu kommen noch die Möglichkeiten der plastischen Kalt- und Warmverformung, sowie die vielen Verbindungsmöglichkeiten, wie Schweißen, Löten, Kleben, Nieten, Schrauben und Falzen.

Allerdings ist der Preis für Leichtmetalle bedeutend höher als für andere Werkstoffe. Er kommt aber infolge des kleineren Gewichts nicht voll in Anrechnung.

Die Festigkeitseigenschaften der Aluminiumlegierungen sind äußerst günstig und erreichen diejenigen des einfachen Stahls.

Ein nicht zu unterschätzender Vorteil ist die große chemische Beständigkeit in vielen Legierungen, so daß man leicht einen entsprechenden Werkstoff für einen bestimmten Zweck findet.

6*

Außerdem kann man verschiedene Oberflächenschutzverfahren anwenden, welche seine Verwendungsmöglichkeit noch bedeutend erhöht.

Infolge dieser vielen Vorteile haben die Leichtmetalle im Motoren-, Fahrzeug- und Flugzeugbau Verwendung gefunden, hauptsächlich wegen des geringen Gewichts und der damit zusammenhängenden Vorteile.

Die chemische Beständigkeit macht die Aluminiumlegierung besonders geeignet für die chemische Industrie und den Haushalt.

Der weitgehendsten Verwendung der Leichtmetalle stehen eine große Anzahl von Blechen, Bändern, Stangen und Rohren der verschiedensten Profile zur Verfügung. Eine Zusammenstellung der Aluminiumlegierungen ist in allen bekannten Taschenbüchern zu finden.

Die unterschiedlichen Eigenschaften der Aluminiumwerkstoffe bringen manche Abweichungen in der konstruktiven Behandlung und Gestaltung.

I. Physikalische Eigenschaften

Wichte. Die hervorstechendste Eigenschaft der Aluminiumwerkstoffe ist ihre geringe Wichte gegenüber den Schwermetallen (2,7). Wegen dieser Eigenschaft werden die Aluminiumlegierungen überall dort Verwendung finden können, wo die Forderung nach besonders leichter Bauweise aufgestellt wird. Die nähere Behandlung der konstruktiven Gesichtspunkte finden wir im Leichtbau auf S. 149.

Härte. Alle Leichtmetalle haben nur sehr geringe Härte. Sie sind daher nicht für Konstruktionen geeignet, welche Schlägen, Stößen oder Beschädigungen der Oberfläche ausgesetzt sind. Die von Beschädigungen herstammenden Scharten und Ritzer setzen die Festigkeit herab, weil das Material sehr kerbempfindlich ist.

Festigkeit. Es gibt Aluminiumlegierungen, vor allem Knetlegierungen, welche Festigkeitswerte wie gewöhnlicher Maschinenbaustahl aufweisen. Aber auch Gußlegierungen für hochbeanspruchte Teile stehen dem Konstrukteur zur Verfügung.

Die Druckfestigkeit ist gering, auf jeden Fall kleiner als bei den Schwermetallen. Der Konstrukteur muß daher bei der Formgebung von Aluminiumteilen die Flächenpressung kleiner halten als bei letzteren. Damit ergeben sich etwa 25 bis 30% größere Druckflächen gegenüber Stahl. Keilverbindungen, die meistens hohe Flächendrücke erfordern, sind aus diesem Grunde nicht zu empfehlen. Man kann durch Eingießen oder Einpressen von Stahleinlagen die Belastungsfähigkeit der Druckstellen erhöhen.

Die Kerbempfindlichkeit der Aluminiumwerkstoffe ist größer als bei Stahl. Diese Tatsache erfordert eine besondere konstruktive Formgebung. Schon wegen der geringen Härte ist bei der Bearbeitung Vorsicht geboten, damit nicht die Oberfläche beschädigt wird. Der Konstrukteur muß die Kraftanschlüsse stetig und allmählich gestalten und plötzliche Übergänge vermeiden (Abb. 86 b). Große

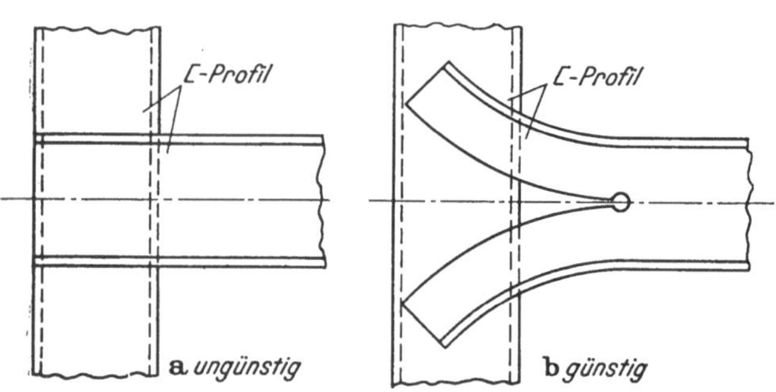

Abb. 86a u. b. Rücksicht auf günstigen Kraftlinienfluß

Abrundungen sichern einen guten Kraftlinienfluß. Ebenso müssen Biege- und Abkantradien vorsichtig gewählt werden. Auf jeden Fall sind scharfe Kerben zu vermeiden.

Dehnung. Die Leichtmetalle zeigen kein sprödes Verhalten wie Gußeisen, sondern haben eine ziemlich hohe Bruchdehnung. Daher kann man die Aluminiumlegierungen dort mit Vorteil verwenden, wo keine plötzlichen Brüche, sondern Formänderungen verlangt werden, wie im Fahr- und Flugzeugbau.

Elastizität. Der Elastizitätsmodul ist bedeutend kleiner als bei Stahl. Er beträgt etwa ein Drittel des letzteren. Die Werkstücke aus Aluminiumlegierungen sind also sehr elastisch. Um ihnen eine größere Steifigkeit zu geben, muß man deren Trägheitsmoment vergrößern. Es kann dadurch geschehen, daß man große Querschnitte in Hohlform auflöst oder Versteifungen durch

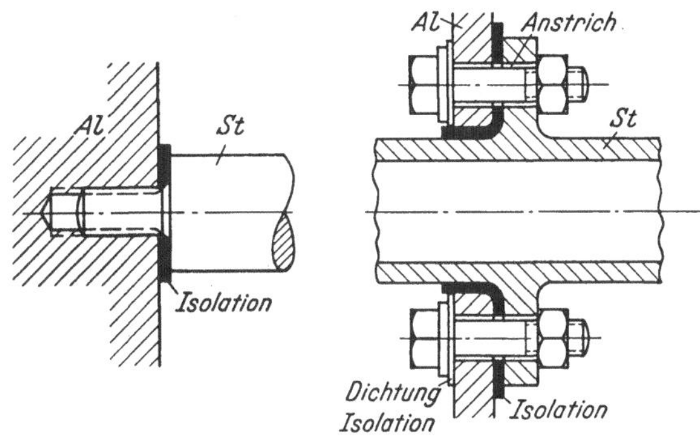

Abb. 87. Isolation bei Mischbau

Verrippung anwendet. Vorsicht ist besonders geboten bei den Kraftanschlußstellen, damit sich hier keine Zwangsverformungen ausbilden.

Temperaturbeständigkeit. Ein „Wachsen" findet nicht statt, weil kein Graphit im Gefüge ist. Dagegen sind alle Festigkeitswerte sehr empfindlich gegen höhere Temperaturen. Schon bei Temperaturen ab 100° sollten die Leichtmetalle nicht mehr verwendet werden.

Wärmeausdehnung. Die Wärmeausdehnung ist unter gleichen Verhältnissen bei den Aluminiumwerkstoffen etwa zweimal so groß wie bei Stahl. Der Konstrukteur hat also bei Mischkonstruktion auf diese Eigenschaft besonders Rücksicht zu nehmen, damit sich wegen der verschiedenen Ausdehnung keine zusätzlichen Spannungen ausbilden.

In diesem Zusammenhang sei gleich auf eine für den Maschinenbau wichtige Eigenschaft der Aluminiumlegierungen hingewiesen. Beim Zusammenbau von Leicht- mit Schwermetallen, namentlich mit Kupferlegierungen, tritt an den Berührungsstellen bei Feuchtigkeitszutritt eine Kontaktelementenbildung auf, welche eine Zerstörung des Aluminiums zur Folge hat.

Um dies zu vermeiden, ist es notwendig, daß der Konstrukteur die verschiedenen Metalle durch eine Zwischenlage gegeneinander isoliert. In einfachen Fällen genügen Anstriche mit Bitumen oder Lacke. Bleimennige kann nicht verwendet werden. Ausgezeichnete Isolierstoffe sind Gummi und Kunststoffe (Abb. 87).

Schrauben müssen natürlich auch isoliert werden. Es kann dies durch Verzinken oder Verkadmen geschehen. Die Isolierung muß immer so ausgeführt werden, daß sich kein Stromschluß ausbilden kann.

Verschleißfestigkeit. Die Aluminiumwerkstoffe haben in dieser Hinsicht nur eine geringe Festigkeit. Für hohe Beanspruchung auf Verschleiß sind sie also nicht geeignet. Man kann aber durch entsprechende Oberflächenbehandlung diesem Mangel etwas abhelfen, z.B. durch Hartverchromen, durch anodische Oxydation oder durch Anordnungen von Gleitflächen aus Stahl.

II. Chemische Eigenschaften

Die Aluminiumwerkstoffe zeichnen sich allgemein durch gute Korrosionsbeständigkeit aus. Meistens ist es möglich, eine geeignete Legierung für eine bestimmte chemische Immunität zu finden. Durch richtige Gestaltung kann man die Wetterbeständigkeit noch unterstützen, so durch Vermeidung von Wassersäcken, Ansammlungen von Flüssigkeitsresten, durch Anordnung von Schrägflächen und guten Abrundungen, welche den Wasserablauf begünstigen. Aus dem gleichen Grunde sind auch scharfe Ecken und Kanten zu vermeiden.

Im Notfall kann man leicht einen Oberflächenschutz durchführen, z.B. durch Streichen mit Lacken, Spritzen, Plattieren und galvanische Überzüge.

III. Technologische Eigenschaften

Aluminiumgußteile können in Sandguß, Kokillenguß, Druckguß und Schleuderguß hergestellt werden.

Gießtechnisch sind die Aluminiumlegierungen schwieriger zu behandeln als Gußeisen. Die Aluminiumschmelzen neigen nämlich sehr stark zur Oxydation. Das unangenehme dabei ist, daß die Schlacke nicht leichter ist und hochschwimmt, sondern bei unrichtiger Behandlung in der Schmelze bleibt und zu Schlacken- und Schaumeinschlüssen führt. Dadurch wird die Festigkeit bedeutend herabgesetzt und undichter Guß erzielt. Außerdem besteht bei Aluminiumguß die Gefahr der Aufnahme von Gas, welche von der Gießtemperatur abhängig ist.

Auf diese gefährlichen Erscheinungen haben die Gießereifachleute zu achten und durch geeignete Maßnahmen z.B. zweckentsprechende Ausbildung des Gießsystems, Überwachung der Gießtemperatur, Zusatz von Flußmitteln usw. zu unterbinden.

Der Konstrukteur soll aber diese Schwierigkeiten auch kennen, denn dann kann er durch entsprechende Gestaltung im Verein mit der Gießerei zu einem einwandfreien Guß beitragen.

Für die Herstellung der Modelle für Aluminiumguß gelten im allgemeinen die gleichen Gesichtspunkte wie für Gußeisen. Damit soll aber nicht gesagt sein, daß man ohne weiteres ein Modell für Gußeisen auch in Aluminiumwerkstoff nachgießen könnte. Ganz abgesehen vom größeren Schwindmaß der Aluminiumlegierungen (1 bis 1,4%) sind auch die Festigkeitseigenschaften derselben verschieden von denen des Gußeisens. Die Kraftein- und überleitungsstellen müssen sorgfältiger als bei Schwermetall ausgebildet werden. Bei Flanschverbindungen wähle man die Zahl der Schrauben wegen der besseren Verteilung des Kraftflusses größer als bei Gußeisen oder Stahl. Wegen der kleineren zulässigen Flächenpressung müssen die Unterlegscheiben größer genommen werden. Man sieht also, daß eine Übernahme von Gußeisenmodellen nicht ohne weiteres möglich ist.

Im folgenden sei auf die Gesichtspunkte hingewiesen, welche bei der Gestaltung in Aluminiumguß besonders zu berücksichtigen sind.

Die Modelle für Aluminiumguß müssen sauber und glatt sein, da sich jede rauhe Stelle abprägt und Anlaß zu Kerbwirkungen geben könnte.

Das Formfüllungsvermögen oder die Dünnflüssigkeit, d.h. das Vermögen, die Form genau auszufüllen, ist, ähnlich wie bei Gußeisen, sehr groß, wenn nur die entsprechenden gießtechnischen Maßnahmen beachtet werden.

Die Gefahr der Lunkerbildung ist aus denselben Gründen wie bei Gußeisen vorhanden. Es können aber auch Außenlunker entstehen. Das sind eingefallene Stellen der Gußoberfläche, welche sich hauptsächlich durch den Sog des erstarrenden Materials ausbilden. Auch nasser Sand und der dadurch entstehende Dampfdruck auf die Oberfläche des Gußstücks kann die Ursache solcher Lunkerstellen sein.

Die Innenlunker treten an Stellen großer Stoffanhäufungen auf und sind, wie bei Grauguß, durch Schwindung und Sog bedingt (Abb. 88). Die Lunkerausbildung

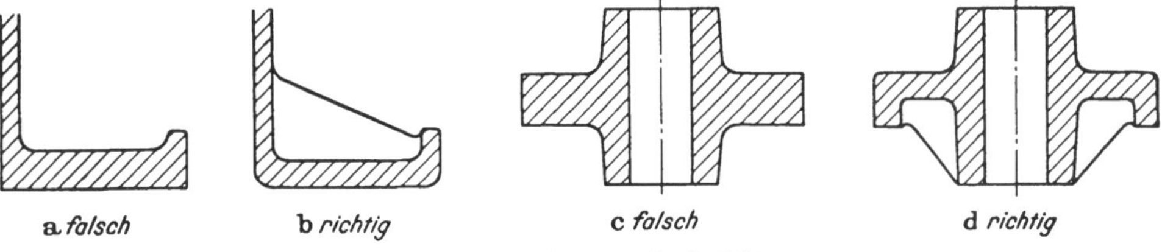

Abb. 88a–d. Vermeidung von Lunkerbildung

kann verringert werden durch geringere Wandstärken und Verstärkung mittels Rippen (Ausführung b und d).

Auch Feinlunker können sich bei Aluminiumguß ausbilden. Es sind das fein über den Querschnitt verteilte Hohlräume, welche während des Erstarrungsintervalls entstehen.

Es wurde schon bei Besprechung der Graugußteile darauf hingewiesen, daß es ein idealer Zustand wäre, wenn das Gußstück sich gleichmäßig abkühlen, also gleichzeitig erstarren würde. Dieser Zustand wird leider bei keinem Gußverfahren erreicht. Es werden daher bei Aluminiumguß während des Abkühlungsvorganges einzelne Teile breiig und andere schon fest sein. Im breiigen Zustand des Stoffes fehlen die Festigkeit und Dehnung, daher können sich durch Schwinden der bereits festen Teile Risse an den Übergangsstellen ausbilden. Besonders empfindlich sind in dieser Hinsicht die Magnesiumlegierungen.

Schwindrisse und Spannungen lassen sich durch richtige Gestaltung vermeiden. Der Konstrukteur muß zu diesem Zweck auf möglichst gleiche Wandstärken achten und scharfe Übergänge vermeiden (Abb. 89).

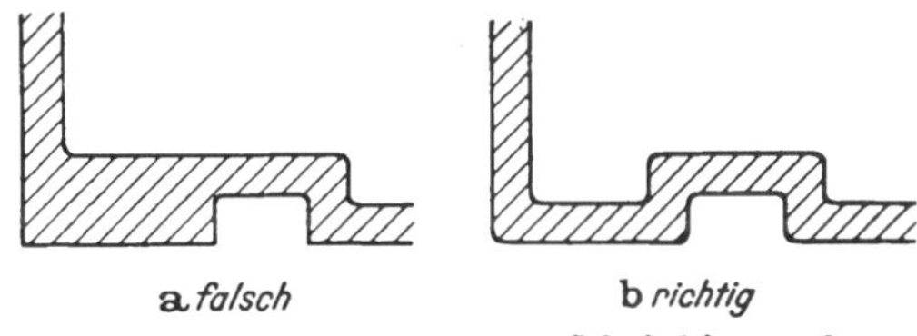

Abb. 89a u. b. Vermeidung von Schwindrissen und Spannungsspitzen

Der Gießereifachmann kann durch formtechnische Maßnahmen, wie Verwendung von Abschreckplatten, entsprechende Gestaltung, Anbringung von Steigern und Lockerhalten der Form, der Ausbildung von Warmrissen und Spannungen entgegenarbeiten.

Nach Durchschreiten der Zone der Warmbrüchigkeit, also nach dem Erstarren, schwindet das Gußstück, entsprechend seinem Schwindmaß, von 1 bis 1,4%. Dadurch kann es natürlich auch zur Spannungsausbildung und Rissen im Gußstück kommen, wenn dasselbe am Schwinden gehindert ist. Die konstruktiven Gegenmaßnahmen sind dieselben wie bei der Gestaltung von Gußteilen.

Die Ausbildung des Gießsystems ist Aufgabe der Gießerei. Der Konstrukteur muß aber dafür sorgen, daß starke Steiger angebracht und auch wieder leicht entfernt werden können (Abb. 73).

Die waagrechten Flächen eines Gußstücks sind schon bei Gußeisen besser durch schräge zu ersetzen. Bei Aluminiumgußstücken ist das um so mehr notwendig, als sich hier die Schlacke und der Schaum fangen können und zur Bildung von Lunkern und Spannungen Anlaß geben. Dickere Wandteile weisen übrigens eine geringere Festigkeit auf als dünne. Unter 4 mm sollte man aber bei Werkstücken nicht heruntergehen, obwohl in Aluminiumlegierungen auch Kleinteile mit 2 mm ausgeführt werden können.

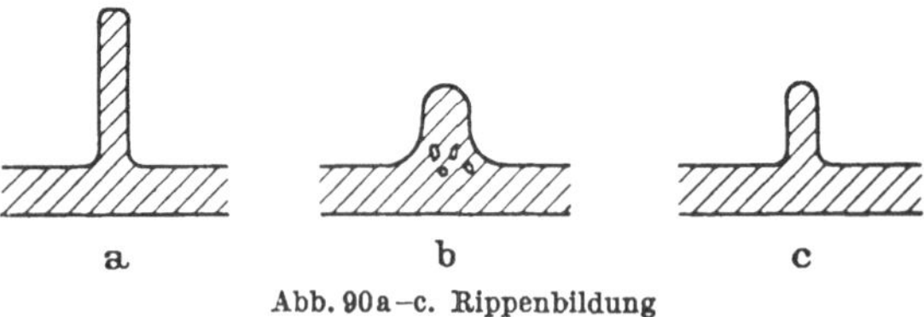

Abb. 90 a–c. Rippenbildung

Bei Aluminiumguß werden Verrippungen schon aus dem Grunde verwendet, weil, infolge der kleineren Wandstärken, zur Erzielung größerer Festigkeit eine Aussteifung erfolgen muß. Der Konstrukteur hat aber dabei folgendes zu berücksichtigen. Zu hohe Rippen (Abb. 90 a) bilden eine Gefahr für die Entstehung von Spannungsspitzen. Zu dicke Rippen neigen zur Lunkerbildung (Ausführung b), so daß es am günstigsten ist, niedrigere und etwas dickere Rippen zu verwenden (Ausführung c).

Abb. 91. Gewellte Versteifungen

Sehr vorteilhaft lassen sich an Stelle von gewöhnlichen Rippen gewellte Versteifungen nach Abb. 91 b verwenden. Sie sind elastisch und neigen nicht zur Spannungs- und Rißbildung.

Der Konstrukteur muß die Gestaltung von Aluminiumwerkstoffen so vornehmen, daß ein möglichst günstiger Kraftlinienfluß entsteht. Im entgegengesetzten Falle bilden sich nämlich zusätzliche Spannungen aus, welche den Aluminiumwerkstoff infolge seines kleinen E-Moduls stark deformieren (Abb. 92).

Starke Schrauben werden aus diesem Grunde günstiger durch mehrere kleinere ersetzt. Für Schraubverbindungen, welche oft gelöst werden, eignen sich die durchgehenden Schrauben besser als Kopfschrauben.

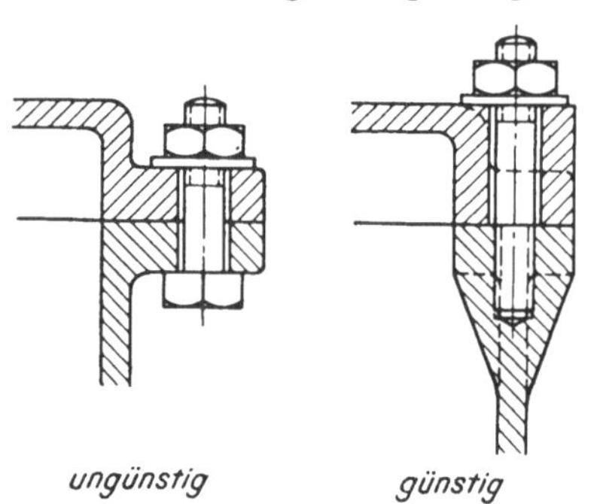

Abb. 92. Vermeidung eines ungünstigen
Kraftflusses

Für die Gestaltung der Kerne gelten dieselben gieß- und formtechnischen Gesichtspunkte wie bei der Herstellung von Graugußstücken. Die Kerne müssen eine einfache Form haben, sie sollen sich leicht in die Form einlegen lassen und müssen gut gelagert sein. Auf letzteren Gesichtspunkt ist besonderes Augenmerk zu richten, da eine Verlagerung sich bei Aluminiumguß wegen der geringen Wandstärke nachteiliger auswirkt als bei Gußeisen. Man vermeide auch eingezogene Formen und Einschnürungen, welche leicht zu Kernbrüchen führen können (Abb. 93).

Das Eingießen von Kernstützen aus Metall ist zu vermeiden.

Außer dem schon bei der Gestaltung von Graugußstücken besprochenen Richtlinien sollen die für den Aluminiumguß im besonderen geltenden Gestaltungsregeln hervorgehoben werden.

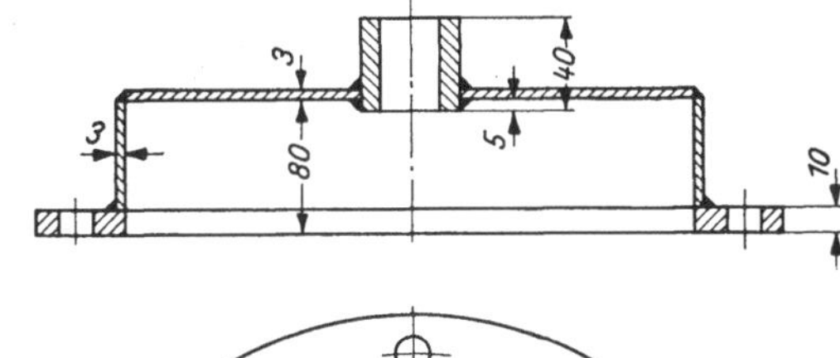

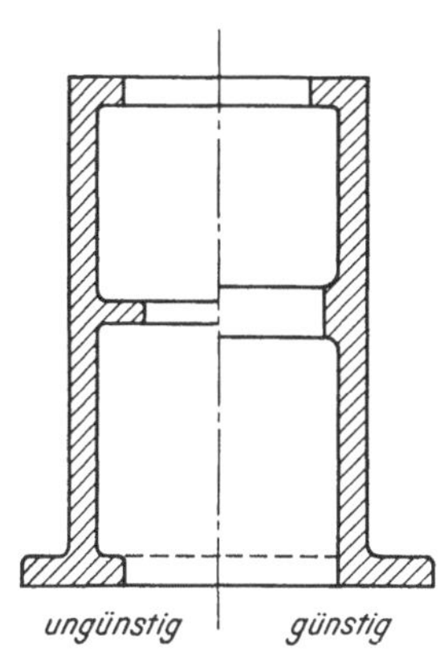

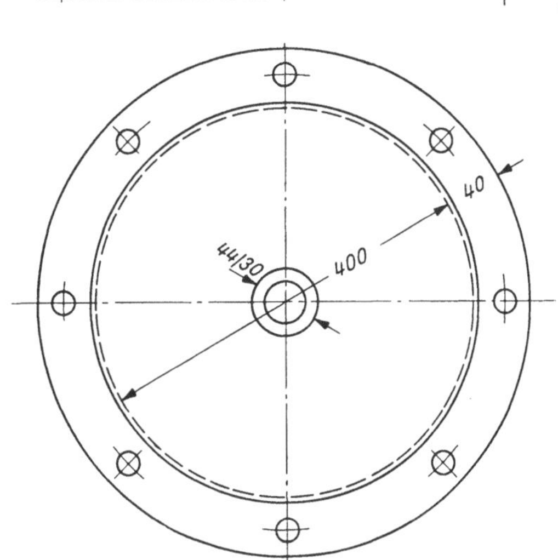

Abb. 93. Vermeidung von Kerneinschnürungen

Abb. 94. Deckelkonstruktion

Merkregeln

1. Verwende möglichst gleiche Wandstärken mit geringen Bearbeitungszugaben.
2. Wähle kleine Wandstärken, wenn notwendig mit Aussteifungen.
3. Vermeide Stoffanhäufungen durch Anbringung von Rippen oder Aussparungen.
4. Vermeide scharfe Übergänge.
5. Sorge für die Anbringungsmöglichkeit von Steigtrichtern.
6. Ersetze ebene durch schräg angeordnete Flächen.
7. Sorge für möglichst günstigen Kraftlinienfluß.
8. Sorge für eine einwandfreie Lagerung der Kerne.
9. Vermeide Kerneinschnürungen.

Übungsaufgabe

18. Aufgabe. Die geschweißte Deckelkonstruktion (Abb. 94) soll bei gleicher Festigkeit im Aluminiumguß ausgeführt werden. Man mache Vorschläge über die Gestaltung.

e) Gestaltung von Druckgußteilen [18]

Wie schon der Name sagt, erfolgt das Einbringen des Metalls in die Form unter Druck durch Spritz- oder Preßgießen. Das Verfahren eignet sich nur für die Massenfabrikation. Unter 1000 Stück ist es in seltenen Fällen wirtschaftlich, den Druckguß anzuwenden. Es kommen nur verhältnismäßig kleine Teile für die Herstellung nach diesem Verfahren in Frage, und zwar für

Bleilegierungen bis 1 kg,	Aluminiumlegierungen bis 10 kg,
Zinnlegierungen bis 0,5 kg,	Magnesiumlegierungen bis 8 kg,
Zinklegierungen bis 20 kg,	Kupferlegierungen bis 5 kg.

Wenn man die Wichten berücksichtigt, dann erkennt man, daß sich für Zink-, Aluminium- und Magnesiumlegierungen ungefähr die gleichen Größenverhältnisse ergeben. Der Druckguß hat für den Maschinenbau nicht die Bedeutung wie der Sand- oder Kokillenguß. Er ist aber von großer Wichtigkeit für die Feinwerktechnik, wo es sich meistens um Stückzahlen von einigen 10000 oder 100000 handelt.

Der Druckguß hat gegenüber anderen Fertigungsverfahren der spanlosen Formung bedeutende Vorteile, nämlich:

> direkte Umwandlung des Rohmaterials zum Fertigprodukt,
> Werkstoffersparnis durch geringen Abfall,
> raschen Fertigungsdurchlauf,
> große Genauigkeit,
> Austauschbarkeit der Druckgußteile,
> Sauberkeit und Oberflächengüte,
> fast keine Nacharbeit.

Wir haben schon beim Gußeisen gesehen, daß sich die Richtlinien für die Gestaltung nur aufstellen lassen, wenn man Rücksicht nimmt auf die Eigenschaften des Werkstoffs und auf die Eigenart des Gießverfahrens. Es sei gleich hier erwähnt, daß die zweckmäßige Formgebung von Druckgußteilen schwieriger ist als die von Graugußteilen.

Für den Druckguß stehen dem Konstrukteur eine ganze Reihe von Legierungen zur Verfügung. Man verwendet

> Bleispritzgußlegierungen, genormt nach DIN 1741,
> Zinnspritzgußlegierungen, genormt nach DIN 1742,
> Zinkspritzgußlegierungen, genormt nach DIN 1743,
> Aluminiumdruckgußlegierungen, genormt nach DIN E 1725 bzw. 1744,
> Magnesiumdruckgußlegierungen, genormt nach DIN E 1729 bzw. 1740,
> Kupferdruckgußlegierungen, welche noch nicht genormt sind.

Nähere Angaben darüber findet man in den Taschenbüchern. Der Konstrukteur kann dann abhängig von den Betriebsanforderungen von der Form und den Eigenschaften des Werkstoffs seine Auswahl treffen.

Rücksicht auf Festigkeit. Hochbeanspruchte Teile lassen sich, wenn größere Wandstärken erforderlich sind, aus gießtechnischen Gründen und dann auch wegen der geringen Festigkeitswerte der verwendeten Legierungen in Druckguß nicht mehr herstellen. Für ruhende Belastung sind bei Wandstärken bis 4 mm als zulässige Zuspannungen anzunehmen für

> Zinklegierungen 1 bis 2 kg/mm^2,
> Aluminiumlegierungen bis 3,5 kg/mm^2,
> Magnesiumlegierungen bis 2,5 kg/mm^2.

Für auf Druck beanspruchte Teile liegen die Verhältnisse günstig. Die Druckspannungen können 50% höher als die Zugspannungen angenommen werden.

Als zulässige Flächenpressung für aufeinanderliegende Flächen darf man wählen für

> Zinklegierungen etwa 1,5 bis 3 kg/mm^2,
> Aluminiumlegierungen etwa 5 bis 6 kg/mm^2,
> Magnesiumlegierungen etwa 4 bis 5 kg/mm^2.

Die Biegefestigkeit und Verdrehungsfestigkeit entspricht etwa der Zugfestigkeit, während für die Schubfestigkeit nur die Hälfte der Zugfestigkeit beträgt. Bei

Dauerwechselbeanspruchung liegen die Werte natürlich viel tiefer, etwa ein Viertel bis ein Fünftel der Zugfestigkeit. Daher sind Kerbstellen besonders zu vermeiden.

Eingießen von Fremdteilen. Es ist ein naheliegender Gedanke, die Festigkeit der Drucklegierung durch Einpressen von Werkstoffen großer Festigkeit zu erhöhen. Man muß dabei allerdings auf folgende Gesichtspunkte achten.

1. Der Druckgußwerkstoff muß auf die Einlage fest aufschrumpfen.

2. Die Einlage darf im Querschnitt nicht so groß bemessen werden, daß der umgebende Druckguß abplatzt (Abb. 95a).

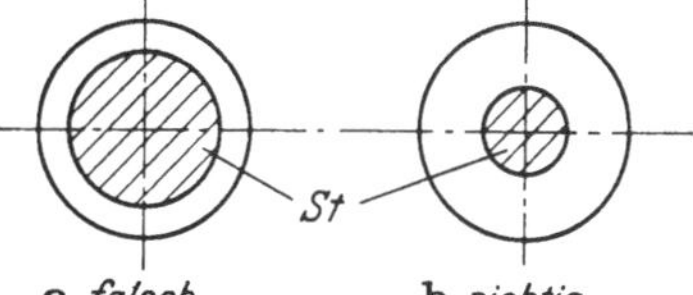

Abb. 95a u. b. Eingegossene Stahleinlage

3. Die Einlage muß entsprechend verankert und in der Form festgehalten werden können (Abb. 96).

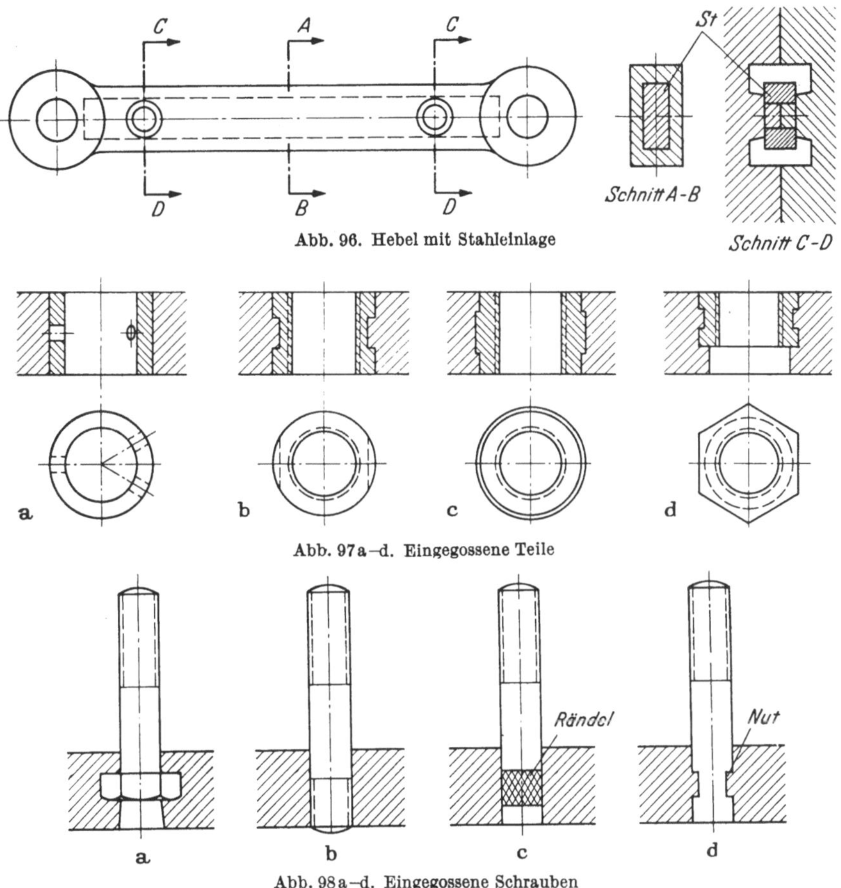

Abb. 96. Hebel mit Stahleinlage

Abb. 97a—d. Eingegossene Teile

Abb. 98a—d. Eingegossene Schrauben

Man kann natürlich auch Gewinde gleich mit dem Gußstück einpressen. Bei höher beanspruchten Innengewinden wird man aber besser Büchsen oder Muttern mit eingießen, s. die Ausführungen Abb. 97a bis d. Zum besseren Festhalten im Gußteil und zur Sicherung gegen Verdrehen verwendet man Nuten, Kerben, Gewinde, Mehrkantflächen usw. (Abb. 98a bis d).

Rücksicht auf Gießbarkeit. Die Ausfüllung der Form erfolgt bei Druckguß nicht so leicht wie bei Grauguß. Die oft recht komplizierte Form und die verschiedenen Umlenkungen an den Ecken und auch die dünnen Wände setzen dem Ausfüllen der Druckgußform einen großen Widerstand entgegen. Das Metall muß daher mit großer Geschwindigkeit in die Form gepreßt werden und noch vor der Abkühlung völlig verschmelzen. Es ist daher notwendig, die Abrundungen nicht zu klein vor-

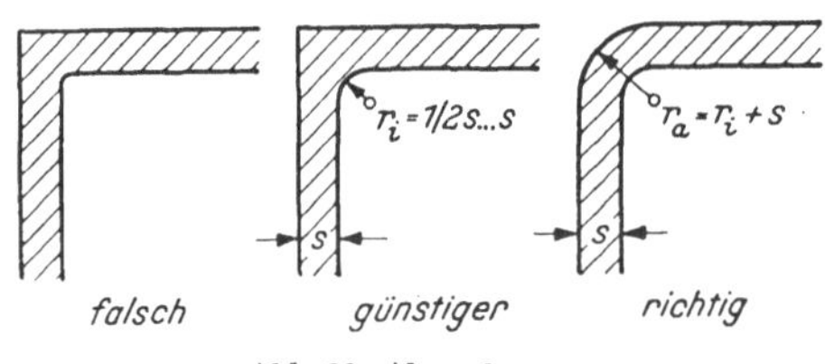

Abb. 99. Abrundungen

zunehmen (Abb. 99). Die Abrundungsradien sind hier abhängig von der Wandstärke und der Art der Legierung.

Gleiche Wandstärken. Verwendet man ungleiche Wandstärken (Abb. 100), so können neben Lunker auch noch Spannungen sich ausbilden, die gewöhnlich zu Rissen führen. Die dünne Wand erstarrt schneller als die stärkere und zieht sich in der Pfeilrichtung zusammen. Dadurch entstehen wegen der unnachgiebigen Stahlform Zugspannungen, die viel gefährlicher als bei Sandguß sind und bei *a* leicht zur Rißbildung führen. Daher gilt auch bei Druckguß die Forderung für die Gestaltung: Verwende möglichst gleiche Wandstärken.

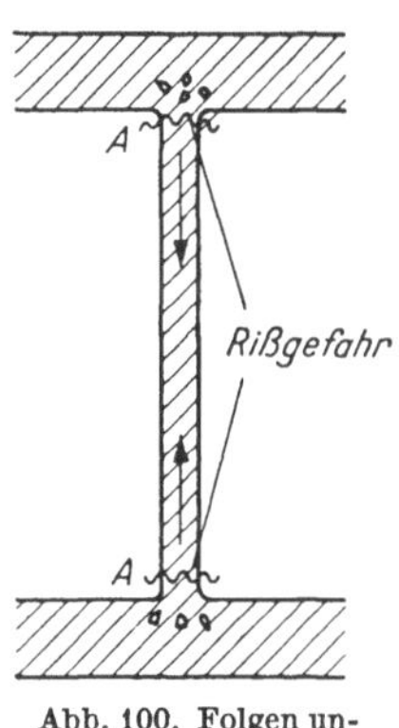

Abb. 100. Folgen ungleicher Wandstärken

Sind an einem Druckgußstück an einzelnen Stellen aus Festigkeitsgründen größere Wandstärken notwendig, so hilft man sich durch Verrippung (Abb. 83, 88 und 89).

Vermeidung von Materialanhäufungen. Zu große Abrundungen ergeben eineWerkstoffanhäufung, die ähnliche Folgen hat wie bei Grauguß, nämlich Lunkerbildung (Abb. 101). Der Ausrundungsradius sollte die Wandstärke nicht übersteigen.

Die Wahl der Wandstärke erfordert bei Druckguß mehr Überlegung als beim Sandguß. Wird die Wandstärke zu groß gewählt, so besteht die Gefahr der Lunkerbildung und des Einsinkens der Oberfläche durch Schwinden. Vor allem ist die Wandstärke abhängig

1. von der Art der Legierung, denn es gibt niedrig- und hochschmelzende Druckgußlegierungen,

2. von der Länge des Fließwegs und

3. von der Größe der Fläche, denn

bei zu gering bemessener Wandstärke im Vergleich zum Fließweg und zur Fläche besteht die Gefahr, daß der Werkstoff frühzeitig sich abkühlt (die Stahlform ist ein guter Wärmeleiter) und nicht mehr über die ganze Fläche verschmilzt.

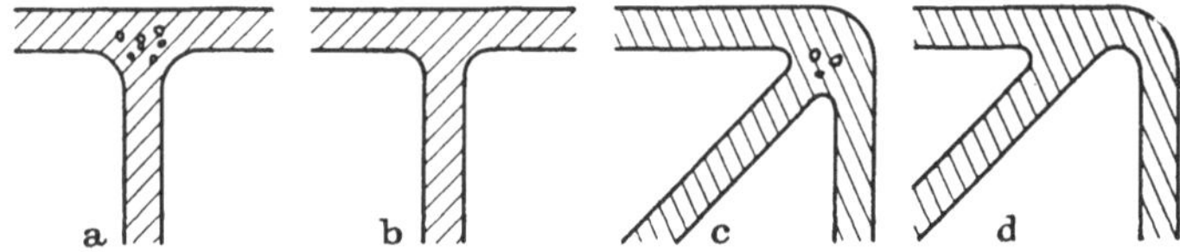

Abb. 101a–d. Vermeidung von Metallanhäufungen

Als Anhaltspunkte für die Wahl der Wandstärken kann die Zusammenstellung dienen:

bei Zinkdruckgußlegierungen .... 0,6 bis 2 mm

Zinndruckgußlegierungen .... 0,6 bis 2 mm

Bleidruckgußlegierungen .... 1,0 bis 2 mm

Aluminiumdruckgußlegierungen .... 1,0 bis 3 mm

Magnesiumdruckgußlegierungen .... 1,0 bis 3 mm

Kupferdruckgußlegierungen .... 1,0 bis 3 mm

Über eine Wandstärke von 4 bis 5 mm wird man kaum hinausgehen.

Rücksicht auf Schwinden. Bei Druckgußteilen ist eine besondere Rücksicht auf das Schwinden zu nehmen. Während beim Kastenguß die Sandform den kleinen Formänderungen des Gußstücks beim Erstarren nachgibt und ein Verklemmen von Werkstück und Form nicht eintritt, kann beim abkühlenden Druckguß sich das Gußstück bei unzweckmäßiger Gestaltung in der unnachgiebigen Form festklemmen. Beim Abkühlungsvorgang wird sich das Gußstück (Abb. 102) von den Flächen *a*, *b*, *c* und *d* ablösen und auf die Flächen *e*, *f*, *g* und *h* aufschrumpfen. Sitzt das Gußstück in beiden Formhälften gleich fest, so besteht die Gefahr, daß beim Ausbringen das Werkstück zerstört wird. Abhilfe kann dadurch geschaffen werden, daß man einen Kern verwendet, der vor Öffnen der Form in Pfeilrichtung herausgezogen wird.

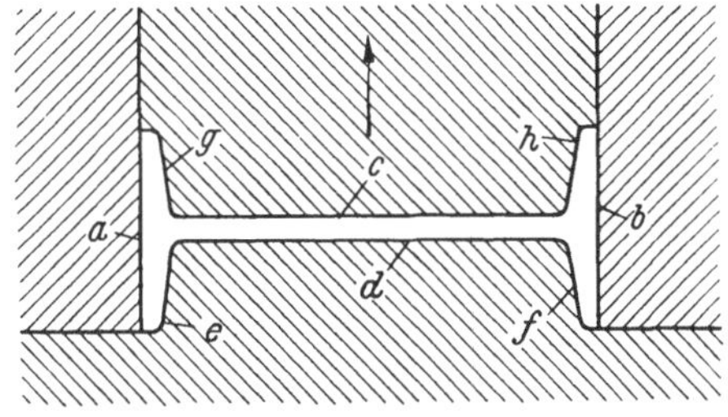

Abb. 102. Rücksicht auf Schwinden in der Form

Das Gußstück soll immer in der Auswurfform festschrumpfen, weil es von hier aus ausgestoßen werden kann. Damit dieses Aufschrumpfen stattfindet, muß die Abschrägung gegen die Deckform größer gewählt werden.

Vermeidung von Spannungen. Ein Druckgußstück nach Abb. 103 a könnte sich beim Abkühlen ungehemmt zusammenziehen und würde sich sogar am ganzen Umfang von der Form lösen. Werden aber zwei Löcher mitgegossen

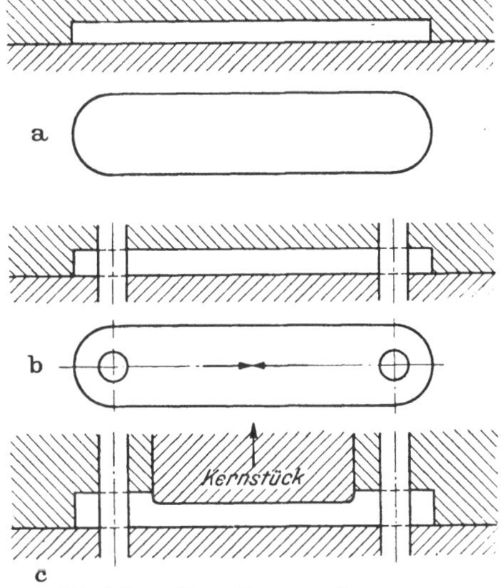

Abb. 103 a–c. Vermeidung von Spannungen

(Ausführung 103 b), so werden die Bohrungskerne, wenn sie zu schwach sind, verbogen. Man kann das vermeiden durch größere Bohrungen oder durch die Entlastung mit einem größeren Kernstück (Ausführung 103 c).

Vermeidung sperriger Teile. Sperrige Gußstücke neigen, ähnlich wie beim Sandguß, zum Verziehen in der Pfeilrichtung (Abb. 104). Man meide daher solche Formgebungen.

Vermeidung von Verziehungen. Aus ähnlichen Gründen wie beim Sandguß (Abb. 49 a) verziehen sich auch beim Druckguß Teile mit ungleichen Wandstärken.

Rücksicht auf Ablösen aus der Form. Wie beim Sandguß müssen auch beim Druckguß (Abb. 105) senkrecht zur Formteilung oder in Richtung des Kernzuges liegende Flächen leicht abgeschrägt werden. Wände des Gußstücks, welche sich beim Erkalten von der Form ablösen, brauchen gewöhnlich keine Abschrägung.

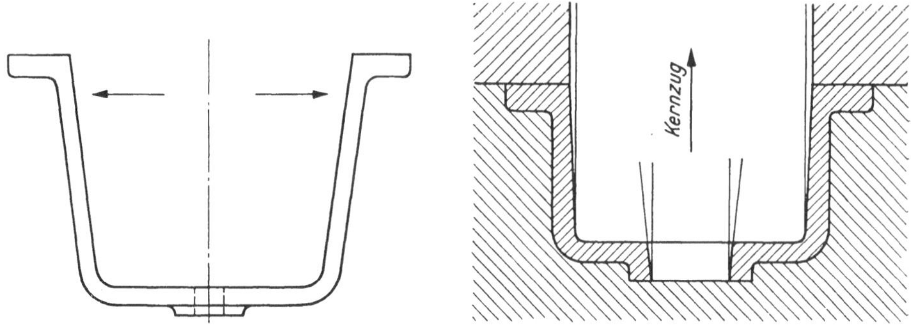

Abb. 104. Verziehen sperriger Stücke   Abb. 105. Rücksicht auf Ablösen aus der Form

Dagegen müssen die Kerne immer mit einer Verjüngung ausgeführt werden. Die Aushebeschräge ist abhängig von

1. der Gestaltung,   3. der Größe der abzuschrumpfenden Fläche,
2. der Druckgußlegierung,   4. der Stärke der Wandung.

Die Werte für die Abschrägung liegen gewöhnlich unter $1\,\%$. Bei Kupferdruckguß können sie bis $2\,\%$ ansteigen. Rechentafeln zur Bestimmung dieser Werte siehe LIEBY, Gestaltung von Druckgußteilen, S. 45 bis 47.

Rücksicht auf einfache Gestaltung. Ein Vorteil des Druckgusses liegt darin, daß man sehr komplizierte Formen gießen kann, welche in anderen Gußverfahren kaum herzustellen wären. Trotzdem muß der Konstrukteur im allgemeinen danach trachten, die Gestaltung so vorzunehmen, daß einfache und leicht herzustel-

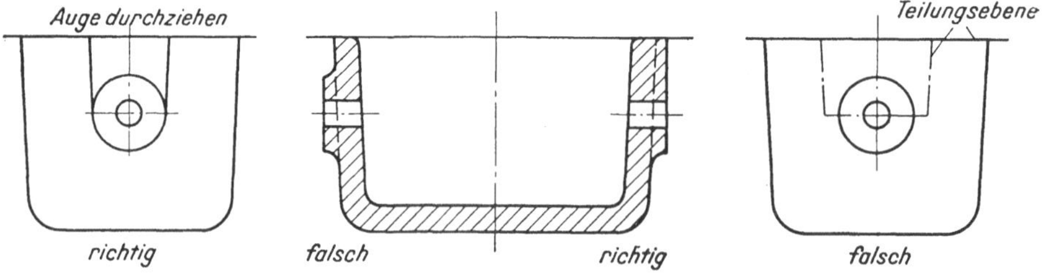

Abb. 106. Rücksicht auf einfache Formteilung

lende Formen mit möglichst ebenen Teilflächen verwendet werden können (Abb. 106).

Vermeidung von Kernen. Zu der Forderung nach Einfachheit der Form gehört auch die Vermeidung von Kernen (Abb. 107). Die Hohlformen verlangen immer Kerne. Daher wird der Konstrukteur danach trachten, möglichst den Rippenguß anzuwenden. Aber auch hier können durch ungünstige Anordnung der Rippen Kerne notwendig werden (Abb. 108).

Vermeidung von geschlossenen Hohlformen. Geschlossene Hohlräume, wie sie im Sandguß hergestellt werden können, sind im Druckguß unmöglich (Abb. 109). Man

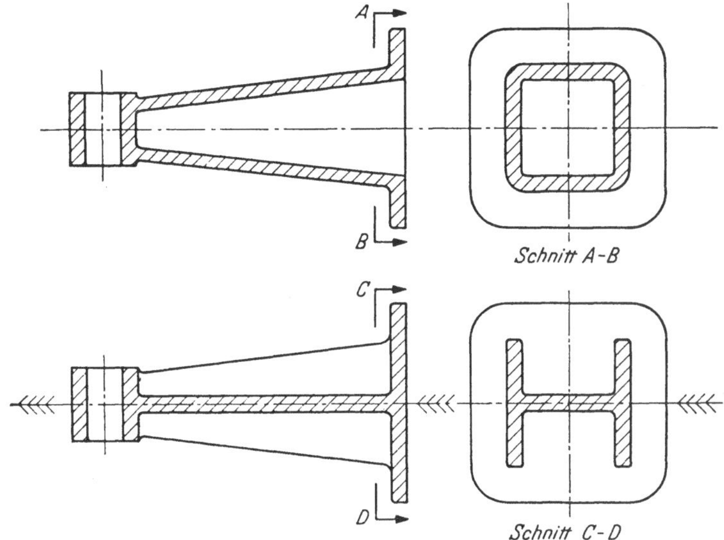

Abb. 107. Vermeidung von Kernen (nach LIEBY)

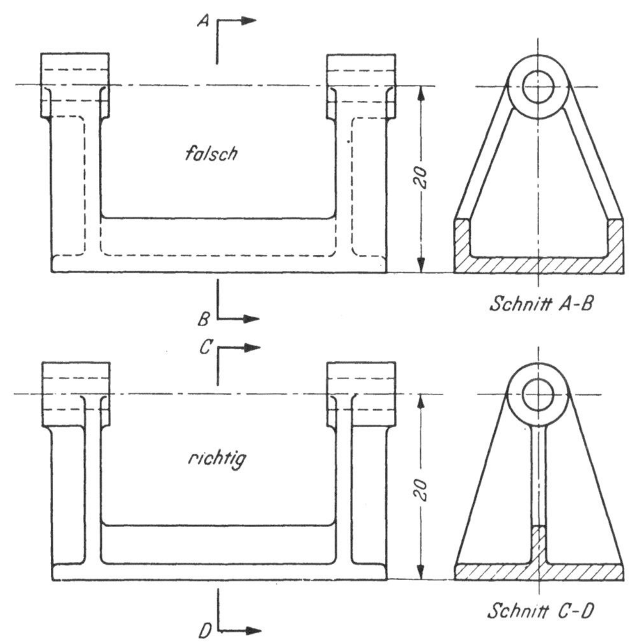

Abb. 108. Richtige Gestaltung von Rippenguß (nach LIEBY)

wird in so einem Fall am besten eine Teilung des Werkstückes nach Ausführung b vornehmen. Diese ist übrigens auch für den Sandguß wegen leichterer Abstützung des Kernes vorzuziehen.

Vermeidung von Hinterschneidungen. Hinterschnittene Druckgußteile erfordern teuere geteilte Kerne. Meistens ist es dem Konstrukteur schon bei der Gestaltung möglich, solche Formen zu vermeiden und dadurch die Form bedeutend zu verbilligen (Abb. 110).

Rücksicht auf Bearbeitung. Im allgemeinen wird es nicht notwendig sein, eine Bearbeitung an den Druckgußteilen vorzunehmen. Sollte dies aber noch vorkommen, so genügt eine Zugabe von 0,4 bis 0,8 mm.

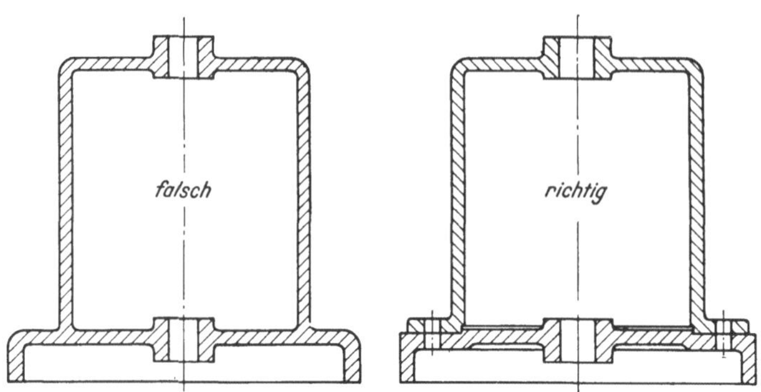

Abb. 109. Vermeidung geschlossener Hohlformen

Rücksicht auf leichte Entgratung. Überall, wo Teilungsebenen vorhanden sind, kann etwas vom Druckgußstoff entweichen. Es entsteht dadurch ein Grat. Komplizierte Gußteile können eine ganz erhebliche Gratbildung aufweisen. Der Gußteil muß so gestaltet werden, daß sich der Grat leicht, und zwar von Schnitt- oder

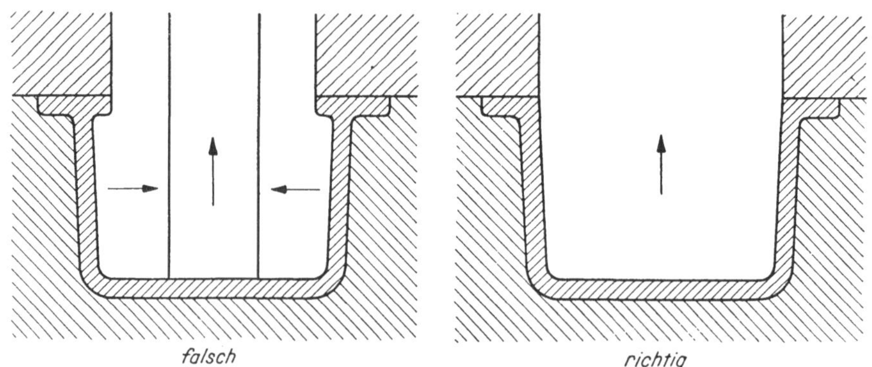

Abb. 110. Vermeidung von Hinterschneidungen

Stanzwerkzeugen entfernen läßt, da die Entfernung von Hand nicht wirtschaftlich ist. Besonders unerwünscht sind daher Gratbildungen im Innern eines Gußstücks. Am einfachsten ist es, wenn der Grat in einer Bearbeitungsebene liegt, weil er hier während der Bearbeitung von selbst verschwindet (Abb. 111).

Rücksicht auf Abrundungen. Die Anbringung von Abrundungen richtet sich auch beim Druckguß nach der Lage der Teilebenen (Abb. 112). Die Ausführung c und d erfordern vielteilige Formen und sollten daher vermieden werden.

Erreichbare Maßgenauigkeiten. Ein Vorteil der Druckgußstücke ist ihre große Maßgenauigkeit. Die Ursache von Maßabweichungen sind

die Zusammensetzung der Form aus beweglichen Teilen mit entsprechendem Spiel,
die schwer zu erfassende Schrumpfung des Gußstücks,
die Wärmeausdehnung der Gußform,
die Abnützung der Gußform,
die Art der Gußlegierung.

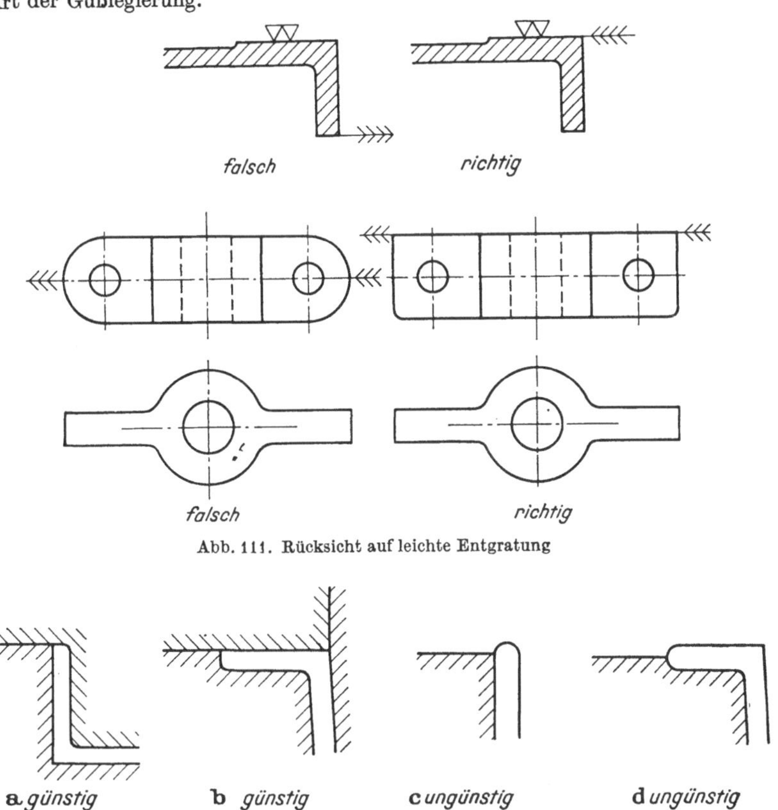

Abb. 111. Rücksicht auf leichte Entgratung

Abb. 112a–d. Rücksicht auf Abrundungen

Nach den VDI-Richtlinien VDI 2501 sind die erreichbaren Meßgenauigkeiten:

Druckgußlegierung	Nennmasse	
	15 bis 100 mm	über 100 mm
Zinkdruckgußlegierung	± 0,15%	± 0,10%
Aluminiumdruckgußlegierung	± 0,20%	± 0,15%
Kupferdruckgußlegierung	± 0,25%	—

Die Konstruktion der Druckgußformen erfordert mindestens ebensoviel Kenntnisse und Erfahrungen wie die Gestaltung von Druckgußteilen. Es ist daher dem Konstrukteur dringend anzuraten, über Gestaltungsfragen mit dem Werkzeugfachmann Rücksprache zu nehmen.

Zusammenfassend sei nochmals auf die wichtigsten Gesichtspunkte für die Gestaltung der Druckgußteile hingewiesen.

Merkregeln

1. Strebe eine möglichst einfache Form an.
2. Vermeide scharfe Übergänge.
3. Verwende möglichst gleiche Wandstärken.
4. Vermeide Stoffanhäufungen.
5. Nimm Rücksicht auf das Schwinden.
6. Nimm Rücksicht auf Abschrägungen.
7. Vermeide eingezogene Formen und geschlossene Hohlräume.
8. Nimm Rücksicht auf Bearbeitungsflächen.
9. Nimm Rücksicht auf leichte Entgratung.
10. Nimm Rücksicht auf zulässige Maßgenauigkeiten.

f) Gestaltung von Kunstpreßstoffteilen [19]

Die Kunstpreßstoffe besitzen eine Reihe von hervorragenden Eigenschaften. Sie lassen sich leicht spanlos und mit großer Genauigkeit zu Werkstücken verarbeiten, die kaum eine Nacharbeit erfordern. Allerdings ist das gußtechnische Herstellungsverfahren nur wirtschaftlich, wenn es sich um sehr große Stückzahlen (mindestens 1000) handelt. Dieser Fall ist in der feinmechanischen Industrie viel häufiger gegeben als in den Industriezweigen des allgemeinen Maschinenbaues. Dazu kommt noch, daß es sich (herrührend von den geringen Festigkeitswerten) nur um verhältnismäßig kleine Gußstücke von geringer Festigkeit handelt, wie solche in der Feinwerktechnik naturgemäß gebraucht werden. Auf diesem Gebiet erschließen sich der Verwendung von Kunstpreßstoffen immer größere Möglichkeiten infolge ihrer wirtschaftlichen Herstellung gegenüber Metalldruckgußteilen. Dieser Werkstoff hat daher für die Feinwerktechnik und den Kleinmaschinenbau eine viel größere Bedeutung als für den allgemeinen Maschinenbau, wohlgemerkt, wenn es sich um Teile handelt, welche durch maschinelle spanlose Verarbeitung hergestellt werden können.

Neuerdings versucht man, ganze Karosserien für Autos aus Kunststoff herzustellen, um die industrielle Fertigung wirtschaftlicher zu gestalten. Es handelt sich dabei um einen durch Einlagen verstärkten Kunststoff, der im wesentlichen aus Baumwollgewebe mit Glasfibern und Bindestoffen besteht. Das Herstellungsverfahren ist allerdings verschieden von der Preß- und Spritzgießformerei. Auch Rahmen für Fahrräder werden in England schon aus Kunststoff hergestellt. Es ist also sehr wahrscheinlich, daß der Kunststoff in Zukunft auch für hochbeanspruchte Teile im allgemeinen Maschinenbau eine immer größere Bedeutung gewinnen wird.

Die Verwendungs- und Gestaltungsmöglichkeiten ergeben sich aus der genauen Kenntnis der speziellen Eigenschaften der Kunstpreßstoffe. Daher wollen wir uns dieselben auch hier näher ansehen.

Die Eigenschaften der einzelnen Typen der Kunstpreßstoffe sind, je nach ihrem chemischen Aufbau, verschieden voneinander. Sie können nicht auf einen gemeinsamen Nenner gebracht werden. Es ist daher notwendig, daß der Konstrukteur vor Inangriffnahme des Entwurfs die Eigenschaften der einzelnen Baustoffe genau studiert und dann den geeigneten Stoff, entsprechend den Anforderungen seiner Aufgabe, auswählt. Für den Maschinenbau kommen natürlich vor allem die härtbaren Stoffe in Frage.

I. Physikalische Eigenschaften

Die Wichte. Die Kunststoffe sind die leichtesten Baustoffe, welche dem Maschinenkonstrukteur zur Verfügung stehen. Ihre Wichten betragen im Mittel 1,4 bis 1,8, sind also bedeutend kleiner als bei den Aluminiumlegierungen. Sie werden daher überall dort, wo es sich um eine gewichtsparende Bauweise handelt, wie im Fahr- und Flugzeugbau, mit Vorteil Verwendung finden können, wenn die entsprechenden Festigkeitseigenschaften erfüllt werden.

Festigkeit. Die Frage nach den Festigkeitseigenschaften ist für die Verwendung eines bestimmten Preßstofftyps für den Konstrukteur von großer Bedeutung. Allerdings müssen hier neben Zug- und Biegefestigkeit auch die Schlagbiegefestigkeit und die Kerbschlagzähigkeit neben der Dehnung Berücksichtigung finden, damit man ein einigermaßen einwandfreies Bild für den Gebrauchswert erhält. Den Konstrukteur des allgemeinen Maschinenbaus interessieren die Vergleichswerte mit anderen Baustoffen besonders dann, wenn es sich um den Austausch des Werkstoffs eines bereits vorliegenden Werkstückes in Kunstpreßstoff handelt. Die Eigenschaften der hochwertigen Preßstoffe können ungefähr mit denen von Gußeisen und Leichtmetall geringerer Festigkeit verglichen werden. Allerdings ist dabei immer zu bedenken, daß die Dehnungswerte und die Elastizität der Kunststoffe viel größer sind als die von Gußeisen.

Die Härte. Die Brinellhärte der Kunststoffe ist allgemein sehr niedrig. Sie beträgt im Mittel 40 bis 60 kg/mm², ist also etwas kleiner als diejenige der Aluminiumlegierungen. Aus diesem Grunde können Teile aus Kunststoff dort nicht verwendet werden, wo sie Beschädigungen durch Stoß oder Schlag ausgesetzt sind.

Verschleißfestigkeit. Die Verschleißfestigkeit ist bei allen Typen sehr gering, so daß man die Baustoffe in dieser Hinsicht nicht beanspruchen darf. Wegen der guten Gleiteigenschaften eignen sich besonders Phenol und Kresolharze mit Baumwollgewebeschnitzeln als Füllstoffe gut für Lagerzwecke. Unerwünscht ist natürlich die schlechte Wärmeableitung dieser Lagerstoffe, so daß praktisch die Reibungswärme nur durch eine Schmiermittelumlaufkühlung abgeführt werden kann. Die Kunstharzlagerstoffe nehmen übrigens auch etwas Öl oder Wasser auf und quellen an. Die Schmierungsfrage hängt ganz von den Betriebsverhältnissen, wie Lagerdruck- und Gleitgeschwindigkeiten, ab. In den Zeiten der Zwangsbewirtschaftung der Rohstoffe spielten die Kunstharzlagerstoffe als Ersatz für die Lagermetalle eine große Rolle. Heute dürften sie aber durch die letzteren zum großen Teil wieder ersetzt worden sein.

Thermische Eigenschaften. Die Wärmebeständigkeit ist bei allen Kunststoffen gering. Es gibt Stoffe, welche einer Temperatur von über 60° nicht ausgesetzt werden dürfen. Dazu kommt noch, daß der lineare Wärmeausdehnungskoeffizient ein Vielfaches von demjenigen der Schwermetalle beträgt. Der letztere Umstand ist vom Konstrukteur dann zu berücksichtigen, wenn Metallteile zur Erhöhung der Festigkeit in die Kunststoffe eingepreßt werden sollen.

Bei zu großen Querschnittsabmessungen der eingelagerten Teile kann es daher leicht zu unzulässigen hohen Spannungen oder sogar zum Aufplatzen der Preßstoffmasse kommen.

Dagegen kann der Konstrukteur von der Eigenschaft der schlechten Wärmeleitung mit Vorteil Gebrauch machen, z.B. bei Handgriffen für Heiz- oder Kochgeräte.

7*

Elektrische Eigenschaften. In der Elektroindustrie finden bekanntlich die Kunststoffe wegen ihrer schlechten elektrischen Leitfähigkeit eine ausgedehnte Verwendung, auf die aber im Rahmen dieses Buches nicht näher eingegangen werden kann.

II. Chemische Eigenschaften

Die Kunstpreßstoffe sind sehr widerstandsfähig gegen chemische Einflüsse. Sie werden daher mit großem Vorteil in der chemischen Industrie verwendet für Rohrleitungen, Isolierung, Wannen und Gehäuseteile. Wegen ihrer großen Witterungsbeständigkeit ist ein weiterer Oberflächenschutz hinfällig. Bei langem Liegen im Wasser nehmen sie allerdings etwas davon auf und quellen. Daher ist vom Konstrukteur Vorsicht bei solcher Verwendung geboten.

III. Technologische Eigenschaften

Zum Studium der Kunstpreßwerkstoffe und deren spanloser Verarbeitung stehen dem Konstrukteur gute Bücher zur Verfügung [19]. Die Richtlinien für die Gestaltung von Preßteilen sind in DIN 7710 zusammengetragen. Sie gelten für die Typen 30, 31, 31,5, 71, 74, 51, 54, 16, 131, 11 und 12. Wer sich eingehend mit diesen Werkstoffen und deren Verarbeitung beschäftigen muß, dem sei die vom VDI-Fachausschuß für Kunst- und Preßstoffe herausgegebene Schrift: DVI 2001, VDI-Richtlinien und Gestaltung von Kunstharzpreßteilen empfohlen. In dieser Veröffentlichung sind weit über 100 Gestaltungsbeispiele und wertvolle Gestaltungshinweise enthalten.

Im Rahmen des Buches kann schon mit Rücksicht auf die geringere Bedeutung für den Konstrukteur des allgemeinen Maschinenbaues nur auf die wesentlichen Gesichtspunkte für die Gestaltung hingewiesen werden, damit sich der Konstrukteur ein Urteil bilden kann über die evtl. Verwendungsmöglichkeiten für seine Konstruktionen.

Es sei auch hier gleich darauf aufmerksam gemacht, daß eine erfolgreiche Gestaltung der Preß- und Spritzteile nur in Zusammenarbeit der Konstruktion mit der Fertigung möglich ist, schon allein aus dem Grunde, weil die Arbeitsweise und die Werkzeuge nicht bei allen Preß- und Spritzgußwerken gleich sind.

Die Gestaltungsmöglichkeiten ergeben sich aus der Kenntnis der Eigenschaften des Stoffes und der Eigenart der Preßtechnik. Die letztere wird durch die in der Technologie erworbenen Kenntnisse als bekannt vorausgesetzt. Man unterscheidet das Strangpressen, das normale Pressen und das Spritzpressen.

Das normale Preßverfahren hat verschiedene Nachteile, die durch das Spritzpressen vermieden werden. Bei letzterem gibt es praktisch keine Beschränkung in der Gestaltung. Infolge der gleichmäßigen Durchheizung der Masseteilchen bekommt man homogene Preßteile frei von Spannung. Auch Werkstücke mit ungleichen Wandstärken härten beim Spritzpressen besser durch. Die Maßgenauigkeit wird ebenfalls größer als beim reinen Pressen. Diesen Vorzügen stehen allerdings einige Nachteile wirtschaftlicher Natur entgegen.

Wegen des hohen Gießvermögens bei fast allen Preßstoffen ist es möglich, Wandstärken von kleineren Teilen bis zu 1 mm und noch darunter zu pressen. Gebräuchlich sind Wandstärken

bei kleinen Teilen von .... 1 bis 2,5 mm
bei größeren Teilen von .... 3 bis 5 mm

Die Herstellungsgenauigkeit ist, wie schon gesagt, bei Spritzpressen sehr groß. Nähere Angaben darüber findet man in DIN E 7710. Sie beträgt für einen Meßbereich

bis 6 mm .... ± 0,1 mm
von 80 bis 120 mm .... ± 0,4 mm
von 400 bis 500 mm .... ± 1,5 mm

wenn die Maße in der Zeichnung mit Toleranz angegeben sind.

Obwohl eine große Freiheit in der Gestaltung der Preßteile vorhanden ist, müssen doch einige Regeln vom Konstrukteur beachtet werden. Die wesentlichsten dieser Gestaltungsrichtlinien seien hier zusammengestellt.

Merkregeln

1. Man strebe trotz der großen Gestaltungsfreiheit eine möglichst einfache Form des Werkstückes an.

2. Zur leichten Entfernung des Preßstücks aus der Form ist eine Neigung der Körperflächen in der Preßrichtung von mindestens 1:100 notwendig.

3. Man vermeide möglichst ungleiche Wandstärken wegen Spannung und Rißbildung. Ist diese Forderung nicht zu erfüllen, so wähle man das Spritzpreßverfahren.

4. Dickwandige Preßteile sind zu vermeiden, weil sie schwer oder nicht genügend aushärten.

5. Scharfe Kanten und Ecken sind zu vermeiden wegen der hohen Kerbempfindlichkeit.

6. Man vermeide Hinterschneidungen, weil dieselben wegen der notwendigen Beilagen teuere Preßwerkzeuge erfordern.

7. Man vermeide Hohlformen. Sind dieselben notwendig, so zerlege man sie durch Teilung und klebe die Teile zusammen.

8. Stoffanhäufungen sind zu vermeiden. Sie härten nicht durch und geben Anlaß zur Rißbildung.

9. Notwendige Verstärkungen soll man nicht durch Stoffanhäufungen, sondern durch Verrippung erzielen.

10. Man wähle die Arbeitsleisten nicht zu schmal, weil sie wegen der geringen Härte leicht zerstört werden können.

11. Die eingepreßten Löcher sollen höchstens eine Tiefe von $1 = 2\,d$ haben, damit sich der Formstift leicht löst. Sind tiefere Löcher notwendig, so setze man die Bohrung ab.

12. Metallteile lassen sich leicht einpressen. Die Wirtschaftlichkeit dieser Maßnahme ist aber von Fall zu Fall zu entscheiden. Vor allem achte man

a) auf genügenden Querschnitt des umgebenden Preßstoffs,

b) auf eine Sicherung gegen Verdrehung und Herausziehen durch Nuten, Kerben, Rillen usw. und

c) auf gute Lagerung in der Form, damit sie nicht vom Preßdruck verschoben werden.

g) Gestaltung von Schweißkonstruktionen [20]

Allgemeines. Das Schweißen besteht in der Verbindung von zwei getrennten Metallteilen ähnlicher Zusammensetzung zu einem möglichst einheitlichen Ganzen. Dies wird erreicht durch verschiedene Verfahren, deren grundlegende Kenntnis bei jedem Konstrukteur vorausgesetzt werden muß.

Von allen Verbindungsmöglichkeiten, wie Nieten, Schrauben, Keilen, ist das Schweißen die idealste. Man vergleiche nur einmal den verwickelten Kraftlinienfluß einer Niet- oder Schraubverbindung mit dem einer Schweißverbindung. Das Endresultat beim Schweißen ist immer ein Werkteil, der wie aus einem Stück gewachsen ist.

Man erkannte schon sehr früh den großen Vorteil der Schweißtechnik gegenüber anderen Verbindungsarten. Sie erschöpfen sich nicht allein durch große

Werkstofferparnis, niedrige Herstellungskosten und Zuverlässigkeit des Baustoffs, sondern bieten auch dem Konstrukteur eine große Freizügigkeit im Entwurf und in der Gestaltung. Es kann daher nicht wundernehmen, daß der Schweißtechnik sich immer weitere Gebiete des Maschinenbaues erschlossen haben. Der für den Fahr- und Flugzeugbau so lebensnotwendige Leichtbau wäre ohne diese Technik undenkbar.

Damit soll aber nicht gesagt sein, daß das Schweißen alle anderen Verbindungstechniken mit der Zeit verdrängt. Bekanntlich sind nicht alle Werkstoffe, z.B. hochwertige legierte Stähle, einwandfrei schweißbar. In solchen Fällen ist das Nieten vorzuziehen. Aber auch das Gießen hat seine Vorteile gegenüber dem Schweißen. Abgesehen davon, daß bei größerer Stückzahl die Herstellungskosten kleiner werden, sind Gußteile auch besser bearbeitbar. Nicht zu unterschätzen ist auch die gefälligere Form von Gußteilen.

Die Schweißtechnik hat eine rund sechzigjährige Entwicklung hinter sich. Anfangs hatten die Konstrukteure allerdings ein gewisses Mißtrauen gegen diese Verbindung, besonders überall dort, wo die Schweißverbindungen größere Kräfte übertragen sollten. Es gab keine Unterlagen für genauere Berechnungen. Daher ist es leicht verständlich, daß man früher oft hören konnte: „Schweißen ist eine Kunst, aber Nieten ist eine Technik." Seit zwei Jahrzehnten sind aber die Schweißverfahren zu solcher Vollkommenheit entwickelt worden, daß die mit ihrer Hilfe hergestellten Teile auch einer Berechnung zugänglich sind und den hohen Festigkeitsansprüchen standhalten.

Schweißverfahren. Man kann die Schweißverfahren in zwei Gruppen einteilen:

1. die Preßschweißung, bei welcher die Teile in teigigem Zustand unter Anwendung von Druck zusammengefügt werden, und

2. die Schmelzschweißung, bei welcher die getrennten Teile in flüssigem Zustand ohne Druck vereinigt werden.

Zu diesen zwei Gruppen gehören dann folgende Schweißarten:

1. die *Preßschweißung:*
a) Hammerschweißung,
b) elektrische Widerstandsschweißung,
c) Thermitpreßschweißung;

2. die *Schmelzschweißung:*
a) Gasschmelzschweißung,
b) Elektroschmelzschweißung,
c) Thermitgießschweißung.

Von diesen Verfahren haben für den Konstrukteur eine besondere Bedeutung die elektrische Widerstandsschweißung, und zwar als Stumpf- und Abbrennschweißung für das Zusammenfügen von Wellenteilen oft verschiedener Festigkeit (Abb. 113) oder von Gelenkköpfen und Stangen (Abb. 114).

Der große Vorteil der Stumpfschweißung liegt darin, daß die Festigkeit der Verbindungsstelle nahezu gleich der Werkstofffestigkeit wird (90 bis 100%).

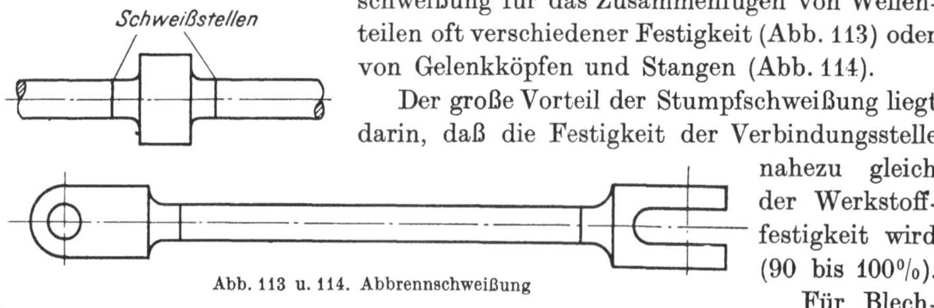

Abb. 113 u. 114. Abbrennschweißung

Für Blecharbeiten, wo es sich nur um ein Heften handelt, kann man Punktschweißung mit Vorteil verwenden, und zwar bei Stahl für Blechstärken unter 10 mm und bei Aluminium unter solchen von 3 mm. Will man dagegen eine ununterbrochene

Naht, dann kann man diese mit der Nahtschweißung erreichen, wo die Elektroden als Rollen ausgebildet sind. Man kann damit (Abb. 115a) eine Überlappungsschweißung oder nach b, c, d und e eine glatte Schweißung durchführen, allerdings nur bei Blechstärken bis 2,5 mm. (Beispiel: Stahlradiatoren.)

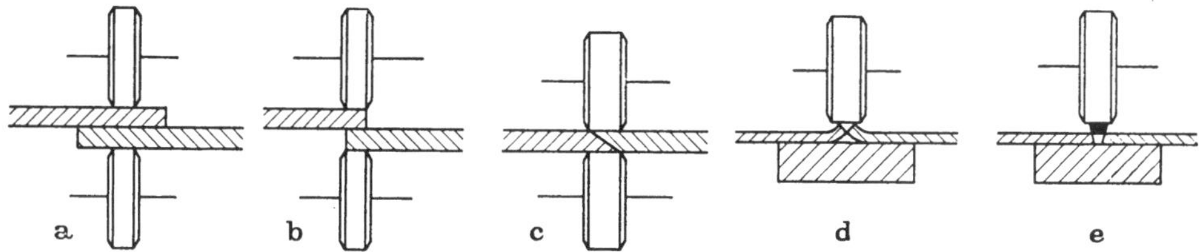

Abb. 115a—e. Naht- und Punktschweißung

Autogen- oder Lichtbogenschweißung. Die zwei wichtigsten und am meisten angewendeten Schweißverfahren sind die Autogen- und die Lichtbogenschweißung. Die Frage, wann verwendet man die Autogen- und wann die Lichtbogenschweißung, ist nicht immer einfach zu entscheiden. Man kann mit Sicherheit sagen, daß sich der elektrischen Lichtbogenschweißung in den letzten Jahrzehnten immer größere Gebiete erschlossen haben. Diese Tatsache hängt mit den großen Vorteilen zusammen, da die Temperatur des elektrischen Lichtbogens viel höher ist als bei der Gasflamme und dadurch die Verbindungsstellen im Gegensatz zum autogenen Schweißen praktisch sofort schmelzen. Das lange Vorwärmen bei der Autogenschweißung bringt auch die Umgebung der Schweißstelle auf eine hohe Temperatur und übt dadurch eine ungünstige Wirkung auf das Gefüge aus. Es können auch größere Spannungsausbildungen damit verbunden sein. Für größere Querschnitte ist das autogene Schweißen wegen der umständlichen und zeitraubenden Vorwärmung nicht geeignet. Blechstärken über 20 mm werden daher vorteilhaft nur elektrisch geschweißt. Eine Folge der hohen Temperatur beim elektrischen Schweißen ist auch die größere Schweißgeschwindigkeit und damit eine Erhöhung der Wirtschaftlichkeit.

Bei der Frage nach der Wirtschaftlichkeit der beiden Schweißverfahren kann man sagen, daß bei kleinen Betrieben, die nicht voll ausgelastet sind, das autogene Schweißen bei Arbeiten unter 6 mm Wandstärke wirtschaftlicher ist als die elektrischen Verfahren. Das autogene Schweißen ist übrigens das Verfahren, welches zur Schweißung aller schweißbaren Metalle verwendet werden kann. Für alle Nichteisenmetalle kommt es auch heute noch mit großem Vorteil zur Verwendung.

Das Arcatom-Schweißverfahren hat eine weite Verbreitung gefunden. Es ähnelt der Gasschweißung und eignet sich für Bleche von 1 bis 80 mm. Die Vorbereitung der Schweißkanten ist wie beim Gasschweißen. Für Gußeisenschweißung ist sie wenig geeignet, aber gut verwendbar für alle Nichteisenmetalle. Bei Stahlschweißung ergeben sich Nähte von großer Festigkeit und Dehnung.

Für die Serienherstellung hat man Maschinen entwickelt, welche nach dem Elliraverfahren arbeiten, wobei der Schweißstab selbständig zugeführt und maschinell mit konstanter Geschwindigkeit bewegt wird. Das Schweißen erfolgt auf diese Weise schneller und ergibt eine glatte Oberfläche der Schweißraupe. Das Verfahren eignet sich besonders für große Blechstärken (5 bis 60 mm). Von einer Ausvauung der Bleche kann bei diesem Verfahren Abstand genommen werden.

Nahtformen. Einer der großen Vorteile der Schweißtechnik besteht darin, daß man ohne Zuhilfenahme von Laschen, Überlappungen und Winkeln die getrennten Metallteile in einfachster Weise verbinden kann. Man verwendet dabei folgende

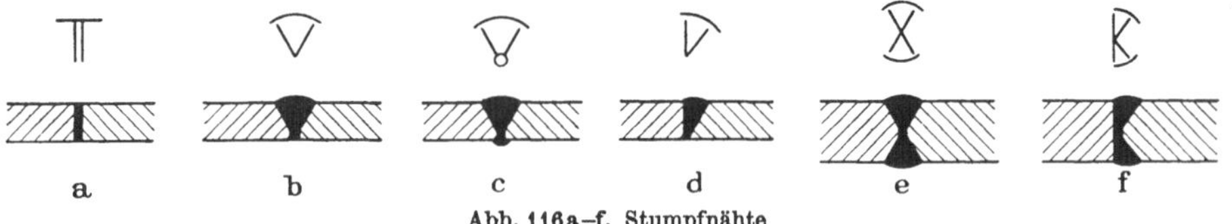

Abb. 116a—f. Stumpfnähte

Nahtformen (nach DIN 1912 genormt): Stumpfnähte, Kehlnähte und sonstige Nähte.

1. Stumpfnähte. Bleche von geringen Dicken bis etwa 3 oder 4 mm lassen sich ohne Vorbereitung zusammenschweißen, wobei es genügt, wenn ein kleiner

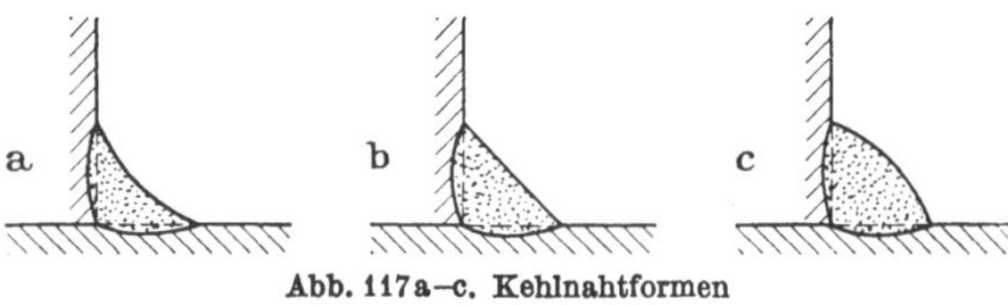

Abb. 117a—c. Kehlnahtformen

Spalt an der Verbindungsstelle gelassen wird. Bei größeren Blechstärken ist eine Vergrößerung der Schweißfuge durch Abschrägen der Blechkanten mit einem Winkel von 60 bis 80° notwendig (Abb. 116b, c, d, e und f).

2. Kehlnähte. Nicht so günstig in der Beanspruchung und bezüglich der Festigkeit sind die Kehlnähte. Man unterscheidet drei Ausführungsformen (Abb. 117a die Hohlnaht, b die Flachnaht und c die überwölbte Naht).

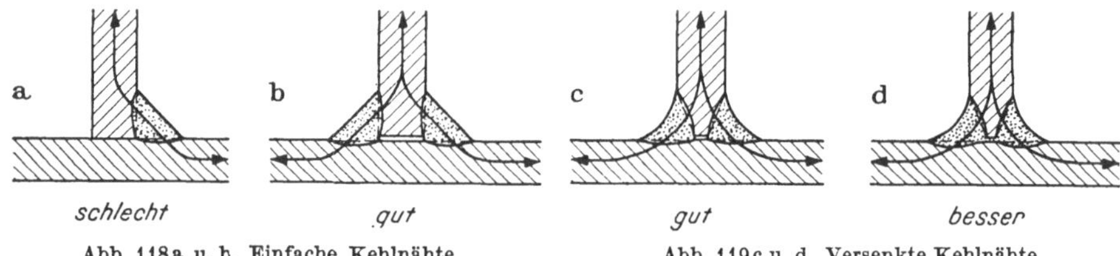

Abb. 118a u. b. Einfache Kehlnähte   Abb. 119c u. d. Versenkte Kehlnähte

Trotz des größeren Querschnittes der überwölbten Nahtform wird dieselbe wenig angewandt, denn sie hat die größte Kerbwirkung. Am günstigsten in dieser Hinsicht ist die Hohlnaht. Für die Kehlnaht ist häufig eine besondere Zurichtung der Verbindungsstelle nicht notwendig (Abb. 118a und b). Der Kraftlinienverlauf und damit die Festigkeit werden aber günstiger, wenn die Kehlnähte versenkt ausgeführt werden (Abb. 119c und d).

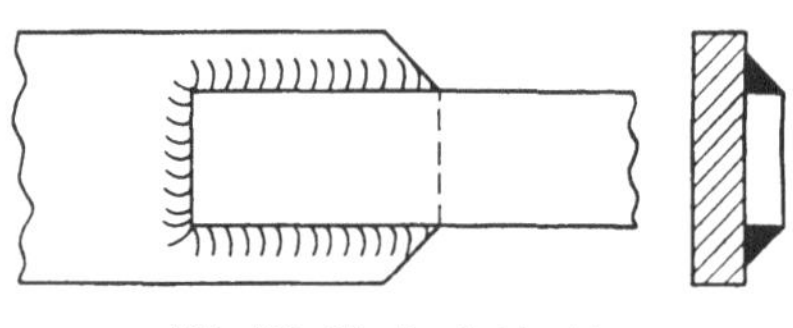

Abb. 120. Flankenkehlnaht

Abb. 120 zeigt eine Flankenkehlnaht, die bei ruhender Belastung der Stumpfnaht gleichwertig ist. Der räumliche Verlauf der Kraftlinien ist allerdings hier viel ungünstiger als beim Stumpfstoß. An den Nahtenden treten Kerbspannungen auf, die durch Wegarbeiten der Schweißkrater etwas herabgesetzt werden können. Bei Wechselbeanspruchung sind Stumpfnähte vorzuziehen.

Wird die Kehlnaht auf Verdrehen beansprucht, dann spricht man von einer Ringnaht (Abb. 121).

3. **Sonstige Nahtformen.** Bleche unter 1,5 mm lassen sich nicht mehr gut mit einer I-Naht stumpf schweißen. Man bördelt zu diesem Zweck die Enden auf (Abb. 122a) und schweißt sie nach Bestreichen mit einem Flußmittel autogen nieder (Abb. 122b).

Die Schlitz- und Lochnähte (Abb. 123a und b) sind von untergeordneter Bedeutung und werden am besten vermieden.

Die Schweißtechnik bietet dem Konstrukteur eine große

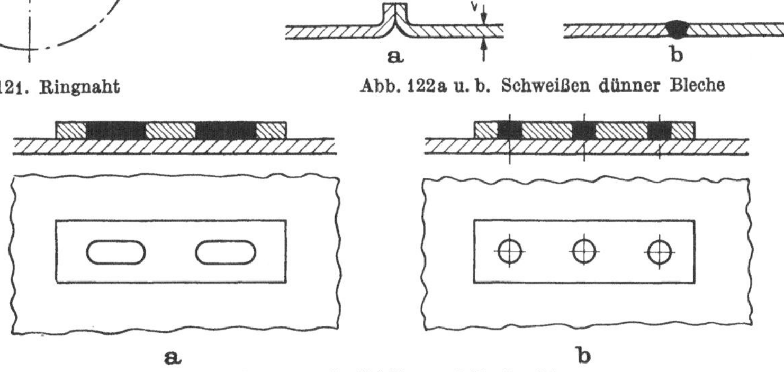

Abb. 121. Ringnaht

Abb. 122a u. b. Schweißen dünner Bleche

Abb. 123a u. b. Schlitz- und Lochnaht

Freizügigkeit in der Gestaltung. Er muß aber trotzdem die eigenartigen physikalischen Erscheinungen beim Schweißprozeß kennen und berücksichtigen, damit er unter den vielen Verbindungsmöglichkeiten die richtige Auswahl treffen kann. Daher seien hier die wichtigsten dieser Gesichtspunkte kurz erwähnt.

Abb. 124

Es läßt sich nicht immer vermeiden, daß ungleiche Blechdicken verbunden werden müssen. Ist der Unterschied nicht groß, dann kann man die Verbindung nach Abb. 124 vornehmen.

Bei größeren Differenzen der Blechstärken (Abb. 125a, b und c) ist die Schweißung wegen der konzentrierteren Wärmezufuhr nur mit dem elektrischen Lichtbogen möglich. Aber auch hier ist die Verbindung wegen der Kerbwirkung nur für statische Belastungen geeignet. Wechselbelastungen verlangen allmähliche Querschnittsübergänge. Das läßt sich nach Abb. 125d, e und f erreichen.

Für autogene Schweißung ist die Ausführung Abb. 125d, e und f Vorbedingung.

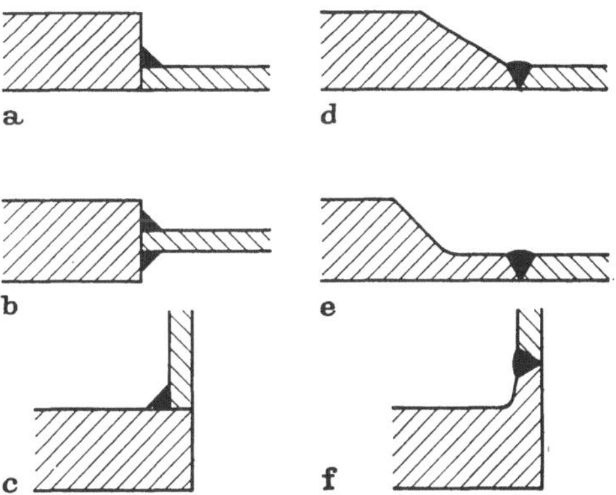

Abb. 125a–f. Nähte bei verschiedenen Blechdicken

Spannungen. Eine sehr unangenehme Erscheinung ist das Schrumpfen der Schweißnaht während und nach der Schweißung, weil sie sich auf das Werkstück auswirkt. Bevor wir auf diese Tatsache näher eingehen, wollen wir uns überlegen, mit welchen Spannungen der Konstrukteur im allgemeinen zu rechnen hat.

Man unterscheidet Vorspannungen, Dehnungsspannungen und Schrumpfspannungen.

Vorspannungen. Walzprofile und Bleche besitzen Vorspannungen, welche durch die ungleichmäßige Abkühlung nach dem Walzprozeß entstehen. Auch Gußstücke haben aus ähnlichen Gründen oft Vorspannungen. Beim Bearbeiten solcher Werkstücke kann das Gleichgewicht der inneren Kräfte gestört werden. Die Folge ist dann das unerwünschte Verziehen des Maschinenteils. (Beispiel: Keilnuten in Wellen und angehobelte Gußstücke.)

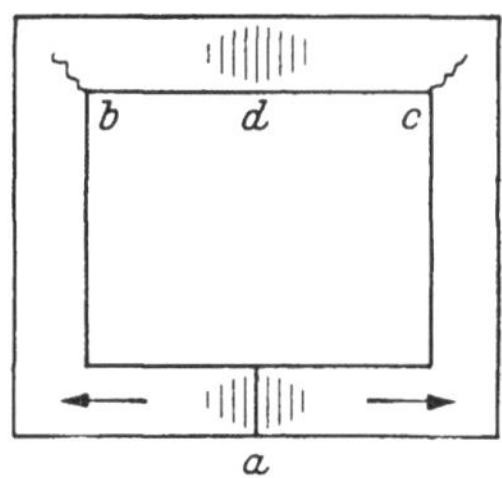

Abb. 126. Ausbildung von Dehnungsspannungen

Dehnungsspannungen. Sehr einfach lassen sich das Entstehen und die Folgen von Dehnungsspannungen an einem Rahmen (Abb. 126) zeigen, der an der Stelle a einen Riß hat. Beim autogenen Schweißen werden die beiden Verbindungsstellen bei a stark erwärmt. Die Folge davon ist eine Dehnung in den Pfeilrichtungen. Bei sprödem Stoff, z. B. Grauguß, können sich Risse bei b und c ausbilden. Bei Lichtbogenschweißung dürfte wegen der geringen örtlichen Erwärmung diese Gefahr kleiner sein. Abhilfe kann geschaffen werden durch eine gleichzeitige Anwärmung bei d oder ein langsames Schweißen mit Pausen.

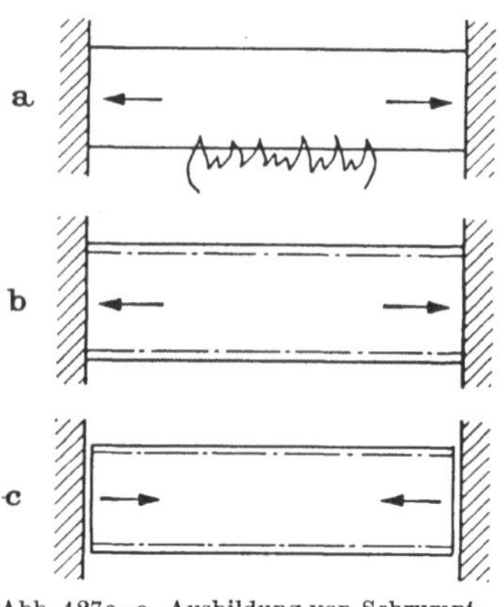

Abb. 127 a–c. Ausbildung von Schrumpfspannungen

Schrumpfspannungen. Um das Wesen der Schrumpfspannung richtig zu erfassen, ist folgendes zu beachten. Erwärmt man eine Welle, die zwischen zwei Wänden eingespannt ist (Abb. 127 a), so will sie sich nach allen Richtungen ausdehnen. Wird nun diese Ausdehnung in der Längsrichtung verhindert und ist die Welle so stark, daß sie nicht ausknickt, dann wird sie gestaucht. Nach dem Abkühlen zeigt sich, daß die Welle kürzer, aber dicker geworden ist (Abb. 127 c).

Beim Schweißen liegen die Verhältnisse ähnlich (Abb. 128). Will man etwa einen Riß in einer Blechtafel schweißen, so wird die gestrichelte Umgebung angewärmt und wird sich dehnen. Da sie aber daran gehindert ist, so wird sie stärker. Dünnes Blech beult sich natürlich aus. Nach dem Abkühlen zieht sich das angewärmte Material zusammen und es entstehen dabei Zugspannungen (Schrumpfspannungen) in den Pfeilrichtungen.

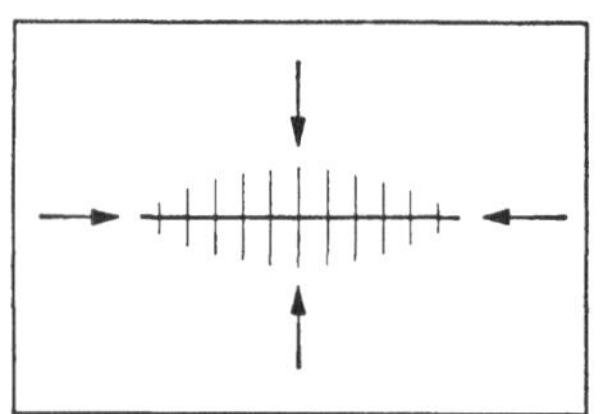
Abb. 128. Schrumpfspannungen längs und quer zur Naht

In der Schweißnaht treffen beim Erkalten räumliche Schrumpfungen auf, welche sich nach allen Richtungen auswirken, nämlich längs zur Naht, quer zur Naht und parallel zur Blechdicke.

Die Folgen der Längsschrumpfung sind Verwerfungen, Verkrümmungen und Verwindungen (Abb. 129).

Beim Beispiel Abb. 129 tritt zu den Folgen der Längsschrumpfung noch eine
weitere Erscheinung auf. Die Wärme eilt beim Schweißen in der Schiene voraus

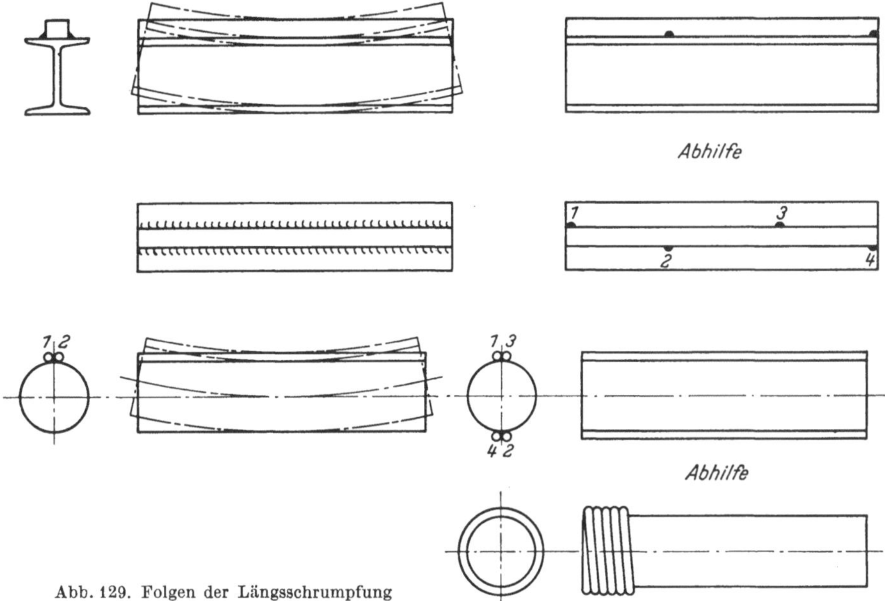

Abb. 129. Folgen der Längsschrumpfung

und verlängert dieselbe, so daß beim Erkalten die Schrumpfung noch bedeutend
erhöht wird.

Das Schrumpfen quer zur Naht bewirkt ein Zusammenziehen der beiden Ver-
bindungsflächen. Wird das verhindert, so treten große Zugspannungen auf. Bei
der V-Naht schrumpft die obere Seite infolge der größeren Nahtstärke mehr als
die untere (Abb. 130). Es entsteht eine Winkelschrumpfung.

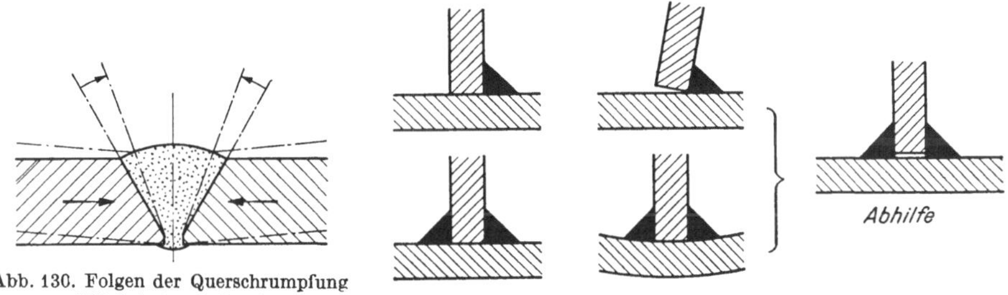

Abb. 130. Folgen der Querschrumpfung
(Winkelschrumpfung)

Abb. 131. Folgen der Querschrumpfung

Einige charakteristische Auswirkungen der Querschrumpfung zeigen folgende
Beispiele (Abb. 131).

Wenn frei bewegliche Bleche zusammengeschweißt werden (Abb. 132a), nähern
sie sich infolge der Querschrumpfung nach b. Abhilfe kann hier geschaffen
werden durch entsprechende Vorbereitung c.

Maßnahmen zur Beseitigung der Schrumpfspannungen. Es gibt eine ganze
Reihe von Arbeitsverfahren, um die Schrumpfspannungen niedrig zu halten. Ob-

wohl diese Maßnahmen rein herstellungstechnische Natur sind, muß sie der Konstrukteur auch kennen und evtl. in den Werkzeichnungen sogar darauf hinweisen.

Die wichtigsten dieser Verfahren sind:

1. Der ideale Weg zur Beseitigung der Spannungen besteht in einem nachträglichen Ausglühen. Für größere Werkstücke läßt sich das allerdings schwer durchführen.

2. Man wärmt das Werkstück vor oder während der Schweißung an, um dadurch einen Spannungsausgleich zwischen Schweiße und Werkstück zu erreichen.

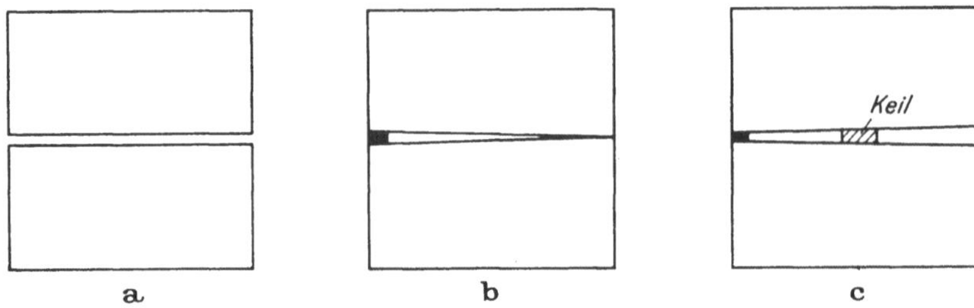

Abb. 132a—c. Folge der Querschrumpfung

3. Durch Hämmern in der Schweißnaht (Strecken) und im Randmaterial während der Schweißung wird die Schrumpfung herabgemindert.

5. Durch Hämmern nach der Schweißung in und neben der Naht kann auch die Schrumpfung verringert werden.

5. Durch schrittweises Schweißen kann man die Drehbewegung quer zur Naht vermeiden (Abb. 133).

Reihenfolge der Schweißung. Der Konstrukteur kann erst schweißgerecht konstruieren, wenn er die schädlichen Auswirkungen der Schrumpfspannungen kennt und sie durch entsprechende Gestaltung auf ein Mindestmaß herabsetzt. Besonders wichtig in dieser Hinsicht ist die Reihenfolge der Schweißung. Unvernünftiger Zusammenbau kann zur Folge haben, daß sich große Schrumpfspannungen ausbilden und das Werkstück verziehen. Daher muß sich der Konstrukteur die günstigste Reihenfolge der Schweißung überlegen und der Werkstätte einen Plan darüber vorlegen. An einem einfachen Beispiel (Abb. 134) kann man den Einfluß falscher Schweißfolge auf das Werkstück erkennen.

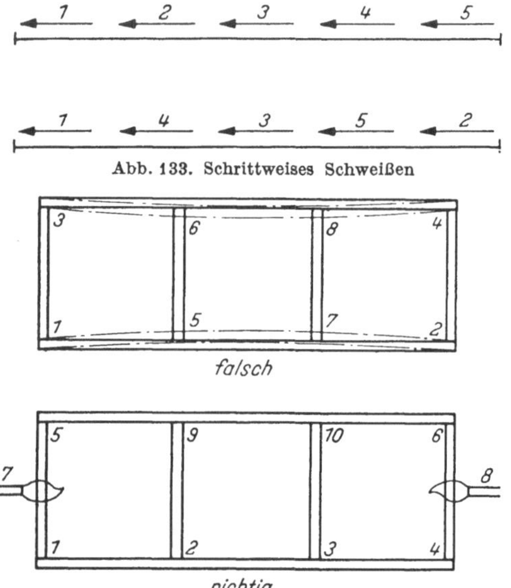

Abb. 133. Schrittweises Schweißen

Abb. 134. Reihenfolge der Schweißung

Die Kraftlinien im Stumpfstoß. Die Schweißtechnik hat in vielen Fällen die Nietkonstruktion verdrängt. Das ist sehr leicht verständlich, wenn man an die geradezu ideale Verbindungsmöglichkeit beim Schweißen gegenüber dem Nieten denkt. Ein Beispiel möge das erläutern. Sollen etwa zwei Flachstähle, die auf Zug beansprucht sind, durch Nieten verbunden werden, so kann das auf drei Arten geschehen (Abb. 135).

Die eingezeichneten Kraftlinien zeigen in allen drei Fällen einen recht komplizierten Verlauf, der neben der Zug- auch zusätzliche Biegebeanspruchungen aufweist. Unter dem Einfluß der Zug-
kraft suchen sich die Nietverbindun-
gen *a* und *b* so zu deformieren, daß
die Kraftlinien einen möglichst
wenig gekrümmten Verlauf annehmen.

Beim Schweißen kann man die
Flacheisen stumpf miteinander verbinden und erhält damit einen geradlinigen Kraftlinienverlauf, der zu
keiner Deformation Anlaß gibt und
auch die beste Ausnützung des
Stoffes gewährleistet (Abb. 135 d).

Man wird daher bei Schweißverbindungen danach trachten, alle
Überlappungen und Laschen zu vermeiden. Eine Ausnahme tritt nur
dann ein, wenn die Festigkeit der
begrenzten Schweißnähte nicht ausreicht (Abb. 136).

Bei Kehlnähten ist der Kraftlinienverlauf nicht so günstig wie bei
der Stumpfnaht. Versuche haben
auch gezeigt, daß die Festigkeitswerte nicht so hoch eingesetzt werden können wie bei
der letzteren. Der Konstrukteur
soll daher immer bestrebt sein,
mit Stumpfnähten auszukommen, wo es auf große Festigkeit
ankommt. Ein Beispiel dafür
sind die geschweißten Kessel
für Dampflokomotiven.

Winkel- und T-Stöße erfordern
beim Nieten Eckwinkel (Abb. 137 a
und b). Der Kraftlinienverlauf ist
auch hier sehr verwickelt. Bei
Schweißkonstruktionen kann man
auf die Versteifungswinkel verzichten und erreicht damit einen viel
einfacheren Kraftlinienverlauf (Abb.
137 c und d).

Die Festigkeit in den Schweiß-
nähten ist immer kleiner als im
vollen Material. Daher ist es nur

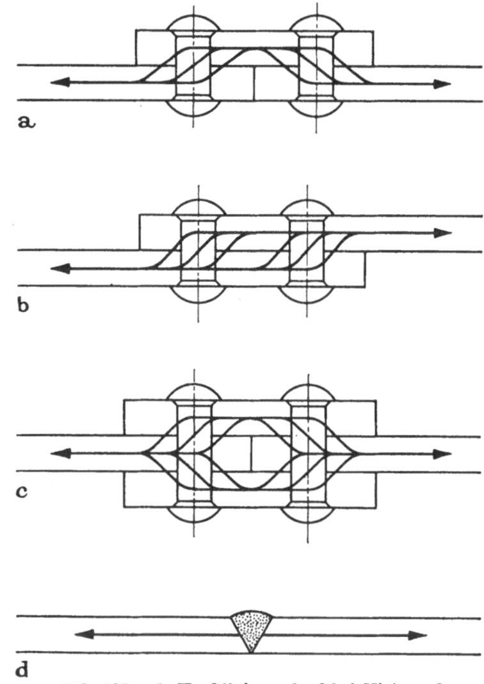

Abb. 135 a–d. Kraftlinienverlauf bei Niet- und
Schweißverbindungen

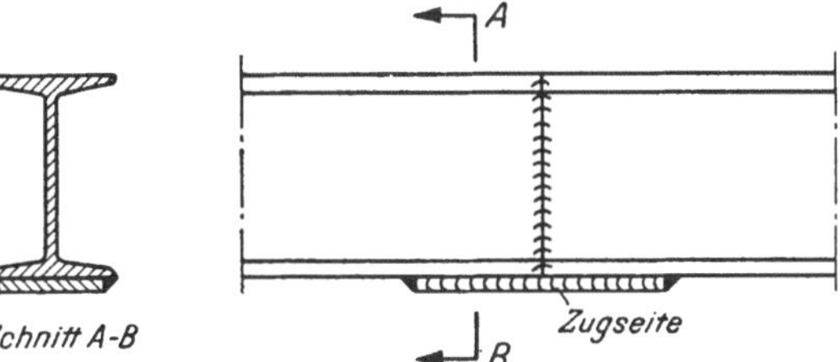

Abb. 136. Schweißverbindung von 2 Doppel-T-Trägern

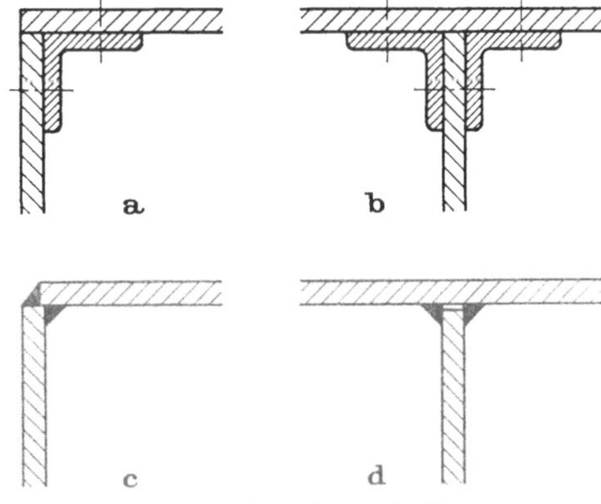

Abb. 137 a–d. Winkel- und T-Stöße

verständlich, wenn der Konstrukteur es vermeidet, Schweißnähte an die gefährlichen Stellen eines Werkstückes zu legen (Abb. 138).

Schweißverbindungen. Bevor der Konstrukteur an eine schweißgerechte Gestaltung eines Bauwerkes herantritt, sollte er die verschiedenen Verbindungsmög-

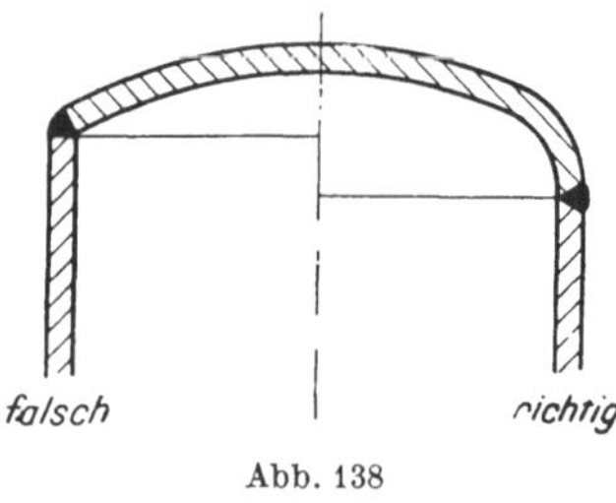

Abb. 138

lichkeiten kennen, welche nicht nur die Fertigung
und die Festigkeit, sondern auch die ganze Formgebung beeinflussen.

Winkelstöße. Ausführungen Abb. 139 a und b
werden nur bei autogenen Schweißverfahren verwendet, c und d erfordern, im Gegensatz zu e und f,
Paßarbeit. Die Ausführungen c, e, g, h, i und k
sind nicht biegefest. i und k sind Bördelstöße für
Bleche unter 3 mm.

T- und Kreuzstöße. Die Ausführung Abb. 140 ist ein Winkelstoß mit einer
Kehlnaht. Eine bessere Ausführung ist b, denn die Nahtform wirkt wie eine
Stumpfnaht. c und d sind gute Ausführungen, e und f sind festigkeitsmäßig die

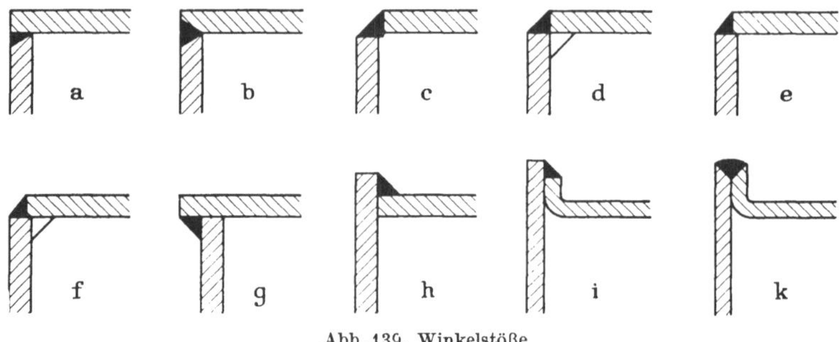

Abb. 139. Winkelstöße

besten Ausführungen. Die Ausführung g wird nur bei dünnen Blechen in Verbindung mit stärkeren verwendet. h und i sind Bördelnähte mit Zwischenwänden für
kleine Blechstärken.

Flanschen. Die Ausführung Abb. 141 a ist wohl die beste, aber teuer, b und c
sind nur für geringe Kräfte geeignet. Beispiel d, e, f, g und h geben Verbindungen

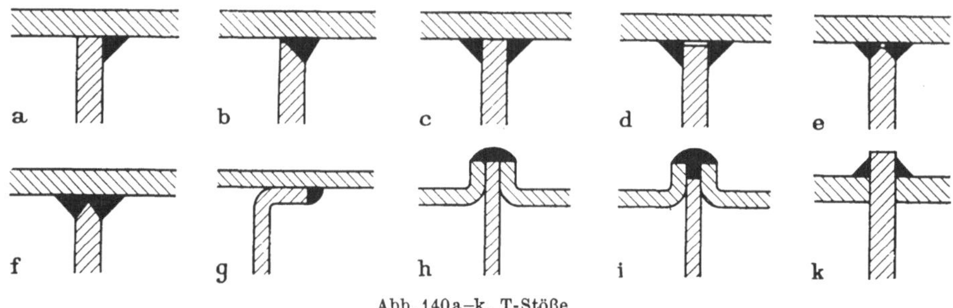

Abb. 140a–k. T-Stöße

mit guter Festigkeit. Ausführung i ist für Autogenschweißung geeignet. k und l
werden für Anschlüsse an Rohrböden verwendet.

Verstärkungen. Verstärkungen werden nach Abb. 142 d und e ausgeführt,
a, b und c sind Ausführungsmöglichkeiten für aufgeschweißte Augen.

Winkelstöße für Walzprodukte. Das Zurichten der Bleche oder Formstähle erfolgt mit Scheren und Sägen von Hand und maschinell oder durch Brenn-

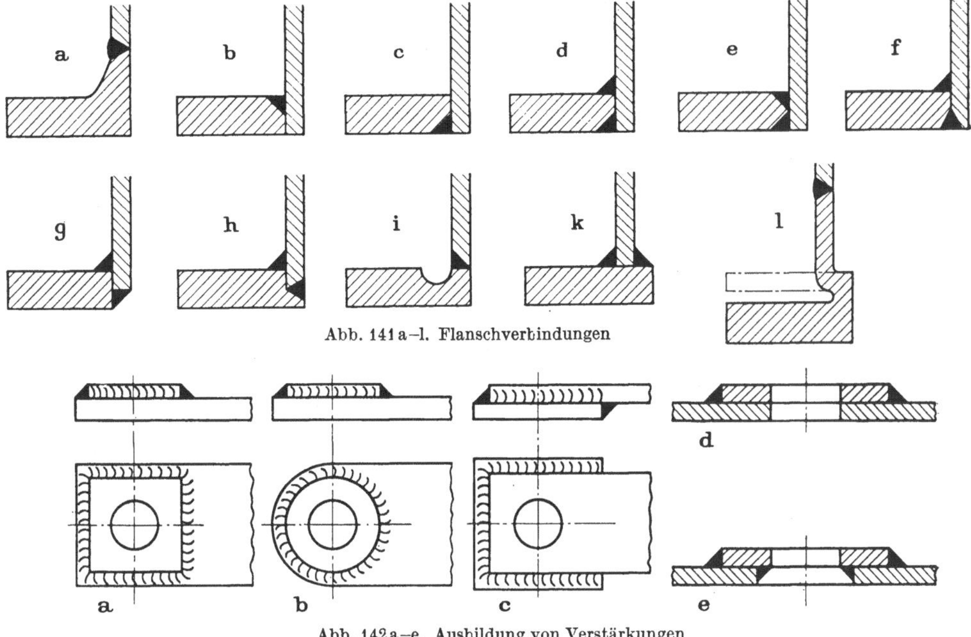

Abb. 141 a–l. Flanschverbindungen

Abb. 142 a–e. Ausbildung von Verstärkungen

schneiden. Die einfachsten Schnittformen sind nach Abb. 143 a u. b stumpf und auf Gehrung. Aber auch Ausklinkungen von Stegen c und d usw. lassen sich durchführen.

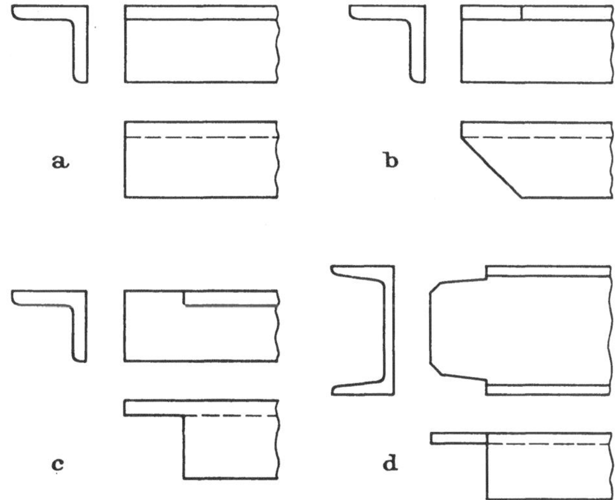

Abb. 143 a–d. Maschinelles Zuschneiden

Beispiele für Winkelstöße zeigen Abb. 144 a bis h.

Behältere cken. Die Ausführung der Eckverbindungen nach Abb. 139 c bis k sind vom schweiß- und festigkeitstechnischen Standpunkt aus möglich.

Für Behälter sind scharfe Kanten immer kerbempfindlicher als runde. Außerdem sind es die am meisten gefährdeten Stellen. Ausführung Abb. 145c ist zwar teuerer als a und b, aber besser, ganz abgesehen von der ansprechenderen Form.

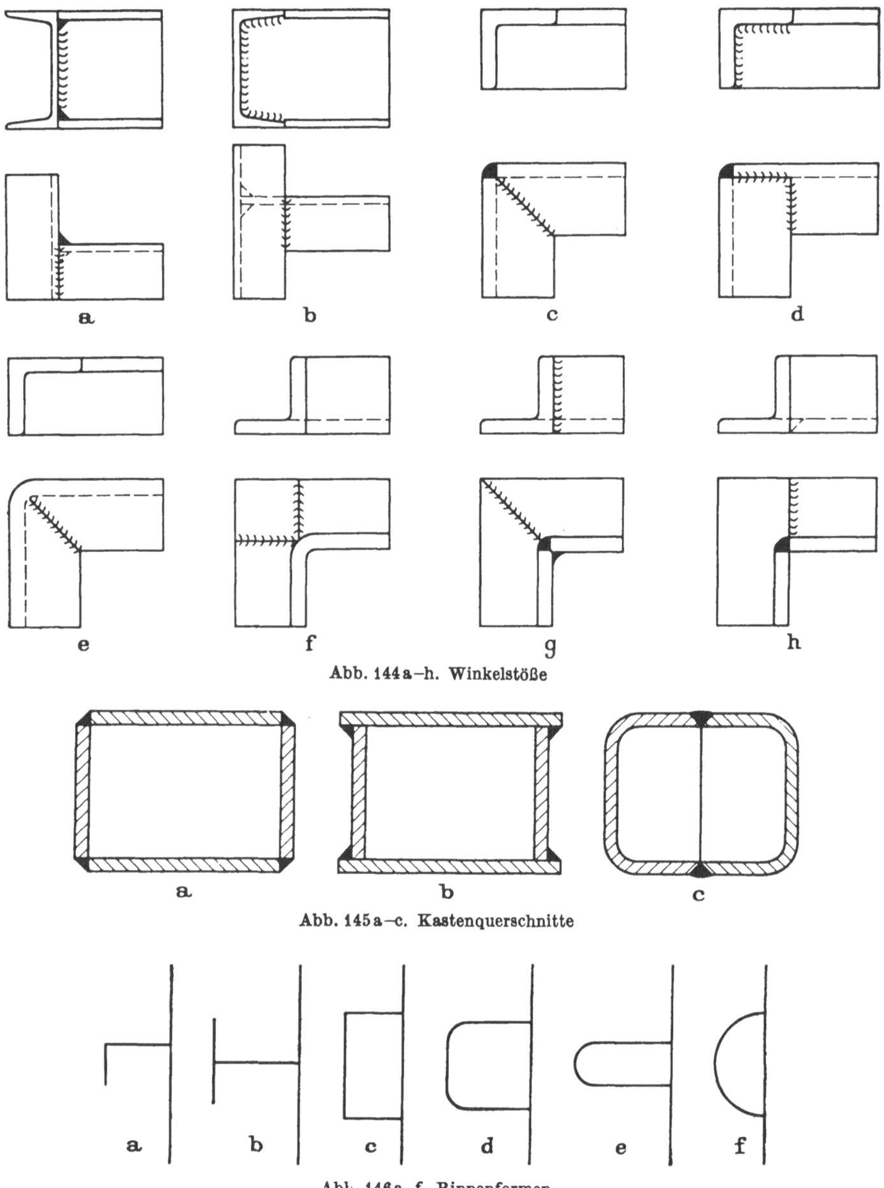

Abb. 144a–h. Winkelstöße

Abb. 145a–c. Kastenquerschnitte

Abb. 146a–f. Rippenformen

Rippen. Ebene Behälterwände erfordern eine Versteifung, wenn sie unter Druck stehen. Dieselbe kann nach Abb. 146a bis f ausgeführt werden.

Schraubenanschlüsse. Auf Kraftanschlußstellen muß vom Konstrukteur immer ein ganz besonderes Augenmerk gerichtet werden. Versteifungen lassen sich nach Abb. 147a, b und c ausführen.

Nabenverbindungen. Bei Schweißkonstruktionen von Trommeln, Rädern usw. wird man natürlich auch die Naben durch Schweißen mit Scheiben oder Speichen verbinden. Einige Ausführungsbeispiele s. Abb. 148a bis e.

Die einfachste Verbindungsart ist nach Ausführung a gegeben. Der Anschlag bei b bringt eine Erleichterung im Zusammenbau. Die Ausführungen d und e werden gern bei Stahlgußnaben verwendet.

Stangenköpfe. Der Konstrukteur ist sehr häufig bei geringer Stückzahl vor die Entscheidung gestellt, ob er das Werkstück durch Schmieden oder Schweißen herstellen soll.

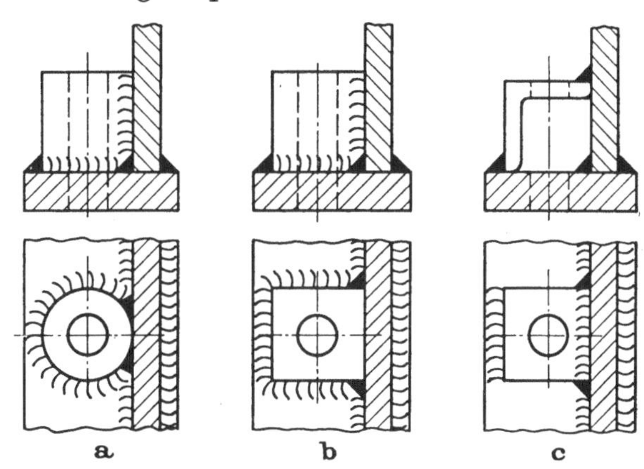

Abb. 147a–c. Schraubenansätze

Nachfolgende Beispiele zeigen die Ausführung von Stangenköpfen in Schweißkonstruktion (Abb. 149).

Rohrverbindungen. Ein eigenes Kapitel stellen die geschweißten Rohrverbindungen dar. Hier arbeitet man vorteilhaft mit der autogenen Schweißflamme.

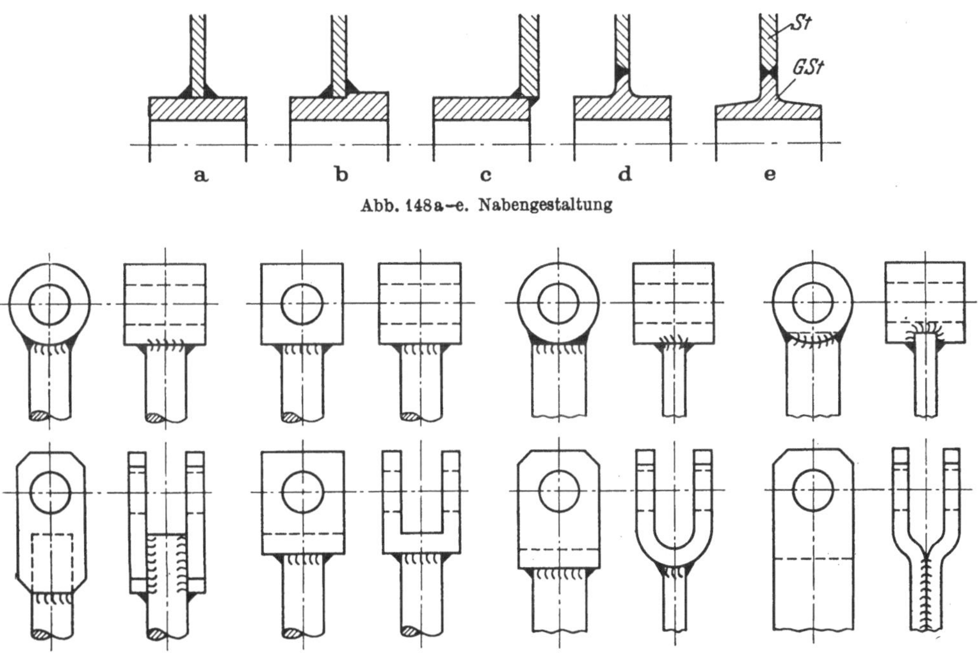

Abb. 148a–e. Nabengestaltung

Abb. 149. Geschweißte Stangenköpfe

Die Ausführungen in Abb. 150a bis i zeigen Längs- und Eckverbindungen. Die Nahtform ist abhängig von den Rohrwandstärken.

In der Abb. 151a bis f sind die Möglichkeiten geschweißter Rohrabzweigungen dargestellt. Die Ausführung b und c sind strömungstechnisch und bezüglich der Festigkeit am günstigsten. Beim Zusammentreffen von mehreren Rohren in einem Punkt kann man mit Vorteil eine Kugel verwenden.

Bei Rohrkonstruktionen, Verstrebungen und Aussteifungen ergeben sich oft verwickelte Schnitte (Abb. 152c und d), welche eine entsprechende Zurichtung erfordern.

Schweißbarkeit der Stähle. Nicht alle Stähle sind schweißbar! Bei den unlegierten Stählen ist der C-Stoff-Gehalt von $0,3\%$ gewöhnlich die Grenze für

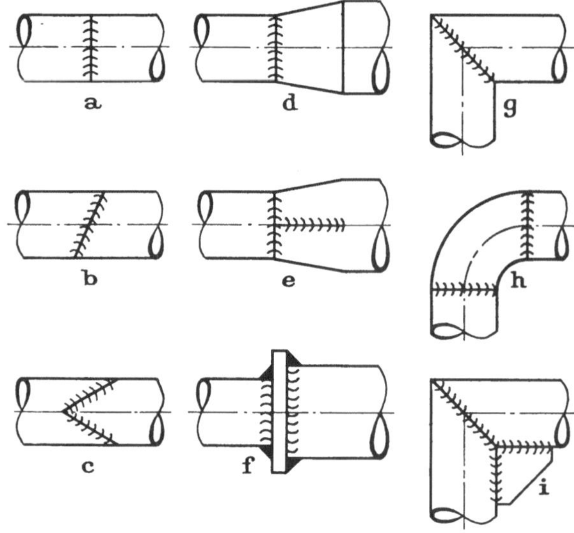

Abb. 150a–i. Rohrverbindungen

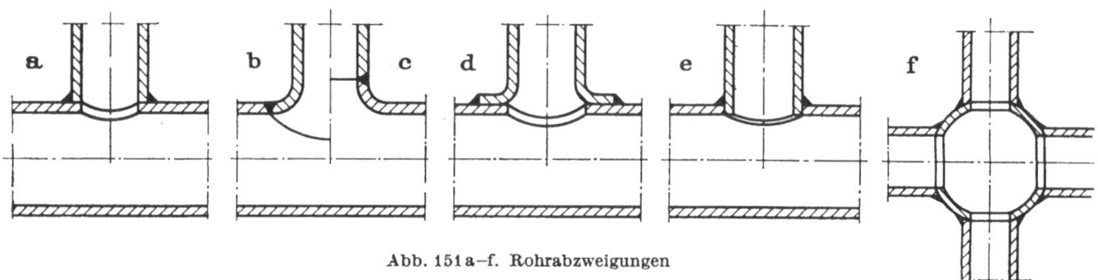

Abb. 151a–f. Rohrabzweigungen

eine zuverlässige Schweißung.

Gut schweißbar sind die unlegierten Stähle. St 00.11, 00.12, 00.21, 00.22 für einfache Schweißungen, St 37.11, 37.12, 37.13, 37.21, 37.22, sowie St 34.11, 34.12, 34.22, 34.23 und St 42.11, 42.12, 42.21, 42.22, 42.23, C 15 und C 23 einwandfrei schweißbar. Dagegen sind St 55.11, 50.22, 50.23 und C 35 sowie St 60.11, 60.22, 60.23, 70.11, 70.22, 70.23, C 45 und C 60 nur noch bedingt schweißbar.

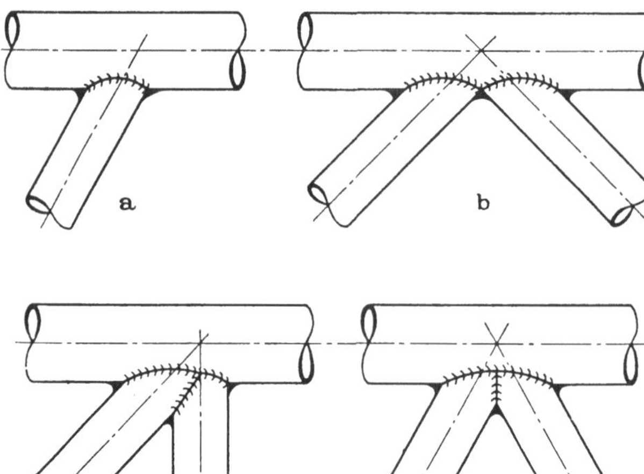

Abb. 152a–d. Diagonalanschlüsse

Die Schweißbarkeit der hochlegierten Stähle ist aus den Werkstoffblättern zu ersehen. Sie sind, mit Ausnahme der martensitischen und hochferritischen Stähle bei Verwendung entsprechender Elektroden meist gut schweißbar.

Dem Konstrukteur stehen für seine Schweißkonstruktionen zur Verfügung:

1. Bleche nach DIN 1541 bis 1543,
2. Walzprofile nach DIN 1024 bis 1029,
3. Stahlleichtprofile nach DIN E 6571 bis 6762, und

4. Sonderformen von nahtlosen Mannesmannröhren.

Aufbau der Schweißkonstruktionen. Man kann nun beim Entwerfen von Schweißkonstruktionen so vorgehen, daß man

1. für die Konstruktion nur Bleche verwendet (Abb. 153) oder

2. aus Blechen und Walzprofilen die Werkstücke aufbaut (Abb. 154).

Für größere Maschinenteile, wie Ständer, Rahmen usw., haben sich mit der Zeit folgende Bauarten herausgebildet:

1. die Plattenbauweise,
2. die Lamellenbauweise,
3. die Hohlbauweise,
4. die Zellenbauweise.

Die **Plattenbauweise**. Sie nützt die große Biegefestigkeit hochkant gestellter Bleche aus und stellt die einfachste Bauart dar. Querversteifungen erfolgen meistens durch Rundeisen oder Rohre. Für schwingungsfeste Bauart ist sie nicht geeignet (Abb. 155 a).

Die **Lamellenbauweise**. Nahe verwandt der

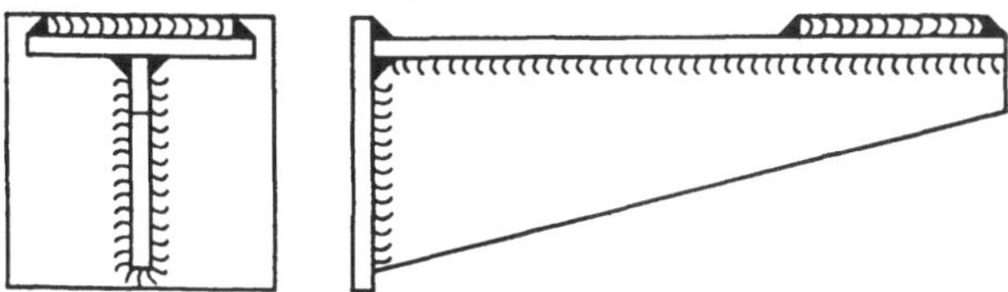

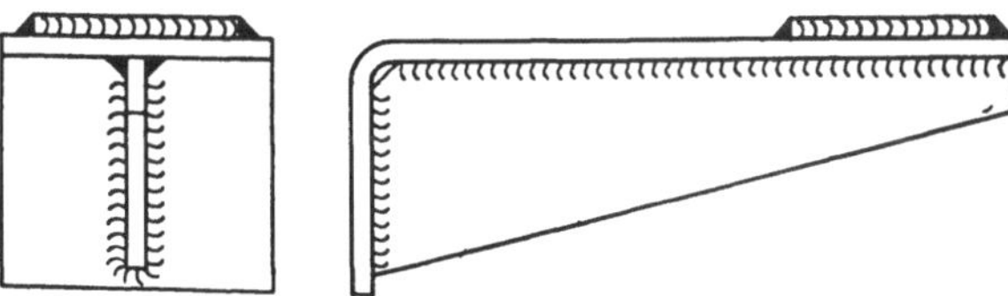

Abb. 153. Konsole aus Blech

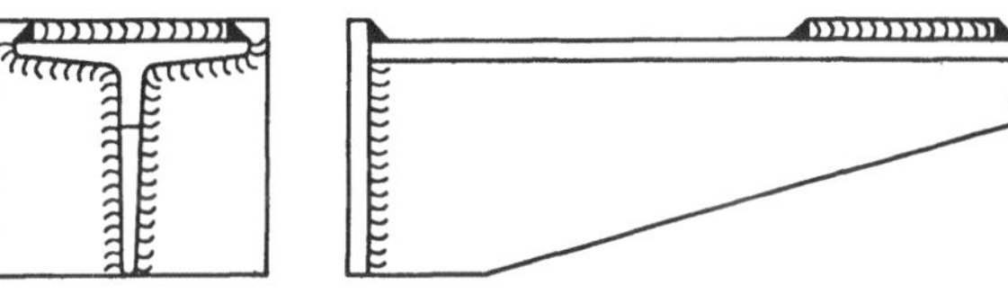

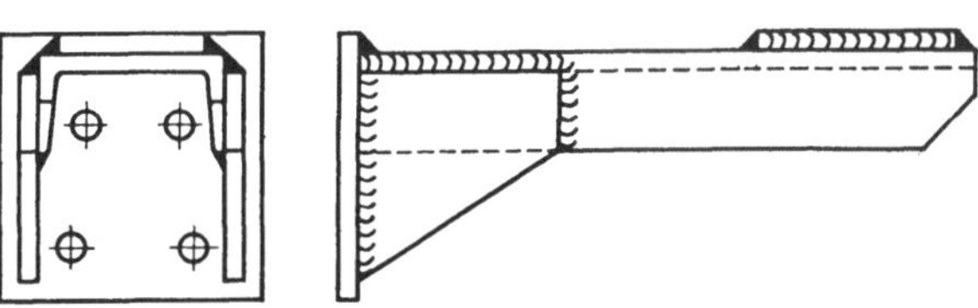

Abb. 154. Konsole aus Walzprofil und Blech

Plattenbauweise ist die Lamellenbauweise. Sie eignet sich nur für Biegungsbeanspruchung. Bei ihr werden mehrere Platten an den Außen- und Innen-

8*

kanten zusammengeschweißt. Die Schweißnähte sollen dabei die Belastungsunterschiede aufnehmen (Abb. 155 b).

Die Hohlbauweise. Diese Bauart kommt eigentlich in der Gestalt der Gußkonstruktion am nächsten und hat den Vorteil einer großen Biege- und Verdrehungssteifigkeit (Abb. 155 c).

Die Zellenbauweise. Wenn neben einer großen Biege- und Verdrehungsfestigkeit noch eine gewisse Starrheit gefordert wird, verwendet man die Zellenbauweise (Abb. 155 d).

Schweißkonstruktionen dieser Art können sogar starr gebaut werden wie Gußkonstruktionen, wie viele Versuche ergeben haben.

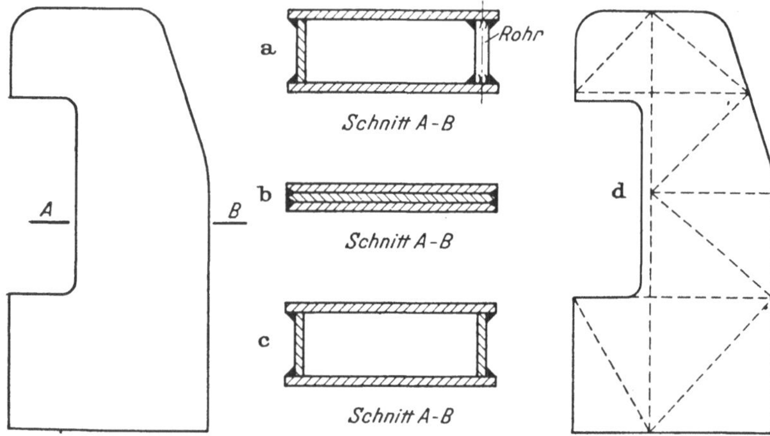

Abb. 155a–d. Rahmenständer in verschiedener Bauweise

Zusammenfassend seien die Hauptgesichtspunkte für die Schweißkonstruktionen zusammengestellt.

Merkregeln

1. Versuche nicht blindlings Guß- und Nietkonstruktionen zu kopieren.
2. Sorge für möglichst geradlinigen Kraftlinienfluß.
3. Vermeide Überlappungen, Laschen und Versteifungswinkel.
4. Verwende möglichst nur Stumpfnähte.
5. Beschränke die Anzahl der Schweißnähte.
6. Sorge dafür, daß gleichstarke Enden zusammengeschweißt werden.
7. Lege keine Schweißnähte in den gefährlichen Querschnitt.
8. Erleichtere die Montage durch Zentrierungen, Schulterflächen usw.
9. Vermeide tunlichst Schweißvorrichtungen.
10. Sorge für gute Zugänglichkeit der Schweißnähte.
11. Achte auf die Auswirkungen der Wärmespannungen.
12. Lege bei Wechselbeanspruchung die Schweißnaht nicht quer zur Hauptbeanspruchung wegen der geringen Wechselfestigkeit der Schweißstelle.
13. Verteile hohe Beanspruchung auf längere Schweißnähte in Längsrichtung.
14. Vermeide Biegungsbeanspruchung in der Schweißnaht.
15. Lege die Schweißnaht nicht an die Stelle größter Verformung.
16. Übe Vorsicht bei Verwendung von Rippen. Falsch gestaltete und bemessene Rippen führen zu unerwünschten Kerbspitzen.
17. Vermeide große, ebene Wände, sie neigen zum Ausbeulen und Flattern. Verwende Sicken, Verrippungen sind nicht immer vorteilhaft.

18. Überlege die Reihenfolge des Zusammenschweißens und fertige für die Werkstatt einen entsprechenden Plan.

19. Achte auf die notwendigen Angaben in den Werkzeichnungen, wie Schweißgüte, Nahtform, Nahtlänge usw.

Übungsaufgaben

19. Aufgabe. Man versuche den einfachen Lagerbock aus Gußeisen (Abb. 156) in verschiedener Ausführung durch Schweißen herzustellen.

20. Aufgabe. Es soll ein Zapfen mit einem U-Eisen NP:12 nach Abb. 157 mittels eines Gußflansches und einer Schweißkonstruktion fest, aber lösbar, verbunden werden.

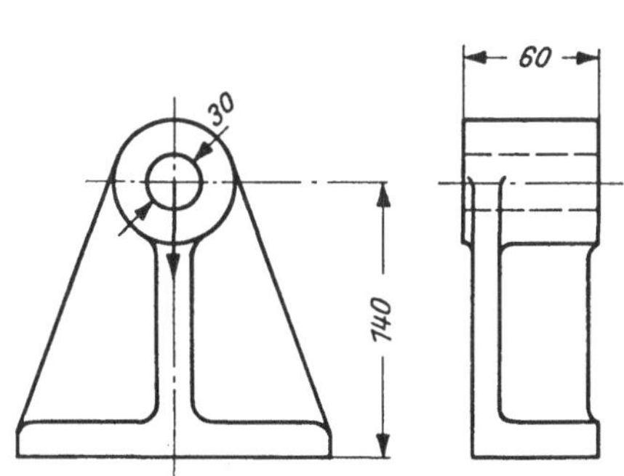

Abb. 156. Lagerböckchen GG 14

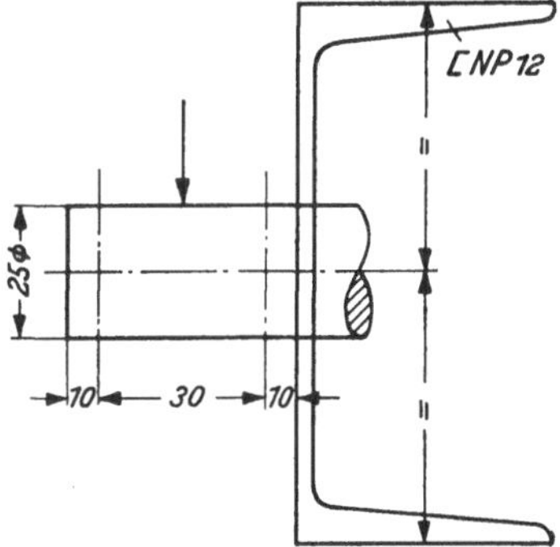

Abb. 157. Befestigung eines Zapfens

21. Aufgabe. Die bekannte Ausführung eines Hängelagers aus Gußeisen (Abb. 158) soll durch eine Schweißkonstruktion ersetzt werden. Die eingeschriebenen Maße sind einzuhalten.

22. Aufgabe. In welcher verschiedenen Ausführungsart könnte man die Einständerpresse aus Gußeisen nach Abb. 159 in Schweißkonstruktion ausführen?

23. Aufgabe. Die in Abb. 288 dargestellte Grundplatte ist verdrehungssteif gestaltet. Wie könnte man die Grundplatte in Schweißkonstruktion ausführen?

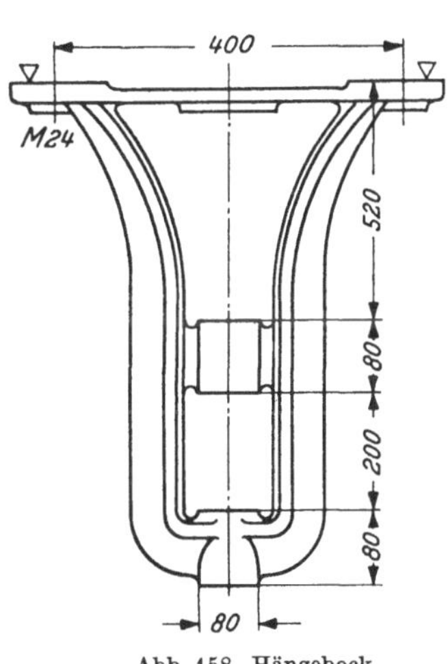

Abb. 158. Hängebock

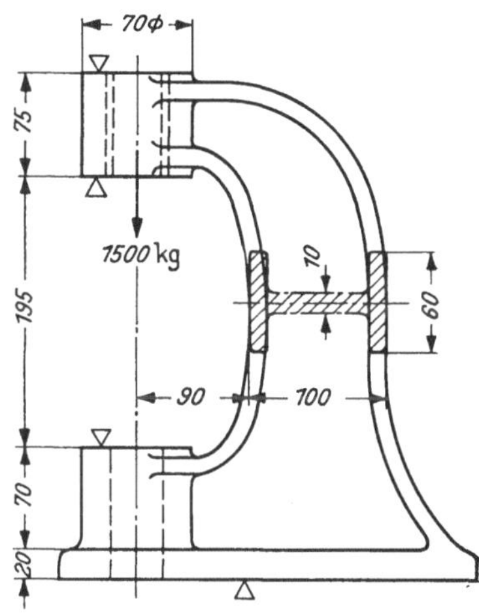

Abb. 159. Einständerpresse

h) Die Gestaltung eines Schmiedeteils

Begriff. Es gibt Metalle, welche die Eigenschaft haben, bei erhöhter Temperatur in einen teigartigen Zustand überzugehen, in welchem sie durch Schlag oder Druck ohne einen wesentlichen Stoffverlust geformt, d.h. geschmiedet werden können.

Verfahren. Man unterscheidet zwei Arten von Schmiedeverfahren, nämlich

1. das Freiformschmieden, bei welchem die Formgebung durch Hand oder mittels Maschine mehr oder weniger nach dem Augenmaß erfolgt, und

2. das Gesenkschmieden, bei welchem Formen aus Gußeisen, Stahlguß oder Stahl verwendet werden, um eine möglichst genaue Gestalt des Schmiedestücks zu erhalten.

Das Freiformschmieden [21]. Die Technologie des Schmiedens ist nicht Aufgabe einer Konstruktionslehre, sondern muß vom angehenden Konstrukteur als bekannt vorausgesetzt werden. Er muß die Werkzeuge, Maschinen und Hilfsvorrichtungen, welcher sich der Schmied bedient, kennen und über alle Möglichkeiten der Bearbeitung, wie Strecken, Breiten, Stauchen, Lochen, Schlitzen, Schroten, Absetzen, Biegen und Verdrehen Bescheid wissen. Die Aufgabe besteht dann darin, dem Schmiedestück eine möglichst günstige Form zu geben, welche der Eigenart des Schmiedens in bestmöglicher Weise gerecht wird.

Vorteile des Schmiedens. Die Vorteile, welche das Schmieden bringt, sind beachtlich. Sie seien nochmals besonders hervorgehoben:

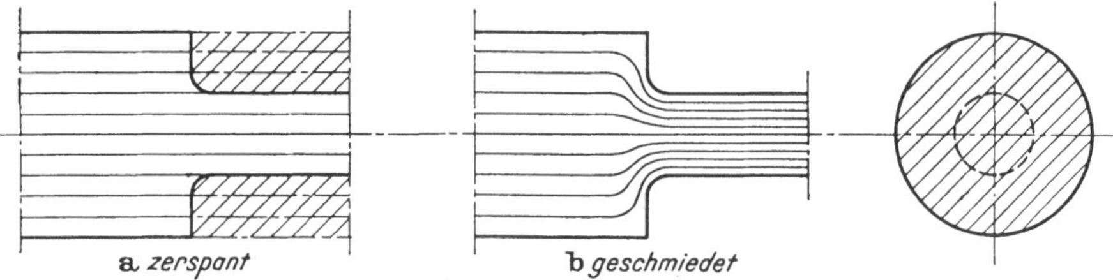

Abb. 160a u. b. Faserverlauf

1. Durch das Strecken und Breiten wird das Gefüge verdichtet und die Korngröße verkleinert und dadurch die Festigkeit und Zähigkeit des Stoffes größer. Spannungen können nicht schon in unbelastetem Zustand auftreten.

2. Infolge des Streckens verlaufen die Fasern parallel zu den Umrißlinien des Werkstückes, während bei dem aus dem Vollen gearbeiteten Stück die Fasern angeschnitten werden (Abb. 160a). Die Festigkeit der Schmiedestücke ist daher größer als die durch Zerspanen hergestellten Teile.

3. An den vorliegenden Beispielen ist zu ersehen, daß durch das Schmieden nicht nur eine größere Festigkeit, sondern auch eine bedeutende Stoffersparnis gegenüber der spanabhebenden Herstellung erreicht wird.

4. Bei kleineren Stückzahlen bringt das Handschmieden eine Zeitersparnis und geringere Herstellungskosten gegenüber dem Gießen.

Auswahl des Werkstoffs. Über die Auswahl des geeigneten Werkstoffs wurde schon auf S. 42 und folgende gesprochen. Es sind natürlich die Anforderungen maßgebend, welche sich aus der gestellten Aufgabe und den Bedingungen des Betriebs ergeben. In Zweifelsfällen ist es aber wie bei allen Werkstofffragen ratsam, in enger Zusammenarbeit mit dem Schmiedefachmann die Stoffwahl vorzunehmen.

Gestaltungsrichtlinien. Die zweckentsprechende Gestaltung von Schmiedestücken kann nur der Konstrukteur vornehmen, welcher über die Eigenart der Schmiedetechnik genau Bescheid weiß. Richtlinien für die Gestaltung sind in einer überreichen Zahl von Beispielen in DIN 7522 zusammengetragen. Hier seien nur die wesentlichsten Gesichtspunkte erörtert.

Schmieden oder Schweißen. Vor Inangriffnahme der Konstruktion eines Schmiedestückes sollte sich jeder Konstrukteur die Frage vorlegen, ob es unbedingt notwendig ist, daß man das Werkstück durch Schmieden herstellt. Manchmal läßt sich das gleiche Resultat durch andere Herstellungsverfahren erreichen. So ist es z.B. nicht immer notwendig, den Bund einer Welle durch Schmieden zu erzielen. Es genügt oft, wenn man einen Ring aufschweißt oder aufschrumpft.

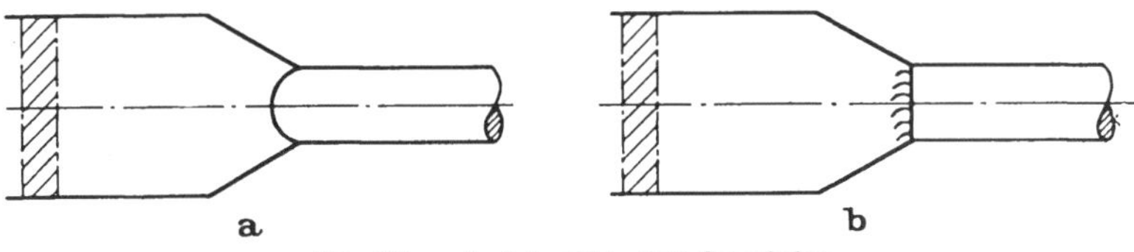

Abb. 161a u. b. Schweißen statt Schmieden

Übergangsformen vom rechteckigen zum runden Querschnitt lassen sich natürlich auch durch Schweißen herstellen (Abb. 161a). Die Ausführung durch Schweißen wird einfacher und billiger.

Man sollte sich immer überlegen, ob nicht durch Schweißen die Herstellungskosten gesenkt werden können. Häufig wird das der Fall sein (Abb. 162), wenn nicht eine bestimmte Formgebung oder hohe Festigkeit die Ausführung als Schmiedestück verlangen.

Abb. 163a und d zeigen geschmiedete Stangenköpfe, welche durch Schweißausführung ersetzt werden können.

Die Abb. 164 gibt ein Beispiel für eine Abbrennschweißung, welche den großen Vorzug hat, daß die Festigkeit des Stumpfstoßes fast derjenigen der Werkstoffestigkeit gleichkommt.

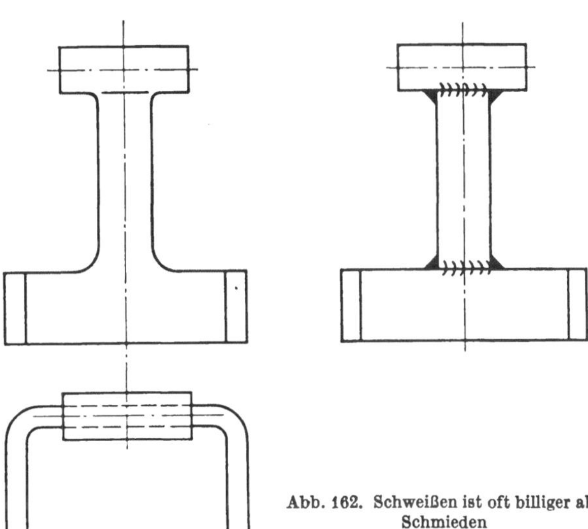

Abb. 162. Schweißen ist oft billiger als Schmieden

Wahl einfacher Formen. Durch richtige Gestaltung kann der Konstrukteur die Verformungsarbeit des Schmiedens verringern und dadurch die Herstellungskosten senken (Abb. 165b).

Berücksichtigung der Eigenart des Schmiedverfahrens. Der angehende Konstrukteur kann nicht oft genug darauf aufmerksam gemacht werden, daß er auf die Eigenart der Herstellverfahren Rücksicht zu nehmen hat. Es wäre ganz verfehlt, wenn er versuchen würde, die für Temperguß oder Stahlguß geformten Teile nachzubilden (Abb. 166).

Vermeidung von Staucharbeiten. Die Herstellung eines Bundes durch Strecken ist einfacher als durch Stauchen, besonders dann, wenn es sich um einen Bund handelt, der in der Mitte einer Stange sich befindet. Kopfseitig gelegene

Bunde kann man durch Stauchen erzeugen. Große Flanschen am Stangenende (Abb. 167 a) wird man nicht durch Stauchen erzeugen, sondern am besten durch Nieten oder Schweißen befestigen (Abb. 167 b und c).

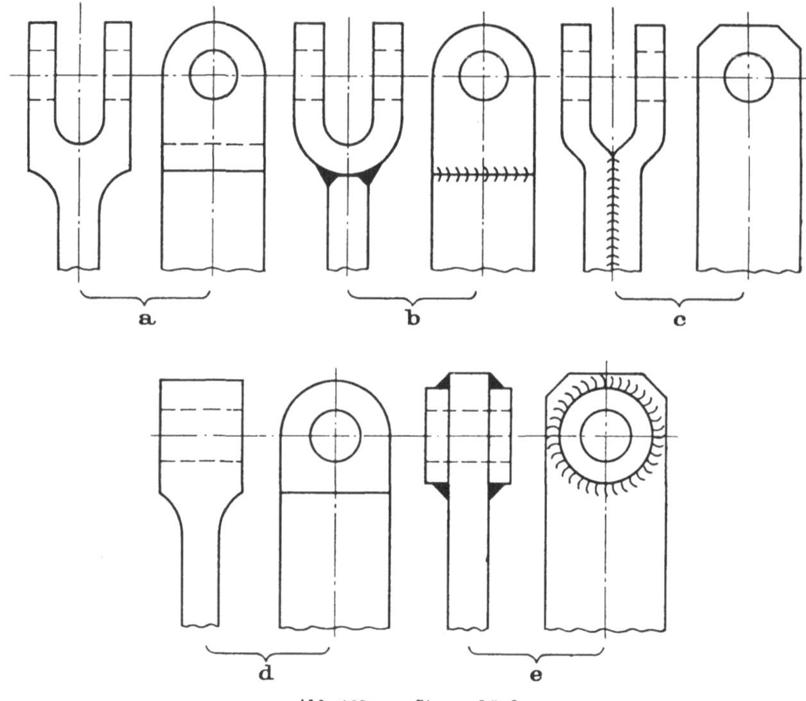

Abb. 163 a—e. Stangenköpfe

Vermeidung von steilen Abschrägungen. Will man eine Stange abschrägen, so ergibt sich beim Schmieden zuerst ein treppenförmiger Absatz (Abb. 168 a). Mittels eines Legeisens lassen sich dann die Stufen glätten (b und c). Es ist leicht einzusehen, daß bei zu steiler Abschrägung das Legeisen beim Schlag abrutscht, daher vermeide man steile Abschrägungen und wähle sanfte Übergänge oder scharfe Absätze (Ausführung d).

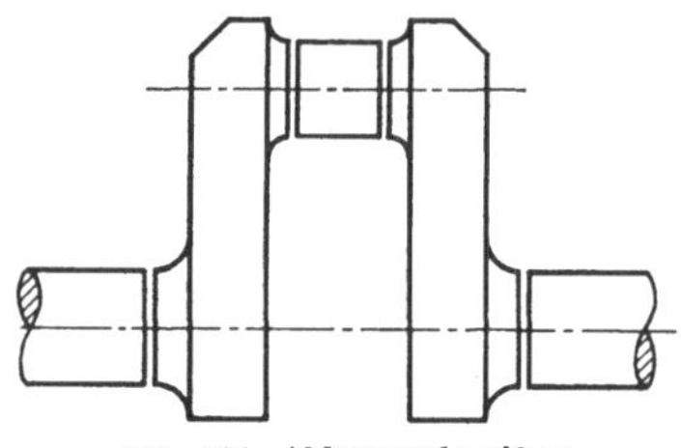

Abb. 164. Abbrennschweißung

Aus dem gleichen Grunde sind, wenn möglich, auch kegelige Flächen zu vermeiden und durch zylindrische Übergänge zu ersetzen (Abb. 169).

Vermeidung von eingezogenen Flächen. Eingezogene Flächen erfordern

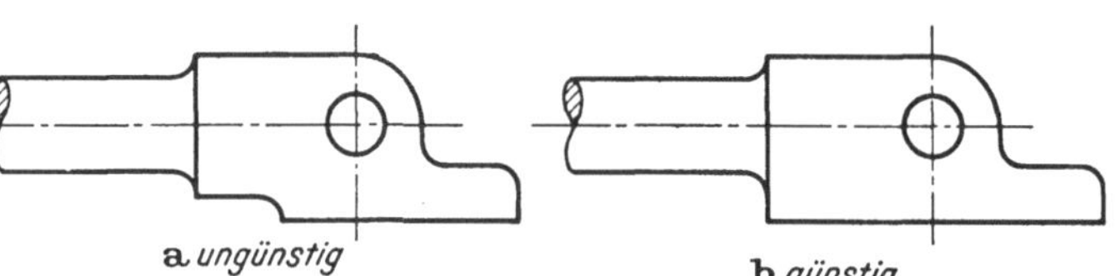

Abb. 165 a u. b. Wahl einfacher Form

mehr Arbeit als glatte Formen. Daher wird der wirtschaftlich denkende Konstrukteur die ersteren vermeiden (Abb. 170).

Schroffe Übergänge. Schroffe Übergänge sind schwerer auszuschmieden und schon aus rein festigkeitstechnischen Gründen zu vermeiden (Abb. 171).

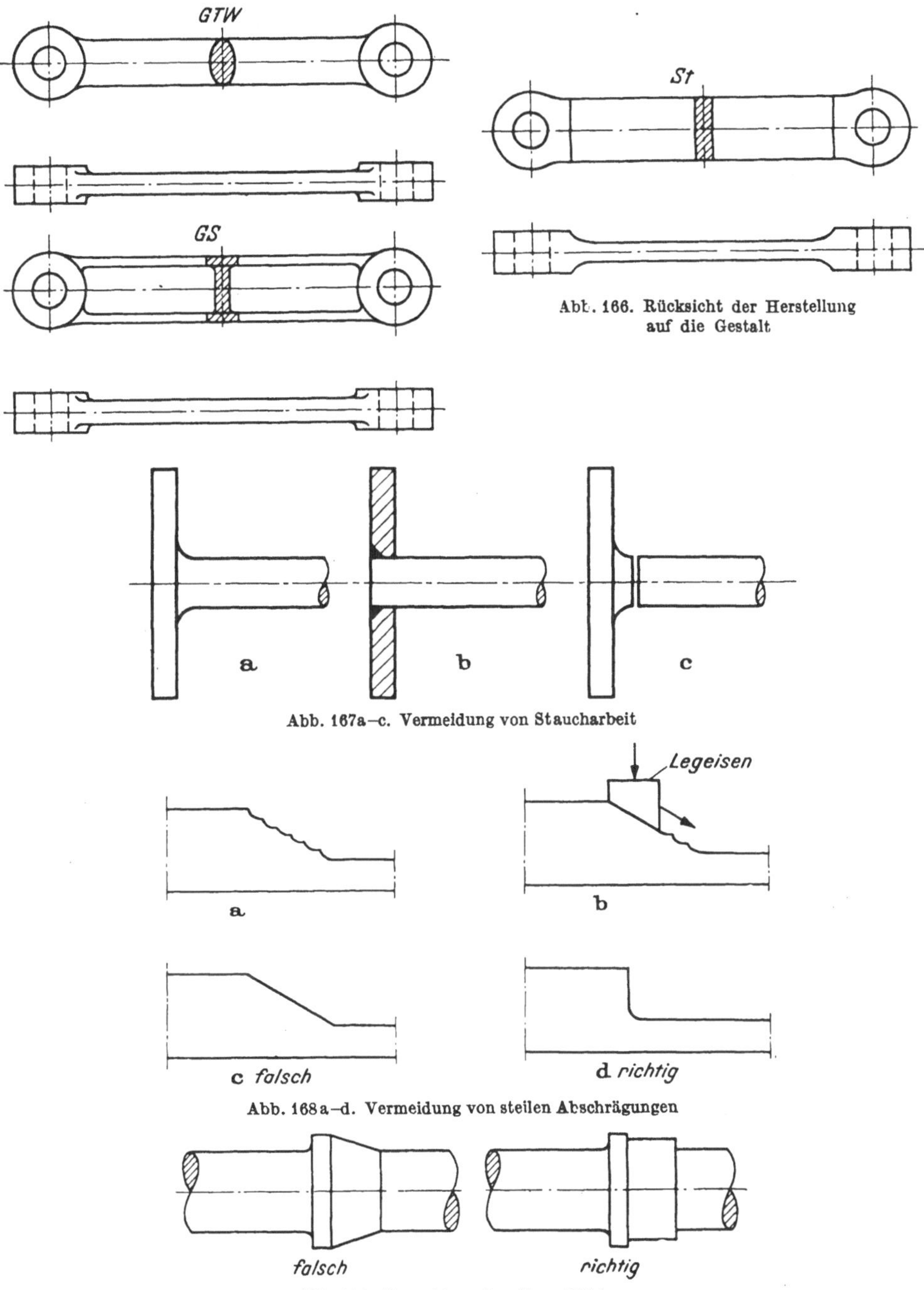

Abb. 166. Rücksicht der Herstellung
auf die Gestalt

Abb. 167a—c. Vermeidung von Staucharbeit

Abb. 168a—d. Vermeidung von steilen Abschrägungen

Abb. 169. Vermeidung kegeliger Flächen

Runde Augen. Zum einigermaßen Rundschmieden von Stangen ist ein Gesenk notwendig. Für die Herstellung von runden Augen gilt dasselbe. Der Konstrukteur stelle daher keine übermäßigen Forderungen an den Schmied und gestalte so, daß er ohne Hilfsvorrichtungen auskommt. Er vermeide daher bei

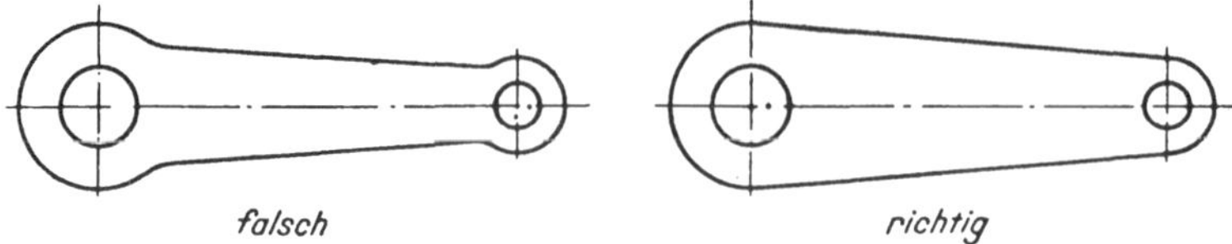

Abb. 170. Vermeidung eingezogener Flächen

Schmiedestücken runde Augen (Abb. 172a), sondern setze dieselben, entsprechend den normalen Werkzeugen, geradlinig ab (Abb. 172b). Die Ausführung a würde

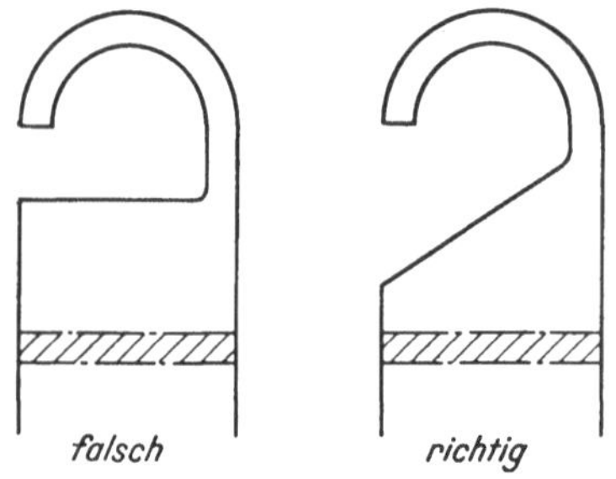

Abb. 171. Vermeidung schroffer Übergänge

für die nachträgliche Bearbeitung schwieriger sein als b. Ähnliche Betrachtungen gelten auch für die Gestaltung der Nabe des Doppelhebels (Abb. 172).

Die Formen Abb. 172 lassen sich im Guß oder im Gesenk leicht herstellen.

Geschwungene Formen. Gebogene Formen erfordern ein umständliches Anpassen an die Schablone. Diese Arbeit kann durch entsprechend einfache Formgebung erleichtert werden (Abb. 173b).

Schwierige Schmiedeteile. Man kann oft durch Unterteilung des Werkstücks die Schmiedearbeit vereinfachen und mit kleineren Rohblöcken auskommen (Abb. 174).

Scharfe Ecken. Scharfe Ecken an Krümmungen sollte man immer vermei-

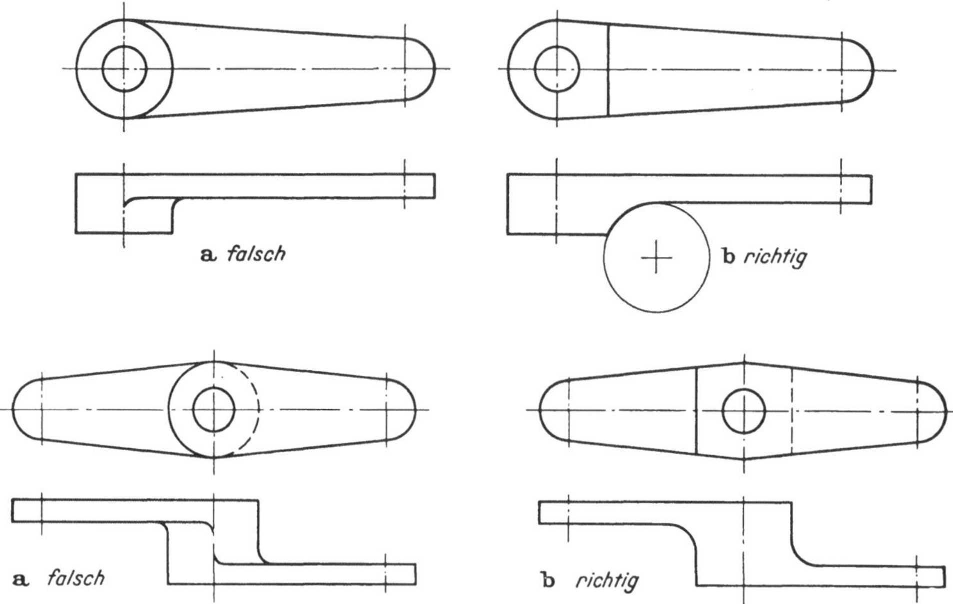

Abb. 172. Vermeidung runder Augen oder Naben

den, wenn sie nicht durch die Konstruktion bedingt sind. Sie lassen sich zwar herstellen, sind aber teuer, weil sie zusätzliche Schmiedearbeit erfordern (Abb. 175).

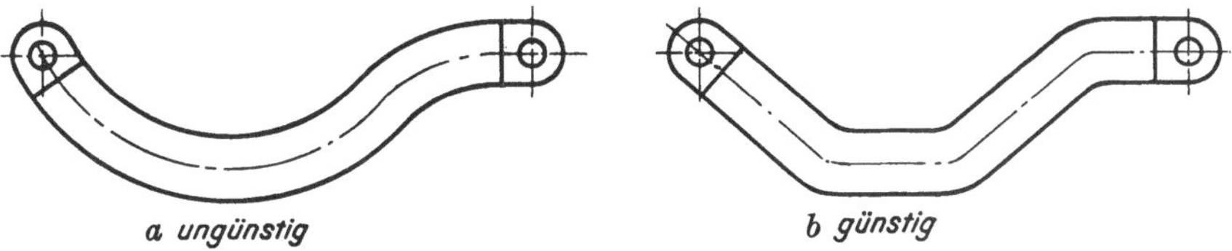

Abb. 173a u. b. Vermeide geschwungene Formen

Biegungsradien. Beim Biegen eines Werkteils wird die innere Faser gestaucht und die äußere gestreckt. Wird der Krümmungsradius zu klein gewählt, dann können auf der inneren Seite Faltenbildungen und auf der äußeren Risse entstehen, besonders dann, wenn man quer zur Walzrichtung die Biegung vornimmt. Daher gilt für alle Biegeteile die Regel, daß man nur in der Walzrichtung biegen soll. Man kann das Biegen im kalten und im warmen Zustand vornehmen. Im letzteren Falle erreicht man kleinere Krümmungsradien.

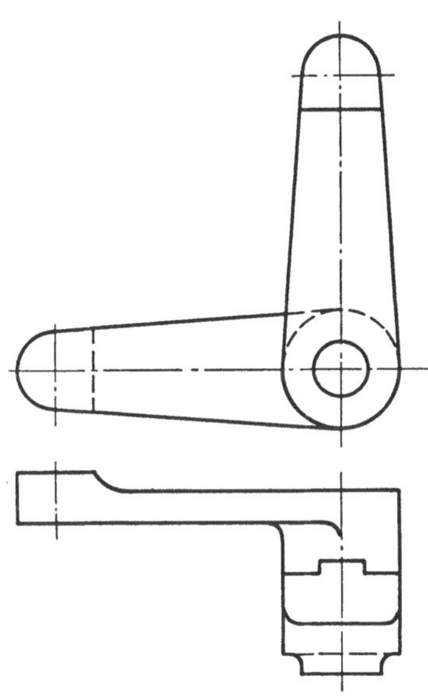

Abb. 174. Teilung schwieriger Schmiedestücke

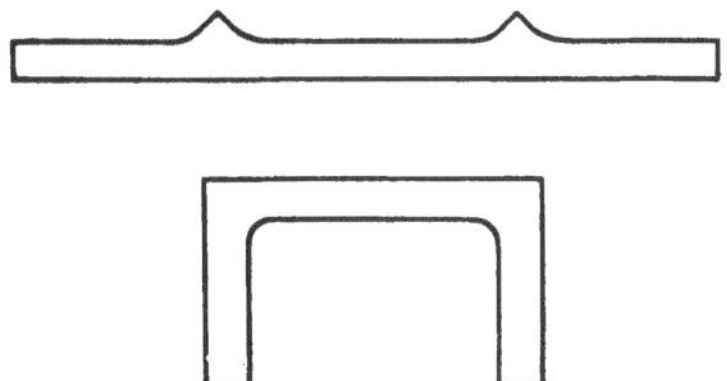

Abb. 175. Vermeidung scharfer Ecken

Die kleinst zulässigen Biegungsradien sind abhängig von der Art des Werkstoffs und den Dickenabmessungen. Als ganz rohe Anhaltspunkte können gelten:

bei weichen Werkstoffen .... r_{min} 0,5 · s (s = Dicke)

bei harten Werkstoffen .... r_{min} s

bei federharten Werkstoffen .... r_{min} 3 · s

Über das Kaltbiegen von Aluminiumhalbzeugen findet man nähere Angaben im Aluminium-Merkblatt B 1 der Aluminium-Zentrale E.V. Düsseldorf. Auch in dem Taschenbuch für Schnitt- und Stanzwerkzeuge sind Richtwerte über die kleinstzulässigen Biegungsradien enthalten.

Im folgenden sind die kleinst zulässigen Biegungsradien angegeben für Walzprofile, welche häufig vorkommen (Abb. 176).

Biegungen, welche zu nahe am Übergang ausgebildet sind, bereiten Schwierigkeiten in der Herstellung (Abb. 177a). Man sorge daher für einen senkrechten Anschluß nach b.

Schmieden und Schweißen. Die Kombination der Schmiede- und Schweißtechnik vereinfacht oft die Herstellung. Der Winkelhebel würde als reine

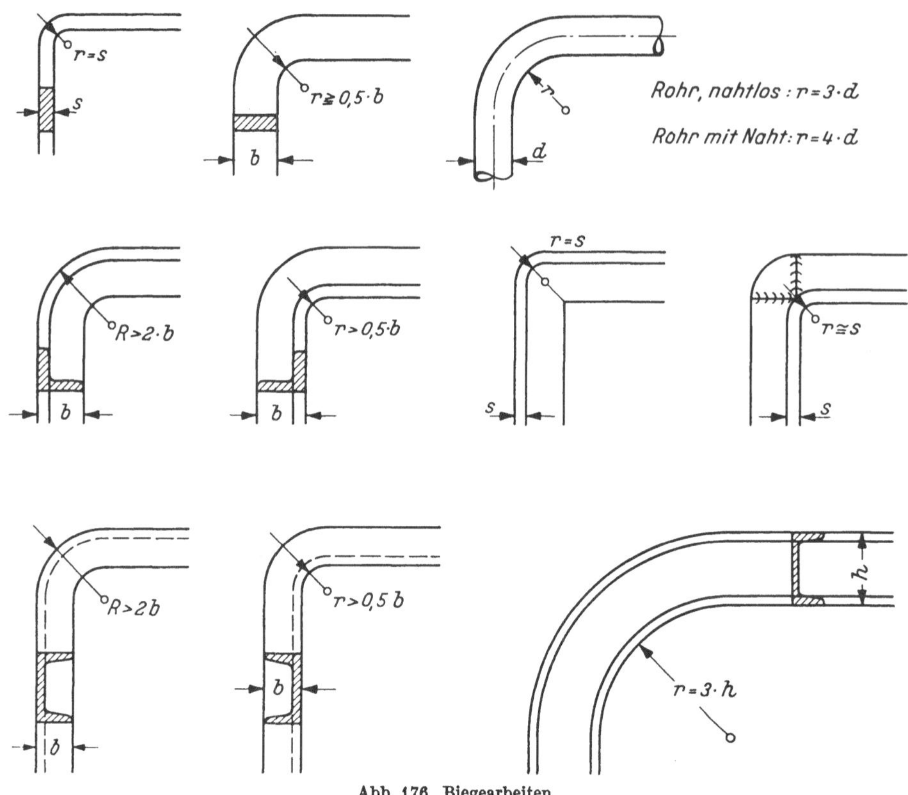

Abb. 176. Biegearbeiten

Schmiedearbeit umständlich sein (Abb. 178a). Schweißt man aber die Gabel an den vorgeschmiedeten Hebel an, so werden die Herstellungskosten geringer (b).

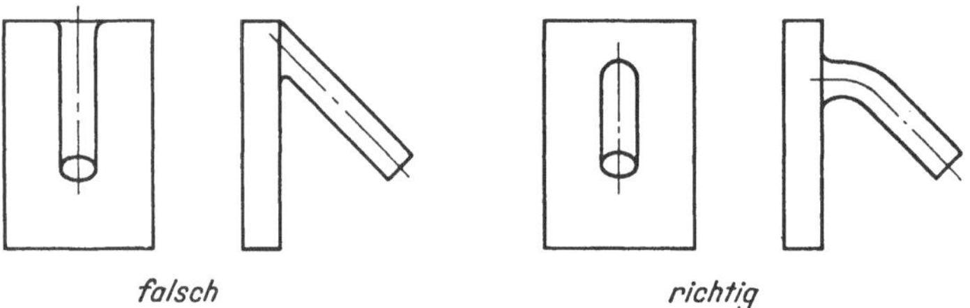

Abb. 177. Vermeidung scharfer Übergänge

In diesem Falle wäre übrigens noch zu überlegen, ob es nicht wirtschaftlicher wäre, wenn man den ganzen Hebel als Schweißkonstruktion behandeln würde (c).

Bearbeitungszugaben. Der Konstrukteur muß bei der Gestaltung auch auf die Bearbeitungszugaben Rücksicht nehmen. Sie betragen

bei kleineren Stücken .... 3 mm
bei mittleren Stücken .... 5 bis 10 mm
bei größeren Stücken .... 15 bis 30 mm

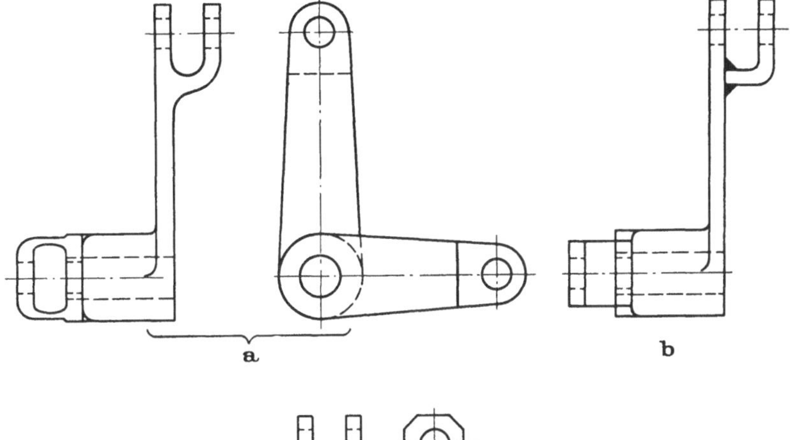

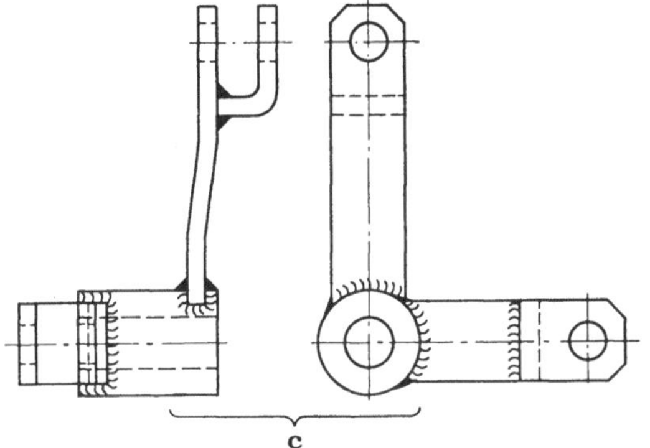

Abb. 178a—c. Winkelhebel

Die Toleranzen. Für die Schmiede muß vom Konstrukteur eine eigene Zeichnung angefertigt werden, nach DIN 7523, in welcher die Fertigmaße, die Sollmaße und Bearbeitungszugaben eingetragen sind (Abb. 179), einschließlich der

zugehörigen Toleranzen, abgetragen von einer Bezugskante A. Man überlege sich genau, welche Maßgenauigkeit man vorschreiben kann. Zu große Anforderungen in dieser Hinsicht verteuern das Schmiedestück.

Zusammenfassend ergeben sich also folgende Gesichtspunkte für die Gestaltung eines handgeschmiedeten Werkstücks.

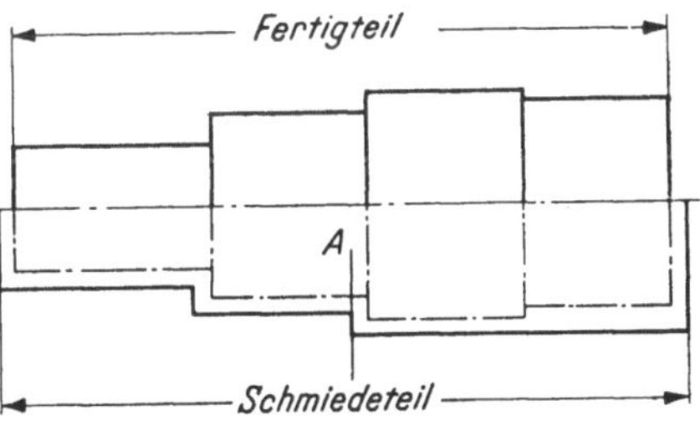

Abb. 179. Schmiedetoleranzen

Merkregeln

1. Überlege, ob nicht die Schmiedearbeit durch Schweißen ersetzt werden kann.
2. Berücksichtige die Eigenart des Schmiedeverfahrens.
3. Wähle einfache Formen.
4. Vermeide schroffe Übergänge.

5. Vermeide, wenn möglich, Staucharbeiten.
6. Vermeide steile Abschrägungen und kegelige Flächen.
7. Vermeide eingezogene Flächen und Hohlräume.
8. Vermeide runde Augen.
9. Vermeide geschwungene Formen.
10. Unterteile schwierige Schmiedestücke.
11. Vermeide scharfe Ecken.
12. Wähle keine zu kleinen Biegungsradien.
13. Beachte die Bearbeitungszugaben nach DIN 7523.
14. Beachte die Schmiedetoleranzen nach DIN 7524.

Übungsaufgaben

24. Aufgabe. Die Kurbel (Abb. 180) und der Gabelhebel (Abb. 181) sind einem sehr alten Werk des vorigen Jahrhunderts entnommen. Es war darin angegeben, daß beide Maschinenteile in Stahl geschmiedet und vollkommen bearbeitet werden.

Was ist gegen die Form vom schmiedetechnischen Standpunkt in beiden Fällen einzuwenden und welche Vorschläge können für eine wirtschaftliche Gestaltung gemacht werden?

25. Aufgabe. Für Dampfmaschinen mit sogenannter rückkehrender Pleuelstange wurden früher Querhäupter verwendet, welche, wie in Abb. 182 angegeben, ausgeführt wurden. Sie waren aus Stahl geschmiedet und ganz bearbeitet.

Wie müßte man das Querhaupt als Schmiedestück gestalten, wenn nur die Lagerstellen bearbeitet werden sollen?

26. Aufgabe. Die in Abb. 183 dargestellte Schieberstange mit Rahmen wurde früher durch Schmieden hergestellt.

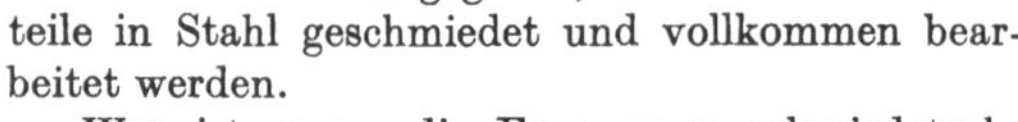

Abb. 180. Kurbel

Man überlege sich die einzelnen Arbeitsphasen und erläutere sie durch Handskizzen.
Wie läßt sich dieser Maschinenteil einfacher und billiger herstellen?

Das Gesenkschmieden [22]. **Allgemeines.** Im Gegensatz zur Handschmiedearbeit, die in freier Gestaltung erfolgt, wird beim Gesenkschmieden die fertige Form durch Schlag oder Druck in Hohlformen, in die Gesenke, hineingeknetet.

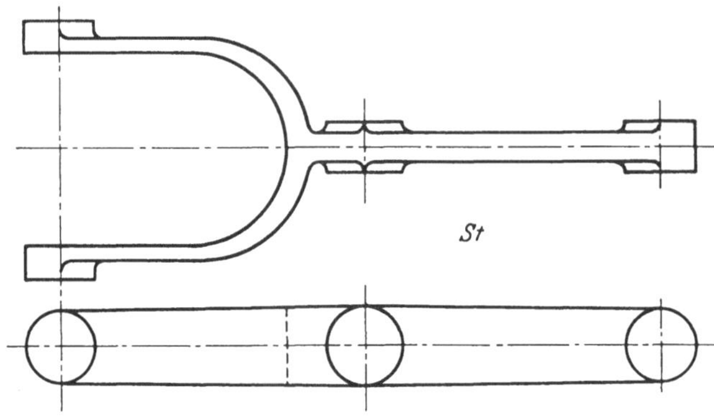

Abb. 181. Gabelhebel

Wegen der hohen Kosten der Gesenke kommt die Herstellung nur bei größeren Stückzahlen in Frage. Über die Rentabilität der Gesenkarbeit kann nur eine genaue Kalkulation entscheiden (s. S. 133).

Gegenüber dem Freiformschmieden bietet die Gesenkarbeit große Vorteile. Die Schmiedestücke können mit viel größerer Toleranz hergestellt werden, so daß sie, außer dem Entgraten, wenig oder gar keine Nacharbeit mehr erfordern. Man erhält also austauschbare Schmiedeteile. Bei genügender Stückzahl sind die Herstellungskosten bedeutend geringer als bei Handarbeit.

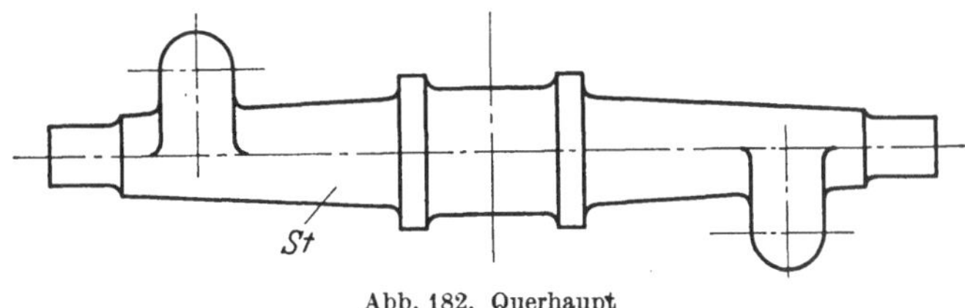

Abb. 182. Querhaupt

Was nun die Gestaltung von Werkstücken für die Gesenkschmiede anbetrifft, so gibt es zwar einige Gesichtspunkte, die übrigens in DIN 7523 zusammengefaßt sind und vom Konstrukteur beachtet werden müssen. Die Technik des Gesenkschmiedens beruht aber auf so viel Erfahrungen, wie z.B. Bedingungen für gutes Fließen des Rohstoffs, günstigte Ausbildung der Gesenke, die Frage, ob Schmieden oder Pressen usw.; daß dieses Wissen allein schon zur Lebensaufgabe eines Betriebsmannes werden kann.

Es ist daher dem Konstrukteur anzuraten, in schwierigen Fällen erst nach einer Aussprache mit dem Schmiedefachmann die Gestaltung des Werkstückes für das Gesenk vorzunehmen.

Einfluß der Herstellung. Schon die Art der Herstellung beeinflußt die Gestalt. Schmiedestücke, welche starken Querschnittswechsel aufweisen, etwa durch Rippen oder Nocken, werden am besten unter dem Gesenkhammer ge-

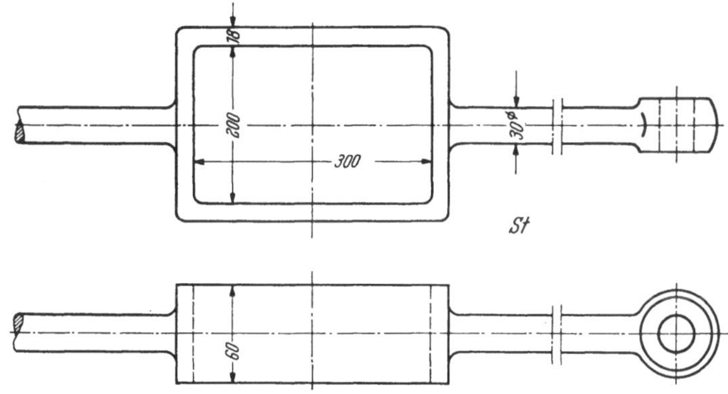

Abb.183. Rahmenschieberstange

schlagen, während die mit nur wenig gegliederter Oberfläche vorteilhaft mit der Schmiedepresse hergestellt werden. Die Schmiedmaschinen kommen für gestauchte und gelochte Rundteile mit langen Schäften in Frage.

Zum Schmieden im Gesenk eignet sich nicht nur Stahl, sondern auch Aluminium, Kupfer, Zink und Messing, sowie Legierungen dieser Metalle.

Lage der Teilungsebenen. Im folgenden sei an den einfachsten Beispielen

die Frage erörtert, wie die Teilungsebene für Gesenke zu legen ist und was die
Überlegung und Erfahrung dazu sagt.

Wenn es sich um ein Werkstück mit nur einer Symmetrieachse handelt
(Abb. 184), legt man die Teilungs-
ebene durch dieselbe.

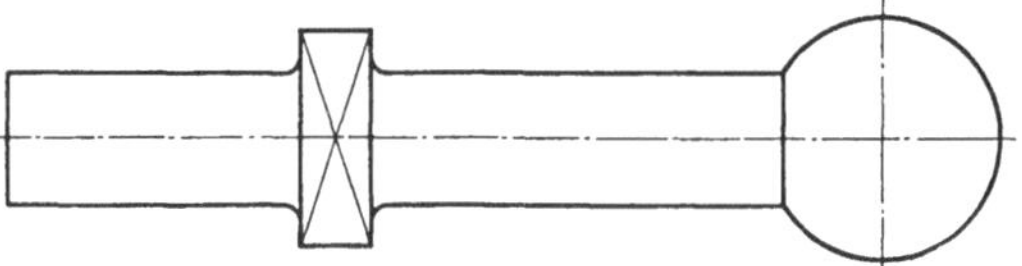

Abb. 184. Gesenkteil mit einer Symmetrieachse

Hat der Maschinenteil aber
eine Symmetrieebene (Abb. 185)
wie der abgebildete Hebel, dann
gibt es schon fünf Möglichkeiten
für die Ausbildung des Gesenks, welche alle überlegt sein müssen.

Das Naheliegendste wäre es, die Symmetrieebene (Abb. 186a) als Teilungsebene
zu wählen. Man würde aber damit auf
große Schwierigkeiten stoßen. Die Gesenke müßten in diesem Falle tief
graviert und der Hebel fast fertig
vorgeschmiedet werden, damit man
ihn in die Form einlegen kann. Man
sucht daher die Figur im Gesenk möglichst flach zu legen, ein Gesichtspunkt, den sich der Konstrukteur

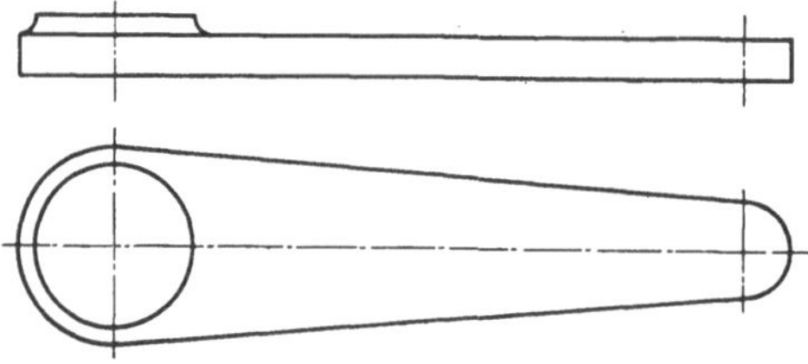

Abb. 185. Gesenkteil mit einer Symmetrieebene

merken muß. Also kommen die Möglichkeiten b, c, d und e in Frage. Von diesen
ist die Ausführung c am ein-
fachsten und billigsten. Ausführung d verlangt abgerun-
dete Ecken und bei e müßte
der Hebel ins Obergesenk
gelegt werden, was sinnlos ist.

Würde man aber bei
einem Griff (Abb. 187) die
Teilungsebene so legen, daß
eine möglichst flache Figur
im Gesenk entsteht (b), dann
würde die Werkstätte sagen,
daß bei der Ausführung a der
Kopf erfahrungsgemäß sau-
berer ausgeschmiedet wird.
Man würde also, trotzdem
die Form a teurer wird, bei
dieser Ausführung des Ge-
senks bleiben.

Schon diese einfachen
Beispiele zeigen, daß für den
Konstrukteur eine Rück-
sprache mit der Werkstätte
anzuraten ist.

Abb.186a—e. Lage des Schmiedestücks im Gesenk

Abschrägung. Die Rücksicht auf ein leichtes Herausnehmen aus der Form
erfordert ein Abschrägen der Seitenflächen. Bei kleinen Stücken (Abb. 188a) ge-

nügt ein Abrunden, bei größeren Teilen ein Abschrägen nach b, c und d, dabei soll die Neigung der Flächen im Obergesenk größer sein als im unteren d.

Ausbildung von Rippen. Mit Rücksicht auf gutes Fließen in der Form werden rippenförmige Körper mit den Rippen nach oben geschlagen, aber nach Abb. 189a und nicht nach b.

Ausbildung von Hohlkörpern. Dieselben Überlegungen gelten auch für topfartige Hohlkörper (Abb. 190).

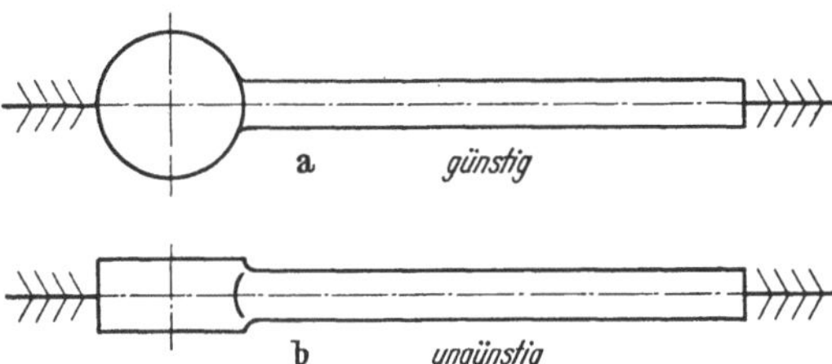

Abb. 187a u. b. Rücksicht auf sauberes Ausschmieden

Man kann sogar Hohlkörper mit eingezogenem Rand schmieden (Abb. 191).

Maßabweichung. Die zulässigen Maßabweichungen sind von den Abmes-

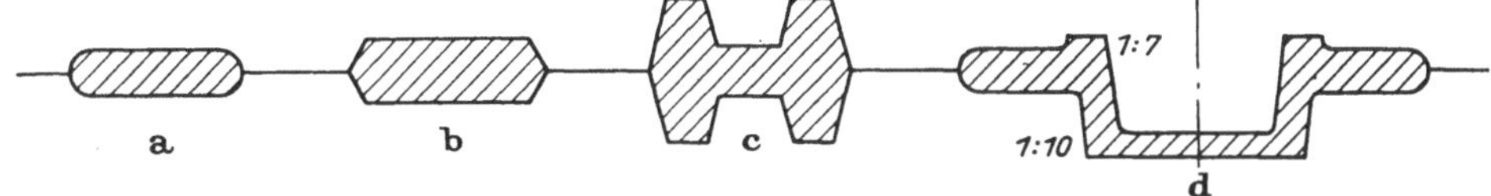

Abb. 188a—d. Rücksicht auf leichtes Herausnehmen aus der Form

sungen abhängig. Sie sind genormt nach DIN 7524, Blatt 1 bis 3. Manchmal ist es günstig, die Gewichtsabweichung an Stelle der Maßabweichung zu kennen. Das

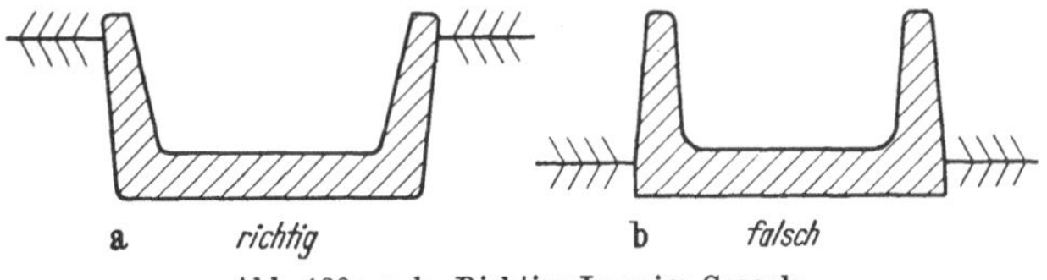

Abb. 189a u. b. Richtige Lage im Gesenk

Normblatt DIN 7524, Blatt 4, gibt darüber Bescheid. So soll z. B. bei einem Stückgewicht von 10 kg die Abweichung vom Sollgewicht nur 4% betragen.

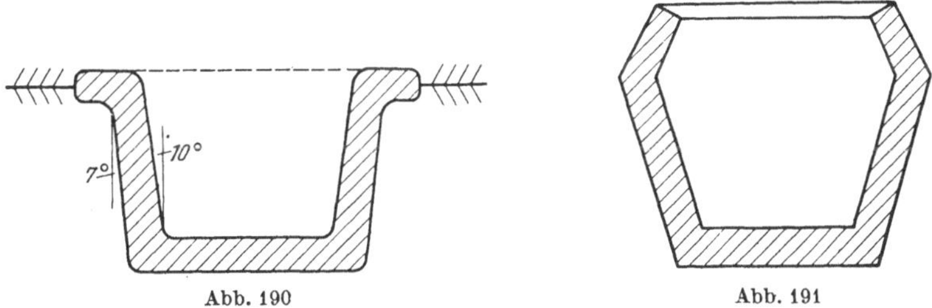

Abb. 190   Abb. 191

Einige Beispiele sollen dem Konstrukteur zeigen, welche Formen von Gesenkschmiedestücken ausgeführt werden können.

Gekröpfte Formen: Abb. 192.
Winkelige Formen: Abb. 193.
Gebogene Formen: Abb. 194.
Gegabelte Formen: Abb. 195.

Ringartige Formen: Abb. 196.
Gerippte Formen: Abb. 197.
Topfartige Formen: siehe Abb. 190 und Abb. 191.

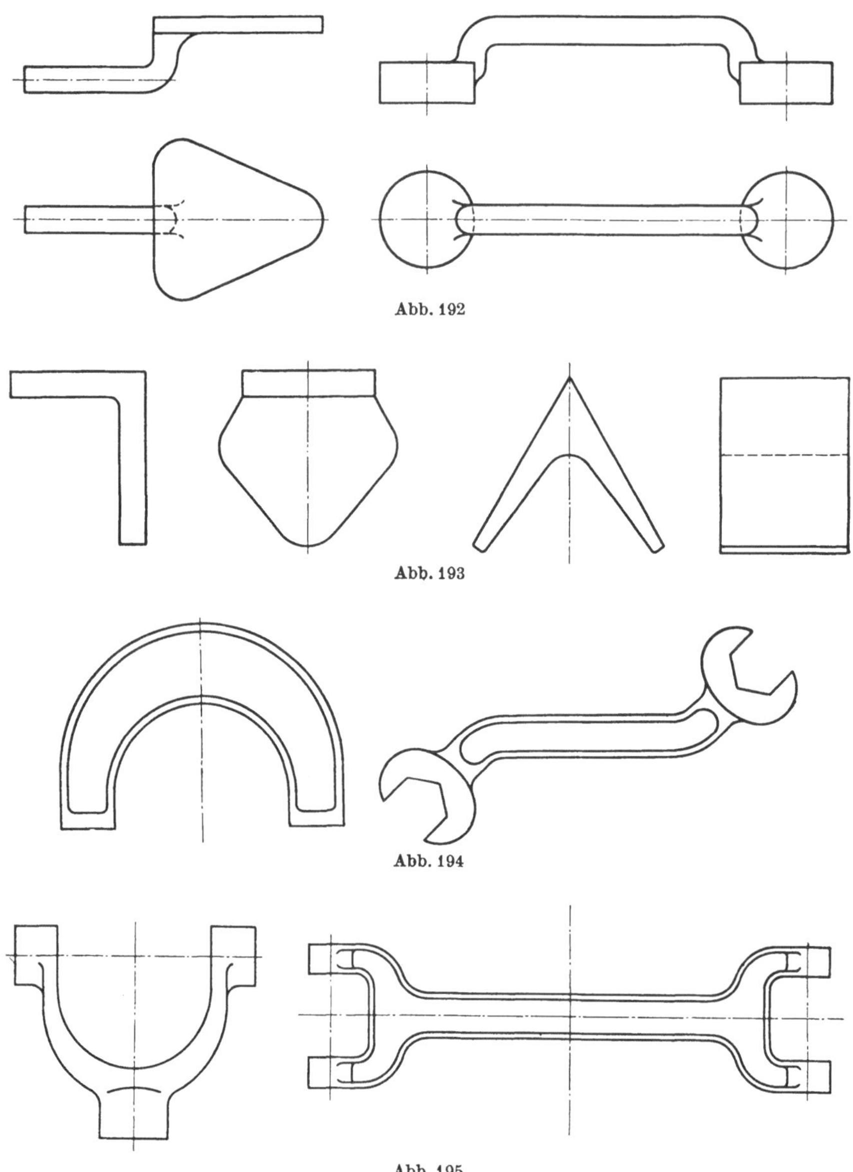

Abb. 192

Abb. 193

Abb. 194

Abb. 195

Auch Werkstücke mit Bohrungen, die in der zerspanenden Fertigung viel Zeit und großen Stoffaufwand erfordern, lassen sich in der Schmiedemaschine ohne viel Nacharbeit rationell herstellen (Abb. 198).

Gesichtspunkte für die Gestaltung von Gesenkschmiedeteilen sind zusammengetragen in DIN 7523, Blatt 1 bis 3, sowie auch in der Veröffentlichung, Werkstattgerechtes Konstruieren: Gesenkschmieden, Berlin 1938, VDI-Verlag. Die wichtigsten dieser Gesichtspunkte sollte jeder Konstrukteur kennen.

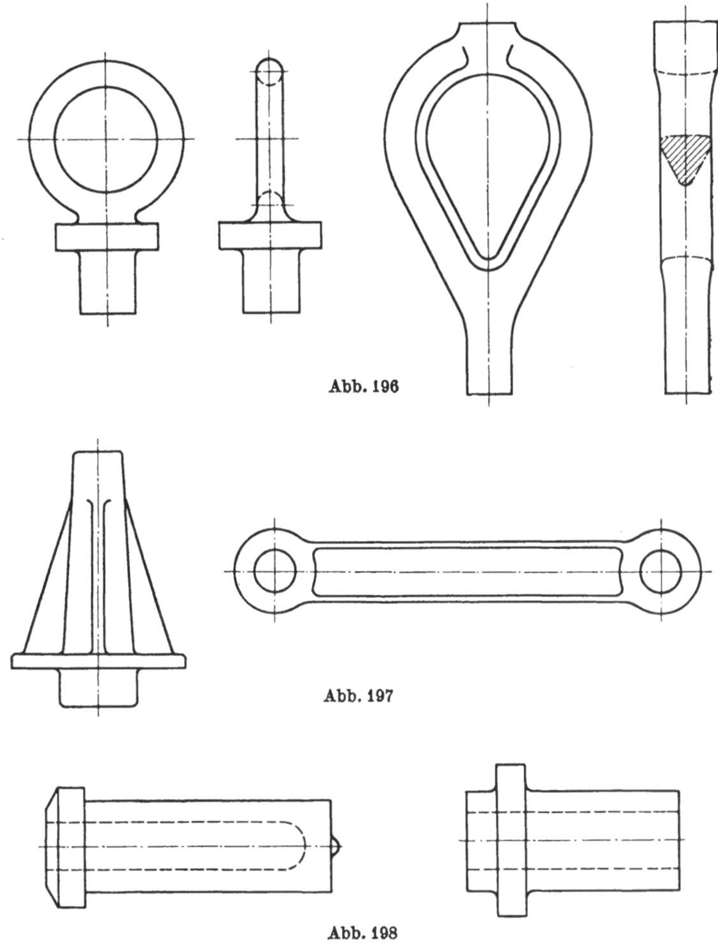

Abb. 196

Abb. 197

Abb. 198

Merkregeln

1. Überlege zuerst, ob nicht das Werkstück sich durch Schweißen, Ziehen oder Stanzen einfacher herstellen läßt.
2. Lege die Teilungsebene so, daß die Figur im Gesenk möglichst flach liegt.
3. Bilde die Schmiedstücke so aus, daß sich eine ebene, glatte Naht ergibt.
4. Vermeide hohe Rippen und tiefe Gesenkeinarbeitungen.
5. Schräge die Seitenflächen richtig ab.
6. Nimm Rücksicht auf guten Fließvorgang.
7. Vermeide, wenn möglich, mehrteilige Gesenke.
8. Vermeide Unterschneidungen.
9. Vermeide scharfe Kanten wegen des großen Werkzeugverschleißes.
10. Vermeide möglichst Bearbeitungsflächen und unnötige Bearbeitungen.
11. Berücksichtige Bearbeitungszugaben nach DIN 7523.
12. Vermeide Umkonstruktionen, weil die Gesenke meistens unbrauchbar werden.
13. Beachte Maßabweichungen nach DIN 7524.
14. Liefere eine herstellungsgerechte Teilzeichnung für die Schmiede.

Sie muß enthalten, außer allen wichtigen Maßen, zur Herstellung
a) die zu bearbeitenden Stellen,
b) evtl. Spannflächen,
c) Angabe über Maßgenauigkeiten,
d) alle wichtigen Querschnittsformen,
e) strichpunktiert die Umrisse des Fertigteils,
f) die richtige Lage im Gesenk mit Angabe der Gratnaht.

Gießen, Schmieden oder Schweißen? Bevor der Konstrukteur sich entschließt, ein Werkstück durch Schmieden herzustellen, muß er sich die Frage vorlegen, ob es nicht im gegebenen Falle wirtschaftlicher wäre, vom Gießen oder Schweißen Gebrauch zu machen.

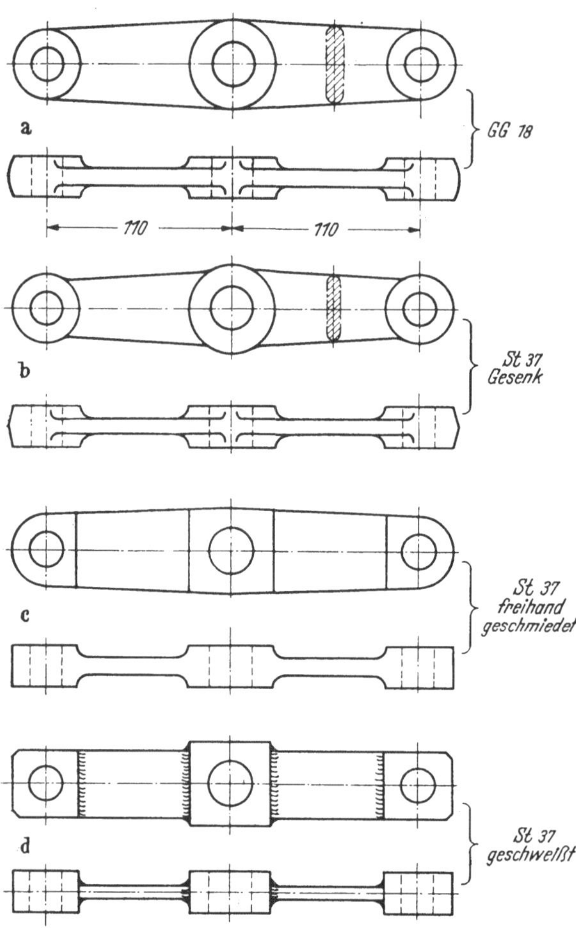

Abb. 199a–d. Gleichwertige Doppelhebel in verschiedener Herstellung

Die Frage, ob Gießen, Schmieden oder Schweißen, ist nicht so einfach zu beantworten. Im allgemeinen kann man sagen, daß Werkstücke nur geschmiedet oder geschweißt werden, wenn es sich um geringe Stückzahlen handelt. Wo ist aber die Grenze? Hier kann nur eine genaue Kalkulation entscheiden.

Als Beispiel dafür diene ein einfacher Doppelhebel. Derselbe kann gleichwertig durch Gießen, Senken, Freiformschmieden und Schweißen hergestellt werden. Abb. 199 zeigt die der gewählten Herstellungsart entsprechende Gestaltung. Nun muß der Konstrukteur sich für die billigste Herstellungsart entscheiden. Maßgebend dafür ist die Stückzahl. Wenn es sich nur um die Herstellung durch Schweißen oder Schmieden handelt, so läßt sich schon ohne Kalkulation sagen, daß das geschweißte Werkstück billiger wird, und zwar gilt das für jede Stückzahl, da dieselbe, im Gegensatz zum Gießen und Senken, keinen Einfluß auf den Einzelpreis dieser beiden Ausführungsarten hat.

Die Kalkulation ergibt folgende Einzelkosten für die verschiedenen Herstellungsverfahren (Tab. 5).

Die graphische Darstellung der Einzelherstellungskosten in Abhängigkeit von der Stückzahl (Abb. 200) zeigt anschaulich die Bereiche innerhalb welcher die

Tabelle 5

Einzelkosten	Gießen DM	Gesenk DM	Freiform- schmieden DM	Schweißen DM
Doppelhebel, Abb. 199				
Werkstoffkosten je Stück	0,62	0,62	0,75	0,48
Modell-(Gesenk-)Kosten.....................	145,00	1088,00	—	—
Lohnkosten des rohen Teils	0,60	0,90	8,02	3,40
Lohnkosten der Bearbeitung je Stück	5,10	3,46	5,18	4,40

verschiedenen Herstellungsverfahren wirtschaftlich verwendet werden können. Interessant ist dabei, daß von 20 Stück aufwärts schon das Gießen billiger wird als

Freiformschmieden und die Gesenkarbeit trotz der hohen Gesenkkosten schon von 120 Stück an wirtschaftlicher ist als die Handarbeit.

i) Gestaltung mit Rücksicht auf spangebende Herstellung

Der Anfänger wurde schon bei den Übungen im Maschinenzeichnen darauf hingewiesen, daß bei der Bemaßung der Zeichnung

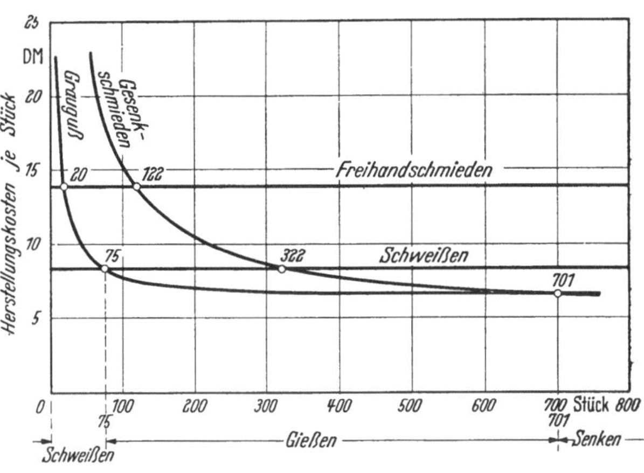

Abb. 200. Einfluß der Stückzahl auf die Wahl der Herstellungsart

alle für die Herstellung wichtigen Maße und Bearbeitungsangaben einzutragen sind. Der Werkstätte darf nicht die kleinste Abweichung von den vorgeschriebenen Maßen und Bearbeitungsangaben überlassen werden.

Daraus ergibt sich natürlich für den Konstrukteur eine sehr große Verantwortung, auf die nicht früh genug hingewiesen werden kann. Der Konstrukteur kann diese Aufgabe nur erfüllen, wenn er, wie schon erwähnt, die Herstellungsverfahren kennt und sich im Geiste während der Gestaltung die mechanische Bearbeitung vom Rohling bis zum Fertigprodukt vorstellt.

Die Gestaltung eines Werkstücks geht immer von einer vereinfachten Grundform aus, welche sich etwa mit der Prinzipkonstruktion deckt. Handelt es sich z. B. um die Herstellung eines Hebels, so ist sehr wichtig für die Formgebung, ob derselbe durch Gießen oder Schmieden mit nachträglicher Bearbeitung hergestellt werden soll. Kommt nur die Herstellung durch Schmieden in Frage, so muß der Konstrukteur sich vorstellen, welche dem Schmiedevorgang entsprechende Form der Hebel aus dem Rohling durch Absetzen, Strecken, Lochen usw. unter dem Hammer annimmt. Die weitere Gestaltung des Werkstücks geschieht dann unter ständiger Kontrolle der rationellsten Herstellungsmöglichkeiten.

Wenn man bei den Konstruktionsübungen Korrekturen der Gestaltung vornimmt, welche die Umständlichkeit und die Unwirtschaftlichkeit der Herstellung betreffen, dann hört man meistens vom Anfänger den Einwand, daß man das

Werkstück doch so, wie es gestaltet ist, auch herstellen kann. Gewiß kann man das, aber mit welchem Aufwand an Zeit, Material oder teuren Vorrichtungen. Man muß sich immer vor Augen halten, daß jede Konstruktion schon aus volkswirtschaftlicher Erwägung heraus möglichst billig hergestellt werden muß und daher jede Konstruktion, welche diese Bedingung nicht erfüllt, schlecht, oder besser, falsch ist.

Auf einen wichtigen Gesichtspunkt sei noch besonders hingewiesen. Es gab eine Zeit, wo man besonderen Wert darauf legte, daß alle Teile einer Maschine ganz bearbeitet waren, damit alles recht blitzte und den Eindruck der Gediegenheit erweckte. Dies erforderte eine recht beträchtliche und nutzlose Mehrarbeit und Mehrkosten. Heute steht man auf dem richtigen Standpunkt, daß nur dort eine Bearbeitung zu rechtfertigen ist, wo die gleitende oder rollende Reibung oder die Erhöhung der Festigkeit es erfordert. Man wird also z. B. einen Hebel nur in den Bohrungen und den seitlichen Begrenzungsflächen bearbeiten.

Es ist eine alte Erfahrung, daß von dem angehenden Konstrukteur immer wieder die gleichen Fehler bei der Gestaltung gemacht werden. Aus diesem Grunde haben verschiedene Werke diese Fehler zusammengestellt und, wie z. B. die AEG, als „Winke für den Konstrukteur" herausgegeben. Da aber diese Beispiele beliebig erweitert werden können und der Anfänger sie ja doch nicht alle im Gedächtnis behalten kann, ist es sehr naheliegend, die grundlegenden Gesichtspunkte aufzusuchen, gegen welche bei der Bearbeitung immer wieder verstoßen wird. Es zeigt sich dabei, daß die Ursachen der fehlerhaften Gestaltung auf wenige Gesichtspunkte zurückzuführen sind.

Man kann im allgemeinen die Gestaltungsfehler vermeiden, wenn man Rücksicht nimmt auf

<table>
<tr><td>die Bearbeitungsmöglichkeit,</td><td>Vermeidung doppelter Passung,</td></tr>
<tr><td>die Wirtschaftlichkeit,</td><td>die Zugänglichkeit und</td></tr>
<tr><td>die Spannmöglichkeit,</td><td>die Erleichterung des Zusammenbaues.</td></tr>
<tr><td>vorhandene Werkzeuge,</td><td></td></tr>
</table>

Rücksicht auf Bearbeitungsmöglichkeit. Ein eklatantes Beispiel für die falsche Gestaltung eines Stangenkopfes, wenn eine Ausführung in Stahl und allseitige Bearbeitung verlangt wird, ist in Abb. 201a zu sehen. Man kann den Schaft bis zum Querschnitt A drehen und die Seitenflächen sowie die Umgrenzung des Stangenauges fräsen. Es bleibt aber immer noch ein kleiner Rest bei a, welcher nur durch Handarbeit mit der Feile beseitigt werden kann. Die richtige Gestaltung für wirtschaftliche Bearbeitung zeigt Abb. 201b.

Der Anfänger im Konstruieren vergißt sehr häufig, daß das Werkzeug einen freien Auslauf benötigt, damit eine saubere Fläche entsteht. Dies gilt sowohl beim Drehen wie beim Hobeln, Fräsen, Schleifen und Reiben. Beispiele dafür siehe Abb. 202.

Es gibt viele Fälle, wo der Konstrukteur durch entsprechende Gestaltung die Bearbeitung erleichtern kann. Das Eindrehen der Nuten in die Büchse (Abb. 203) ist schwieriger als in die Stange. Aus dem gleichen Grund wird man die Vertiefung in das Exzenter und nicht in den Bügel legen.

Der Bohrer muß beim Zerspanen an seinen Schneidkanten immer gleichen Widerstand haben. Das ist nur der Fall, wenn die angebohrte Ein- und Austrittsfläche senkrecht zur Mittelachse des Bohrers steht (Abb. 204c). Im Falle

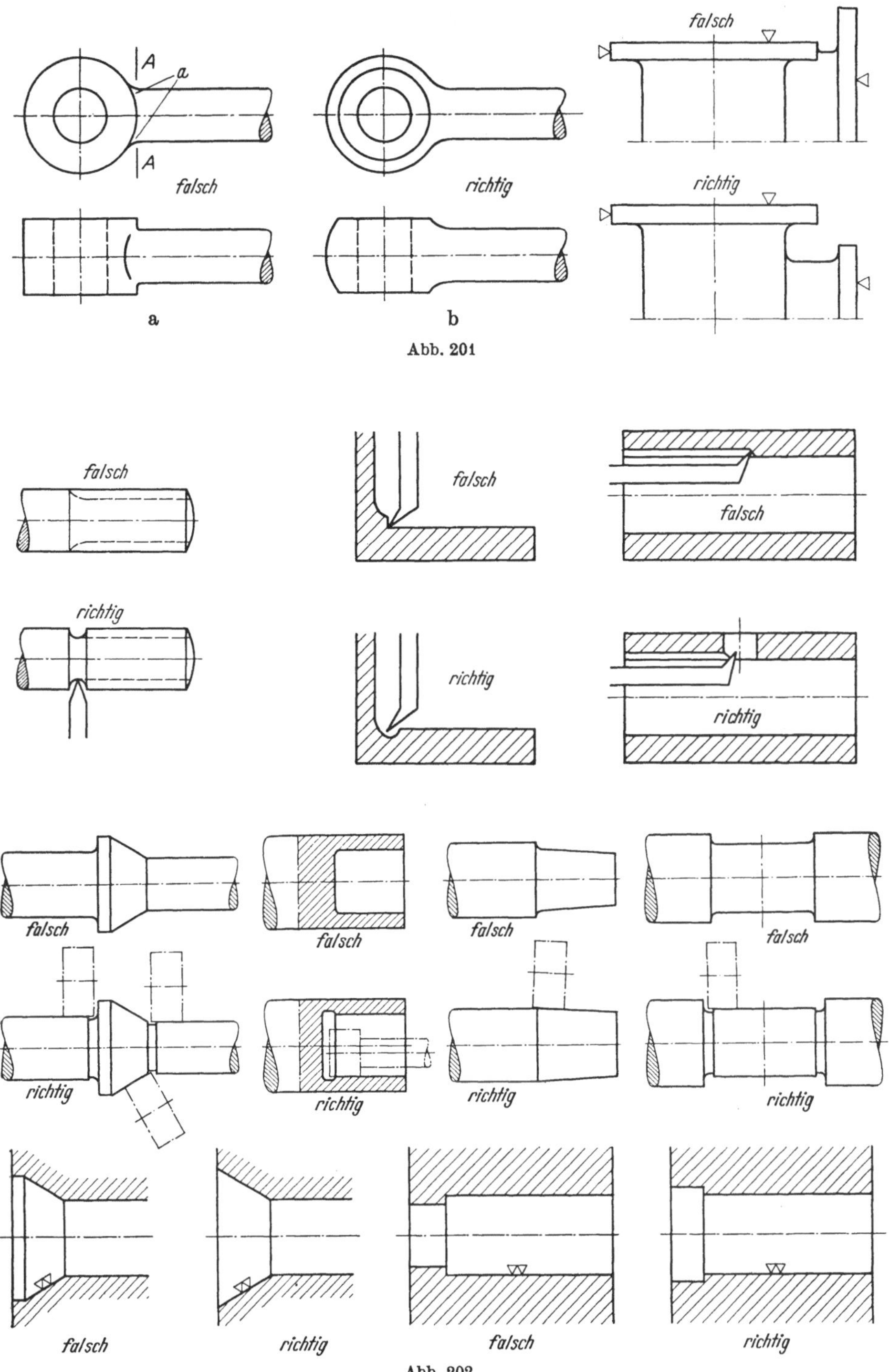

Abb. 201 u. 202. Rücksicht auf Bearbeitungsmöglichkeit

Abb. 204 a u. b wird er seitlich verdrängt. Geneigte Flächen anzubohren ist ganz
zu vermeiden (Abb. 204 a).

Eine Bohrung darf man auch nicht zu nahe an den Rand setzen, weil sonst
bei Gußeisen die Gefahr des Ausbrechens besteht oder bei Stahl das Material im

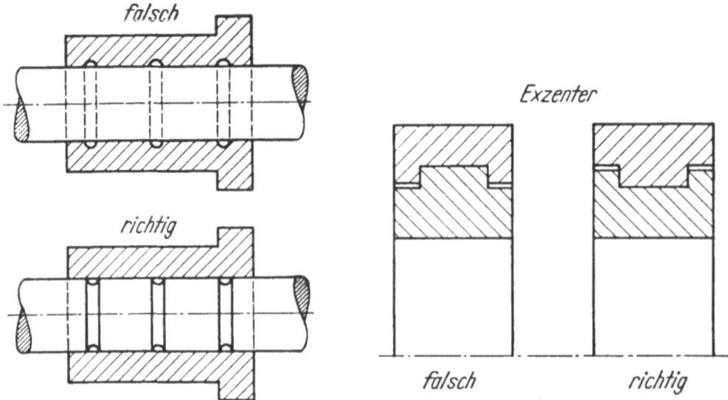

Abb. 203. Beispiele für Arbeitserleichterung

schwachen Querschnitt während des Bohrens nachgibt und hernach zurückfedert.
Die Folge ist dann ein unrundes Loch.

Gedankenloses Arbeiten des Anfängers kann dazu führen, daß das Bohrloch
für die Bearbeitung unzugänglich liegt (Abb. 205). Ähnliche Fälle wie Abb. 206

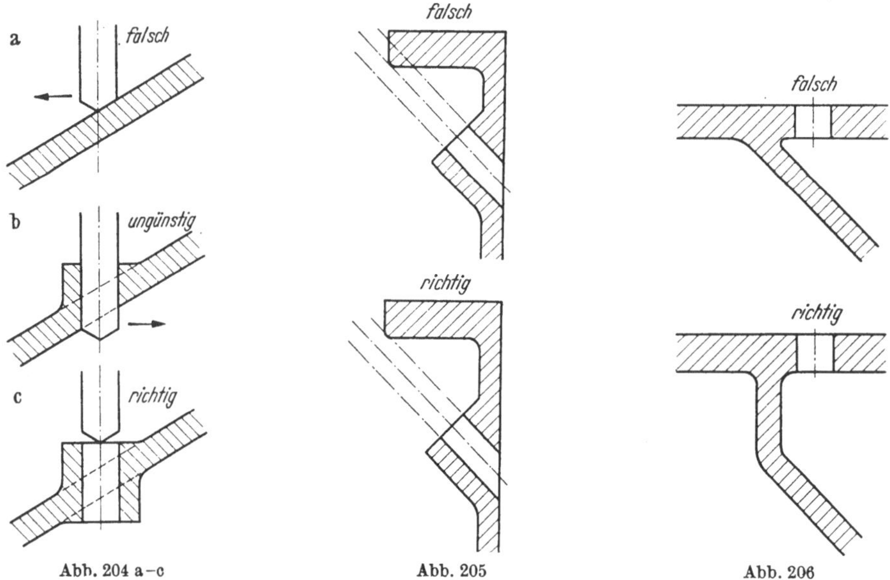

Abb. 204 a—c   Abb. 205   Abb. 206

Abb. 204—206. Falsche und richtige Anordnung von Bohrlöchern

gefährden den Bohrer und sind zu vermeiden. Sind Teile auf dem Bohrwerk herzustellen, so ist für einen genügenden Durchgang der Bohrspindel zu sorgen
(Abb. 207). Mit fliegender Spindel läßt sich keine genaue Bohrung erzeugen, daher
sorge man für die Möglichkeit einer doppelten Lagerung (Abb. 208).

Rücksicht auf Wirtschaftlichkeit [*23*]. Wenn man von der Wirtschaftlichkeit im Zusammenhang mit der Bearbeitung spricht, dann denkt man natürlich an die Kosten, welche nur durch das Herstellungsverfahren und die Herstellung im einzelnen bedingt sind. Das wirtschaftliche Konstruieren ist aber auch von anderen großen Gesichtspunkten abhängig, wie wir bereits auf S. 19 (Abb. 3) gesehen haben. Wirtschaftliche Überlegungen muß der Konstrukteur schon am Beginn seiner Tätigkeit, nämlich bei der Ermittlung der besten Prinzipkonstruktion anstellen. Wirtschaftliche Gedankengänge leiten ihn weiter bei der Auswahl des geeignetsten Baustoffs, und ganz von der Dringlichkeit geringer Herstellungskosten bestimmt, wird dann vom Konstrukteur die Formgebung durchgeführt.

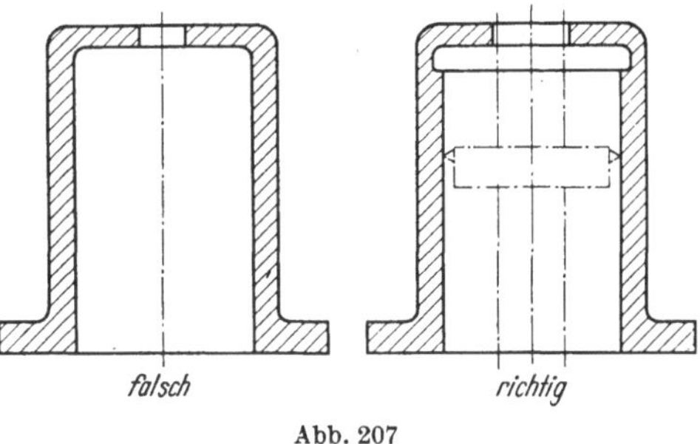

Abb. 207

Die Kostenfrage, d.h. die wirtschaftliche Überlegung, beeinflussen also direkt oder indirekt fast alle konstruktiven und natürlich auch fertigungstechnische

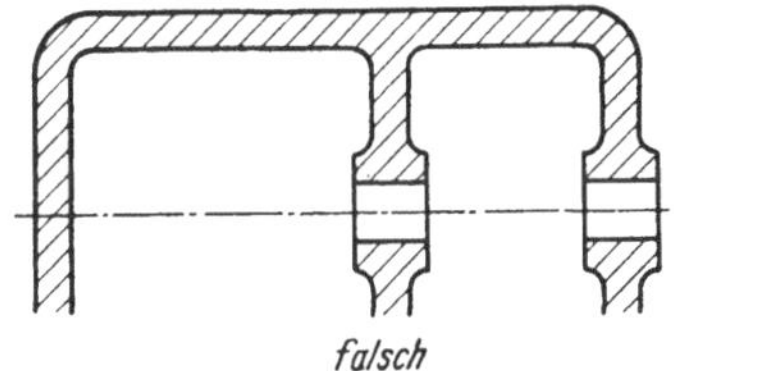
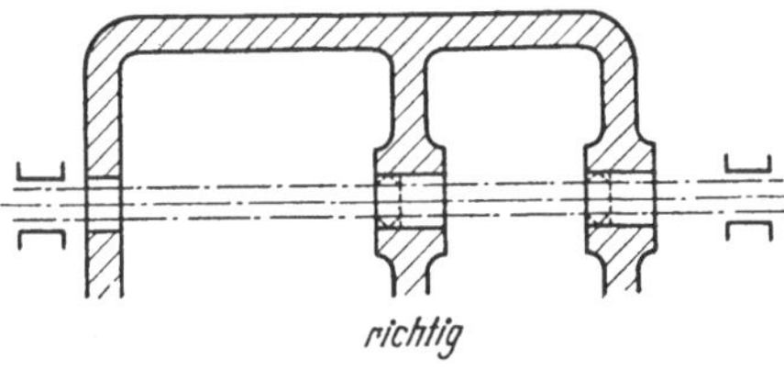

Abb. 208

Abb. 207 u. 208. Rücksicht auf genaues Bohren

Maßnahmen. Eine einwandfreie Klärung dieser Fragen kann nur durch eine Kalkulation erreicht werden. In kleinen Unternehmen ist es gewöhnlich so, daß der Konstrukteur die Kalkulation im Benehmen mit dem Betrieb durchführen muß. Größere Werke verfügen über eigene Kalkulationsbüros. Wie wichtig die Kalkulation für die Auswahl von verschiedenen Herstellungsmöglichkeiten für einen Maschinenteil ist, soll an einem einfachen Beispiel gezeigt werden.

Ein Zahnrad (Abb. 209) kann bezüglich seiner Funktion gleichwertig in Ausführung a, b, c und d hergestellt wer-

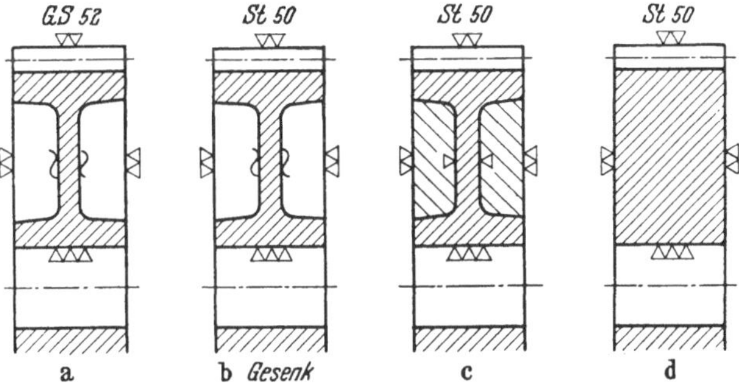

Abb. 209a—d. Zahnrad in verschiedener Herstellung

den. Handelt es sich nur um die Herstellung nach c und d, so kann man ohne jede Kostenrechnung sofort sagen, daß die Ausführung d immer billiger als c wird, da eine geringere Zerspanungsarbeit erforderlich ist. Kommen aber größere Stück-

zahlen in Frage, dann wird sicher einmal der Fall eintreten, daß die Ausführung d
trotz der einfachen Herstellung und Bearbeitung noch teuerer wird als etwa die
Ausführung a oder b.

Die Entscheidung darüber kann nur durch eine Aufstellung der einzelnen
Kosten erfolgen, wie sie folgende Zusammenstellung (Tab. 6) zeigt.

Tabelle 6

Einzelkosten	Aus-führung a DM	Aus-führung b DM	Aus-führung c DM	Aus-führung d DM
Zahnrad, Abb. 209				
Werkstoffkosten je Stück	6,37	5,58	8,26	8,95
Modell- (Gesenk-) Kosten..	139,22	1518,00	—	—
Lohnkosten des rohen Teils	6,11	1,90	4,44	—
Lohnkosten der Bearbeitung je Stück	17,05	17,78	35,69	21,32

Mit diesen Werten kann man den Einfluß der Stückzahlen auf die Wahl der
Herstellungsart zeigen (Abb. 210).

Wie schon gesagt, zeigt die Kalkulation, daß die Ausführung c am unwirt-
lichsten ist und mit den anderen Ausführungen nicht konkurieren kann. Die Aus-

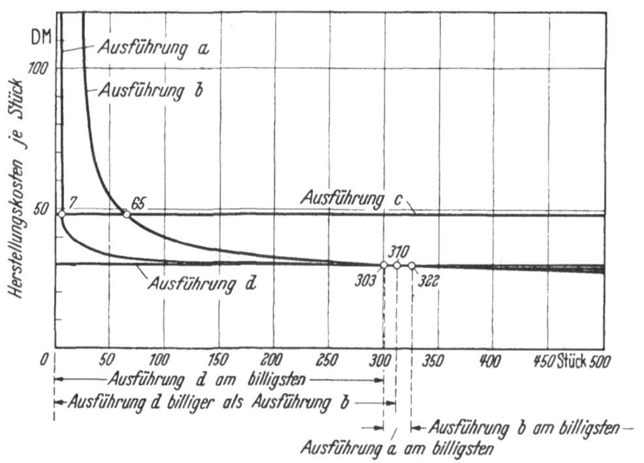

Abb. 210. Einfluß der Stückzahl auf die Wirtschaftlichkeit der Herstellung

führung d hat die niedrigsten Herstellungskosten bis zu 303 Stück. Nur in einem
kleinen Stückzahlbereich von 303 bis 322 kommt die Ausführung in Stahlguß am
billigsten. Von 322 Stück aufwärts ist die Herstellung im Gesenk am billigsten.

Glücklicherweise kann der Konstrukteur auch ohne Kalkulation in vielen
Fällen durch richtige Gestaltung Rücksicht auf die wirtschaftliche Herstellung
nehmen. Einige einfache Beispiele sollen dies zeigen.

Niedrige Herstellungskosten verlangen eine geringe Zerspanungsarbeit. Diese
Forderung wird vom Konstrukteur durch eine entsprechende Gestaltung erreicht,
vergleiche Abb. 211 a, e und g mit Abb. 211 b, d, f und h.

Durch Verkleinerung der Bearbeitungsflächen lassen sich die Herstellungskosten ebenfalls senken, vergleiche Abb. 212 a, c und e mit Abb. 212 b, d und f.

Zeitraubend und daher verteuernd ist auch das Umspannen von Werkstücken oder das neue Einstellen von Werkzeugen. Man vergleiche die falsche und richtige Gestaltung nach Abb. 213.

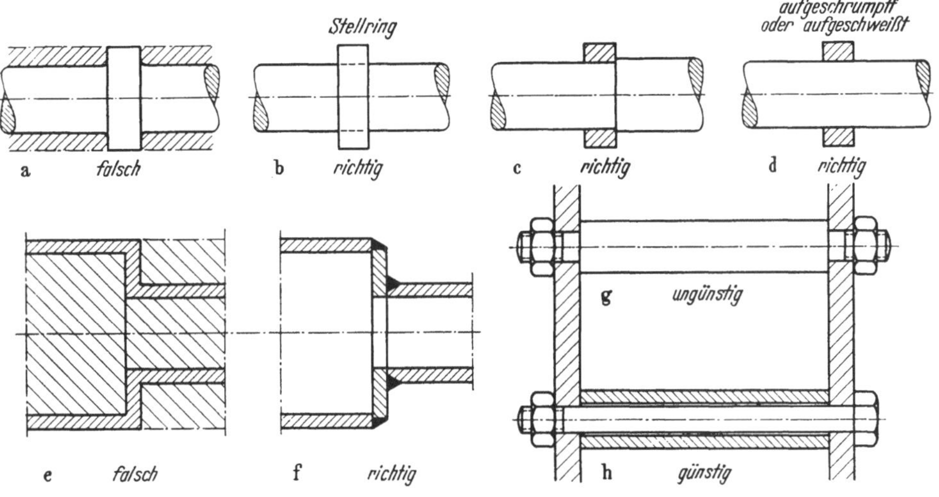

Abb. 211 a–h. Rücksicht auf geringe Zerspanungsarbeit

Die Herstellungsart allein bringt oft eine bedeutende Verbilligung, z. B. der Ersatz des Schmiedens durch das Schweißen, des Gießens durch das Schmieden oder auch umgekehrt, des Gießens durch Schweißen, des Nietens durch Schweißen usw.

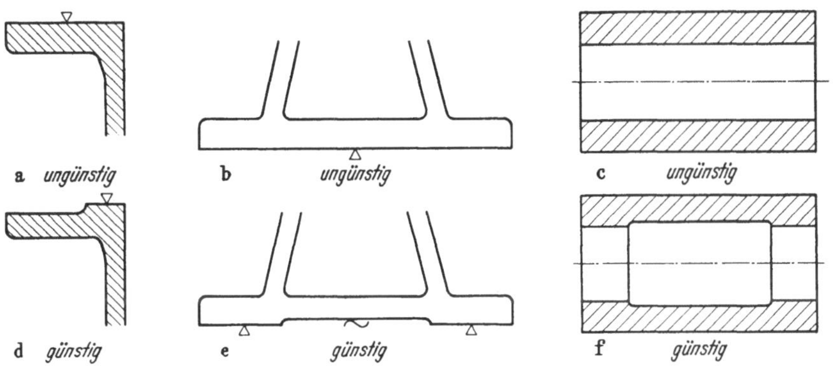

Abb. 212 a–f. Verringerung der Bearbeitungsflächen

Auch die Umstellung des Werkstoffs auf einen anderen, z. B. Stahl oder Stahlguß, ja selbst Aluminium an Stelle von Grauguß kann wirtschaftliche Vorteile bringen.

Auf S.134 wurden die Gesichtspunkte angegeben, welche dem Konstrukteur eine wirtschaftliche Formgebung ermöglichen, ohne daß er dabei erst eine Kalkulation aufstellen muß.

Rücksicht auf Spannmöglichkeit. Die Hauptbedingung für eine genaue Bearbeitung eines Werkstücks auf einer Werkzeugmaschine ist die sichere Befestigungsmöglichkeit. Es muß daher schon bei der Gestaltung darauf Rücksicht genommen werden und das Werkstück mit entsprechenden Anlageflächen, Nocken, Pratzen u. dgl. versehen werden. Vergleiche Abb. 214.

Rücksicht auf vorhandene Werkzeuge. Man sollte so gestalten, daß Sonderwerkzeuge nicht notwendig werden. Jeder Konstrukteur muß daher im Besitz einer Zusammenstellung der vorhandenen Werkzeuge sein, damit er die Dimensionen für die Bearbeitung richtig angeben kann und keine Zwischenmaße in die Werkzeichnungen einträgt, s. Beispiele (Abb. 215).

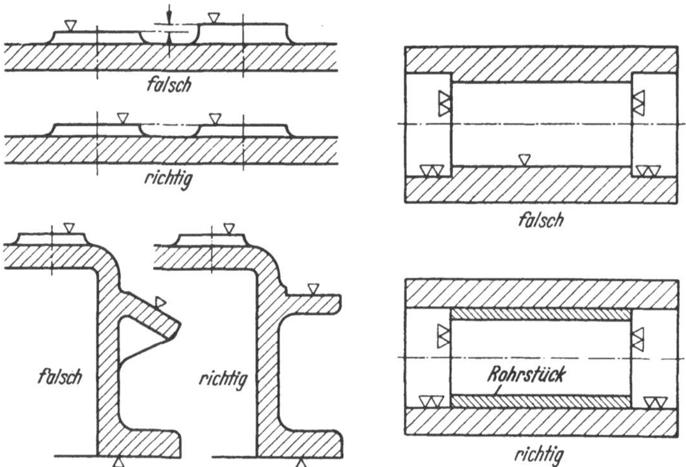

Abb. 213. Vermeidung zusätzlicher Arbeit

Rücksicht auf Passung. Doppelte Passung ist immer zu vermeiden, da sie fertigungsmäßig nur mit sehr kleinen Toleranzen, also zusätzlicher Mehrarbeit und höheren Kosten angenähert erreicht werden können und meistens doch den gewünschten Erfolg vereiteln (Abb. 216).

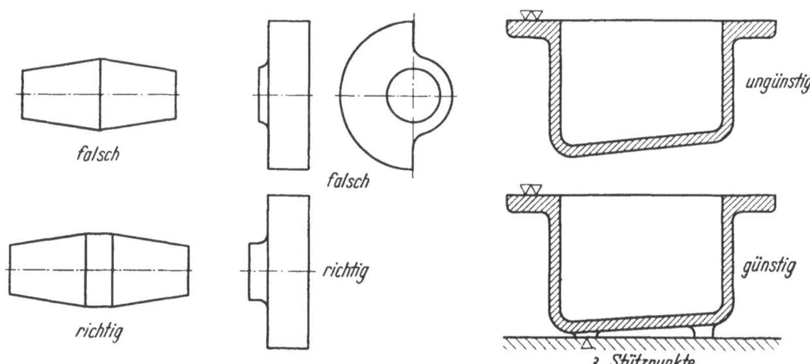

Abb. 214. Rücksicht auf Spannmöglichkeit

Die nachfolgenden Beispiele zeigen Fehler, welche von Anfängern in dieser Hinsicht immer wieder gemacht werden.

Rücksicht auf Zugänglichkeit. Gegen diesen Gesichtspunkt wird immer dann verstoßen, wenn man beim Gestalten nicht den ganzen Ablauf der Herstellung, der Montage, der Bedienbarkeit usw. vor Augen hat. Solche Fehler schmerzen den Anfänger besonders, wenn er von anderer Seite darauf aufmerksam gemacht

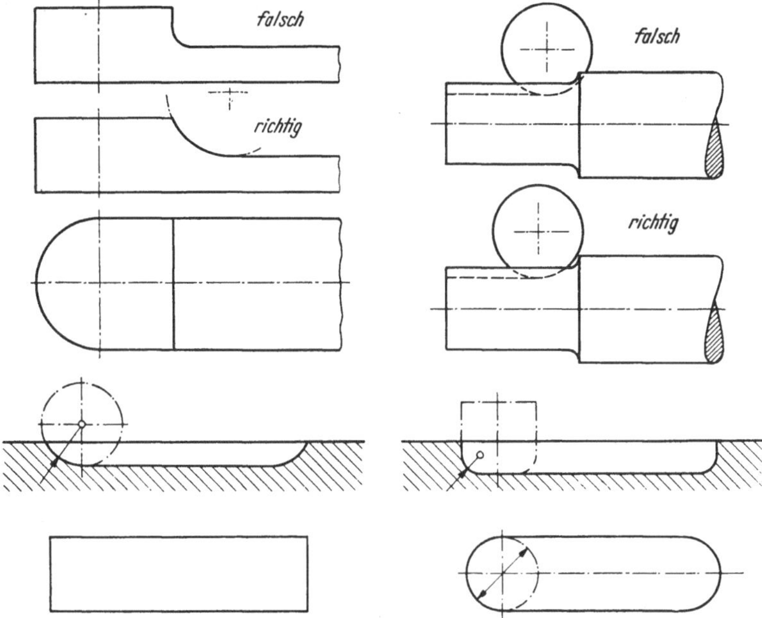

Abb. 215. Rücksicht auf vorhandene Werkzeuge

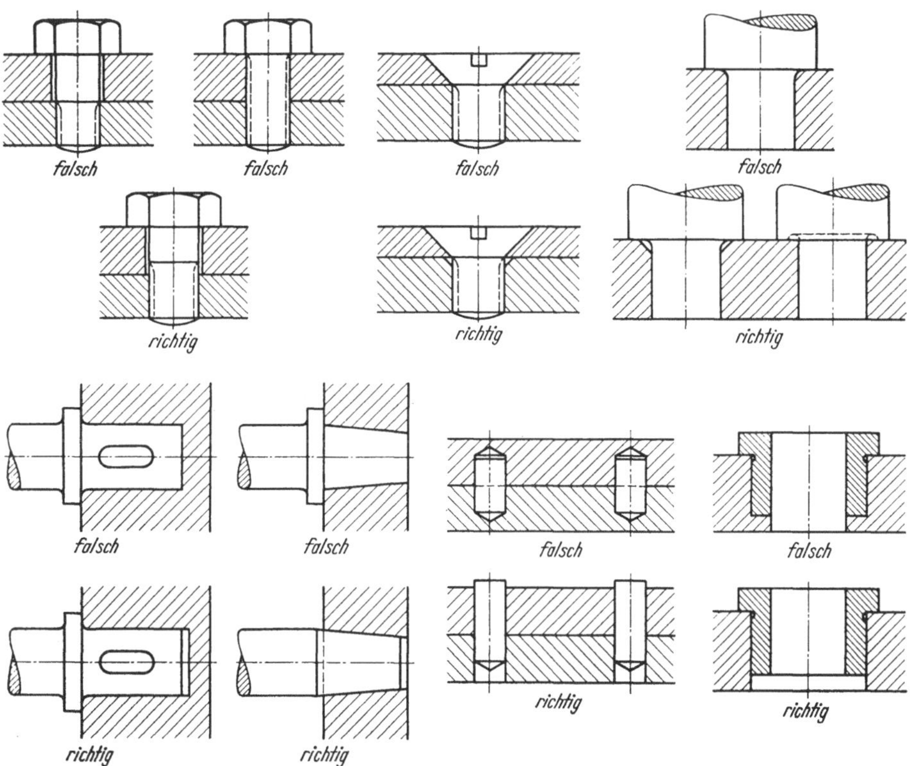

Abb. 216. Vermeidung doppelter Passung

wird, weil sie seine Gedankenlosigkeit beim Konstruieren verraten. Abb. 217 möge
dies erläutern.

Rücksicht auf leichten Zusammenbau. Zu den Forderungen einer zweckmäßigen Konstruktion gehört auch die Bedingung einer leichten Montage. Daher muß

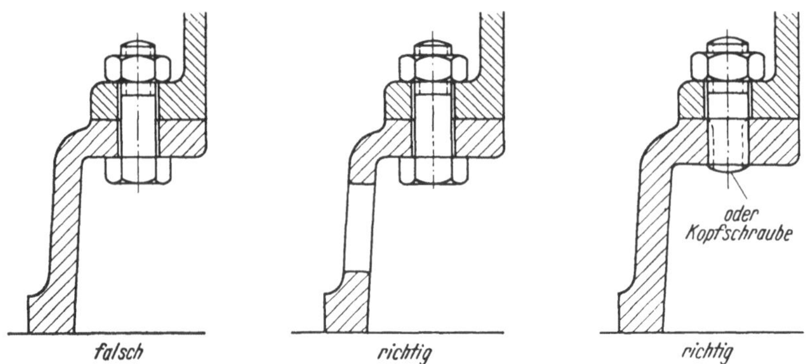

Abb. 217. Rücksicht auf Zugänglichkeit

der Konstrukteur bei der Gestaltung auch auf dieselbe Rücksicht nehmen, siehe
Abb. 218 bis 221.

Man sollte bei Drehkörpern, welche zusammengeschraubt werden müssen, eine
Zentrierung anbringen, da dieselbe mühelos einen koaxialen Zusammenbau gestattet. In den Fällen, wo es sich um keine kreisförmigen Flanschen (Abb. 218)
handelt, muß man sich mit Paßstiften behelfen, die aber möglichst weit voneinander anzubringen sind, damit ein sicherer Sitz der Flanschen gewährleistet ist.

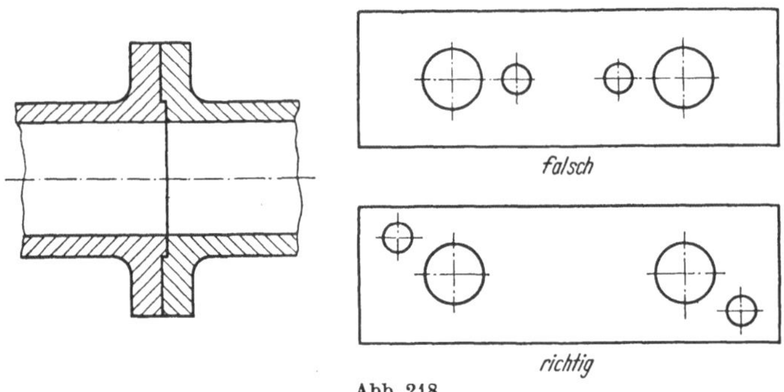

Abb. 218

Der maßgerechte Zusammenbau von mehrfach geteilten Maschinengestellen
bereitet keine Schwierigkeit, wenn Anschlagleisten vorgesehen sind, während ohne
dieselben ein langwieriges Ausrichten und Nachmessen die Folge sind, bis man
endlich die einzelnen Teile gegeneinander verstiften kann (Abb. 219).

Für einen raschen Zusammen- oder Abbau ist eine leichte Zugänglichkeit aller
Bauteile notwendig. Zur Erleichterung des Abbaues sieht man Löcher vor für
Abdrück- und Abziehschrauben (Abb. 220).

Es sind oft kleine Kunstgriffe, welche den Zusammenbau erleichtern. So macht
das Einführen eines Zapfens in eine Bohrung Schwierigkeiten, wenn nicht die entsprechenden Kanten abgefast werden (Abb. 221 b).

Lange Büchsen werden oft abgesetzt im äußeren Durchmesser, damit sich der Weg zum Einziehen verkürzt. Es wäre aber schlecht, die Teilung des Absatzes in der Mitte vorzunehmen, denn in diesem Falle müßten gleichzeitig zwei Kanten der Büchse zusammengefügt werden, was erhebliche Schwierigkeiten bereiten würde, vergleiche Abb. 221c mit d.

Richtet man aber die Bemessung der Absätze so ein, daß zuerst der vordere Teil der Büchse sitzt, dann macht das weitere Einziehen derselben keine Schwierigkeiten.

Das Einfädeln langer Schrauben in tiefe Löcher ist nicht einfach. Ein Zuspitzen der Schraube und Ansenken des Gewindelochs beseitigt das umständliche Probieren (Abb. 221).

Ein falscher Zusammenbau kann bei richtiger Gestaltung vermieden werden durch

1. Verwendung verschiedener Durchmesser bei Bolzen,
2. Markierung von Zahnrädern,
3. Stichmaßangabe bei verstellbarem Gestänge,
4. unsymmetrische Löcher für Aufsteckkurbeln,

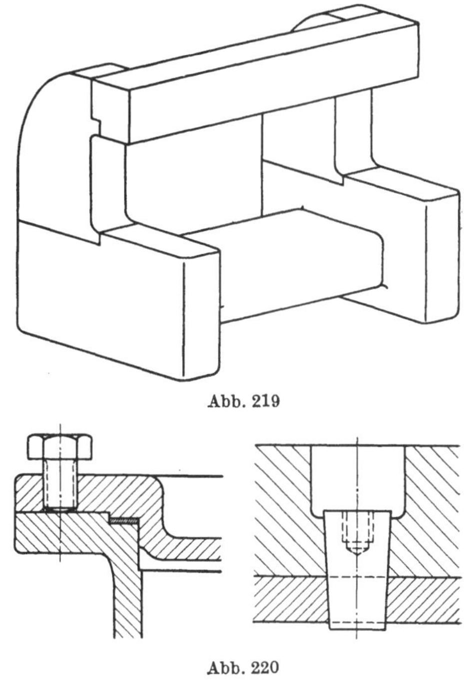

Abb. 219

Abb. 220

5. Verwendung ungleicher Lochteile, Numerierung oder sonstiger Markierung bei runden Deckeln.

Die Zusammenbaumöglichkeit wird im Konstruktionsbüro am besten dadurch überwacht, daß man von einem anderen Konstrukteur die Details in einer Zusammenstellung-Zeichnung eintragen läßt.

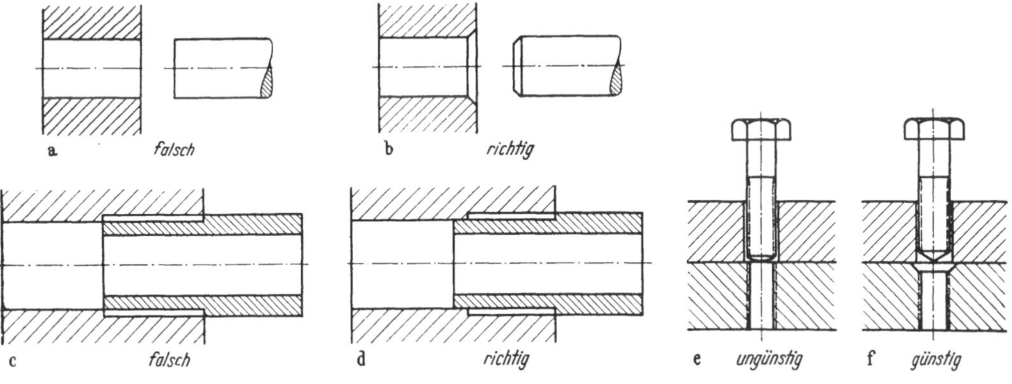

Abb. 218—221. Rücksicht auf leichten Zusammenbau

5. Der Einfluß räumlicher Bedingungen auf die Gestaltung

Jeder Studierende wird bei seinen ersten Übungen im Konstruieren die Beobachtung machen, daß er nicht jedes Bauelement frei gestalten kann, ohne auf andere Rücksicht zu nehmen. Diese räumlichen Einschränkungen sind also auch vorhanden, wenn vom Auftraggeber in dieser Hinsicht keine Forderungen gestellt werden. Die Überwindung dieser an sich vorhandenen räumlichen Einschränkungen kann dem Konstrukteur allein schon viel Schwierigkeiten bereiten.

Dazu kommt aber noch, daß der Konstrukteur aus wirtschaftlichen Erwägungen heraus baustoffsparend, also so gestalten soll, daß das Werkstück möglichst klein wird. Diese Forderung bedingt auch wieder Einschränkungen bei der Formgebung.

Man kann daher sagen, daß der Konstrukteur bei der Lösung jeder konstruktiven Aufgabe mit räumlichen Schwierigkeiten zu kämpfen hat. Ganz besonders ist das aber der Fall, wenn von vornherein schon räumliche Bedingungen vorgeschrieben sind, wenn also z. B. ein Bauwerk eine bestimmte Größe nicht überschreiten darf oder sich in einen gegebenen Raum einfügen muß.

Es gibt gewisse Gebiete des Maschinenbaus, wie Fahr- und Flugzeugbau, wo Forderungen dieser Art vom Konstrukteur immer zu erfüllen sind. Ein stationärer Kessel kann frei in den Raum hinein entwickelt werden. Bei einem Lokomotivkessel ist das nicht möglich. Die Breitenabmessungen sind hier durch die Vorschrift des „lichten Raums" begrenzt, so daß nur bis zu einem gewissen Grad eine Entwicklung in die Breite möglich ist. Vor noch größere Schwierigkeiten sieht sich der Konstrukteur gestellt, wenn er einen Dampfkessel für ein Auto entwickeln soll. Hier muß auf kleinstem Raume die Kesselanlage untergebracht werden, was nur möglich ist, wenn man eine von den üblichen Dampfkesseln verschiedene Bauart, einen Röhrenkessel mit Zwangsdurchlauf und Ölbrenner verwendet.

Man darf keine unsinnigen räumlichen Bedingungen stellen. Jeder Maschinenteil, jedes Bauwerk kann nur bis zu einer gewissen minimalen Größe entwickelt werden. Es gibt eine Grenze des Möglichen. Für einen Oberflächenkondensator von gegebener Leistung ist bei günstigsten Verhältnissen ein bestimmter kleinster Raumbedarf erforderlich. Variieren läßt sich dabei nur der Durchmesser und die Länge desselben oder man teilt die Anlage in mehrere kleinere Einheiten auf. Ähnlich liegt der Fall bei Elektromotoren. Soll bei gleicher Leistung und Tourenzahl aus räumlichen Gründen der Durchmesser verkleinert werden, so ist das nur durch eine längere Bauart möglich.

Um die Abmessungen eines Werkstücks oder eines Bauwerks kleiner zu halten, stehen dem Konstrukteur einige Kunstgriffe zur Verfügung. Die Verwendung eines Baustoffs von höheren Festigkeitswerten ermöglicht kleinere Abmessungen. Es ist dies ein Gesichtspunkt von dem im Leichtbau, wie wir noch sehen werden, Gebrauch gemacht wird. Die Umstellung von gegossenen oder genieteten Werkstücken auf Schweißkonstruktion wirkt auch raumsparend. Der Gewinn ist zwar nicht sehr groß. Es kann aber manchmal schon die Einsparung von wenigen Millimetern entscheidend sein.

Für jedes technische Problem gibt es eine Reihe von Lösungsmöglichkeiten. Wir haben schon gesehen, daß der Konstrukteur eine Auslese der bestgeeigneten Lösung an Hand der durch die Aufgabe gestellten Forderungen, und dazu gehören

auch die räumlichen Bedingungen, trifft. Ein einfaches Beispiel. Die Übersetzung
1:20 kann der Konstrukteur durch ein zweistufiges Kegelstirnradgetriebe oder ein
Schneckengetriebe verwirklichen. Normalerweise
wird man sich für das erstere entscheiden, weil das
letztere wahrscheinlich teuerer wird und infolge des
schlechteren Wirkungsgrades einen größeren Ener-
gieaufwand verlangt. Das Schneckengetriebe nimmt
aber viel weniger Platz ein als das Rädervorgelege.
Wenn nun, wie beim Cavex-Getriebe, infolge der
Hohlflankenschnecke die Gleitverhältnisse so günstig
werden, daß praktisch mit demselben Wirkungsgrad

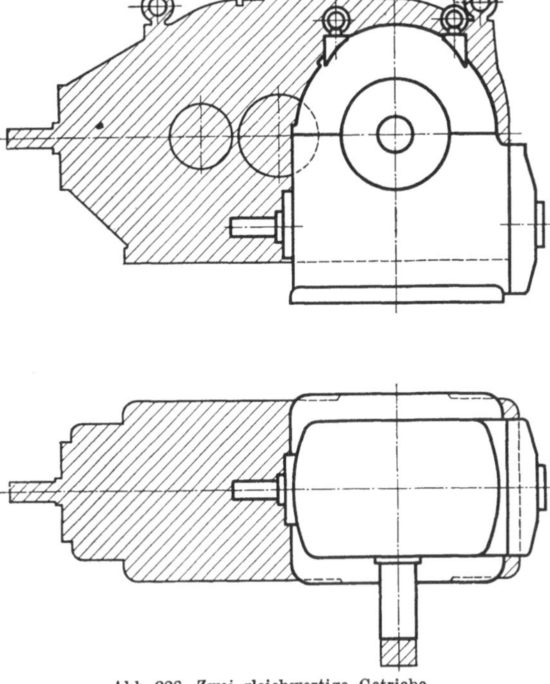

Abb. 222. Zwei gleichwertige Getriebe
(nach Druckschrift: FLENDER-BOCHELT)

wie beim Zahnradvorgelege gerechnet werden
kann, dann wird der Konstrukteur ohne Bedenken das raumsparende Cavex-Getriebe wählen
(Abb. 222).

Wie verschieden die räumlichen Anforderungen bei der Lösung des Problems eines
Waggonkippers sein können, sollen nur einige
der wirklich ausgeführten Beispiele zeigen (Abb.
223). Der Konstrukteur wird also meistens bei der
großen Zahl der kinematischen Lösungsmöglichkeiten eine für seine Zwecke geeignete finden.

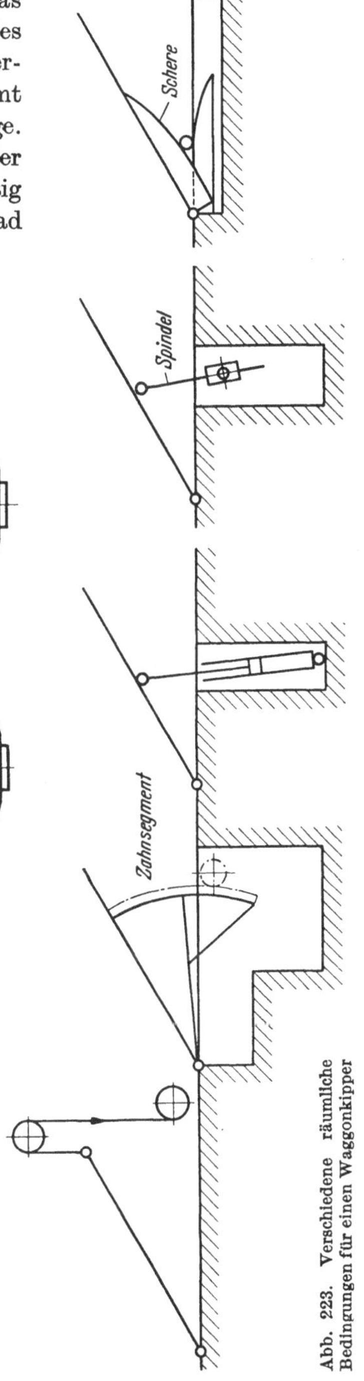

Abb. 223. Verschiedene räumliche
Bedingungen für einen Waggonkipper

Ein anschauliches Beispiel dafür, daß man durch Variation im organischen Aufbau eines Aggregats sich weitgehend den örtlichen Verhältnissen anpassen kann, bieten die Tiefbrunnen-Kreiselpumpen (Abb. 224). Bei Abb. 224 a ist die Antriebswelle in die Steigrohrleitung verlegt und durch mehrstufige Bauart der Durchmesser der Kreiselpumpe so weit verringert, daß das Aggregat im Gegensatz zur Ausführung Abb. 224 b in einen ganz engen Schacht eingebaut werden kann.

Ein wirksames Mittel, um auf eine kleinere Bauart zu kommen, besteht in der günstigen Wahl der einzelnen Faktoren, welche die Wirkung der Vorrichtung bestimmen. Handelt es sich z. B. um den möglichst gedrängten Bau eines Wärmeaustauschapparates, so weiß der Konstrukteur, daß die ausgetauschte Wärmemenge nach der allgemeinen Gleichung

$$Q = \alpha \cdot F \cdot \varDelta t \; z \text{ gegeben ist, wobei}$$

α = Wärmeübergangszahl in kcal/m $\cdot$ h $\cdot$ °,

F = die wärmeaustauschende Fläche in m²,

$\varDelta t$ = die Temperaturdifferenz in °C,

z = die Zeit in h bedeuten.

Da die Größe des Apparates hauptsächlich durch die Fläche F bestimmt ist, wird der Konstrukteur bestrebt sein, die anderen Faktoren α und $\varDelta t$ möglichst groß zu wählen. Dabei ist die Wärmeübergangszahl neben vielen anderen Einflüssen besonders stark abhängig von der Geschwindigkeit des Kühlmittels, von den Strömungsverhältnissen (laminar, turbulent, Gleichstrom oder Gegenstrom) und von der Beschaffenheit der Oberfläche. Der Konstrukteur hat also viele Möglichkeiten, durch

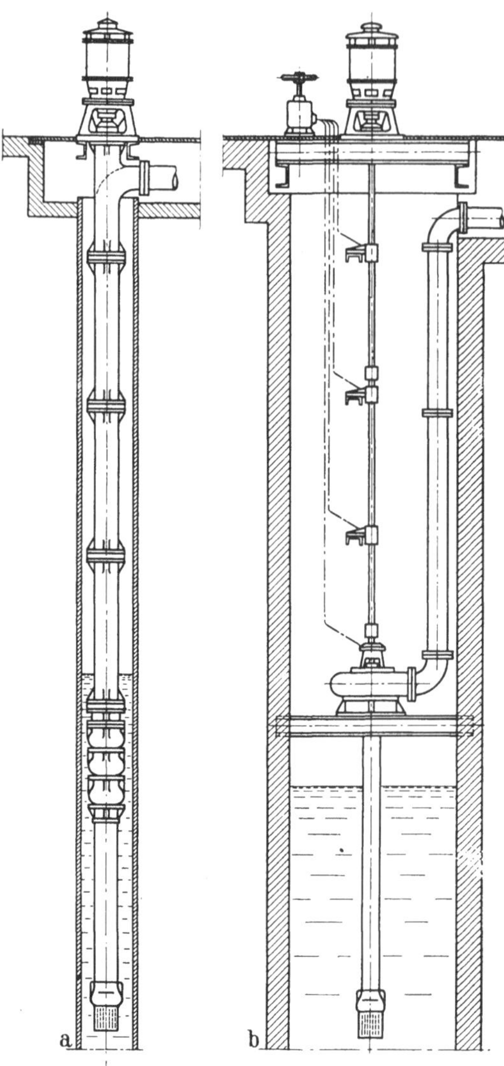

Abb. 224 a u. b. Tiefbrunnenpumpe verschiedener Bauart (nach KLEIN, SCHANZLIN u. BECKER)

günstige Wahl der Faktoren die Fläche F und damit die räumlichen Abmessungen des Bauwerks kleinzuhalten.

Ein sehr drastisches Beispiel dafür ist der Vergleich des einfachen Raumspeichers für Dampf mit dem Rateaux-Speicher (Abb. 225). Während z. B. für 1000 kg Dampf der Raumspeicher einen Inhalt von 1722 m³ benötigt, ist beim

Rateaux-Speicher nur ein Rauminhalt von 57 m³ erforderlich. Das Raumverhältnis ist also

$$= \frac{\text{Volumen des Rateaux-Speichers}}{\text{Volumen des Raumspeichers}} = \frac{1}{30}$$

Die räumlichen Bedingungen beeinflussen die Gestalt wesentlich. Dem Konstrukteur stehen aber Mittel zur Verfügung um diesen Anforderungen gerecht zu werden.

1. Zunächst wird der Konstrukteur danach trachten, durch Variation der Gestalt oder Änderung im Aufbau das Werkstück dem vorgeschriebenen Raum anzugleichen.

2. Als weitere Hilfsmittel dienen ihm dazu die Aufteilung, die Verwendung hochwertiger Baustoffe und die Schweißtechnik.

3. Führen diese Mittel nicht zum Ziele, dann muß er auf ein neues Funktionsprinzip zurückgreifen.

4. Eine günstige Wahl der Faktoren, welche die Wirkung bestimmen, kann auch zum gewünschten Ziele führen.

Die Anpassung an die räumlichen Bedingungen erfordert vom Konstrukteur eine gewisse Übung. Für den Anfänger gibt

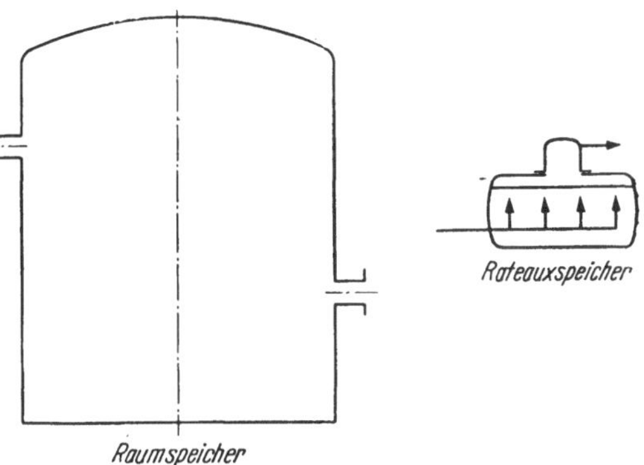

Abb. 225. Zwei Dampfspeicher gleicher Leistung

es ein einfaches Mittel, sich schon frühzeitig in dieser Hinsicht eine Sicherheit im Gestalten zu verschaffen. Er sollte sich nie mit der Lösung einer Aufgabe begnügen, sondern sich überlegen, wie die Gestaltung vorzunehmen wäre, wenn die örtlichen Bedingungen geändert würden.

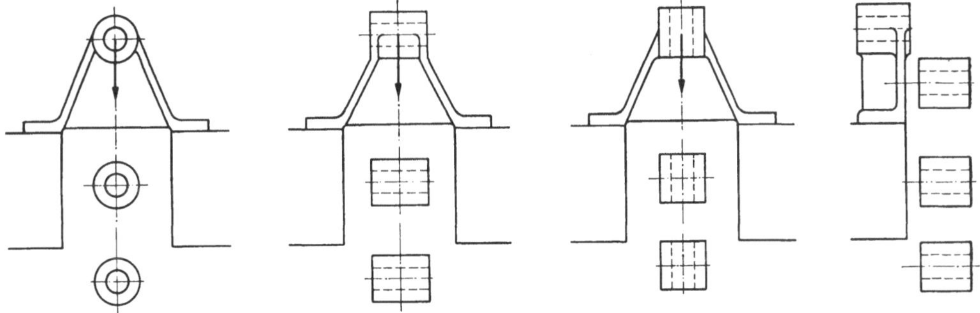
Abb. 226. Aufgabe mit verschiedenen räumlichen Bedingungen

Schon für das einfache Lagerböckchen lassen sich die räumlichen Bedingungen in weitgehendem Maße variieren (Abb. 226). Durch die systematische Abwandlung der räumlichen Vorschriften und die Anpassung der Konstruktion an die neuen Bedingungen kann schon der Anfänger konstruktive Erfahrungen sammeln und eine Gewandtheit in der Anpassung sich erwerben.

Übungsaufgaben

27. Aufgabe. Der Deckel eines Behälters soll von Hand bis in die senkrechte Lage geöffnet werden können. Am einfachsten würde man ein Gegengewicht nach Abb. 227 anbringen. Im vorliegenden Falle ist das nicht möglich, weil der Behälter sehr nahe an der Wand steht.

Durch welche konstruktive Maßnahme läßt sich nun das Gewicht des Deckels für jede Stellung genau ausgleichen? (Prinzipkonstruktion genügt.)

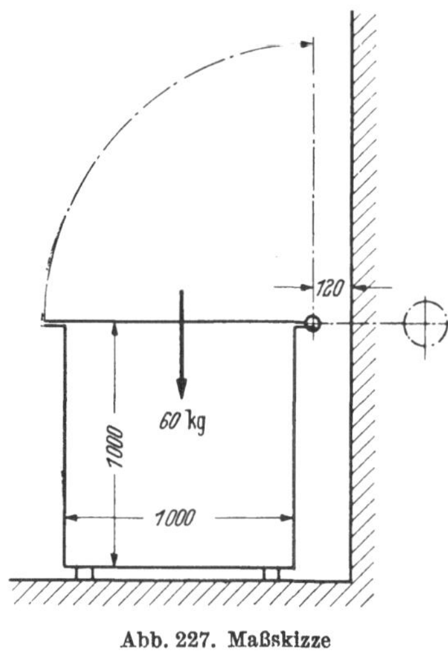

Abb. 227. Maßskizze

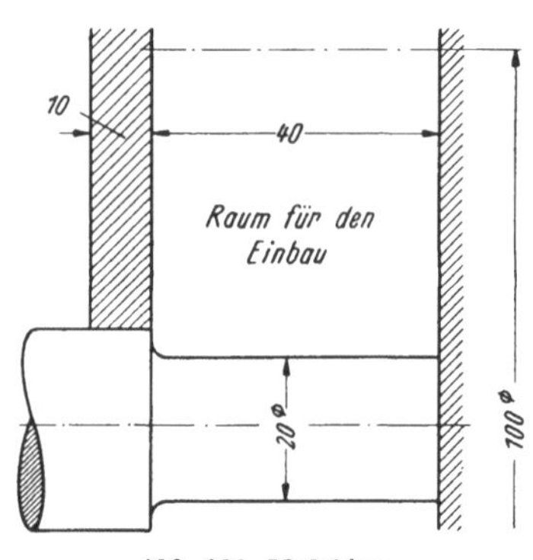

Abb. 228. Maßskizze

28. Aufgabe. Eine Keilriemenscheibe für zwei Keilriemen (13 × 8) mit einem Durchmesser von 100 mm soll möglichst nahe an den Rand eines Gehäuses mit Wälzlager gelagert werden. Die einzuhaltenden Abmessungen sind aus der Abb. 228 zu entnehmen.

6. Der Einfluß der Größe auf die Gestaltung

Jeder Konstrukteur, und vor allem jeder Anfänger, wird bei einer neuen Aufgabe nach brauchbaren Vorbildern suchen. Für die Praxis ist das meistens sehr einfach, da immer eine Reihe bewährter Ausführungen zur Verfügung stehen. Der Studierende ist aber nicht in dieser glücklichen Lage. Für ihn kommen meistens nur die Abbildungen in Büchern in Frage. Hierin liegt aber die große Gefahr, daß der angehende Konstrukteur Vorbilder übernimmt, von denen er die Größen- und Kraftverhältnisse nicht kennt. Leider ist es nicht mehr üblich, daß man den Maßstab den Abbildungen beifügt. Es kann dem Studierenden also passieren, daß er

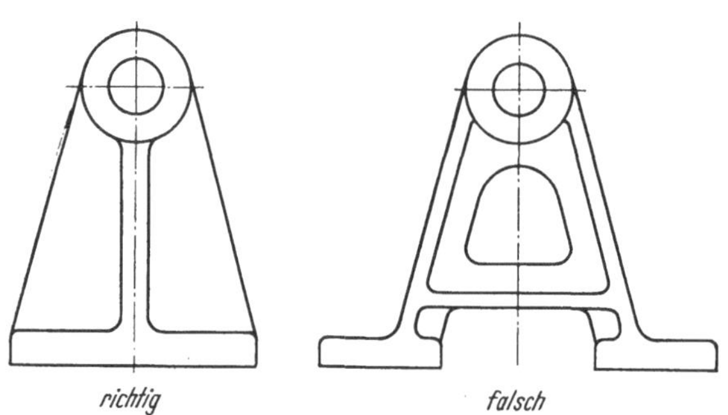

Abb. 229. Unzweckmäßige Gestaltung

ein Vorbild übernimmt, welches für größere Kräfte und Abmessungen gestaltet ist, während es sich bei ihm um kleinere Abmessungen und Kräfte handelt. Das Resultat sieht dann im gleichen Maßstabe etwa so aus (Abb. 229). Der Lagerstuhl hat eine komplizierte Form erhalten.

Den Einfluß der Größe auf die Gestalt sieht man schon am einfachen Lagerstuhl (Abb. 230). Je größer die Hauptabmessung H wird, desto leichter wirkt die Form. Wollte man die Ausführung a zum Vorbild von c wählen, so käme eine unmöglich plumpe Form zustande.

Ähnlich ist es bei der Gestaltung von Kolben. Für einen Kolben von 10 mm $\varnothing$ genügt ein geschliffener Kolbenstummel ohne Kolbenringe, aber vielleicht mit

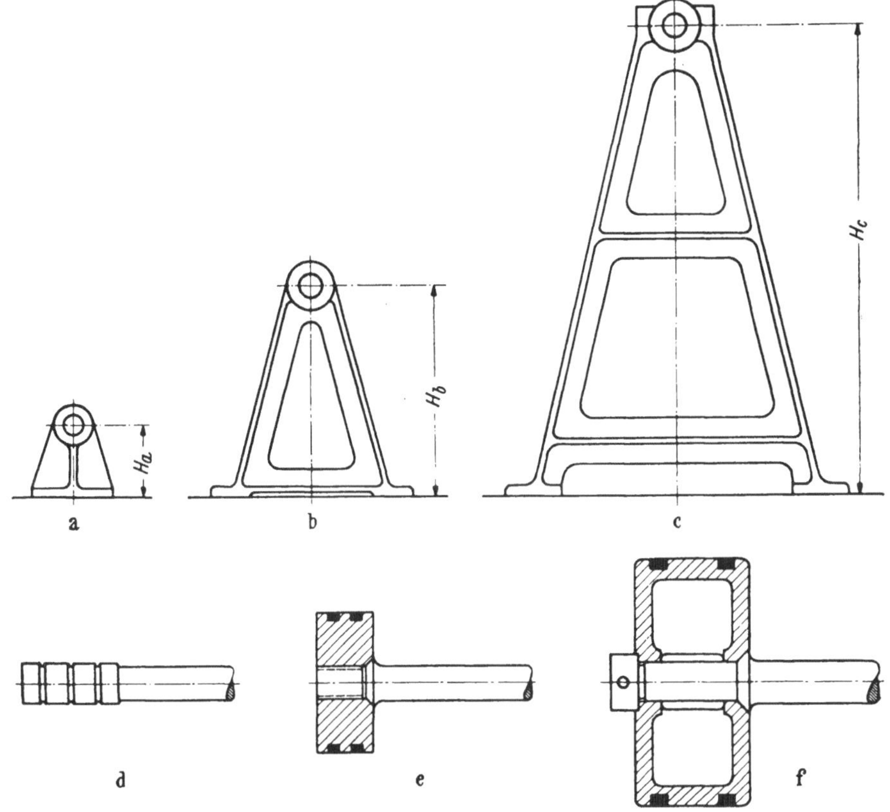

Abb. 230a–f. Einfluß der Größe auf die Gestalt

Rillen (Abb. 230 d). Bis 80 mm $\varnothing$ wird man den Kolben noch massiv ausbilden oder ausschmieden können (Abb. 230 e), während bei größeren Durchmessern die Kolben doppelwandig ausgeführt werden (Abb. 230 f).

Man sei also vorsichtig bei Übernahme von Vorbildern und achte auf Größen- und Kraftverhältnisse.

7. Der Einfluß des Gewichts auf die Gestaltung (Leichtbau)

Jeder Konstrukteur wird bestrebt sein, bei der Gestaltung von Einzelteilen und Maschinen danach zu trachten, daß er den Baustoff spart, also ihn möglichst weitgehend ausnützt, und eine Überdimensionierung vermeidet, auch wenn ihm keine Vorschriften über das Gewicht gemacht werden.

Man hat sogar dem Einsparen von Baustoff, also dem leichten Bauen, eine so große Bedeutung beigelegt, daß man als fundamentalen Grundsatz des konstruktiven Gestaltens den Satz aufstellte (KESSELRING): *„Die konstruktive Entwicklung ist so zu lenken, daß die Materialkosten ein Minimum werden."*

Zweifellos werden dadurch neben anderen Vorteilen, auf die noch eingegangen wird, die Herstellungskosten gesenkt. Es gibt Zweige des Maschinenbaus, z. B. der Fahr- und Flugzeugbau, für welche die Vorschrift nach kleinem Gewicht den Konstrukteur zwingt, nach Mitteln und Wegen zu suchen, welche dieser vordringlichen Forderung genügen.

Man hat alle diese Gesichtspunkte, welche die Erzielung einer möglichst leichten Konstruktion ermöglichen, unter der Bezeichnung „Leichtbau" zusammengefaßt. Von den Vorteilen des Leichtbaus haben auch andere Zweige der Maschinenindustrie, für welche eine Gewichtsersparnis an sich nicht vordringlich ist, wie etwa im Werkzeugmaschinenbau, Nutzen gezogen.

Es sind zwar eine Reihe von Veröffentlichungen über den Leichtbau erschienen. Sie behandeln aber nur einzelne Fragen. Damit der angehende Konstrukteur gleich mit allen Gesichtspunkten bekannt wird, sei hier eine Zusammenstellung aller der Wege angegeben, welche den erfolgreichen Leichtbau ermöglichen.

Es sind dies:

1. Eine möglichst günstige Formgebung.
2. Eine möglichst genaue Festigkeitsrechnung.
3. Die Verwendung von Schweißkonstruktionen an Stelle von Nietkonstruktionen.
4. Die Verwendung von Schweißkonstruktionen an Stelle von Gußkonstruktionen.
5. Die Verwendung hochwertiger Stähle.
6. Die Verwendung von leichten Werkstoffen.
7. Die Verwendung von Sonderprofilen.
8. Die Verwendung neuer Maschinenelemente.
9. Eine Gewichtsersparnis durch grundsätzlich anderen Aufbau.
10. Die möglichst günstige Wahl der Faktoren, welche die Wirkungsweise bestimmen.

a) Möglichst günstige Formgebung (Leichtformbau) [24]

Leicht bauen heißt, überall dort Werkstoff wegnehmen, wo er nicht voll ausgenützt wird, ohne dabei die Festigkeit des Maschinenteils zu verringern. Die Idealforderung des Leichtbaus ist daher der Körper gleicher Festigkeit. Die vordringlichste Bedingung für eine Leichtbauweise ist eine zweckentsprechende Gestaltung. Sie bildet dann die Grundlage für eine möglichst wahrheitsgetreue Berechnung der einzelnen Abmessungen.

Welche Gesichtspunkte hat nun der Konstrukteur zu beachten, um eine möglichst günstige Formgebung zu erreichen? Vor allem sollte man sich immer vor Augen halten, daß der Konstruktionsteil eine möglichst ideale Lösung eines Zweckgedankens darstellt. Er muß also die Aufgabe des Maschinenteils eindeutig und klar erkennen lassen bezüglich seines statischen, dynamischen und kinematischen Verhaltens. Unklarheiten und kleine Zugeständnisse müssen schon bei der ersten schematischen Festlegung (Prinzipkonstruktion) vernieden werden. Sie führen sonst unweigerlich zu zusätzlichen Beanspruchungen, wie Biegung und Torsion, und verhindern eine weitgehende Ausnützung des Werkstoffs.

Auf jeden Maschinenteil wirken äußere Kräfte, die in demselben innere Kräfte (Spannungen) erzeugen. Äußere und innere Kräfte stehen miteinander im Gleichgewicht. Wenn die angreifenden Kräfte nur Zug- oder Druckkräfte sind, so läßt sich der Verlauf der inneren Kräfte leicht angeben. Letztere müssen einen geradlinigen Verlauf haben, deren Richtung mit den äußeren Kräften zusammenfällt. Der Konstrukteur muß also, um werkstoffsparend bauen zu können, das Werk-

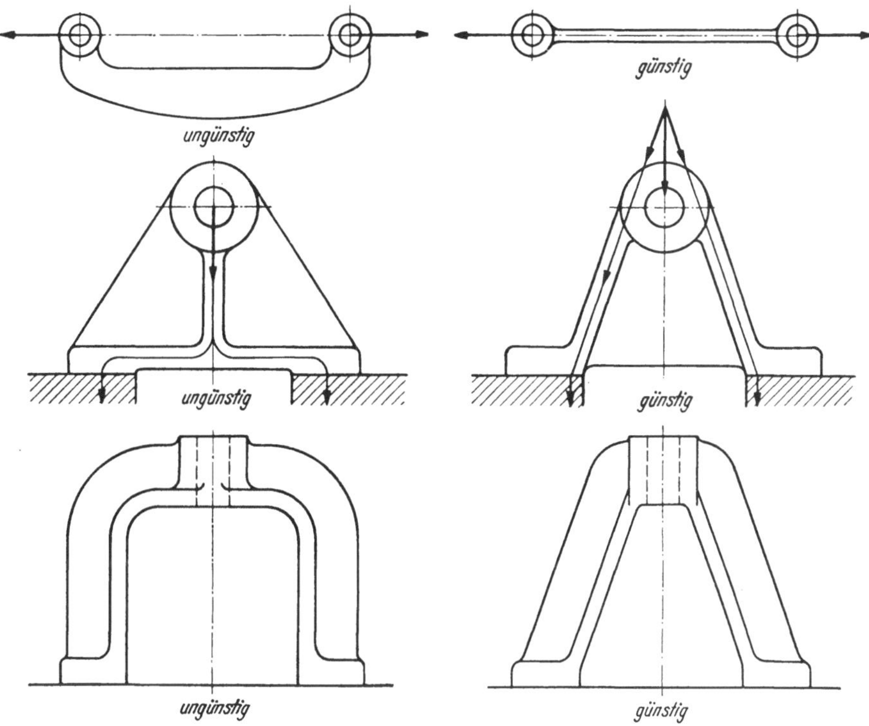

Abb. 231. Baustoffsparende Formgebung

stück so formen, daß in der Druck- oder Zugrichtung Baustoff vorhanden ist zur Aufnahme der inneren Kräfte. Ergeben äußere Zug- oder Druckkräfte einen Kraftlinienverlauf, der nicht geradlinig, sondern ein- oder mehrfach gekrümmte Formen aufweist, so ist das immer ein Zeichen dafür, daß neben Zug- und Druck-

spannungen auch Biegungsspannungen auftreten. Solche konstruktive Formen erfordern dann immer einen bedeutenden Mehraufwand an Baustoff und sind daher für den Leichtbau nicht geeignet. Die Beispiele (Abb. 231) veranschaulichen das ohne jede weitere Erklärung.

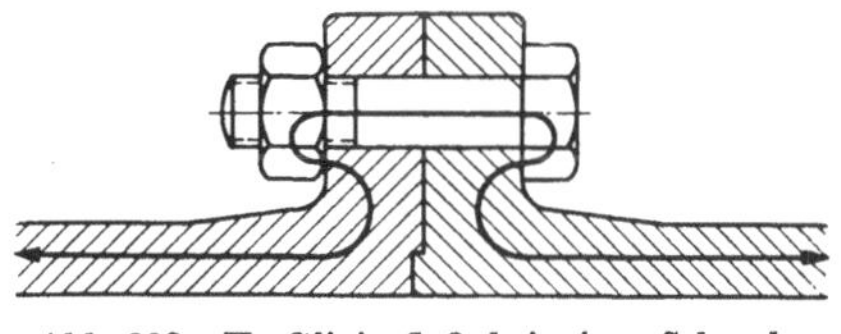

Abb. 232. Kraftlinienfluß bei einer Schraubenverbindung

Auch auf die Anschlußstellen, wo die äußeren Kräfte eingeleitet werden, oder die Verbindungsstellen, ist ein besonderes Augenmerk zu richten, weil hier, abgesehen von Schweißkonstruktionen, die Kraftübertragung und damit auch der Kraftlinienfluß recht kompliziert wird (Abb. 232). Es treten also an der Verbindungsstelle zusätzliche beträchtliche Biegungsspannungen und damit Spannungsspitzen auf, die eine vorsichtige Formgebung erfordern.

Wenn es sich um Biegungsbeanspruchung, selbst eines einfachen geraden Körpers, handelt, ist der Verlauf der Hauptspannungslinie schon recht kompliziert.
Noch schwieriger ist der Fall, wenn zur Biegung noch eine verdrehende Kraft
hinzukommt. Es verlaufen dann die Hauptspannungslinien in räumlich gekrümmten Kurven.

Man kann dem angehenden Konstrukteur raten: Vermeide durch entsprechende
Formgebung bei Zug- und Druckbeanspruchung möglichst jede zusätzliche Biegung, und sorge dafür, daß der Kraftlinienverlauf einfach, d.h. in flach gekrümmten Kurven verläuft.

Man achte auch auf die Auflagerbedingungen. Alle Bauteile sind auf irgendeine Weise miteinander verbunden. Durch richtige Wahl der Auflagerung oder Einspannung läßt sich hier schon eine Gewichtsersparnis erzielen. Kommt vornehmlich Biegungsbeanspruchung in Frage, dann ändern sich die Tragkräfte und die Durchbiegungen gemäß der Zusammenstellung (Abb. 233) bei Annahme von gleichen Querschnittsabmessungen.

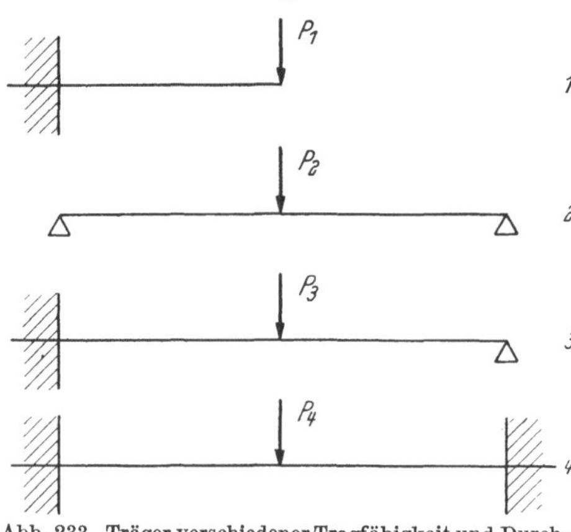

Abb. 233. Träger verschiedener Tragfähigkeit und Durchbiegung bei gleichem Querschnitt

Es werden dann bei der

Lagerung	1	2	3	4
die Tragkräfte	1	2	2,7	4
und die Durchbiegungen	1	$^1/_2$	$\frac{1}{4,5}$	$^1/_8$

bezogen auf Lagerung 1 als Einheit.

Wie man durch zweckmäßige Stützung und Auflagerung eines Bauteils werkstoffsparend gestalten kann, zeigt folgendes einfache Beispiel (Abb. 234). Es soll
ein Vordach aus Stahlkonstruktion mit gleichmäßiger Belastung möglichst leicht
gebaut werden.

Welche Ausführungsmöglichkeiten sind möglich, und welche verspricht die leichteste Bauart? Dem Konstrukteur stehen acht Ausführungsmöglichkeiten zur Verfügung. Man kann in der Praxis alle Lösungsmöglichkeiten
ausgeführt sehen. Wird aber die Forderung nach besonders leichter Bauart gestellt, dann wird sofort eine Auslese der besten Lösung zu finden sein. Die freitragende Bauart 1 wird sicher am schwersten wegen des größeren Biegungsmoments an der Einbaustelle. Etwas günstiger ist der Träger 2, welcher als Körper
gleicher Festigkeit geformt ist. Man kann auch die Träger mit einer Säule abstützen (Ausführung 3). Aber auch diese Ausführung kann noch leichter gestaltet
werden. Bei Ausführung 4 werden Druckstäbe verwendet, die aber größere Abmessungen und Gewichte ergeben als die Anordnung mit Zugstäben (Ausführung 5 und 6). Von diesen beiden Ausführungen ist wahrscheinlich 6 günstiger
bezüglich der Gewichtsersparnis. Es wäre nur noch zu untersuchen, unter welchem
Winkel α die Zugstäbe anzuordnen sind. Kleine Winkel ergeben große Zugkräfte,
aber kürzere Längen und große Winkel kleinere Kräfte, aber dafür größere Längen

und Gewichte. Die Rechnung führt auf den günstigsten Winkel von 45°. Es wäre auch noch zu untersuchen, ob die Fachwerkträger in Konkurrenz treten können mit der Ausführung 6. Von beiden letzteren ergibt die Anordnung 8 die leichtere Bauart, weil weniger Druckstäbe vorkommen als bei 7. Mit ähnlichen Problemen, Anordnung der Stäbe, Wahl der Profile usw., muß sich der Konstrukteur auch bei der Gestaltung von Fachwerken auseinandersetzen.

Die möglichst weitgehende Ausnützung des Werkstoffs führt zu dem Gedanken, daß man es überall dort wegnimmt, wo es nicht voll zur Kraftübertragung herangezogen wird. Das ist der Fall bei den Stoffschichten, welche in der Nähe der neutralen Faser liegen. Nimmt man also den Werkstoff dort weg, dann erhält man die bekannten Doppel-T-, U- und hohlförmigen Profile als die für den Leichtbau günstigsten Querschnittformen.

Für Biegungsbeanspruchung ergeben sich als günstigste Querschnittform für Gußeisen, wegen der großen Unterschiede für Zug- und Druckfestigkeit, die unsymmetrischen Formen ⊥, ⎿⏌ und für Stahlguß oder Stahl die symmetrischen Formen I, C, ▢. Ein Vergleich des an sich schon für Biegungsbeanspruchung recht günstigen, hochkant gestellten, rechteckigen Querschnitts mit dem I-Profil gleichen Widerstandsmoments zeigt (Abb. 235), daß durch die Wahl des letzteren 47% des Gewichts gespart werden können.

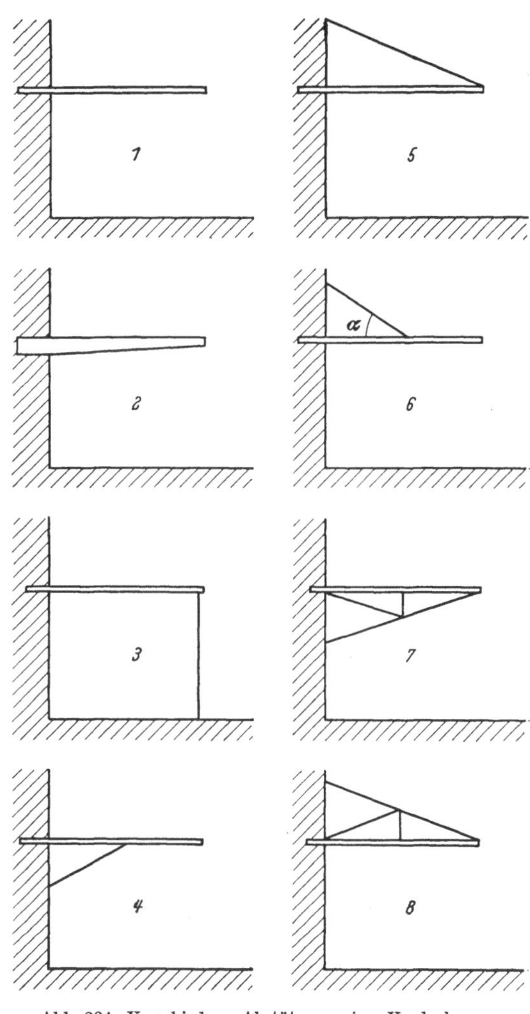

Abb. 234. Verschiedene Abstützung eines Vordaches

Wie die Werkstoffausnützung gegenüber dem rechteckigen Profil noch weiter getrieben werden kann, zeigt die Zusammenstellung nach Abb. 236 (nach Kloth).

Es gibt viele Fälle im Maschinenbau, wo nicht die Festigkeit, sondern die Formänderung maßgebend ist. Bei fast allen Werkzeugmaschinen verlangt man in erster Linie eine Formsteifheit. Dieselbe erhöht sich im um-

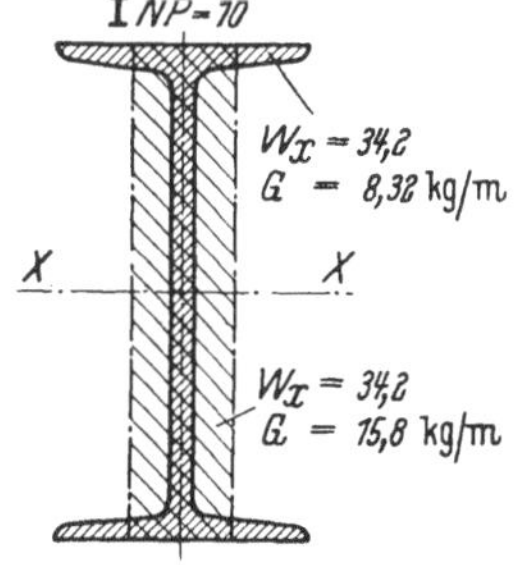

Abb. 235. Vorteil des doppel-T-förmigen gegenüber dem rechteckigen Querschnitt

| Bauformen | Werkstoffaufwand | |
	in kg	in %
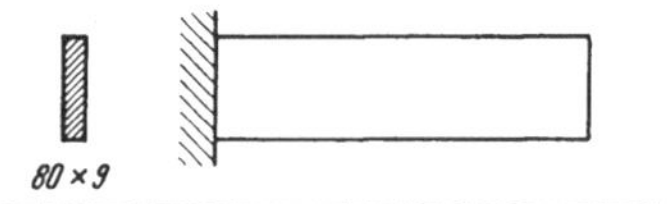 80×9	5,9	100
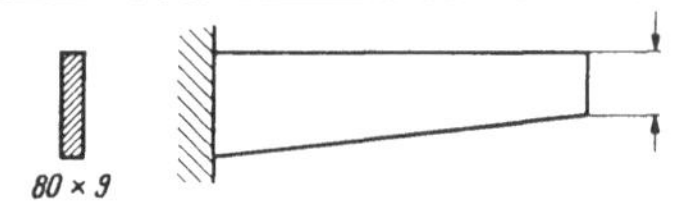 80×9	4,4	74,6
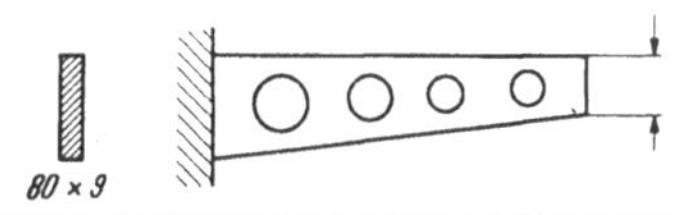 80×9	4,0	67,8
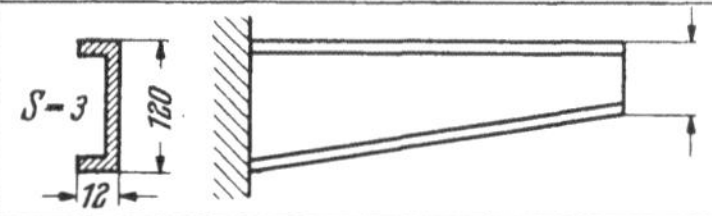 S-3, 120, 12	2,5	42,4
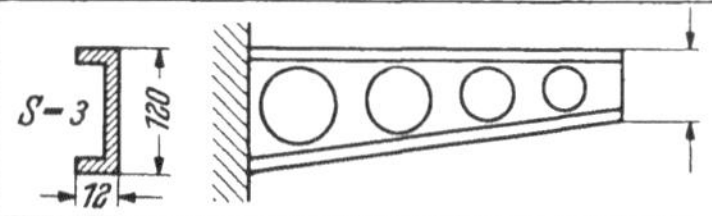 S-3, 120, 12	1,7	28,8

Abb. 236. Gewichte verschiedener Träger gleicher Beanspruchung (nach KLOTH)

| | Trägheits-moment cm^4 | Durch-biegung cm | Starrheit kg/μ | Werkstoffaufwand | |
				kg	%
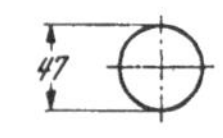 47	24	0,66	0,75	13,6	100
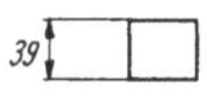 39	19,3	0,82	0,72	12,0	88
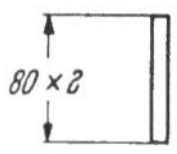 80×2	38,4	0,41	0,24	5,9	43
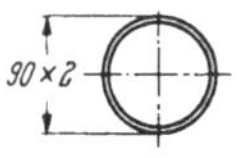 90×2	53	0,30	0,33	6,8	50
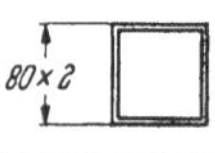 80×2	68	0,23	0,43	4,7	35
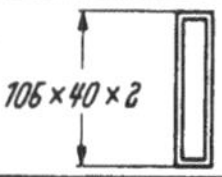 106×40×2	78	0,20	0,50	4,4	32

Abb. 237. Starrheit und Werkstoffaufwand

gekehrten Verhältnis zur Durchbiegung. Man hat für die Formsteifheit den Begriff Starrheit geschaffen und versteht darunter

$$\text{Starrheit} = \frac{\text{Belastung}}{\text{Durchbiegung}} = \frac{P}{f} \left[\frac{\text{Kg}}{\mu}\right],$$

wobei $f =$ Federung in $\frac{1}{1000}$ mm $= [1\,\mu]$.

Es ist zweifellos richtig, daß man durch Verstärkung der Abmessungen einen Körper für ruhende Belastung biegungssteifer, also starrer, konstruieren kann. Die Zunahme des Trägheitsmomentes kann aber in diesem Falle nur durch eine verhältnismäßig große Erhöhung des Gewichts erreicht werden. Zur Erreichung dieses Ziels gibt es aber einen viel einfacheren Weg. Man wähle eine günstigere Querschnittsform (Abb. 237). Durch diese Maßnahme kann der Maschinenteil nicht nur starrer, sondern auch bedeutend leichter gebaut werden.

Dies gilt nicht nur für ruhende, sondern auch für dynamisch beanspruchte Bauteile. Ein einfaches Beispiel möge das erläutern [30]. Die kritische Drehzahl einer Vollwelle von 50 mm ∅ liegt bei einem Lagerabstand von 1800 mm bei 1900 U/min. Bei einer Rohrwelle von 85 mm ∅ und 2,5 mm Wandstärke, also gleichem Widerstandsmoment, liegt dagegen die kritische Drehzahl erst bei 4100 U/min:

Wir wissen bereits, daß das Rohr die günstigste Querschnittsform für Verdrehung aufweist. Die Abb. 238 zeigt das Verhalten verschiedener Querschnittsformen bei Verdrehungsbeanspruchung, und zwar für gleichen Baustoffaufwand. Der Doppel-T-Träger kann also kaum den zehnten Teil des Drehmomentes aufnehmen, während er die größte Widerstandsfähigkeit gegen Biegung hat.

Durch die Wahl rohrförmigen Querschnitts lassen sich also bedeutende Gewichtsersparnisse erzielen, wie Abb. 239 zeigt.

Der Leichtbau in Stahl ist ohne die Schweißtechnik nicht denkbar. Es wurde schon bei der Besprechung der Gestaltung von Schweißkonstruktionen darauf hingewiesen, daß zur Erzielung von schweißgerechten Konstruktionen

1. die Plattenbauweise,   3. die Hohlbauweise,
2. die Lamellenbauweise,   4. die Zellenbauweise.

in Frage kommen (Abb. 155).

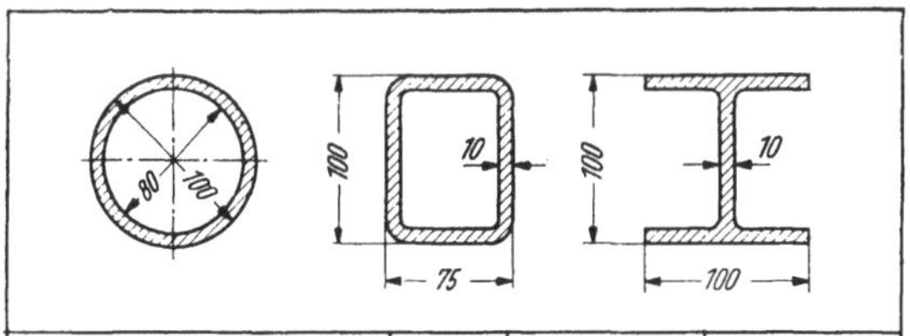

Querschnittsform	Gewicht kg/m	ertragbares Biegungsmoment cm·kg	ertragbares Drehmoment cm·kg
Rohr	22	$58 \cdot \sigma_{zul}$	$116 \cdot \tau_{zul}$
Kastenquerschnitt	22	$67 \cdot \sigma_{zul}$	$113 \cdot \tau_{zul}$
Doppel – T – Träger	22	$90 \cdot \sigma_{zul}$	$10 \cdot \tau_{zul}$

Abb. 238. Biegungs- und Drehfestigkeit bei gleichem Werkstoffaufwand (nach THUM)

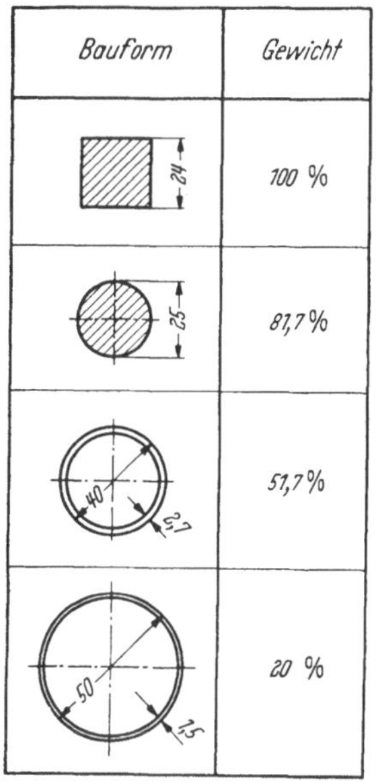

Bauform	Gewicht
	100 %
	87,7 %
	51,7 %
	20 %

Abb. 239. Gewichte bei gleichem polaren Widerstandsmoment

Die beiden ersten Bauarten sind nur dort gerechtfertigt, wo es sich um reine Festigkeit handelt. Wenn es sich dagegen um kleine Formänderungen und schwingungssteife Konstruktionen handelt, dann wird man die Hohl- und besonders die Zellenbauweise wählen. Mit diesen Bauweisen wird die größte Werkstoffersparnis und Starrheit erreicht. Sie wird auch vorzugsweise im Werkzeugmaschinenbau verwendet, wo ja meistens die Formsteifheit eine größere Rolle spielt als die Festigkeit.

Die meßtechnischen Untersuchungen der Spannungsverteilung in Maschinenteilen haben ergeben, daß die Spannungen dann ungleichmäßig über den Querschnitt verteilt sind, wenn Einschnürungen und scharfe Querschnittsänderungen vorhanden sind, also bei Eindrehungen, Hohlkehlen, Nuten, Bohrungen, Absätzen, Bunden, Ecken, Kanten, Rippen usw. Es bilden sich an diesen Stellen Spannungsspitzen aus, welche beträchtlich größer sind als die gleichmäßig angenommenen Nennspannungen und Anlaß zu Brüchen geben.

Es sind in der Literatur schon viele Beispiele über die Entstehung von Kerbwirkungen und deren Verringerung veröffentlicht [25]. Dem Anfänger kann nur dringenst empfohlen werden, diese Veröffentlichungen zu studieren. Einige der wichtigsten Fälle, welche dem Konstrukteur immer wieder begegnen, seien angeführt (Abb. 240). Dabei stellen die Abbildungen mit einem Stern die gefährlichsten Ausführungen dar, während die Abbildungen mit mehr Sternen die Ver-

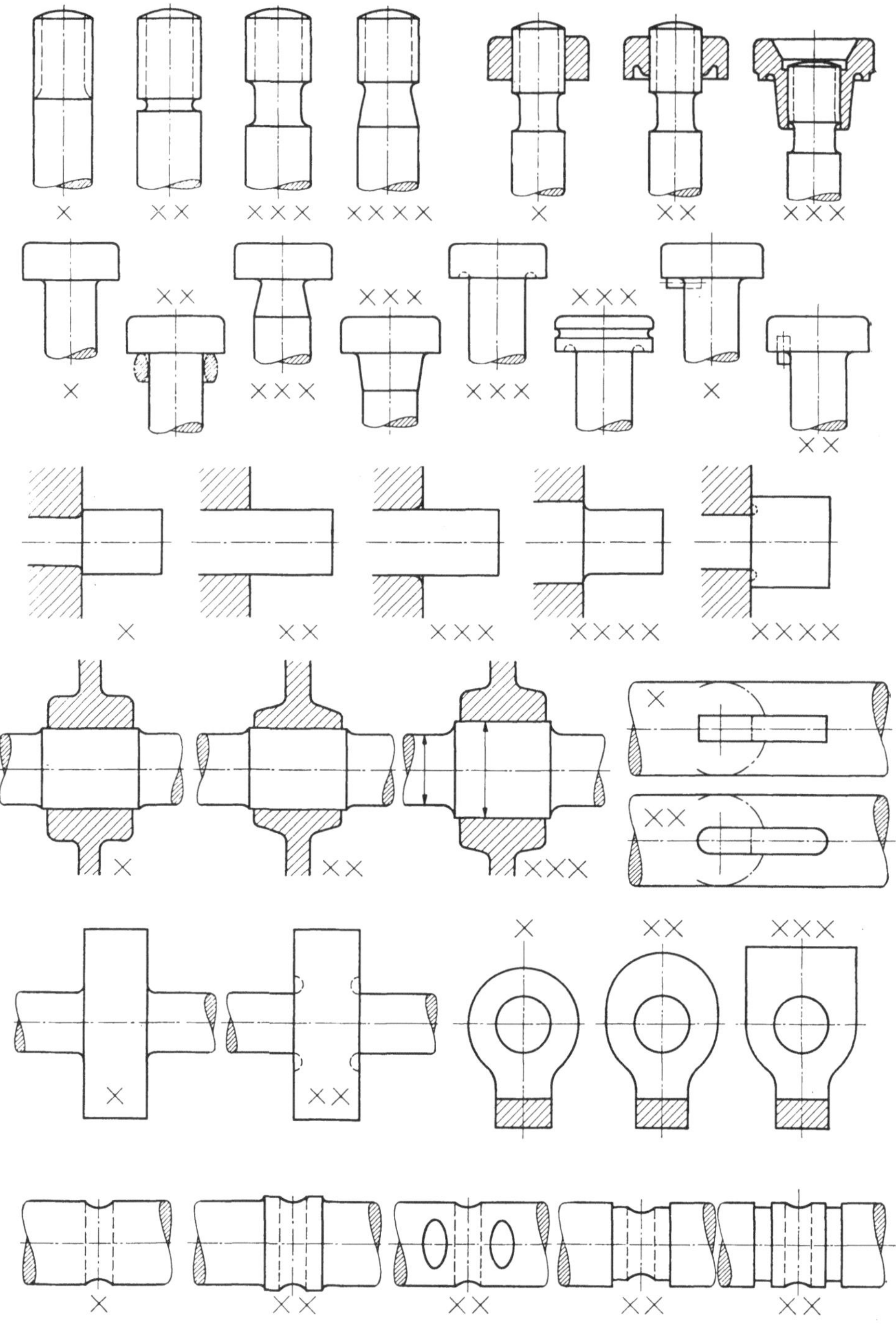

Abb. 240. Kerbwirkungen

meidung zu hoher Spannungsspitzen zeigen. Eine Verringerung der Spannungsspitzen kann durch günstige Formgebung oder durch fertigungstechnische Maßnahmen erzielt werden.

Es ist nicht notwendig, daß die Schweißkonstruktionen mit scharfen Ecken ausgeführt werden (Abb. 241a). Durch Abbiegen der Bleche in der Abkantmaschine erhält man Querschnitte mit abgerundeten Ecken, welche gegenüber den scharfkantigen Ausführungen eine größere Steifigkeit und sogar noch den Vorteil haben, daß weniger Schweißnähte erforderlich sind (Abb. 241b).

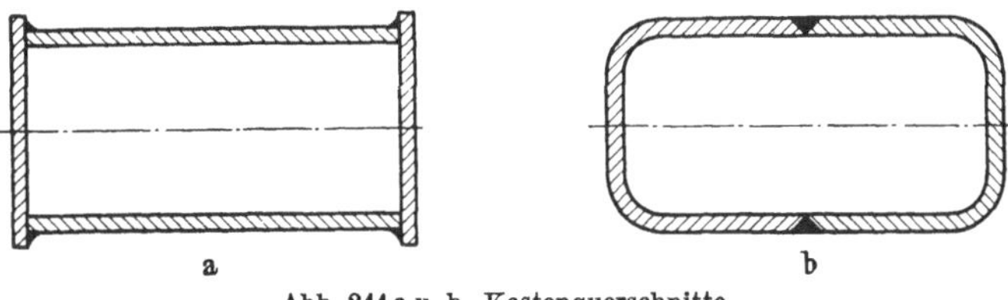

Abb. 241a u. b. Kastenquerschnitte

Den geringsten Stoffaufwand und zugleich die größte Starrheit auch gegen Verdrehen gewährleistet die Zellenbauweise. Die Zellen werden gebildet durch dünne Bleche gleicher Stärke und meistens auch gleicher Größe, welche zu ebenen Wänden diagonal oder senkrecht eingebaut werden. Abb. 242 zeigt einige der gebräuchlichsten Arten des Einbaus.

Soll eine Konstruktion schwingungssteif sein, wie das bei vielen Werkzeugmaschinen der Fall ist, so muß man möglichst gedrungen bauen. Der Konstruk-

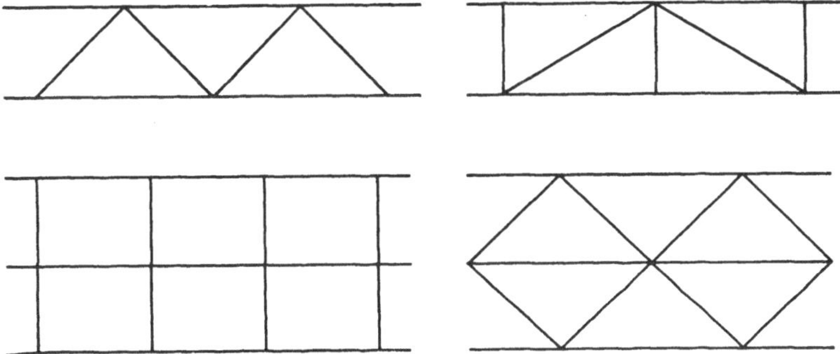

Abb. 242. Versteifungsrippen bei der Zellenbauweise

teur erreicht das dadurch, daß er den Werkstoff möglichst weit weg von der neutralen Faser anordnet und die freie Länge verkürzt. Man bekommt auf diese Weise eine größere Starrheit durch Höherlegen der Schwingungszahl.

Große ebene Flächen neigen natürlich zum Flattern. Eine Vorausberechnung der Schwingungen ist selten möglich. Man muß sich auf den Versuch verlassen. Stellen sich aber nachträglich solche Schwingungen ein, so kann man bei den Schweißkonstruktionen ja leicht Abhilfe dadurch schaffen, daß man durch eingeschweißte Rohre die parallelen Wände verbindet. Es lassen sich auch Rippen anbringen. Dabei ist aber Vorsicht geboten, denn bei hohen Rippen bekommt man große Spannungsspitzen. Eine Verstärkung der Wände durch Sicken ist meistens vorteilhafter. Man kann auch durch eine Wölbung der Wände die Neigung zu großen Schwingungen verhindern.

Den gewichtssparenden Vorteil der Hohlbauweise hat sich der Fahrzeugkonstrukteur zunutze gemacht und den ganzen Wagenkasten, Untergestell, Seitenwände und Dach zur Aufnahme der Kräfte herangezogen, welche früher nur vom Untergestell getragen werden mußten. Es entstand dadurch ein großes geschlossenes Rohr, welches eine außerordentliche Biegungs- und Verdrehungssteifigkeit besitzt. Auch der Bau der Flügel und Rümpfe von Flugzeugen ist heute ohne Schalenbauweise undenkbar.

Die Steifigkeit der Verkleidungsbleche wird durch entsprechende Formgebung, Wölbungen, Sicken oder Wellungen nach Abb. 243 erhöht.

Abb. 243. Aussteifung von Verkleidungsblechen

Die Wegnahme von Werkstoff aus der neutralen Zone führt zu einem Leichtbauelement, das ATG.-Doppelblech, welches nach allen Richtungen größte Biegungssteifigkeit besitzt (Abb. 244). Bei demselben sind in regelmäßigen Abständen Krater eingedrückt, welche durch Punktschweißung miteinander verbunden werden. Auf diese Weise sind Gewichtsersparnisse bis 60% möglich. Neuerdings werden die Bleche auch durch eine Zwischenlage von Kunststoff zusammengehalten und für die selbsttragende Kastenbauweise im Waggonbau verwendet.

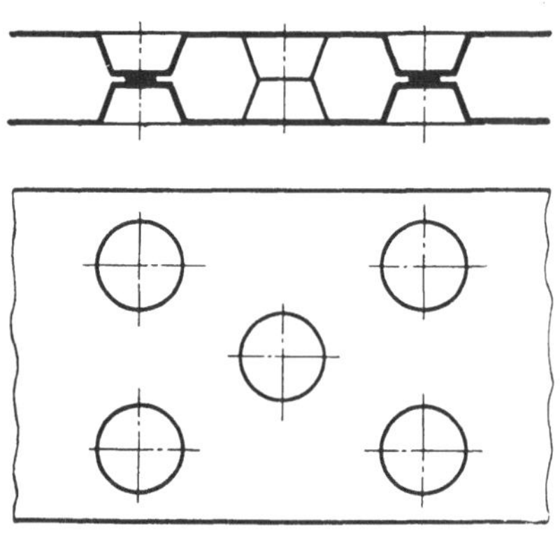

Abb. 244. Doppelblech

Es ist bekannt, daß die auf Druck und Knickung beanspruchten Teile mehr Stoff erfordern als solche, welche nur auf Zug beansprucht werden. Für den Konstrukteur besteht nun beim Leichtbau die Aufgabe darin, durch entsprechende Formgebung dafür zu sorgen, daß die Druckfestigkeit des Stoffes auch wirklich voll ausgenützt wird. Da sich für diese Beanspruchung die Hohlprofile am besten eignen, muß der Konstrukteur danach trachten, einen möglichst großen Trägheitsradius bei relativ kleinen Wandstärken zu erreichen. Da die Druckkräfte und Baulängen fast immer gegeben sind, ist der WAGNERsche Kennwert $\sqrt{\dfrac{P}{e}}$ ein gutes Mittel zur richtigen Wahl der günstigsten Querschnittsform [*31*].

Ein sehr schönes Beispiel dafür, wie der Konstrukteur durch zweckmäßige Gestaltung einen einfachen Kraftlinienfluß und damit die sparsamste Verwendung von Werkstoff erzielt, sind die geschweißten Gestelle für große Verbrennungsmotoren. Während bei der Verwendung von Gußgehäusen der Kraftlinienfluß auf unbekannten Wegen vom Zylinder zum Kurbelwellenlager sich bewegt, werden durch die Verwendung von Zugankern oder Zugbändern (Abb. 245) die Zugkräfte nur auf diese Teile beschränkt und dadurch das Gestell entlastet.

Die großen Erfolge, durch günstige Gestaltung von Schweißkonstruktionen allein schon eine wesentliche Gewichtsersparnis zu erzielen, haben die Konstrukteure angeregt, die Prinzipien des Leichtformbaus auch bei den Gußkonstruktionen anzuwenden. Bieten doch die gießbaren Werkstoffe den großen Vorteil fast unbeschränkter Formgebung. So kann es leicht vorkommen, daß komplizierte Teile in Stahl (geschweißt) trotz geringer Stückzahl teurer kommen als Ausführungen in Gußeisen.

Freilich mit den alten Werten über Gußeisen und den überlieferten Ansichten über die Dimensionierung ist wegen der geringen Festigkeitswerte nicht viel zu erreichen. Bei Ausnützung der Festigkeit von Gußeisen wird wohl jeder Konstrukteur, besonders dann, wenn es sich um weitgehende Ausnützung derselben handelte, ein gewisses Gefühl der Unsicherheit gehabt haben.

Heute stehen aber dem Konstrukteur Gußeisensorten mit einer Zugfestigkeit von 35 kg/mm² und noch weit darüber zur Verfügung. Der Konstrukteur hat also in Gußeisen auch einen Werkstoff, welcher bezüglich der Festigkeit dem einfachen Baustahl schon sehr nahe kommt. Es kommt also nur darauf an, im Hinblick auf den Leichtbau so zu gestalten, daß diese Eigenschaften voll ausgenützt werden können.

Für den Leichtbau in Gußeisen gelten praktisch die gleichen Gesichtspunkte wie für den Stahlbau. In erster Linie muß der Konstrukteur bestrebt sein, so weit als möglich alle Kerbwirkungen zu vermeiden.

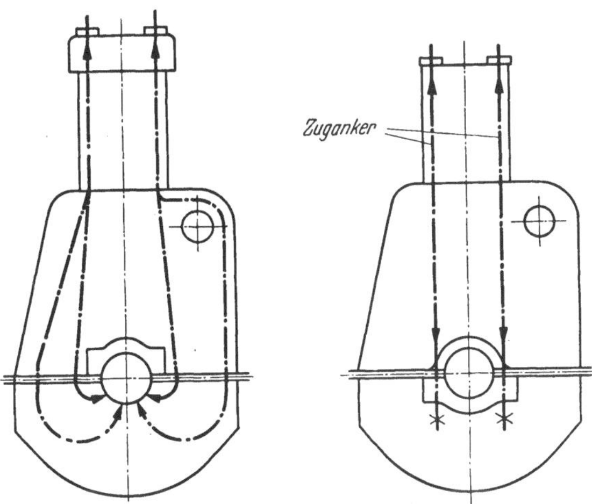

Abb. 245. Günstiger Kräftefluß bei der Zugankerkonstruktion

Die Übergänge müssen daher nicht nur aus rein gießtechnischen Erfordernissen, sondern auch aus festigkeitstechnischen Erwägungen heraus sorgfältig, d.h. sanft ausgebildet werden (s. S.65).

Durch entsprechende Gesamtanordnung oder entsprechenden Aufbau hat es der Konstrukteur immer in der Hand, dafür zu sorgen, daß die Kraftlinien keinen komplizierten Verlauf nehmen, sondern in möglichst wenig gekrümmten Bahnen verlaufen.

Dem unterschiedlichen Verhalten bei Zug- und Druckbeanspruchung wird beim Gestalten dadurch Rechnung getragen, daß der Konstrukteur die unsymmetrischen Querschnittsformen ⌶, ⊥, △, verwendet. Man kann dann damit rechnen, daß die Bruchgefahr auf beiden Seiten ungefähr die gleiche wird.

Überall, wo Verdrehungsbeanspruchungen auftreten, sollte man die Hohlform verwenden. Die Rohrform ist natürlich am günstigsten, wie in Abb. 238 schon gezeigt wurde.

Wenn es sich ermöglichen läßt, sollte daher der Konstrukteur nur geschlossene Profile verwenden und Verrippungen vermeiden. Die geschlossene Bauweise ist bedeutend steifer und bringt eine beachtliche Gewichtsersparnis. THUM schlägt daher folgende Ausführungen für den Leichtbau vor (Abb. 246).

Es kann natürlich auch vorkommen, daß die geschlossene Bauweise nicht anwendbar ist. In diesem Falle muß man verrippte Formen ausführen. Hier ist aber zu beachten, daß die Rippenform von der vorliegenden Beanspruchungsart abhängig ist. Hohe Rippen ergeben zwar bei ruhender Belastung größte Tragfähigkeit bei geringer Durchbiegung. Das Aufnahmevermögen von Schlagarbeit

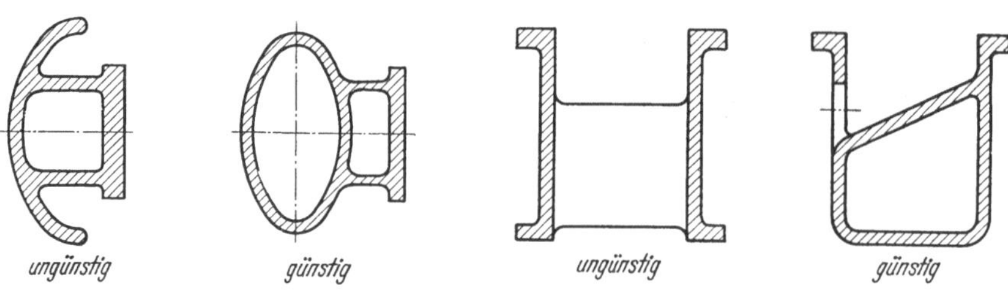

Abb. 246. Querschnitte für Leichtbau in Graugruß (nach THUM)

ist aber bei solchen Ausführungen sehr gering. Es besteht auch die Gefahr der Ausbildung von Spannungsspitzen. Die Aufnahmefähigkeit von Schlagarbeit ist bei der unverrippten Platte sehr groß. Handelt es sich also um größte Tragfähigkeit und Aufnahme von größeren Formänderungen, so wird man niedrige und breitere Rippen vorziehen (Abb. 90).

Es ist also sehr wohl möglich, durch Beachtung all dieser Gesichtspunkte auch bei Gußstücken eine sehr hohe Gestaltfestigkeit zu erreichen, so daß sie mit Stahlkonstruktionen in Konkurrenz treten können. Man denke nur an die Kurbelwelle aus Gußeisen, welche nach obigen Gesichtspunkten gestaltet wurde.

Der Konstrukteur, welcher sich vor eine Aufgabe des Leichtbaus gestellt sieht, soll daher in erster Linie daran denken, daß der Leichtformbau die Grundlage ist für die Berechnung und alle weiteren konstruktiven Maßnahmen. Die Gesichtspunkte, welche er dabei zu beachten hat, sind folgende:

Merkregeln

1. Möglichste Klarstellung der statischen und dynamischen Kraftverhältnisse.
2. Möglichst symmetrischer Kraftantrieb.
3. Zweckmäßige Stützung und Lagerung.
4. Die Wahl einer möglichst gedrungenen Bauweise.
5. Erzielung eines möglichst günstigen Kraftflusses.
6. Ermittlung der Kerbstellen und deren Beseitigung.
7. Die Wahl günstiger Profile.
8. Die Verwendung der Hohl- und Zellenbauweise oder Schalenbauweise.
9. Die Versteifung ebener Flächen durch Abstützung, Sicken und Rippen.
10. Die Beachtung aller Gesichtspunkte für die Schweißkonstruktion.

Übungsaufgabe

29. Aufgabe. Der Bügel für eine Vorrichtung zum Nieten wird gewöhnlich in Gußstahl ausgeführt und hat dann die Form nach Abb. 247. Die größten Spannungen treten dabei in dem gebogenen Teil auf. Die Berechnung auf Festigkeit kann in diesem Teil nur in einzelnen Schnittebenen annähernd vorgenommen werden und ergibt große Abmessungen.

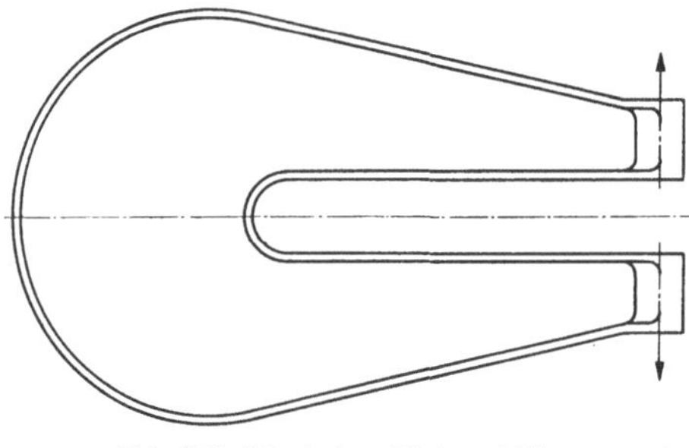
Abb. 247. Bügel einer Nietvorrichtung

Man versuche nun den Bügel so zu gestalten, daß die Beanspruchung desselben auf eine der bekannten Belastungsfälle zurückgeführt werden kann und damit die Berechnung einfach und klar wird. Es sollen nur Vorschläge über eine wirtschaftliche Gestaltung ohne Rechnung gemacht werden.

b) Möglichst spannungstreue Festigkeitsberechnung [25]

Der Gedanke, durch die Berechnung den Werkstoff möglichst voll auszunützen, hat nur dann einen Erfolg, wenn, wie im vorhergehenden Abschnitt gezeigt wurde, die Form so weit vereinfacht ist, daß der Konstrukteur eine Berechnung unter sehr weitgehender Anlehnung an den idealen Belastungsfall durchführen kann.

Mit dem Gefühl, mit Relativzahlen, mit Erfahrungswerten oder empirischen Formeln ist natürlich das gesteckte Ziel nicht zu erreichen. Der verantwortungsvolle Konstrukteur wird bei der Verwendung solcher Formeln auch immer ein Gefühl der Unsicherheit haben, schon aus dem Grunde, weil ihm ja oft die Herkunft dieser Formeln nicht bekannt ist. Er weiß also nie, wie weit der Baustoff festigkeitsgemäß ausgenützt wird, sich die Spannungen über den Querschnitt verteilen und wo die größten Spannungen auftreten. Von einem Leichtbau, der sich auf die wirtschaftliche Ausnützung des Baustoffs gründet, kann also unter diesen Voraussetzungen keine Rede sein.

Die Lehren der klassischen Mechanik hatten zweifellos große Vorteile für den gestaltenden Konstrukteur. Sie ermöglichten ihm auf Grund wissenschaftlicher Erkenntnisse die Bemaßung der Bauteile vorauszuberechnen. Allerdings weiß schon der Anfänger, daß er seine Berechnung nur auf einfache Formen, wie gerade, zylindrische oder prismatische Stäbe, kreisförmig gebogene Stäbe, ebene oder kugelig geformte Scheiben, Ringe oder Rohre zurückführen muß. Hier tritt aber schon die erste Schwierigkeit auf, denn es ist sehr selten, daß sich die Gestalten der Bauelemente auf diese einfachen Formen zurückführen lassen.

Der Konstrukteur ist also gezwungen Annahmen zu machen, die sich oft nur sehr annähernd mit den einfachen Grundformen decken. Ist es da ein Wunder, wenn im ausgeführten Maschinenteil Spannungen auftreten, die größer sind als die der Berechnung zugrunde gelegten, und der Teil bricht?

Es kommt aber noch etwas dazu, was die Berechnung unsicher gestaltet. Die alte Festigkeitslehre geht davon aus, daß sich die Spannungen bei Zug und Druck gleichmäßig über den Querschnitt verteilen und Biegungs- sowie Torsionsspannungen geradlinig ansteigen. Diese Annahme deckt sich mit der Wirklichkeit nicht. In Erkenntnis dieser Erscheinung hat man der Berechnung einen Sicherheitsfaktor beigegeben. Wenn man aber bedenkt, daß derselbe besonders bei dynamischer Beanspruchung bis zu 20 betragen kann und oft für einen bestimmten Belastungsfall bis zu 50% und mehr schwankt, dann wird man nicht behaupten können, daß man mit dieser Rechnungsmethode werkstoffsparend und damit „leicht" bauen kann.

Wie im vorhergehenden Abschnitt erwähnt, treten bei Eindrehungen, Nuten, Bohrungen und allen plötzlichen Querschnittsänderungen Spannungsspitzen, sogenannte Kerbwirkungen auf, welche bedeutend größer sind als die über den Querschnitt gleichmäßig verteilten Nennspannungen. Aus dieser Erfahrung heraus hat man auf Grund vieler Versuchsreihen eine neuere Festigkeitslehre entwickelt, welche auch die Gestalt berücksichtigt. Die wichtigste Erfahrung, die man dabei machte, war die Tatsache, daß die Festigkeit nicht nur vom Stoff, sondern auch von der Gestalt, der Art der Beanspruchung und der Zeit abhängig ist. Der angehende Konstrukteur muß sich unbedingt auch mit dieser Theorie bekannt machen, denn eine genauere, d.h. gewichtssparende Berechnung der Maschinenteile kann nur auf Grund der neueren Festigkeitslehre erfolgen.

Der Verlauf der Kraftlinien zeigt dem Konstrukteur, wo die größten Spannungen (Spannungsspitzen) auftreten. Leider sind wir noch nicht so weit, daß wir auf Grund bestimmter Gesetzmäßigkeiten den Kraftlinienverlauf für einen neu entwickelten Maschinenteil zeichnen könnten. Der Konstrukteur ist gezwungen, die bereits bekannten Fälle zu studieren, um ein Gefühl zu bekommen für den wahrscheinlichen Kraftlinienfluß.

Die zahlenmäßige Größe der Spannungsspitze wird durch die Formzahl ausgedrückt, welche das Verhältnis der höchsten Spannung zur gleichmäßig verteilten Nennspannung angibt. Solche Formzahlen sind schon für eine ganze Reihe von einfachen Konstruktionsteilen durch Versuch bestimmt worden und dem Konstrukteur in der Literatur [25] zugänglich.

Wenn man keine Anhaltspunkte für die wirkliche Verteilung der Spannungen in einem Werkstück hat, dann bleibt nur noch der Weg der direkten Messung.

Im übrigen gelten für die Berechnung dieselben Überlegungen, wie sie schon in dem Abschnitt über „den Einfluß der mechanischen Beanspruchung auf die Gestaltung" erläutert wurden (s. S. 57). Es seien hier nochmals die wichtigsten Gesichtspunkte hervorgehoben.

1. Die Festlegung einer möglichst günstigen Form zunächst nur nach den Gesetzen der klassischen Festigkeitslehre.

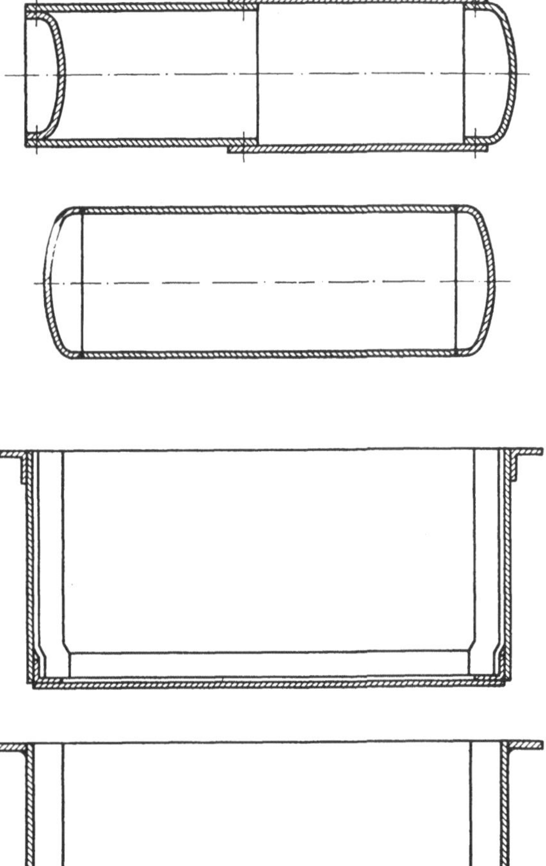

Abb. 248. Vergleich von Niet- und Schweißkonstruktionen

2. Abbau der Spannungsspitzen, s. S. 156, nach Ermittlung der Kerbstellen.

3. Die endgültige Berechnung und Dimensionierung nach den Lehren der Dauer- und Gestaltfestigkeit.

c) Verwendung von Schweißkonstruktionen an Stelle von Nietkonstruktionen [26]

Bei der Besprechung der Gestaltung von Schweißkonstruktionen (S. 101) haben wir gesehen, daß die Schweißverbindungen einen viel günstigeren Kraftlinienfluß ermöglichen als die Nietkonstruktionen. Man kann daher auf alle die Hilfsmittel, welcher die Niettechnik bedarf, wie Laschen, Überlappungen, Versteifungswinkeln und evtl. Knotenbleche verzichten. Das bedeutet eine Verminderung des Gewichts und spricht für eine Verwendung der Schweißtechnik überall da, wo eine leichte Bauweise gefordert wird.

Am einfachsten erkennt man diesen Vorteil an den Beispielen (Abb. 248).

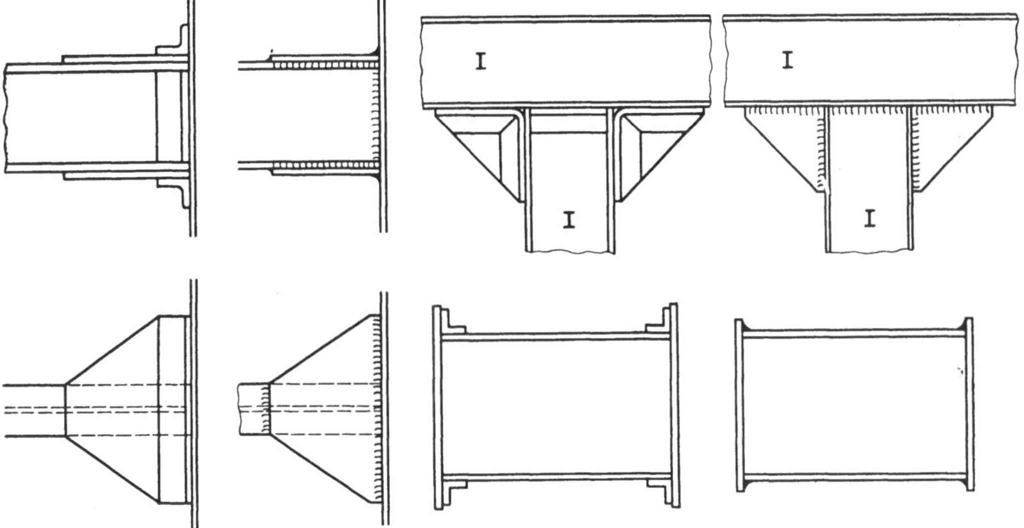

Abb. 249. Verbindungen in Niet- und Schweißkonstruktion

Infolge des einfachen Kraftlinienflusses sind hier Festigkeitsverhältnisse viel günstiger und auch der Berechnung zugänglicher. Es ist durchaus nicht notwendig, die Schweißkonstruktionen von ebenflächigen Körpern, z. B. Behältern mit scharfen Kanten, auszuführen. Solche Kanten sind immer Stellen besonders hoher Beanspruchung. Man kann, im Gegensatz zu den Nietkonstruktionen, die Ecken leicht abrunden und dadurch die Festigkeit und Steifigkeit der Konstruktion erhöhen.

Im Fachwerkbau wird schon seit je der Grundsatz des Leichtformbaues berücksichtigt. Man schafft klare Kraftverhältnisse (durch den Kräfteplan), verwendet nur Zug- und Druckkräfte und legt in diese Kraftrichtungen den Baustoff. Wie die Erfahrung gezeigt hat, kann selbst hier noch durch die Schweißtechnik Gewicht eingespart werden. In viel höherem Maße ist das der Fall bei Fachwerken aus Rohr, weil hier mit der Niettechnik nichts zu erreichen ist.

Größere Gewichtsersparnisse bringt die Schweißtechnik aber, wenn es sich um Doppel-T-Träger oder Blechkonstruktionen handelt. Die Versteifungswinkel werden hier überflüssig und es ergeben sich leichte und elegante Konstruktionen (Abb. 249).

Die Hauptvorteile der Schweiß- gegenüber den Nietkonstruktionen sind also kurz zusammengefaßt:

1. geringes Gewicht,   4. größere Festigkeit,
2. geringe Herstellungskosten,   5. größere Steifigkeit.
3. glatte Oberfläche (einfaches Aussehen),

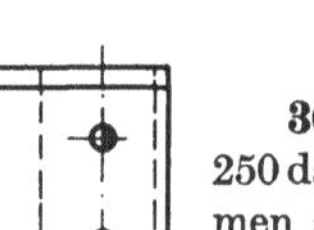

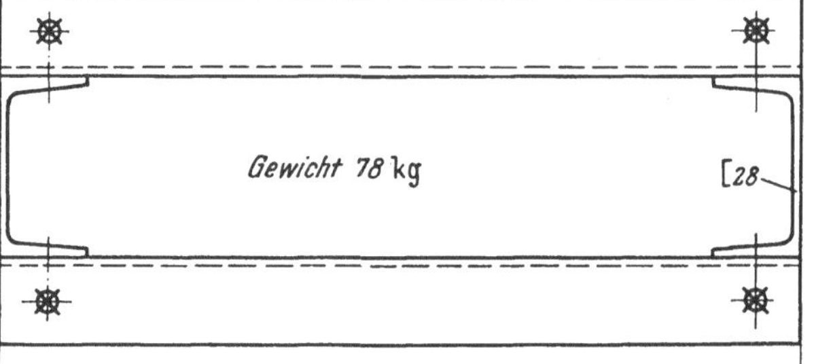

Abb. 250. Genieteter Rahmen

Übungsaufgabe

30. Aufgabe. Der in Abb. 250 dargestellte genietete Rahmen soll in Schweißkonstruktion so ausgeführt werden, daß eine nennenswerte Gewichtsersparnis dabei erzielt wird.

d) Verwendung von Schweißkonstruktionen an Stelle von Gußteilen (Stahlleichtbau) [27]

Für den Konstrukteur darf es keine vorgefaßten Meinungen oder Anhänglichkeiten geben. Die Maßnahmen, welche er ergreift, müssen vom wirtschaftlichen Gesichtspunkt aus diktiert werden. Diese gelten auch bezüglich der Verwendung des geeigneten Baustoffs. So muß das Ziel des Leichtbaues die Herabsetzung des Gewichts je Leistungseinheit sein.

Maßgebend für das Streben des Konstrukteurs ist also das

$$\text{Verhältnis} = \frac{\text{Aufwand}}{\text{Leistung}},$$

wobei unter Aufwand nicht nur das Gewicht, sondern auch das Volumen des Werkstoffs, der Aufwand an Kraftbedarf, an Unterhaltungskosten, an Herstellungskosten, an Beförderungskosten usw. zu verstehen ist. Es gibt Fälle, wo das Gewicht und der Raumbedarf die ausschlaggebende Rolle spielen, wie im Fahr- und Flugzeugbau, während z. B. bei Werkzeugmaschinen und Landmaschinen alle anderen Gesichtspunkte des Aufwandes ungefähr gleiche Bedeutung zukommt.

Die Schweißtechnik, und besonders die Elektroschweißung, hat es dem Konstrukteur ermöglicht, Gußkonstruktionen weitgehendst durch Stahl zu ersetzen. Dabei soll aber gleich erwähnt werden, daß man nicht in den Fehler verfallen darf, zu glauben, daß Gußeisen nun unter allen Umständen zu vermeiden ist. Wir haben schon gesehen, daß es sehr wohl möglich ist, auch in Gußeisen leicht zu gestalten (s. S. 159). Außerdem haben die Gußbaustoffe den großen Vorteil fast unbeschränkter Gestaltungsfähigkeit, so daß z. B. kleinere, sehr verwickelte Motorengehäuse mit den vielen Anschlußstellen in Aluminiumguß billiger und leichter zu bauen sind als in Stahl.

Es kann nicht oft genug darauf hingewiesen werden, daß der Konstrukteur material- und herstellungsgerecht gestalten muß, d. h. also, in Stahl ist nach anderen Gesichtspunkten als in Gußeisen zu formen. Allein die Tatsache, daß normaler Grauguß nur Zug- und Biegefestigkeitswerte hat, welche kaum die Hälfte derjenigen vom einfachen Baustahl erreichen, gestattet dem Konstrukteur, bei Stahl mit geringeren Abmessungen auszukommen. Aber auch der Elastizitätsmodul von Grauguß ist im Durchschnitt nicht einmal halb so groß wie bei Stahl, d.h. also, daß bei gleicher Lagerentfernung, gleicher Belastung und gleichem Trägheitsmoment die Durchbiegung bei Grauguß rund doppelt so groß wird wie bei Stahl. Gußteile sind also bei gleichen Verhältnissen nicht steifer als Stahlteile. Man kann daher beim Stahlbau mit viel kleineren Wandstärken auskommen (etwa die Hälfte derjenigen von Grauguß) und wird dabei immer noch steifere Konstruktionen erhalten.

Wenn man bedenkt, daß die Gußteile meistens nicht allein auf Festigkeit, sondern noch aus gußtechnischen Gründen überdimensioniert werden, so wird man verstehen, daß durch den Stahlbau 50% und mehr Gewichtsersparnis gegenüber Gußteilen erzielt werden können. Dazu kommt aber noch, daß bei der Schweißkonstruktion alle Nocken und sonstigen Verstärkungen und Versteifungen in Wegfall kommen können.

Es gibt also eine ganze Reihe von Vorteilen, welche die Stahlbauweise gegenüber den Graugußkonstruktionen auszeichnet.

1. Geringes Gewicht.
2. Keine Gefahr von Lunker- und Gußspannungen (homogener Baustoff).
3. Größere Festigkeit und Steifigkeit.
4. Möglichkeit nachträglicher Änderungen.
5. Bessere Dichtheit, auch bei sehr geringen Wandstärken.
6. Geringere Bearbeitungszugaben oder vollkommene Ersparung derselben.
7. Geringerer Preis wegen:
a) Ersparnis des Modells mit allen Kosten, wie Lagerung, Wartung, Versand,
b) Ersparnis an Fracht wegen geringerem Gewicht,
c) kürzerer Lieferzeit,
d) Vermeidung von Ausschuß,
e) Ersparnis der Bearbeitung,
f) geringem Kapitalaufwand für die Werkstatt.

Übungsaufgabe

31. Aufgabe. Die Lagerkonsole aus Grauguß soll in Schweißkonstruktion so nachgebildet werden, so daß sich eine möglichst große Gewichtsersparnis ergibt. Die in Abb. 251 eingezeichneten Maße müssen berücksichtigt werden.

In vielen Fällen wird es sich darum handeln, bereits vorhandene Gußteile in Stahl umzubauen. Man geht dabei zweckmäßig so vor, daß man zunächst alle

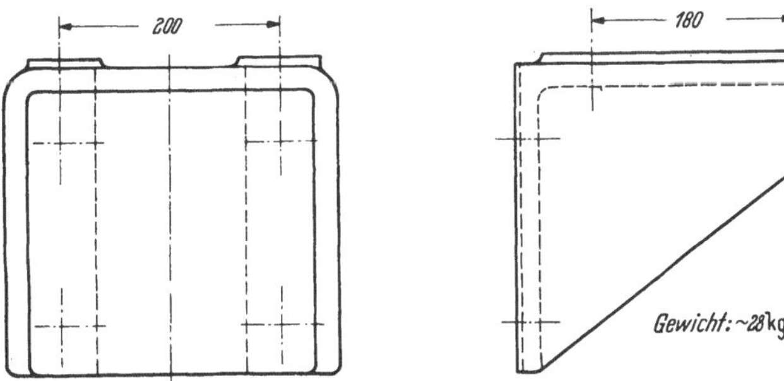

Abb. 251. Lagerkonsol in Grauguß

Wandstärken, welche auf Zug und Biegung beansprucht werden, in halber Stärke ausführt (Abb. 252). Man spart, abgesehen von der geringeren Wandstärke, bei diesem Beispiel auch dadurch Gewicht, daß man die Unterteilung mit den dazu notwendigen Flanschen weglassen kann. Ähnliche Gewichtsersparnisse erhält man bei der Umkonstruktion eines gußeisernen Getriebekastens in Stahl (Abb. 253).

Bei den obigen Beispielen erfolgte die Formgebung der Stahlkonstruktion noch

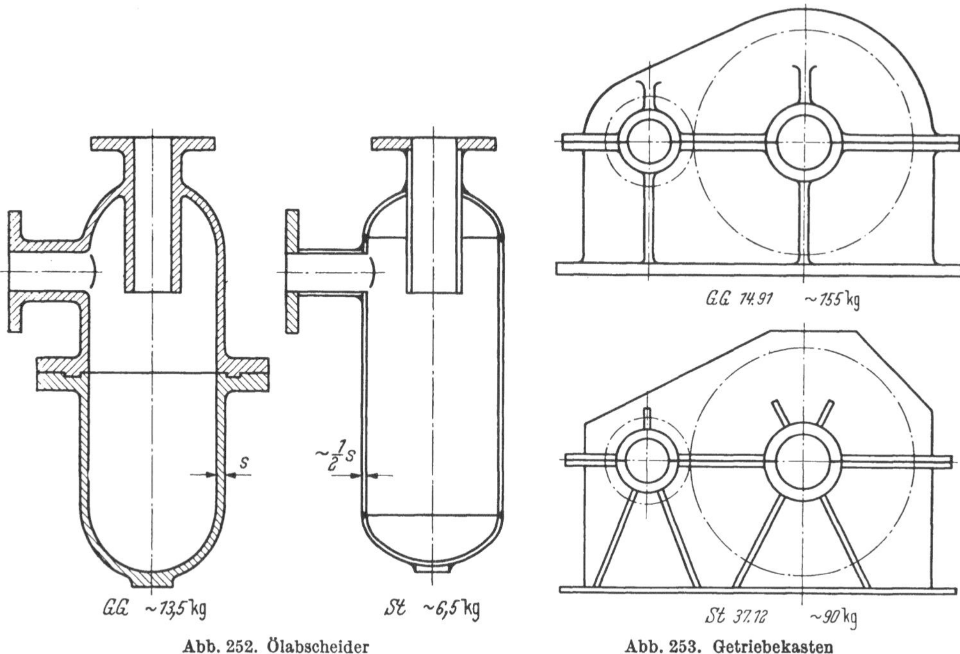

Abb. 252. Ölabscheider   Abb. 253. Getriebekasten

in weitgehender Anlehnung an die Gußform, wird aber die Gestaltung unabhängig von der Form des Gußteils nach schweißtechnischen Gesichtspunkten durchgeführt, dann kann man die Faustformel von der halben Wandstärke bei Stahlkonstruktionen nicht mehr in Anwendung bringen. In letzterem Falle (Abb. 254) muß die Berechnung nach der durch die neue Form gegebenen Verhältnisse durchgeführt werden. Bei dem Beispiel in Abb. 254 b nimmt das Band reine Zugkräfte auf. Die Zwischenwand dient nur zur Versteifung.

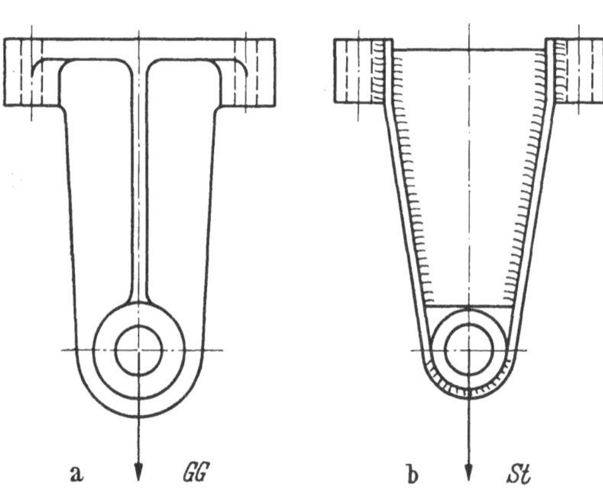

Abb. 254 a u. b. Hängelager

Für die Gestaltung von Stahlteilen sind alle Gesichtspunkte maßgebend, welche schon in dem Kapitel über Leichtformbau besprochen wurden. Das gilt besonders auch für die Erreichung biegungs- und torsionssteifer Ausführungen.

e) Verwendung hochwertigen Stahls [28]

Jeder Anfänger weiß, daß man bei größerer zulässiger Spannung des Werkstoffs kleinere Abmessungen bekommt. Wenn also, wie bei Stahl, die Wichte für alle Sorten praktisch gleich bleibt, dann bedeutet das eine Verringerung des Gewichts. Es wäre daher ein einfaches Mittel, durch Verwendung höherwertigen Stahls eine leichtere Bauweise zu erzielen. Der Unterschied könnte ganz wesentlich sein. Man vergleiche nur die Schrauben der Baustoffgruppen 5 D mit 12 K. Eine Schraube M 20 aus der Gruppe 5 D wird durch die Wahl der höherwertigen Gruppe 12 K in den Abmessungen nur halb so groß, also M 10. Damit ergibt sich aber eine Gewichtsersparnis von 75%!

Also wird der Anfänger fragen: Warum verwendet man dann nicht gleich für alle Konstruktionen den hochwertigen Werkstoff? So einfach liegt hier der Fall nicht. Freilich hat der hochwertige Werkstoff eine größere Dauerfestigkeit. Die Festigkeitswerte sind aber nie allein entscheidend. Wir wissen doch schon, daß für die Wahl des Werkstoffs eine ganze Reihe von Eigenschaften maßgebend sind, wie die Härte, die Dehnung, die Zähigkeit, die Kerbempfindlichkeit, die Schlagfestigkeit, dann die Verarbeitungsmöglichkeit, die Herstellungskosten und natürlich auch der Stoffpreis.

Die hochwertigen Stähle haben aber auch Nachteile, welche der Konstrukteur nicht so ohne weiteres in Kauf nehmen kann. Da ist vor allem die Tatsache, daß mit zunehmender Festigkeit die Kerbempfindlichkeit zunimmt. Man kann also nur dann die größeren Dauerfestigkeitswerte ausnützen, wenn nach dem Abbau der Spannungsspitzen auch die Oberfläche entsprechend hochwertig bearbeitet wird. Außerdem sind die Dehnungswerte bei den hochwertigen Stählen kleiner als beim einfachen Maschinenbaustahl. Je nach den gestellten Anforderungen wird der Konstrukteur auf diese Eigenschaften nicht verzichten können.

Ein weiterer Gesichtspunkt ist die Möglichkeit der Verarbeitung. Hochwertige Stähle lassen sich vielfach nicht oder nur sehr bedingt schweißen. Der Konstrukteur muß also bei der Wahl eines schlecht schweißbaren Stahls dann auf die durch die Schweißtechnik mögliche Gestaltung verzichten.

Auf eines sei noch besonders hingewiesen. Durch die Wahl eines hochwertigen Werkstoffs kann es sehr leicht vorkommen, daß man so kleine Abmessungen erhält, daß Ausknicken oder Verbeulen der ebenen Flächen eintritt. So weit darf auf keinen Fall die Gestaltung durch hochwertige Materialien getrieben werden. Man kann zwar Abhilfe schaffen durch Verrippung, durch Sicken oder sonstige Versteifungen. Der Konstrukteur wird aber in solchen Fällen besser zu einer Gestaltung in Leichtmetall übergehen, weil er damit bei gleichem Gewicht größere und steifere Konstruktionen erhält. Der Stahlbau hat also auch seine Grenzen. Darüber werden wir Näheres im folgenden Kapitel hören.

Der Konstrukteur muß vor der Wahl eines höherwertigen Stahls sehr gut überlegen, ob auch wirklich ein Gewinn dabei herauskommt. Es kann sein, daß der Aufwand durch das Erreichte nicht gerechtfertigt ist. Es wird dem Konstrukteur bei Beschreiten dieses Weges nicht erspart bleiben, vergleichende Rechnungen durchzuführen.

Übungsaufgabe

32. Aufgabe. Ein Zahnrad aus GS 52 mit einem Modul von 6 mm, einer Zähnezahl 60 und einer Zahnbreite von 60 mm soll durch Wahl eines höherwertigeren Baustoffs in der Größe und im Gewicht bei gleicher Zähnezahl und gleichem Breitenverhältnis verkleinert werden. Für die Umfangskraft können 550 kg bei 150 Upm angenommen werden.

f) Verwendung von leichten Baustoffen (Leichtstoffbau) [29]

Bei dem Namen „Leichtbau" wird der Uneingeweihte sicher zuerst an die Verwendung von leichteren Baustoffen als Gußeisen oder Stahl denken, also etwa an die Aluminiumlegierungen oder die Kunststoffe. Wer sich aber mit Leichtbau beschäftigt hat, weiß, daß durch eine zweckmäßige Gestaltung, durch die „leichte Form" mehr an Gewicht gespart werden kann als durch die Wahl eines leichten Baustoffs.

Der Anfänger tut gut, sich einmal an Hand von Vergleichsrechnungen mit verschiedenen Baustoffen ein Bild zu verschaffen über die erreichbaren Gewichte. Die nebenstehende Abb. 255 zeigt den Vergleich verschiedener Baustoffe mit Stahl, unter Annahme eines kreisförmigen Querschnitts für gleiche Belastungsfälle.

Man erkennt aus der Abb. 255, daß der spezifisch leichtere Baustoff, z.B. Holz, nicht immer eine nennenswerte Gewichtsersparnis bringen muß, ganz abgesehen von den unerwünschten Eigenschaften und den verhältnismäßig sehr großen Abmessungen gegenüber Stahl. Daß ein Graugußteil mehr Gewicht erfordert als eine Stahlkonstruktion, wissen wir ja bereits. Hätte man aber einen Stahl mit höheren Festigkeitswerten, etwa St 50.11 oder St 60.11 zum Vergleich herangezogen, so würden die Abmessungen in Dural größer ausgefallen sein.

Maßgebend für die Gewichtsminderung ist die

„gewichtsspezifische Festigkeit"

$$= \frac{\text{zulässige Spannung}}{\text{Wichte}} = \frac{\sigma_\mathrm{B}}{\gamma}.$$

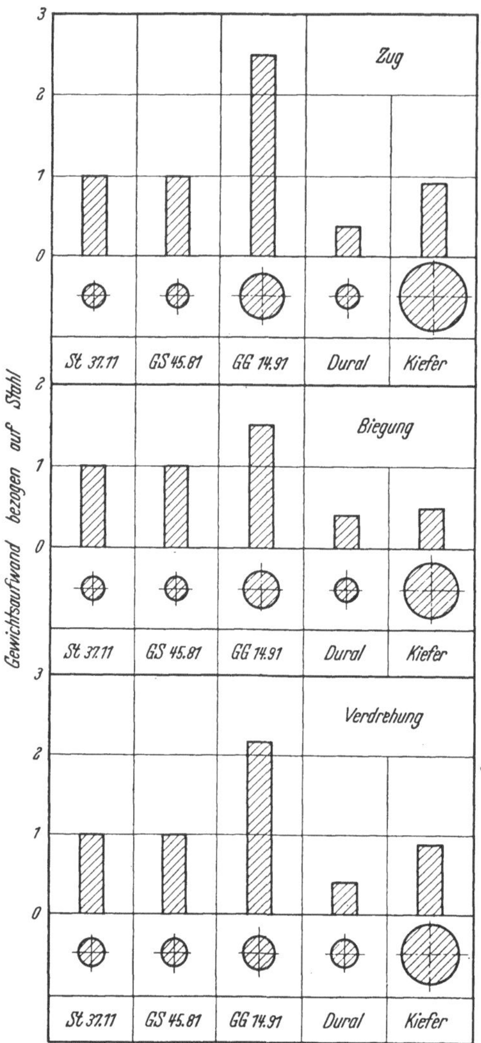

Abb. 255. Gewichtsaufwand verschiedener Baustoffe bei gleicher Belastung bezogen auf Stahl

Sehr anschaulich zeigt die Abb. 256 die Möglichkeit des Einsatzes von Leichtmetall gegenüber Stahl. Wählt man auf einer der Werkstoffgeraden eine hochwertige Aluminiumlegierung (Punkt 1) und eine Stahlsorte (Punkt 2), dann ist die Gewichtsersparnis gegeben durch das Verhältnis $\left(\dfrac{\sigma_\mathrm{B}}{\gamma}\right)_\mathrm{St} : \left(\dfrac{\sigma_\mathrm{B}}{\gamma}\right)_\mathrm{Al}$.

Hat der Baustahl die gleiche Zugfestigkeit wie die Aluminiumlegierung (Punkt 3 und 1), dann ergeben sich Gewichtseinsparungen im Verhältnis der Wichten. Steigert man die Zugfestigkeitswerte des Stahls, dann erhält man zwar immer noch eine Gewichtseinsparung im Verhältnis der gewichtsspezifischen Festigkeiten zugunsten des Aluminiums. Erst mit einem sehr hochwertig legierten Stahl (Punkt 4), wenn also

$$\left(\frac{\sigma_B}{\gamma}\right)_{St} = \left(\frac{\sigma_B}{\gamma}\right)_{Al}$$

geworden ist, wird das Gewichtsverhältnis gleich 1, d.h. man erhält gleiche Baugewichte für Stahl und Leichtmetall.

Wenn es sich bei dem Problem, ob Stahl oder Leichtmetall, nur um die reinen Festigkeitswerte handeln würde, dann könnte man die Verwendungsgebiete für beide Stoffe damit abgrenzen. Wir wissen aber schon, daß für die Wahl des Baustoffs noch andere Stoffeigenschaften maßgebend sind.

Schon allein bei Betrachtung der Festigkeitswerte ergeben sich Gesichtspunkte, welche die Verwendung von hochwertigem Stahl einschränken. Die volle Ausnützung der hochfesten Stähle ergeben meistens sehr dünnwandige Stahlbauteile, so daß eine Gewähr für entsprechende Steifigkeit nicht mehr gegeben ist.

Bei Verwendung von Leichtmetall erhalten wir immer dann größere Abmessungen, wenn die Festigkeitswerte kleiner sind als diejenigen von Stahl und damit auch von vornherein schon eine größere Steifigkeit und Sicherheit gegen Ausknicken oder Verbeulen. Das ist sehr wichtig bei Wagenaufbauten im Fahrzeugbau, denn schon bei der ungefähr 1,4fachen Blechdicke von Leichtmetall ergibt sich die gleiche Steifigkeit und Belastbarkeit wie bei Stahl.

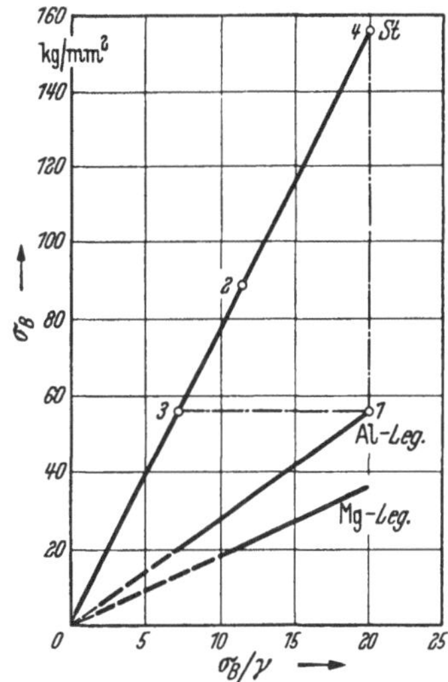

Abb. 256. Vergleich der gewichtsspezifischen Festigkeiten (nach BLEICHER)

Die Vorteile der Leichtmetalle bei statischer Belastung sind anerkannt. Aber trotzdem sind das ureigentliche Gebiet für den Stahlbau die ortsgebundenen Konstruktionen größeren Ausmaßes, wie Rahmen oder Maschinengestelle für Werkzeugmaschinen oder Kurbelgehäuse für schwere Verbrennungskraftmaschinen, weil sich bei ihnen mit der Gewichtsersparnis verbundenen Vorteile nicht voll ausnützen lassen.

Anders liegt der Fall bei den beweglichen und beschleunigten Konstruktionen. Hier wird durch Verwendung von Leichtmetall eine mit der Gewichtsminderung verbundene Gewichtsersparnis erzielt. Man denke z.B. an das Flügelrad eines Ventilators. Bei einer Ausführung in Leichtmetall gegenüber Stahl wird das Flügelgewicht und damit die Zentrifugalkraft im Verhältnis der Wichten (auf rund ein Drittel) gesenkt. Es liegen also schon von vornherein die Verhältnisse für Leichtmetallbau günstiger als für den Stahlbau. Ähnliche Vorteile ergeben sich bei Verwendung von Leichtmetallkolben oder Triebstangen.

Die Ausführung von selbsttragenden Wagenkasten in Leichtmetall kann eine Gewichtsersparnis bis zu 50% gegenüber der Bauart in Stahl bringen. Um diesen Gewinn an Gewicht kann die Nutzlast vergrößert werden oder man behält die Nutzlast bei und erhält dann eine Verringerung der Antriebsleistung und damit eine Ersparnis an Kraftstoff, an Reifenmaterial usw.

Von einem Beispiel aus der Praxis, welches die zusätzlichen Vorteile des Leichtmetallbaus zeigt, berichtet O. SUHR. Ein Laufkran für 10 t und 23,16 m Spannweite wurde in Stahl und in einer AlCuMg-Legierung mit 40 kg/mm² Festigkeit gebaut. Bei gleicher Sicherheit und Formsteifigkeit ergab die Ausführung in Leichtmetall 19,5 t gegenüber 36,3 t in Stahl. Die Werkstoffersparnis betrug also 45%. Damit wurden aber noch weitere Vorteile erreicht, welche vom Konstrukteur unbedingt in Rechnung gestellt werden müssen.

Durch eine Gewichtsminderung ergab sich eine Verringerung des Kraftaufwandes von 50%. Außerdem konnte damit noch die Fahrtgeschwindigkeit um 30% vergrößert werden. Damit sind aber die zusätzlichen Vorteile noch nicht erschöpft. Infolge der Gewichtsminderung werden die Krangleisträger leichter. Ferner können auch die Fahrbahnstützen schwächer gehalten werden. Ein nicht zu unterschätzender Vorteil besteht auch darin, daß ein Schutzanstrich wegfällt. Es ist leicht einzusehen, daß die Anlagekosten, falls sie größer werden als bei Stahl, sich in kürzerer Zeit amortisieren.

Der verantwortungsbewußte Konstrukteur hat sich also vor der Umstellung auf Leichtmetallbau auch hier zu überlegen, welcher Werkstoff ihm den besten

$$\text{Gesamtwirkungsgrad} = \frac{\text{Aufwand}}{\text{Leistung}} \text{ garantiert.}$$

Bezüglich der Verwendung von Leichtmetallen bei dynamisch beanspruchten Teilen könnte man Bedenken haben wegen der geringeren Wechselfestigkeit und der größeren Kerbempfindlichkeit. Die Erfahrung hat aber gezeigt, daß auch bei der Wechselbeanspruchung mit Leichtmetall noch ein gewichtsmäßiger Vorteil zu erzielen ist.

Auf einen Gesichtspunkt sei in diesem Zusammenhang auch gleich hingewiesen. Der Konstrukteur kann bei der Berechnung von Aluminiumteilen nicht ohne weiteres so vorgehen wie bei Stahl. Infolge des kleineren E-Moduls sind die auftretenden Deformationen hier bedeutend größer. Daher sollte man bei Leichtmetall die Deformationen auch dort nachrechnen, wo das im Stahlbau nicht getan würde. Die Wärmeausdehnung ist bei Aluminium etwa doppelt so groß wie bei Stahl, was natürlich bei der Mischbauart besonders zu berücksichtigen ist. Es besteht auch eine gewisse elastische Instabilität, so gilt die Eulerformel nur für große Schlankheitsgrade. Wer also mit Leichtmetallkonstruktionen zu tun hat, tut gut, sich über die Erfahrungen im Berechnen von Leichtmetallkonstruktionen zuerst zu unterrichten [29].

Es gibt noch andere Leichtstoffe, wie Magnesiumlegierungen, Kunststoffe und Holz, welche der Konstrukteur oft vorteilhaft verwenden kann. Die Magnesiumlegierungen finden schon wegen ihrer kleinen Wichte (1,8), bei entsprechender Würdigung ihrer sonstigen Eigenschaften, im Fahrzeugbau Anwendung für Ölpumpengehäuse, Getriebegehäusedeckel, Kurbelgehäuseoberteile, Bremsbacken usw. Die mechanischen und technologischen Eigenschaften der Kunststoffe und des Holzes weichen zum Teil stark von den Leichtmetallen ab. Sie können bei entsprechender Berücksichtigung ihrer Eigenschaften nicht nur für gering beanspruchte Teile im Kleinmaschinenbau, sondern auch für höher beanspruchte Werkstücke, wie Zahnräder (Ferrozell), Verwendung finden.

g) Verwendung von Sonderprofilen [29]

Die Verwendung von normalen Profilen bringt wenig Gewinn für den Leichtbau. Ganz abgesehen von den geringen Festigkeitswerten (St 00.12), die nicht einmal gewährleistet sind, haben ihre Querschnittsformen scharfe Ecken, welche

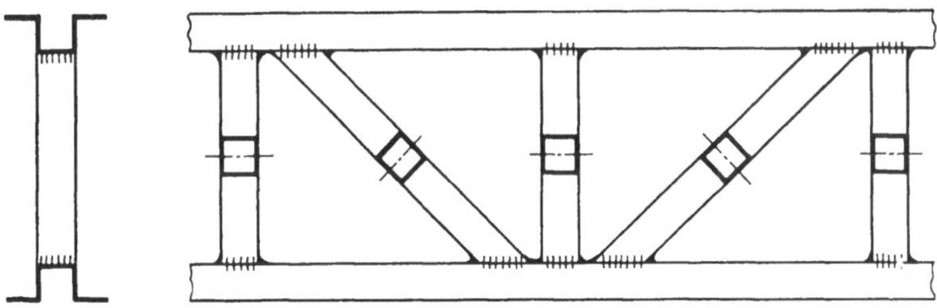

Abb. 257. Längsträger in Leichtbau

für die Spannungsausbildung nicht günstig sind. Viel vorteilhafter sind die Stahlleichtprofile mit gleichbleibender Wandstärke und abgerundeten Ecken. Solche stehen in einer großen Zahl dem Konstrukteur zur Verfügung. Damit lassen sich leichtere Fahrzeugträger bauen als mit den normalen Profilen. Die Firma Wuppermann bringt als Beispiel dafür den Längsträger eines Ackerwagens (Abb. 257),

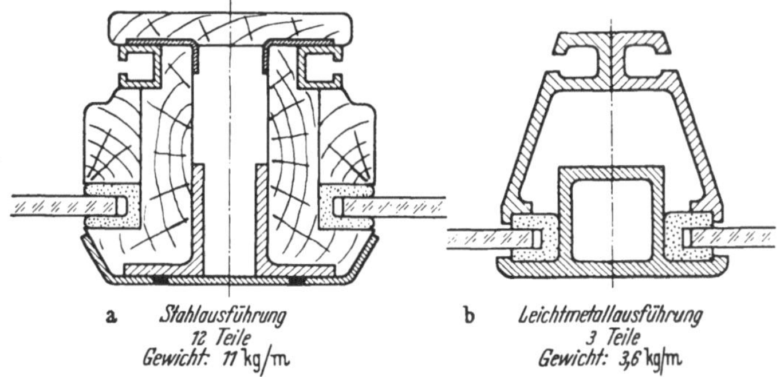

Abb. 258a u. b. Leichtbau durch Sonderprofile (nach BLEICHER)

bei welchem in Stahlleichtbauweise mit Sonderprofilen 34% gegenüber der Ausführung im Normalprofil gespart wird.

Das Strangpressen bei Leichtmetallen ermöglicht eine vielfältige Formgebung der Querschnitte. Diese Halbzeugformen werden vom Konstrukteur mit großem Erfolg für die Gestaltung der einzelnen Glieder für Fahrzeugtragwerke verwendet. Die Gegenüberstellung von zwei Ausführungen eines Säulenquerschnittes und einer Fensterbrüstung zeigt den großen Vorteil der Sonderprofile. Der umständliche, viele Baustoffeinzelteile, große Herstellungskosten und teuere Montagearbeit erfordernde Bauklötzchenstil läßt sich durch funktionsgerechte Sonderprofile ganz wesentlich vereinfachen und leichter bauen (Abb. 258b).

h) Verwendung neuer Bauelemente

Es gibt eine Reihe von Bauelementen, welche eine raum- und stoffsparende Gestaltung ermöglichen. Der Konstrukteur verwendet dieselben schon aus rein wirtschaftlichen Gründen, auch wenn er es nicht gerade mit ausgesprochenem Leichtbau zu tun hat. Für den eigentlichen Leichtbau sind diese Bauelemente unentbehrliche Hilfsmittel.

Eines dieser raum- und gewichtsparenden Elemente ist die Seegersicherung. Sie hat übrigens auch den Vorteil, daß nicht nur eine Ersparnis an Werkstoffkosten, sondern auch an Arbeitszeit erzielt wird.

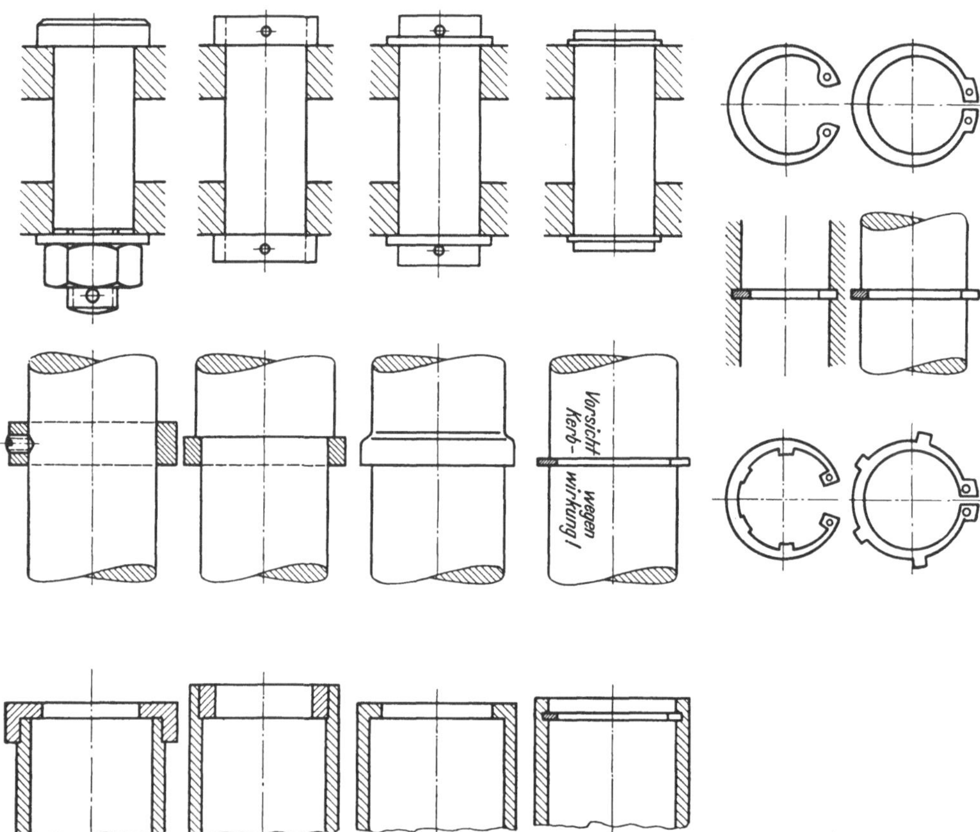

Abb. 259. Gewichtsersparnis durch Verwendung von Seegerringen

Die Seegersicherung (Abb. 259) ist ein Sprengring zum Zweck der Sicherung von Maschinenteilen gegen axiale Verschiebung, wie Bolzen, Wellen, Scheiben, Räder, Wälzlager usw. Sie ersetzt also die sonst üblichen Sicherungsmaßnahmen, nämlich Splinte, Bunde, Scheiben mit Muttern und Stellringe. Die Druckschrift der Firma bringt eine Reihe von Einbaubeispielen. Der Werkstoffaufwand beträgt dabei 15 bis 60% gegenüber der Ausführung ohne Seegerringe. Wie groß die Gewichts- und Raumersparnis durch die Verwendung eines Seegerrings ist, zeigt die Abb. 259. Sehr erwünscht ist dabei die bedeutende Vereinfachung in der Konstruktion.

Zur Abdichtung von Wälzlagern werden bekanntlich Filzringe, Manschetten-
dichtungen (Simmerring, Di-Ring usw.), Spalt- und (Labyrinthdichtungen) mit
oder ohne Spritzring verwendet. Sie haben den Nachteil, daß sie ziemlich viel

Raum beanspruchen, oft
mehr als das eigentliche
Wälzlager benötigt.

Da gibt es nun ein Dich-
tungselement, den Nilos-
ring, welcher aus einer
federnden Scheibe von we-
nigen Zehntel Millimetern
Dicke besteht, die fast
keinen Platz beansprucht
und deren Gewicht so ge-
ring gegen die üblichen
anderen Dichtungsarten
ist, daß man fast versucht
ist, von einer 100%igen
Gewichtsersparnis zu
sprechen.

Die Nilosringe werden
in zwei Bauarten ausge-
führt (Abb. 260). Es ist
dabei nur notwendig, daß
sie bei *a* festgehalten
werden und sich mit der
schleifenden Kante *b* unter
leichter Vorspannung an
den Wälzlagerring anlegen.
Bei richtigem Einbau ist
ein absolut sicheres Ab-
dichten gewährleistet. Für
Pendellager und Zylinder-
rollenlager mit seitlicher
Verschiebbarkeit sind sie
nicht zu gebrauchen. Dort,
wo sie Beschädigungen
ausgesetzt sind, müssen

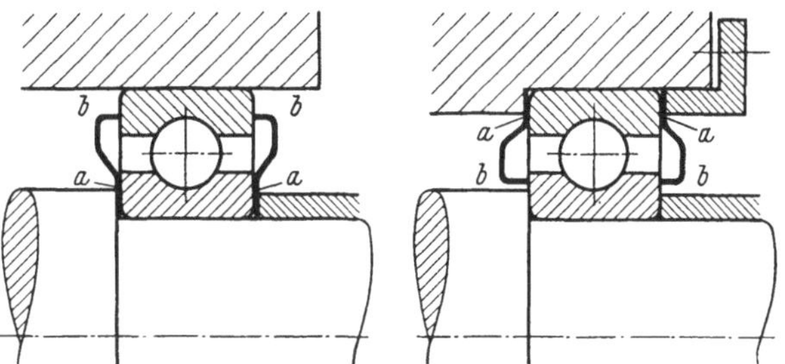

Abb. 260. Bauarten des Nilosringes

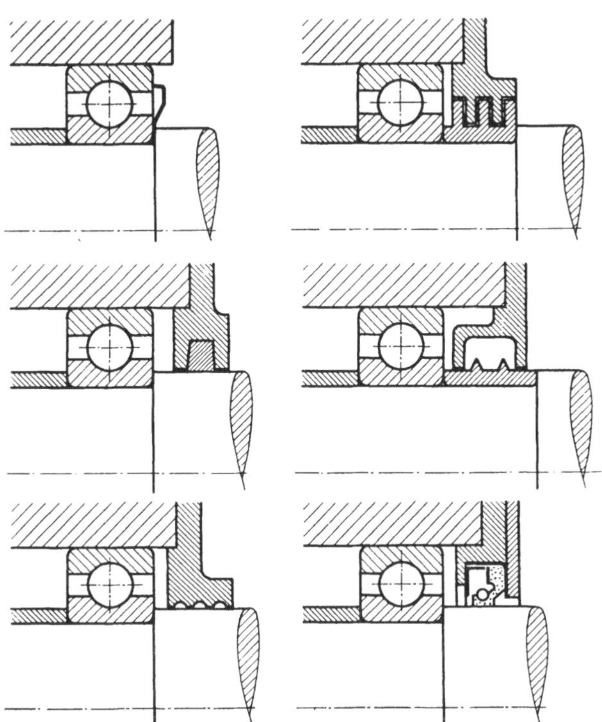

Abb. 261. Vergleich des Nilosringes mit anderen Dichtungselementen

sie durch Blechscheiben geschützt werden. Abb. 261 zeigt den raum- und gewichtsparenden Vorteil des Nilosringes.

Durch Verwendung hochwertigen Werkstoffs lassen sich bedeutende Gewichtsersparnisse bei Schrauben erzielen. Nach DIN 1654 sind vorgeschlagen

für die Werkstoffgruppen	5 D	8 G	10 K	12 K
die Stähle	CQ 22	CQ 35	41 Cr 4	42 Cr V 6
		CQ 45		42 Cr Mo 4
		34 Cr 4		

Vergleicht man die Schrauben der Werkstoffgruppe 5 D mit 12 K, dann wird man feststellen, daß nach Abb. 262 der Durchmesser bei der hochwertigen Schraube um die Hälfte und damit das Gewicht um rund 75% abgenommen hat.

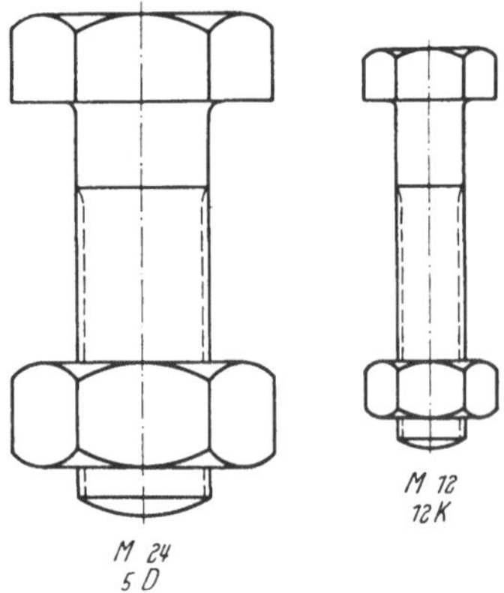

Mit der Abnahme des Schraubendurchmessers verkleinern sich aber auch alle Anschlußmaße, wie Flanschstärken und Durchmesser, so daß eine bedeutende Gewichtsersparnis erzielt wird (Abb. 263).

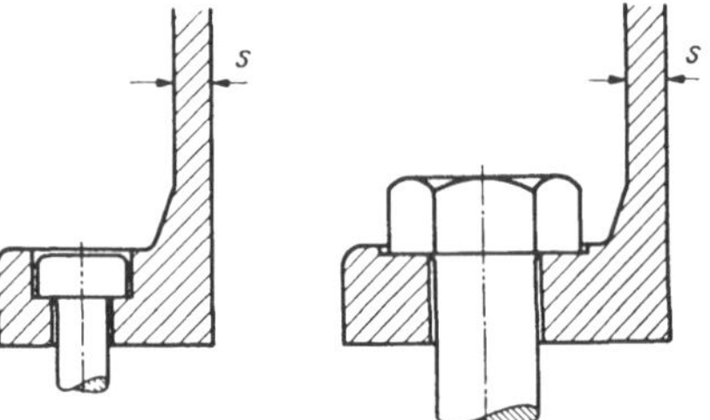

Abb. 262. Gewichtsersparnis durch höherwertigen Stahl

Abb. 263. Raum- und gewichtsparende Konstruktion durch hochwertige Schrauben

Die Zylinderschrauben mit dem Innensechskant, die Inbusschrauben bieten dem Konstrukteur eine große Freiheit im Gestalten. Sie ermöglichen glatte und gefällige Schraubenverbindungen und sind daher für den Werkzeugmaschinenbau besonders beliebt. Der Leichtbau aber wäre ohne die Verwendung hochwertiger Schrauben nicht mehr denkbar.

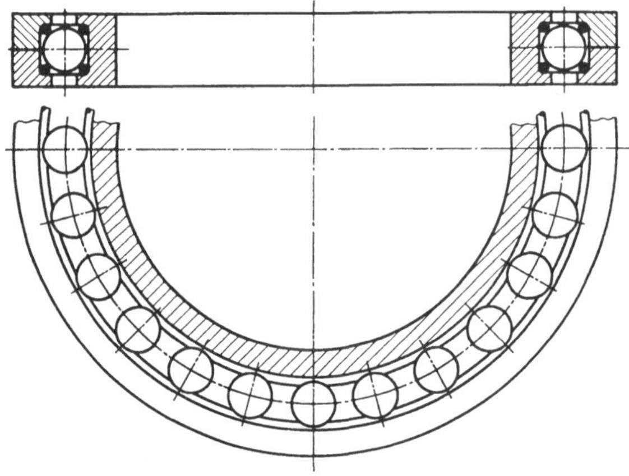

Abb. 264. Drahtkugellager nach FRANKE

Das Drahtkugellager nach FRANKE DRP. 625461 ist ein Wälzlager von besonders leichter, raum- und materialsparender Bauart. Es kann für drehende und geradlinige Bewegungen von Konstruktionsteilen verwendet werden, allerdings nur für relativ niedrige Belastungen und Drehzahlen bzw. Geschwindigkeiten. Als Laufbahnen für die Kugeln dienen Drähte aus hochwertigem Federstahl (Abb. 264). Das Lager kann im Selbstbau dem Verwendungszweck angepaßt werden.

Für die Berechnung, die Konstruktions- und Montagerichtlinien sind die Angaben in der Druckschrift der Firma maßgebend.

i) Leichtbau durch Änderung des grundsätzlichen Aufbaus

Der Leichtformbau ist die Grundlage für alle weiteren konstruktiven Maßnahmen zur Erreichung eines möglichst geringen Gewichts. Er ist aber in gewissem Sinne auch abhängig von der gewählten Lösungsmöglichkeit. Nun kann es vorkommen, daß durch eine grundsätzliche Änderung des Aufbaus, also durch das Zurückgreifen auf eine andere Ausführung sich Möglichkeiten ergeben, das Gewicht noch weiter zu verkleinern.

Zwei Beispiele, welche in dem VDI-Sonderheft 1942, S. 27, von F. MAYR veröffentlicht wurden, mögen das erläutern. Ein einstufiges Schneckenradgetriebe

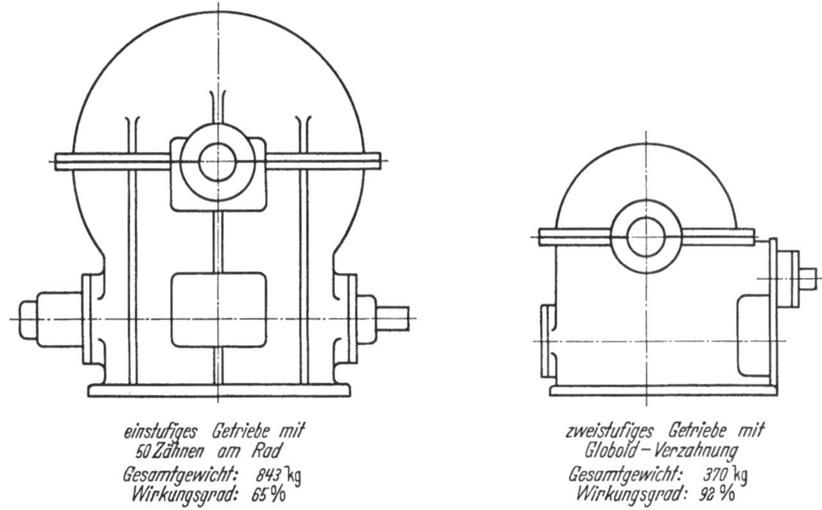

Abb. 265. Gewichtsersparnis durch Änderung der Wirkungsweise (nach MAYR M. A. N.)

(Abb. 265) mit 50 Zähnen und einem kleinen Steigungswinkel hatte einen Wirkungsgrad von 65%. Die notwendige Wärmeabfuhr erforderte ein großes Gehäuse. Durch Einbau einer Ölkühlung hätte man wahrscheinlich das Gehäuse verkleinern und damit einen Werkstoffgewinn erzielen können. Statt dessen wurde diese Bau-

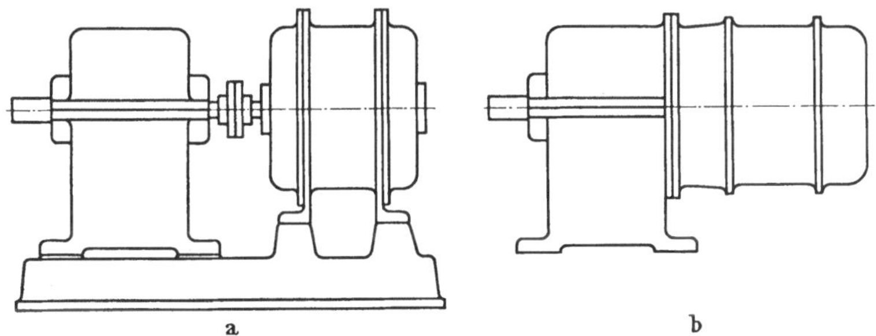

Abb. 266a u. b. Leichtbau durch Änderung des Aufbaues

art verlassen und ein zweistufiges Getriebe gewählt. Man schaltete dem Schneckengetriebe ein Stirnräderpaar vor und verwendete außerdem eine Globoidverzahnung. Damit wurde das Gewicht von 843 kg auf 370 kg verringert und gleichzeitig der Wirkungsgrad auf 92% erhöht.

Ein weiteres Beispiel zeigt Abb. 266. Wenn ein Elektromotor mit einer Arbeitsmaschine oder, wie in diesem Beispiel, mit einem Getriebe gekuppelt ist, dann müssen die gleichgroßen und entgegengesetzten Drehmomente durch eine beide Teile verbindende Grundplatte aufgenommen werden (Ausführung a). Verwendet man aber einen Flanschmotor, welcher mit dem Getriebekasten fest verbunden ist, dann wirken die Drehmomente nicht mehr nach außen, sondern gleichen sich im zusammengebauten Aggregat aus. Eine Grundplatte ist also nicht mehr nötig (Ausführung b). Damit verringert sich das Gesamtgewicht bedeutend.

In beiden Beispielen ist neben der Gewichtsersparnis noch ein bedeutender Raumgewinn erzielt worden. Daher wurde ja auch dieser Gesichtspunkt schon als erfolgversprechende Maßnahme bei der Gestaltung unter dem Zwang räumlicher Einschränkungen empfohlen.

k) Leichtbau durch günstige Wahl funktionsbedingter Faktoren

Ein weiterer Gesichtspunkt zu einer raum- und gewichtsparenden Gestaltung ist schon auf S. 147 unter Punkt 4 erwähnt. Er besteht darin, daß man die Faktoren, welche eine gewünschte Wirkung bestimmen, möglichst günstig wählt. In dieser Maßnahme hat der Konstrukteur ein Mittel in der Hand, ganz bedeutend an Raum und damit auch an Gewicht zu sparen.

Ein bekanntes Beispiel möge das erläutern. Der Zylinderinhalt und damit die Größe einer einfach wirkenden Einzylinderdampfmaschine ist gegeben durch die Beziehung

$$F \cdot s = \frac{N \cdot 60 \cdot 75}{p \cdot n}.$$

Bei gleichbleibender Leistung ist also die Größe und damit das Gewicht der Maschine angenähert indirekt proportional dem indizierten Druck p und der Umdrehungszahl n. Der Konstrukteur hat also ein einfaches Mittel in der Hand, die Größe und das Gewicht des Motors kleiner zu halten. Er braucht nur den Anfangsdruck oder die Umdrehungszahl, jede für sich oder zusammen, zu erhöhen. Auch auf die Vergrößerung des Leistungsgewichtes hat diese Maßnahme einen Einfluß.

So stehen dem Konstrukteur zur Erreichung einer leichten Bauweise eine ganze Reihe von Wegen offen. Er braucht also nicht mehr wahllos herumzuprobieren, sondern kann an Hand der besprochenen Maßnahmen zielbewußt eine Lösung finden.

8. Der Einfluß der Normteile auf die Gestaltung

Es ist eigentlich müßig, über die Vorteile der Normung zu sprechen. Jeder Konstrukteur, welcher an ein rationelles Schaffen gewöhnt ist, wird es begrüßen, wenn er nicht immer wiederkehrende gleiche Aufgaben von neuem lösen muß. Man hat das in der Technik schon sehr früh erkannt. Daher gab es ja auch lange schon vor der einheitlichen Normung Werksnormen für die verschiedensten Zwecke.

Als man an die Ausarbeitung der DIN-Normen ging, wurden manche Stimmen unter den Konstrukteuren laut, welche eine Beschränkung in der Freiheit des konstruktiven Schaffens befürchteten. Die Erfahrung zeigte aber, daß diese Furcht ganz unbegründet war. Im Gegenteil, erst die Normung hat ein rationelles Schaffen des Konstrukteurs ermöglicht. Die Fälle, wo die Zweckmäßigkeit ein Abweichen von der Normung erfordert, dürften doch verhältnismäßig selten sein.

Die Normung ist für den Konstrukteur immer verbindlich. Er muß daher schon bei seiner Ausbildung auf die verschiedenen Normgruppen aufmerksam gemacht werden. Man unterscheidet bekanntlich

1. Grundnormen, welche abstrakte Begriffe, Benennungen, Zahlenreihen, Gewinde und Passungen umfassen.

2. Normvorschriften für die Ausführung technischer Zeichnungen.

3. Werkstoffnormen.

4. Normteile, Schrauben, Muttern, Stifte, Bedienteile usw.

5. Normvorschriften über Transmissionen, Lager und Verzahnungen.

Passungen. Die richtige Bemaßung und das Eintragen der Isatoleranzen in Werkzeichnungen wird dem Konstrukteur schon auf der Unterstufe seiner Ausbildung gelehrt. Er erfährt also schon sehr früh, daß von der einwandfreien Bemaßung und Tolerierung die fehlerfreie Herstellung, das richtige Funktionieren der beweglichen Teile und der leichte Zusammenbau abhängt. Am meisten Schwierigkeiten bereitet dem Anfänger die richtige Wahl der Passung, d. h. die Entscheidung über die maßliche Beziehung von zwei Teilen, die zueinander passen sollen. Für die Festlegung der Wälzlager im Gehäuse und auf der Welle stehen dem Konstrukteur Vorschläge für die verschiedenste Verwendung von den einzelnen Firmen zur Verfügung. Er hat also hierfür Anhaltspunkte, und trotzdem muß er noch bei der Wahl der Passung bedenken, daß der Belastungsfall, die Forderung des Ein- und Ausbaues, die Frage, ob geteilte oder ungeteilte Lagergehäuse, ob lösliche oder feste Lager oder eine evtl. Wärmedehnung zu berücksichtigen sind.

Dem Konstrukteur stehen in jedem Werk nur eine bestimmte Auswahlreihe der Passungen zur Verfügung, denn es wäre sehr unwirtschaftlich, eine unnötig große Zahl von Endmaßen auf Lager zu halten. Dem Konstrukteur kann nur geraten werden, im Zweifelsfall bei der Wahl zwischen engen und weiten Passungen immer die letztere zu wählen, welche gerade noch für den vorliegenden Fall zulässig ist. Bei neuen Entwürfen sollte die endgültige Festlegung der Passung, besonders wenn es sich um Serien- oder Massenfertigung handelt, nur im Einvernehmen mit der Fertigungsabteilung erfolgen.

Typung. Man hat schon sehr früh erkannt, daß es sehr unwirtschaftlich wäre, bei handelsüblichen, technischen Erzeugnissen, etwa Riemenscheiben, Kupplungen usw., jedem Wunsch des Kunden entgegenzukommen. Die Folge wäre eine überaus große Belastung des Konstruktionsbüros und der Werkstatt. Man denke nur an die vielen Modelle, welche sich vielleicht nicht einmal sehr wesentlich voneinander unterscheiden.

Bei der Abstufung der Baureihen ist es wichtig, nicht zu kleine Stufen zu wählen. Die Erfahrung zeigte, daß die Abstufung nach einer geometrischen Reihe dem menschlichen Bedürfnis am besten entgegenkommt. Wenn ein Konstrukteur mit solchen Arbeiten sich beschäftigen muß, dann wähle er am vorteilhaftesten die Normungszahlen nach DIN 323.

Handelt es sich z. B. um die Typung von einem Schneckengetriebe, so kann man die Baugröße durch den Achsabstand, abgestuft nach R 20, charakterisieren und jede dieser Typen für verschiedene auch nach R 20 gestufte Übersetzungen ausführen, etwa nach folgendem Beispiel:

100	125	160	200	Achsabstand
10, 12.6, 16, 20	10, 12.6, 16, 20	10, 12.6, 16, 20	10, 12.6, 16, 20	Übersetzung

Auch für die Lagerhaltung ist es wirtschaftlicher, nur nach Auswahlreihen, z. B. Schrauben, Niete, Stifte usw., vorrätig zu halten.

9. Der Einfluß vorhandener Erzeugnisse auf die Gestaltung

Die Rationalisierungsbestrebungen in der Fertigung haben dazu geführt, daß eine ganze Reihe von Bauelementen und Baueinheiten von Spezialfirmen hergestellt werden, die früher noch im eigenen Betrieb angefertigt werden mußten. Daher wird jeder Konstrukteur bei der Gestaltung Rücksicht nehmen müssen auf die von auswärts bezogenen Bestandteile, und seien es auch nur Schrauben, Nieten, Stellringe, Riemenscheiben, Kupplungen usw.

Jedes Werk sammelt Erfahrungen. Es ist daher nur zu natürlich, daß der vernünftige Konstrukteur bewährte Ausführungen beibehält und bei einer Weiterentwicklung nur schrittweise vorgeht. Die Arbeit des Konstrukteurs wird daher vielfach darin bestehen, daß er bewährte Bauteile oder Baugruppen den neuen Forderungen anpaßt und umbaut. Die Vorteile sind neben einer gewissen Sicherheit des Erfolgs besonders wirtschaftlicher Natur. Man spart Modellkosten, Werkzeuge und Vorrichtungen.

Die Rücksichtnahme auf größere Bauteile und Baugruppen schränkt die Freiheit im Gestalten immer ein, besonders dann, wenn der Konstrukteur auf eine bestimmte Form, z. B. auf ein modernes glattes Aussehen hinarbeiten muß. Aber auch in diesem Falle wird der Konstrukteur durch Abändern unwesentlicher Gußteile noch verhältnismäßig leicht zum Ziele kommen. Schwierig wird es erst, wenn eine Änderung der Funktion notwendig wird, weil die alte Anordnung nicht mehr weiterentwickelt werden kann. In so einem Fall ist eine Neukonstruktion erforderlich mit Versuchen und Entwicklungsarbeit, die ein Werk immer finanziell belasten.

10. Der Einfluß des Aussehens auf die Gestaltung

Wer ein technisches Erzeugnis im Laufe der Zeit verfolgt, wird feststellen, daß seine äußere Form sich oft bedeutend ändert. Es hängt dies nicht nur mit der technischen Entwicklung, mit der fortschreitenden Verbesserung, mit der Vereinfachung der Herstellungsverfahren usw., sondern auch mit dem ästhetischen Gefühl zusammen, welches dem Zeitschaffen zugrunde liegt.

Die Konstrukteure waren sicher immer bemüht, ihren Konstruktionen eine möglichst ansprechende Form zu geben. Aber ist das nicht merkwürdig, heute lächeln wir über die äußere Erscheinung der technischen Erzeugnisse, welche unsere Väter und Großväter noch begeisterten. Man kann den Urahn des modernen Autos, einen alten Benzwagen, auch heute noch ästhetisch empfinden, wenn man sich ihn in das Milieu der damaligen Zeit hineindenkt.

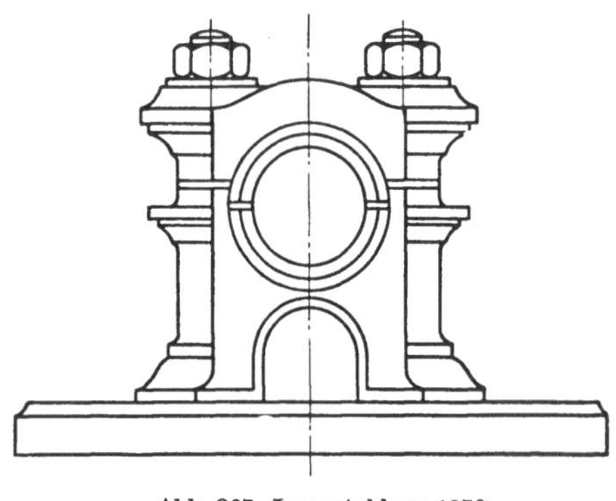

Abb. 267. Lagerstuhl um 1870

Ähnlich ist es auch mit den ersten Lokomotiven. Beim Betrachten eines Lagerstuhls (Abb. 267) aus den siebziger Jahren des vorigen Jahrhunderts beschleicht einem aber ein Gefühl des Unbehagens. Das kommt daher, daß die Gestalt an eine aus Holz gefertigte Standuhr erinnert. Die Form ist also verlogen, weil sie nicht den Eigenschaften des Materials und der damit zusammenhängenden Verarbeitung entspricht.

Die Form ist nun einmal der sinnlich wahrnehmbare Maßstab für das Sein. Hier handelt es sich aber um einen Schein. Die Form kann nur schön und voll innerer Kraft sein, wenn sie der Wahrheit entspricht. THOMAS VON AQUIN drückt das so aus: „Die Schönheit ist der Glanz des Wahren."

Man hat in der Literatur oft schon den Gesetzen nachgespürt, welche einer schönen und gefälligen Form eines technischen Bauwerks zugrunde liegen und dabei die Erkenntnis ge-

wonnen, *daß alles Zweckmäßige schön ist.* Diese Definition deckt sich mit der Absicht des Konstrukteurs, seinen Gebilden eine möglichst zweckmäßige Gestalt zu geben in bezug auf die Wirkungsweise, den Werkstoff, die Herstellung usw.

Trotzdem nach diesem Gesichtspunkt gestaltet wird, entsprechen oft die technischen Schöpfungen nicht ganz dem Schönheitsbegriff. Woher mag das kommen? Wenn man zwei Maschinen gleicher Verwendbarkeit und Güte miteinander vergleicht – man findet auf Ausstellungen dazu häufig Gelegenheit –, von denen die eine unserem

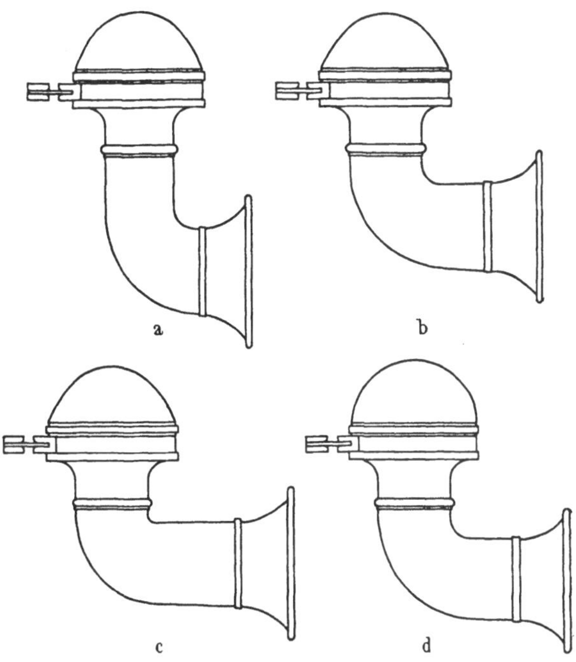

Abb. 268a–d. Verschiedene Formen des alten Boschhorns (nach KOLLMANN)

Schönheitsempfinden mehr entspricht als die andere, so wird man bald herausfinden, daß die gefälligere Maschine in einem oder mehreren Punkten doch noch zweckmäßiger ist, etwa in der Übersichtlichkeit der Bedienung, in der glatteren Form, die einen sauberen und ruhigen Eindruck erweckt, oder in dem gefälligeren Farbanstrich.

Es kann aber noch ein anderer Grund maßgebend sein. Für die Formgebung ist nämlich neben der Herstellung auch die Berechnung maßgebend. Jeder Anfänger weiß, daß für die Dimensionierung nur Idealfälle zugrunde gelegt werden und es oft dem Gefühl überlassen bleibt, die richtige Form zu finden. Dieses Gefühl für Harmonie läßt sich bis zu einem gewissen Grade entwickeln, es muß aber eine Veranlagung dazu vorhanden sein. Sehr wahrscheinlich liegt auch darin der Grund, daß der eine harmonischer gestalten kann als der andere.

Ein Beispiel dafür, daß die Zweckmäßigkeit allein noch nicht dem Schönheitsempfinden vollständig entspricht, ist das Beispiel mit dem alten Boschhorn (Abb. 268). Obwohl alle vier Ausführungsformen dem Zweck voll entsprechen, ist doch die Ausführung Abb. 268b am gefälligsten.

12*

Viele Firmen bedienen sich der Holzmodelle im verkleinerten Maßstab, um die ansprechendste Form zu finden. Eine große Lokomotivfabrik, welche durch ihre besonders harmonisch gestalteten Lokomotivtypen bekannt war, ließ Holzmodelle in verkleinertem Maßstabe anfertigen, um die ästhetische Wirkung besser studieren zu können. Bekannt ist, daß Autofirmen zur Ermittlung der endgültigen Formgebung, gestützt auf aerodynamische Versuche, sich der Modelle bedienen.

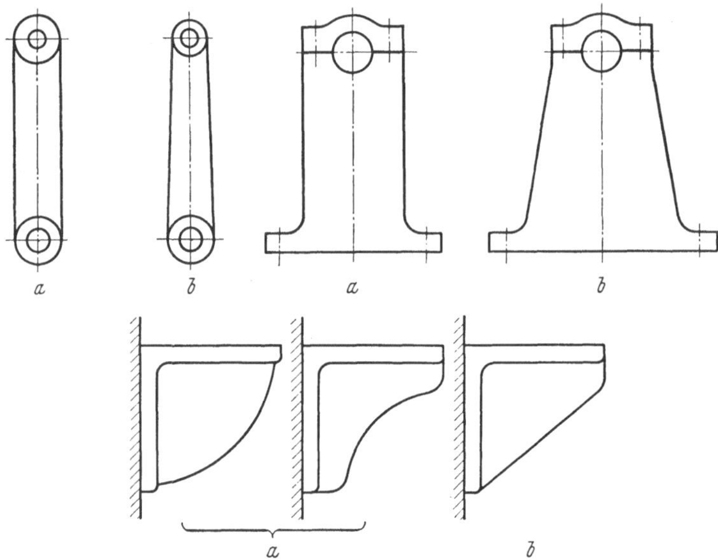

Abb. 269. Zweckmäßige und unzweckmäßige Gestaltung

Um ein möglichst ansprechendes Aussehen zu erreichen, kann man dem Anfänger empfehlen, in erster Linie zweckmäßig nach den Regeln der Konstruktionslehre zu gestalten und erst in zweiter Linie seine Erzeugnisse mit anderen zu vergleichen, die dem gleichen Zweck dienen, aber eine gefälligere Form haben. Es wird sich dann auch bei ihm das richtige Gefühl für Harmonie und Schönheit entwickeln.

Der Laie hat oft ein gutes Gefühl für Schönheit, ohne dafür den Grund angeben zu können. Man kann aber sicher sein, daß immer ein Fehler vom Kon-

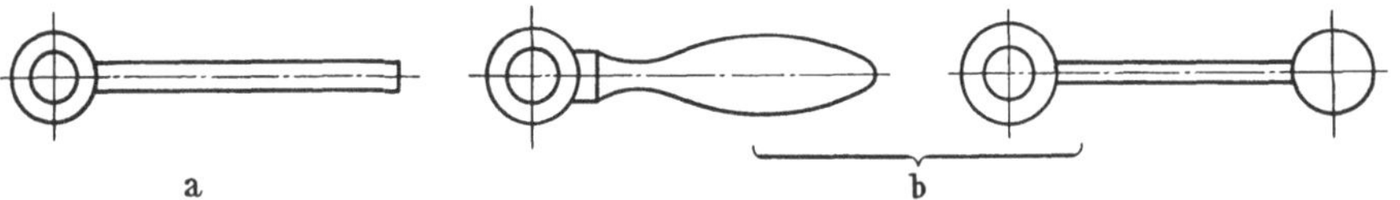

Abb. 270a u. b. Handliche und unhandliche Formen

strukteur gemacht wurde, wenn der Laie die Form als nicht schön empfindet, z. B. wird jeder die Ausführungen (Abb. 269 b) schöner finden als a. Der Grund dafür liegt darin, daß bei b im Gegensatz zu a die zulässige Festigkeit sich gleichmäßig auf alle Querschnitte verteilt.

Die Form des Hebels (Abb. 270 b) wirkt ansprechender als diejenige von a. Warum? Weil der Hebel b sich besser der Hand anschmiegt.

Eine Ungenauigkeit in der Herstellung erzeugt immer ein Gefühl des Miß-
behagens, z.B. bei den Ausführungen a (Abb.271), während die Ausführungen b
den Eindruck der Genauigkeit und Sauberkeit erwecken und daher gefallen.

Aus den vorhergehenden Kapiteln wissen wir, daß die Form stark vom Material
und dem Herstellungsverfahren beeinflußt wird. Es wäre sinnwidrig, Formen zu

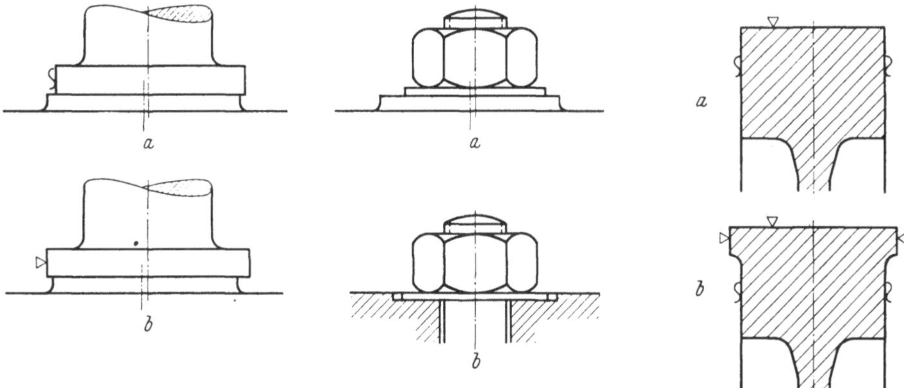

Abb. 271. Vermeidung des unsauberen Eindrucks

wählen, welche diesen Forderungen und besonders der Wirtschaftlichkeit wider-
sprechen. So findet man in der Möbelindustrie jetzt nur glatte Formen. Der
Grund dafür liegt darin, daß sie sich maschinell leichter und billiger herstellen
lassen als solche mit Schnitzwerk. Die glatten Formen der technischen Erzeugnisse sind nur zu rechtfertigen, weil sie sich mit geringen Kosten herstellen lassen
und nebenbei eine einfache Wartung und sauberen Betrieb gewährleisten.

Das Formgefühl unserer Zeit
bevorzugt glatte Formen und ver-
schmäht sogar starke Rundungen.
Für Hilfsmaschinen und Vorrichtungen des täglichen Gebrauchs
und der Lebensmittelindustrie ist
das sehr zu begrüßen. Wie sehr
sich solche technischen Produkte
im Laufe der Zeit wandeln, sei
an einer Gaskochplatte gezeigt
(Abb. 272).

Die Gaskochplatte a bis 1914
war ein Rippenguß von noch
dazu schwarzer Farbe, also wenig

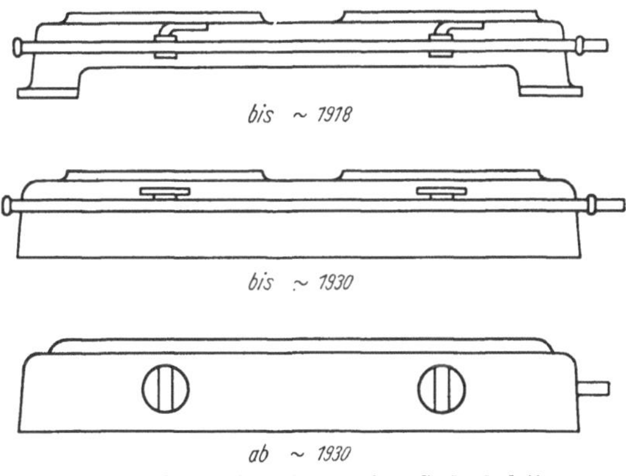

Abb. 272. Entwicklungsformen einer Gaskochplatte

ansprechend und schlecht zu reinigen. Die Ausführung b war bereits weiß
emailliert und heute ist die Form ganz glatt, ohne vorstehendem Verteilungsrohr,
weiß emailliert und mit einem Deckel versehen. Die Kochplatte macht in dieser
letzten Entwicklung einen sehr sauberen und gefälligen Eindruck.

Der Rippenguß ist immer ein Schmutzfänger. Daher findet man bei Gestellen
von Werkzeugmaschinen jetzt die einfachen glatten und bedeutend gefälligeren
Formen, die übrigens auch nicht teurer bei richtiger Formgebung kommen

(Abb. 273). Für sehr staubigen Betrieb, wie in der holzverarbeitenden Industrie, sind Maschinen mit glatten Formen von besonders großem Vorteil (Abb. 274).

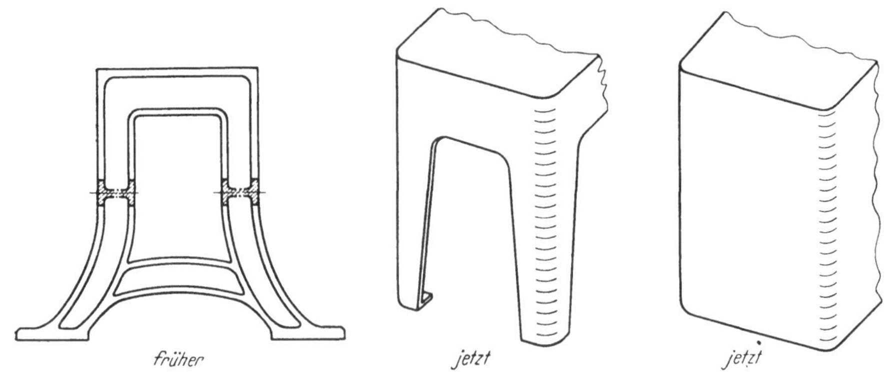

Abb. 273. Bevorzugung glatter Formen

Eine große Rolle spielt auch der Anstrich. Grün oder blau abgetönte Grau sind von günstiger psychologischer Wirkung. Sie heben die Stimmung und schaffen Arbeitsfreude. Das früher übliche Schwarz oder stumpfe, leblose, einheitliche Grau ist daher fast ganz aus den Maschinenhallen verschwunden. Selbst Stahlbauten erhalten heute einen Anstrich in freundlichen Farben.

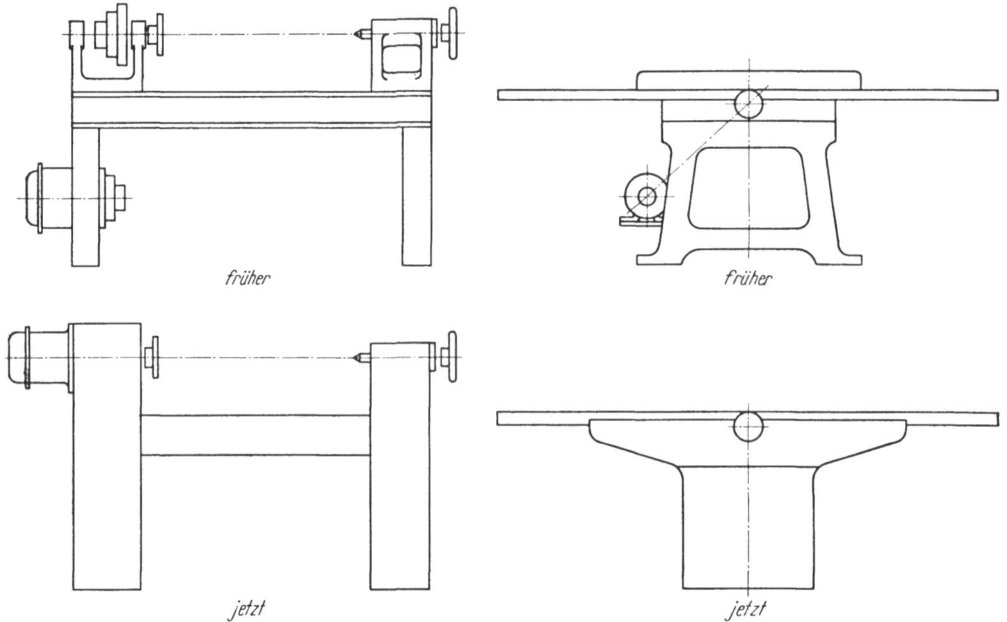

Abb. 274. Moderne zweckmäßige Gestaltung

Man kann von einem Maschinenbaustil verschiedener Zeiten als Ausdrucksform der äußeren Erscheinung sprechen. Im rein ästhetischen Sinne genommen, verlangt der Stil immer einen einheitlichen Charakter. Wird dagegen verstoßen, so fühlt sich das ästhetische Empfinden verletzt. Es ist daher nicht zu empfehlen, technische Bauwerke, welche vornehmlich in Gußkonstruktion ausgeführt sind, durch Schweißkonstruktionen zu ergänzen, z. B. an einem Gußständer Konsolen aus Schweißkonstruktion oder Aluminiumguß anzuschließen.

Die Verbindung von Schweiß- und Nietkonstruktionen entspricht nicht dem Schönheitssinn. Die Schweißtechnik ermöglicht, im Gegensatz zum Nieten, viel elegantere Verbindungen und Tragkonstruktionen (Abb. 249). Selbst Gußkonstruktionen lassen sich gefällig in reiner Schweißtechnik ausführen (Abb. 275).

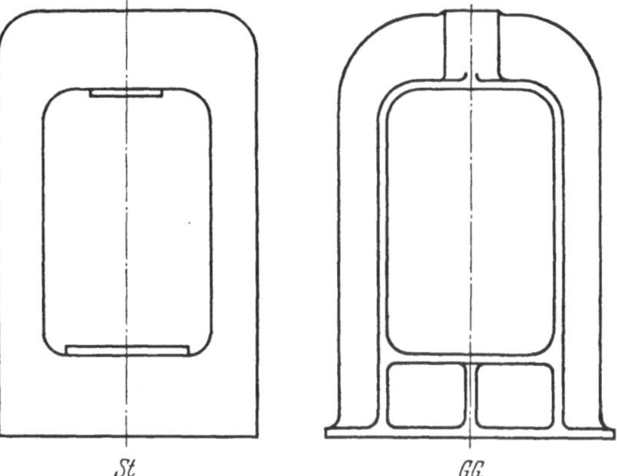

Abb. 275. Einfache schöne Form der Schweißkonstruktion

11. Der Einfluß der Handhabung auf die Gestaltung

Für die Bedienung von Maschinen, Vorrichtungen und Apparaten kommen Griffe, Handräder, Handkreuze und Kurbeln in Frage. Sie haben sich dem Zwecke und der Größe der Kräfte oder der Drehmomente anzupassen. Alle Bedienteile, bis auf schwere Handkurbeln, sind genormt.

Für große Kräfte eignen sich Handräder und vor allem Handkurbeln. Die zur Bedienung notwendigen Drehmomente müssen den Kräften und evtl. der Ausdauer des Arbeiters angepaßt sein. Erfahrungswerte darüber sind ja bekannt. Zum Feineinstellen, z. B. an Werkzeugmaschinen, verwendet man nur Rändelmuttern, Sterngriffe oder kleine Handräder. Die Kugel- und Kegelgriffe sind vielseitig verwendbar, z. B. für kurze Drehbewegungen, Feststellungen von Schrauben und zum Spannen.

Zur sicheren und schnellen Bedienung sollte der Konstrukteur die Bewegungsrichtung und den Schaltvorgang so einrichten, daß sie übereinstimmen. So soll z. B. das Links- und Rechtsschwenken eines Drehkranes durch das Drehen des Handrades im gleichen Sinn erfolgen. Für die Werkzeugmaschinen sind die Bewegungsrichtlinien nach DIN festgelegt.

Nicht zu vergessen ist die Sicherung bei der Bedienung. Die Bedienteile müssen so angeordnet sein, daß deren Handhabung eine Verletzung der Hand nicht möglich macht. Es muß also ein genügend freier Platz gelassen werden und alle vorstehenden Teile in der Nähe, wie Muttern, Splinte, scharfe Ecken usw., vermieden werden.

Das Arbeiten an Maschinen und Vorrichtungen ist oft mit großen Gefahren für den Arbeiter verbunden, besonders dann, wenn die Aufmerksamkeit nachläßt oder derselbe durch irgend etwas abgelenkt wird. Es sind daher Unfallvorschriften ausgearbeitet worden, welche der Konstrukteur kennen und auch bei seinen Konstruktionen beachten muß.

12. Der Einfluß der Wartung auf die Gestaltung

Es kann vorkommen, daß der Kunde besondere Wünsche bezüglich der Wartung einer Maschine oder Vorrichtung geltend macht. Aber auch, wenn das nicht der Fall ist, muß der Konstrukteur die bereits auf S. 24 erwähnten Gesichtspunkte berücksichtigen.

13. Der Einfluß der Instandsetzung auf die Gestaltung

Die Rücksichtnahme der Instandsetzung kann die Gestaltung unter Umständen stark beeinflussen. Daher sind die auf S. 24 besprochenen Gesichtspunkte wohl zu überlegen.

14. Der Einfluß der Oberflächenbeschaffenheit auf die Gestaltung

Von der Oberfläche der technischen Erzeugnisse werden, je nach Betrieb, verschiedene Eigenschaften verlangt. Es kann sich z. B. um die chemische Widerstandsfähigkeit, um eine bestimmte Härte oder auch nur um das Aussehen handeln. Will der Konstrukteur zum Schutze gegen Korrosion metallische Überzüge verwenden, so muß er wissen, daß es mehrere solcher Verfahren gibt, die in erster Linie vom Baustoff abhängig sind, sich aber nicht beliebig für jede Gestalt eines Werkstücks in Anwendung bringen lassen. Der Konstrukteur muß also schon bei der Gestaltung Rücksicht nehmen auf ein bestimmtes Verfahren zur Herstellung metallischer Überzüge. Ähnlich liegt der Fall beim Härten. Die Gestalt des Werkstücks bestimmt die Art der Härtung und beeinflußt außerdem noch den Verzug und die Dauerfestigkeit.

15. Der Einfluß der Versandfähigkeit auf die Gestaltung

Der Anfänger übersieht gern diesen Gesichtspunkt. Um Wiederholungen zu vermeiden, sei auf die Betrachtungen S. 23 verwiesen.

16. Der Einfluß des Leistungsbedarfs auf die Gestaltung

Schon aus rein finanziellen Gründen wird der Kunde immer ein Interesse an einem kleinen Energieverbrauch haben.

Hersteller wie Abnehmer haben gleiches Interesse daran, daß der Leistungsbedarf einer Maschine oder Vorrichtung möglichst niedrig ausfällt. Wie schon auf S. 24 ausgeführt wurde, muß der Konstrukteur die Faktoren aufsuchen, welche einen wesentlichen Einfluß auf die Verringerung des Leistungsbedarfs haben und dieselben dann bei der Gestaltung berücksichtigen. Zum Leistungsaufwand im weiteren Sinne muß auch der Verbrauch an Schmieröl, Kühlwasser, der Energiebedarf zur Erzielung der Kühlluft usw. gerechnet werden.

G. Die Kosten

Der Konstrukteur kann bei seinen konstruktiven Maßnahmen nur direkten
Einfluß nehmen auf die Baustoff- und Lohnkosten. Diese Kosten stellen aber nur
einen kleinen Teil der Selbstkosten dar. Es kommen nämlich noch hinzu die
Kosten für Anschaffung, Wartung und Betrieb der Werkzeugmaschinen, die
Kosten für den Unterhalt aller möglichen Einrichtungen von Werkstätten und
Büros. Zu vergessen sind auch nicht die Kosten für die Angestellten in allen
Büros, die Aufwendung für soziale Einrichtungen, für Reklame usw.

Alle diese Kosten, außer den Werkstoff- und Lohnkosten, werden unter dem
Begriff „Gemeinkosten" zusammengefaßt. Sie übersteigen ganz bedeutend die
ersteren. Die Gemeinkosten sind auch stark von der Größe, dem Aufbau des
Unternehmens und der Art der Fertigung, ob Einzel- oder Massenfertigung abhängig.

Die Verrechnung der Gemeinkosten auf die verschiedenen Werkstücke ist
schwer streng richtig durchzuführen, da z.B. die Zinsen allein nur von der Zeit
abhängig sind. Eine gebräuchliche Art der Aufteilung der Gemeinkosten besteht
darin, daß man alle Kosten, welche mit dem Werkstoff zusammenhängen, auf
denselben schlägt und die übrigen Gemeinkosten auf die Lohnkosten bezieht.

In einer einfachen Formel ausgedrückt, ergeben sich also die Selbstkosten
K zu:

$$K = B \cdot G_1 + L \cdot G_2,$$

wobei B die Baustoffkosten, L die Lohnkosten, G_1 und G_2 die Gemeinkostenfak-
toren sind. Die Faktoren G_1 und besonders G_2 können recht beträchtliche Werte
(bis 800%) erreichen.

Diese Formel führt dem Konstrukteur nochmals ganz eindringlich die Tatsache vor Augen, daß die Selbstkosten von der Niedrighaltung der Baustoff- und
Lohnkosten, d.h. von den wirtschaftlichen Überlegungen beim Konstruieren abhängig sind. Entsprechen die Selbstkosten bei der endgültigen Kalkulation nicht
den Erwartungen, dann muß der Konstrukteur den Gründen nachgehen und, wie
schon auf S.20 erwähnt wurde, die Formgebung, die Herstellung, den Baustoff,
ja evtl. sogar die Prinzipkonstruktion ändern.

Anhang

Lösungen der Übungsaufgaben

1. Aufgabe. Man darf sich bei Lösung der gestellten Aufgabe nicht darauf verlassen, daß einem fehlende Angaben einfallen. Der an ein planmäßiges Arbeiten gewohnte Konstrukteur wird die Untersuchung an Hand der uns schon bekannten „Kundenforderungen" von S. 21 vornehmen.

1. Geforderte Wirkung. Die Wirkung ist durch die Forderung, eine bestimmte Wassermenge auf eine gegebene Höhe zu heben, eindeutig gegeben. Die Angabe der Tourenzahl ist eigentlich überflüssig. Ein Kunde wird diese Forderung wohl kaum stellen. Der Konstrukteur wird die Tourenzahl erst auf Grund wirtschaftlicher Überlegungen festlegen. Liegt eine Anfrage vor, dann wird der Konstrukteur zuerst sehen, ob nicht eine serienmäßig gebaute Pumpe verwendet werden kann. Nur in Ausnahmefällen wird er gezwungen sein, ein neues Aggregat zu entwickeln, das erhebliche Mehrkosten erfordert. Der Kunde ist natürlich in diesem Sinne aufmerksam zu machen. Ist aber eine Neukonstruktion zu rechtfertigen, dann wird noch eine ganze Reihe von Fragen richtigzustellen sein.

2. Mechanische Ortsbedingungen. Nicht unbedeutend für den Konstrukteur ist die Kenntnis der örtlichen Verhältnisse. Welche Abmessungen hat der Querschnitt des Schachts? Wie ist er ausgemauert? Welche-Möglichkeit besteht zur Aufnahme des Pumpenaggregates? Ist noch genügend Platz vorhanden für eine Revision und Wartung? Über diese Verhältnisse muß der Konstrukteur auch Bescheid wissen. Oder soll er ins Blaue hinein projektieren?

3. Mechanische Beanspruchung. Über Kräfte brauchen keine Angaben gemacht werden, denn sie ergeben sich aus der Konstruktion.

4. Klimatische Einflüsse. Durch die Aufstellung in einem tiefen Schacht wird natürlich mit einer größeren Feuchtigkeit zu rechnen sein, so daß der Konstrukteur Vorsorge gegen Rostgefahr zu treffen hat.

5. Chemische Einflüsse. Es ist nicht anzunehmen, daß andere chemische Einflüsse, wie in Punkt 4 schon angedeutet, sich bemerkbar machen, da es sich sicher nur um reines Grundwasser handelt.

6. Größe und Gewicht. Sehr enge örtliche Verhältnisse können die Breitenmaße des Aggregats unter Umständen stark beeinflussen. Daher wurden ja unter Punkt 2 nähere Angaben über die Abmessungen des Schachts verlangt. Auf das Gewicht wird nur soviel Wert zu legen sein, als durch eine rationelle Konstruktion bedingt ist.

7. Versandfähigkeit. Dieselbe wird kaum Schwierigkeiten machen.

8. Wartung und Betrieb. Hierüber sind nähere Wünsche anzugeben, um dem Konstrukteur Gelegenheit zu geben, sich über deren Erfüllbarkeit zu äußern.

9. Instandsetzungsmöglichkeiten. Auch über diesen Punkt müssen gegenseitige Vereinbarungen getroffen werden, um die Kunden vor Enttäuschungen über unerfüllbare Wünsche zu bewahren.

10. Wirtschaftlicher Energieverbrauch. Jeder Kunde wird ein großes Interesse daran haben, daß die Anlage wirtschaftlich arbeitet. Die Bestimmung der Antriebsleistung und der Leistungsaufnahme für die ganze Anlage ist Aufgabe des Konstrukteurs. Der Kunde kann unter Umständen sogar Garantien darüber verlangen, die natürlich nur auf Grund von Versuchen abgegeben werden können.

11. Gebrauchsdauer. Die Frage nach derselben wird häufig vom Kunden gestellt. Wenn jahrelange Erfahrungen über ähnliche Bauarten vorliegen, kann die Firma bindende Angaben darüber machen.

12. Betriebskosten. Dieselben hängen eng mit dem wirtschaftlichen Energieverbrauch zusammen. Der Käufer wird daher wohl immer nach denselben fragen.

13. Lärmfreiheit. Bei der Schachtpumpe wird dieser Gesichtspunkt kaum eine Rolle spielen.

14. Aussehen. Auf das Aussehen dürfte im vorliegenden Fall kaum ein Wert gelegt werden.

15. Termin. Der Liefertermin spielt immer eine wichtige Rolle bei Bestellungen. Er ist nicht allein von einer rationellen Arbeit im Konstruktionsbüro, sondern auch von der wirtschaftlichen Fertigung im Betrieb abhängig.

16. Stückzahl. Die Angabe der Stückzahl kann die Konstruktion maßgebend beeinflussen, denn man wird z.B. bei ein oder zwei Ausführungen kaum an Gußkonstruktionen denken.

17. Gesamtkosten. Allen Anfragen ist immer diese Frage beigefügt. Dieser Gesichtspunkt hat für den Konstrukteur insofern eine Bedeutung, als er ihn und den Betrieb zwingt, wegen der Konkurrenz möglichst wirtschaftlich zu disponieren.

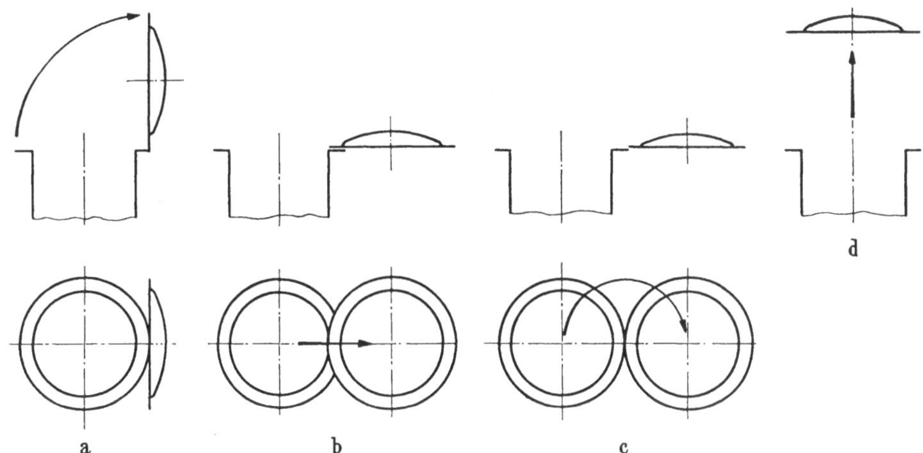

Abb. 276a—d. Lösungsmöglichkeiten der Deckelbewegung

Der angehende Konstrukteur sieht an diesem Übungsbeispiel die Wichtigkeit der Prüfung eines Auftrages an Hand der zusammengestellten Kundenforderungen. Auch in der Praxis dürfte sich das immer lohnen.

2. Aufgabe. Hier liegt also zunächst eine Anfrage vor. Es ist klar, daß es in solchen Fällen in der Praxis noch manche Frage zu klären gibt. Wir wollen die Festlegung der notwendigen Forderungen wieder dadurch vornehmen, daß wir Punkt für Punkt die bereits wohlbekannten „Kundenforderungen" durchgehen.

1. Geforderte Wirkung. Es handelt sich also hier um das Abheben eines Deckels, und zwar so weit, daß ein Einsatzkorb ausgefahren werden kann. Alle notwendigen Abmessungen des Autoklaven, einschließlich des Deckels, sind gegeben. Dem Konstrukteur wird hier natürlich sofort der Gedanke kommen: Auf welche Art kann man den Autoklaven öffnen? Diese Feststellung ist sehr wichtig, weil sie evtl. weitere Angaben vom Kunden verlangt.

2. Mechanische Ortsbedingungen. Die örtlichen Angaben sind hier so eindeutig, daß es sich nur um ein Aufklappen des Deckels gegen die Wand handeln kann, da für alle anderen Möglichkeiten der Platz nicht ausreicht und der Autoklav in diesem Fall am besten zugänglich ist (Abb. 276a). Nachgefordert muß noch der genaue Abstand „x" von der Wand werden (Abb. 8).

3. Mechanische Beanspruchung. Die Angaben in Abb. 9 reichen aus zur Berechnung des Deckelgewichts, das als Grundlage für die Dimensionierung der Antriebsvorrichtung dient.

4. Klimatische Einflüsse. Dieselben sind bedeutungslos, da sich die Autoklaven in einem überdeckten Raum befinden.

5. Chemische Einflüsse. Es kann sein, daß der Raum durch das Öffnen der Autoklaven etwas mit den Dämpfen der Natronlauge erfüllt ist. Daher ist Schutz gegen Korrosion notwendig.

6. Größe. Es liegen zwar keine Vorschriften darüber vor. Der Konstrukteur wird aber eine möglichst einfache gedrängte Bauart wählen.

7. Gewicht. Dasselbe ist bedeutungslos.

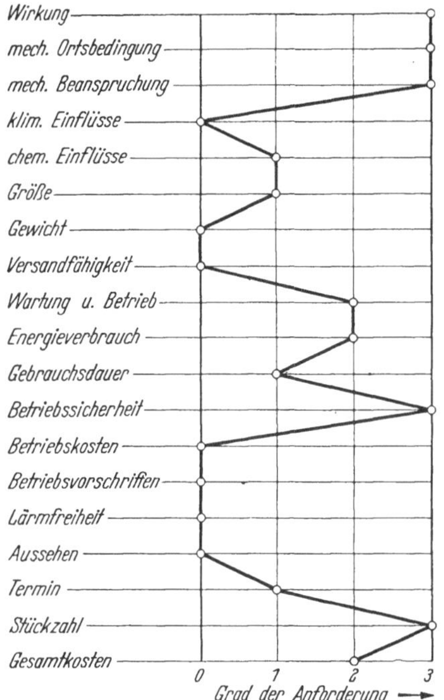

Abb. 277. Darstellung der Vordringlichkeit der Kundenwünsche

8. Versandfähigkeit. Sie dürfte keine Schwierigkeiten bereiten.

9. Wartung und Betrieb. Laut Angabe soll die Bedienung von Hand erfolgen. Es ist also keine Rückfrage nötig.

10. Wirtschaftlicher Energieverbrauch. Es liegen keine Forderungen über diesen Punkt vor. Der Konstrukteur wird natürlich die Vorrichtung so ausführen, daß kein großer Arbeitsaufwand zur Betätigung notwendig ist.

11. Gebrauchsdauer. Auch darüber wurden keine Wünsche vorgebracht. Die Vorrichtung dürfte bei Annahme normaler Beanspruchung auch großen Anforderungen genügen.

12. Betriebssicherheit. Es wurde zwar über diesen Punkt keine Bedingung gestellt, aber trotzdem darf kein Konstrukteur diesen Gesichtspunkt außer acht lassen, ohne nicht die Firma evtl. strafbar zu machen. Im vorliegenden Falle ist es notwendig, daß der Deckel nach dem Anheben in allen Lagen sicher festgehalten wird.

13. Betriebskosten. Man kann schon im voraus sagen, daß bei Handbetrieb die Kosten, abgesehen von gelegentlicher Schmierung der Lagerstellen, sehr klein sein werden.

14. Betriebsvorschriften. Die Bedienung ist so einfach, daß sich Vorschriften darüber erübrigen.

15. Lärmfreiheit. Wenn Wünsche darüber vorlägen, könnte man sogar absolute Lärmfreiheit garantieren.

16. Aussehen. Besondere Wünsche liegen in dieser Richtung nicht vor.

17. Termin. Bei allen Bestellungen oder Anfragen wird dieser Punkt erwähnt. Der genaue

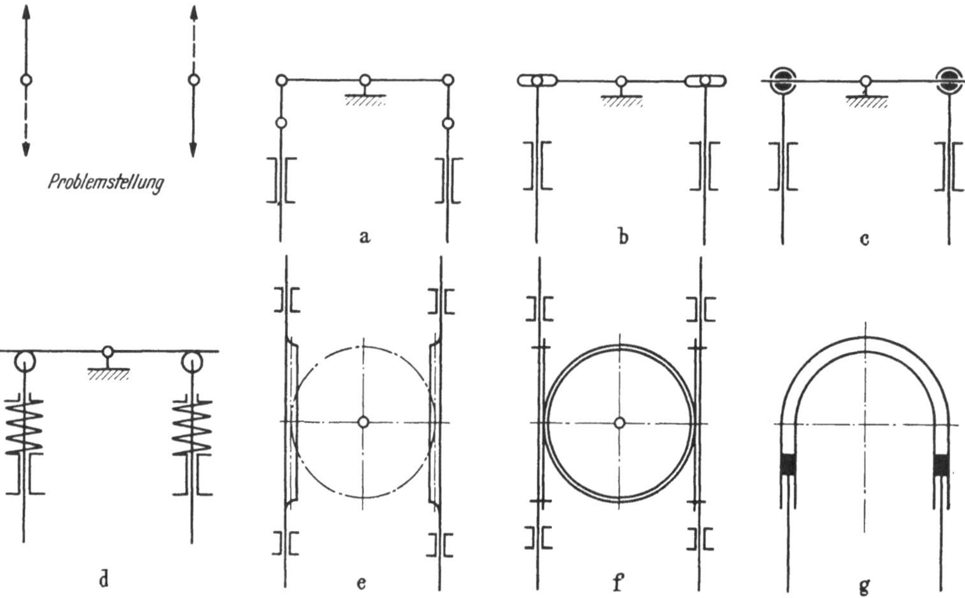

Abb. 278a—g. Lösungsmöglichkeiten

Termin wird hier im besten Fall von der Firma im Einvernehmen mit dem Konstruktionsbüro und dem Betrieb bestimmt.

18. Stückzahl. Es kommen vier Stück der Vorrichtung in Frage, also keine Verwendung von Gußteilen.

19. Gesamtkosten. Nach denselben wird verständlicherweise immer gefragt. Solange keine Konstruktion vorliegt, erfolgt gewöhnlich die Kalkulation der Kosten auf Grund der Schätzung des Gesamtgewichts nach Erfahrungswerten.

Es wird nun versucht, in einer graphischen Darstellung die Vordringlichkeit der Kundenwünsche für vorliegenden Fall darzustellen (Abb. 277).

3. Aufgabe. Da bei dieser Aufgabe keine weiteren Forderungen gestellt werden, handelt es sich nur um eine rein kinematische Angelegenheit. Durch Beachtung der Gesichtspunkte 2 und 3 auf S. 29 kommt man leicht auf folgende Lösungen (Abb. 278).

4. Aufgabe. Die Aufgabenstellung ist hier sehr einfach und leicht zu übersehen. Trotzdem wird dem Anfänger empfohlen, an Hand der Zusammenstellung von S. 21 die einzelnen Forderungen nochmals sich zu überlegen, um mit der Aufgabe ganz vertraut zu werden und die nebensächlichen Forderungen kennenzulernen.

Die geordnete Aufgabenstellung sieht dann so aus:

1. Geforderte Wirkung. Paralleles Heben und Senken eines Tisches, ohne Verdrehen und seitliches Verschieben.

2. Mechanische Beanspruchung. 100 kg Belastung + Eigengewicht.

3. Klimatische Einflüsse. Ohne Bedeutung.

4. Chemische Einflüsse. Ohne Bedeutung.

5. Mechanische Ortsbedingungen. Einzuhaltende Maße (Abb. 21).

6. Größe. (Abb. 21.)

7. Gewicht. Ohne Bedeutung.

8. Versandfähigkeit. Ohne Bedeutung.

9. Handhabung. Handrad mit Kurbel und waagrechte Welle, Feineinstellung.

10. Wartung. Keine Vorschriften, ohne Bedeutung.

11. Instandsetzung. Ohne Bedeutung.

12. Wirtschaftlicher Energieverbrauch. Leichte Bedienung.

13. Gebrauchsdauer. Keine Forderung.

14. Betriebssicherheit. Festhalten der Tischplatte in jeder Lage.

15. Betriebskosten. Keine Forderung, bedeutungslos.

16. Aussehen. Bedeutungslos.

17. Termin. Vom Kunden nicht gestellt, also Vereinbarung.

18. Stückzahl. 10 Stück.

Bei dieser Aufgabe liegen so viel Bedingungen vor, daß man schon eine Auslese unter den verschiedenen gefundenen kinematischen Anordnungen vornehmen kann. Man kümmere sich zunächst nur um die Aufstellung von Lösungsmöglichkeiten unter Berücksichtigung der örtlichen Verhältnisse.

Die Erinnerung an bereits vorhandene ähnliche Lösungen, wie z. B. für das Heben und Senken eines Bohr- oder Frästisches bei Werkzeugmaschinen, oder kinematische Lösungen für ähnliche Fälle, sowie das systematische Durchgehen der einzelnen Bauelemente, geben genug Anregung für Lösungen (Abb. 279).

Für die Wahl der günstigsten Lösung sind natürlich in erster Linie die Kundenforderungen maßgebend. Der Konstrukteur wird aber noch zusätzliche Forderungen stellen, z. B. wirtschaftliche Herstellungsmöglichkeit oder mechanische Beanspruchung, welche aus der Aufgabenstellung nicht direkt zu ersehen sind, aber doch eine Bedeutung für einwandfreie Arbeit und niedrige Herstellungskosten haben. Es stehen uns also für die Bewertung

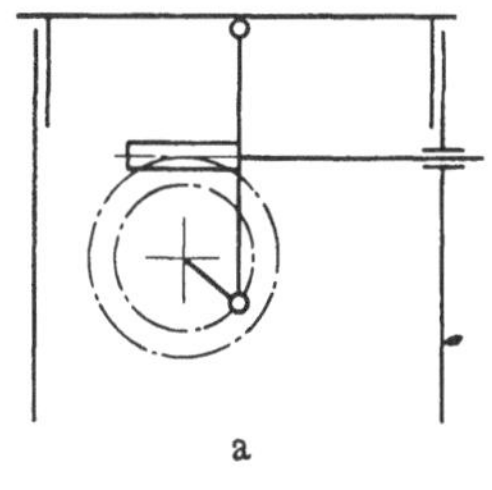

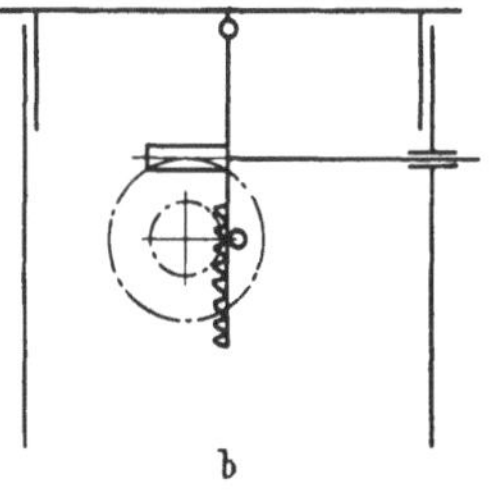

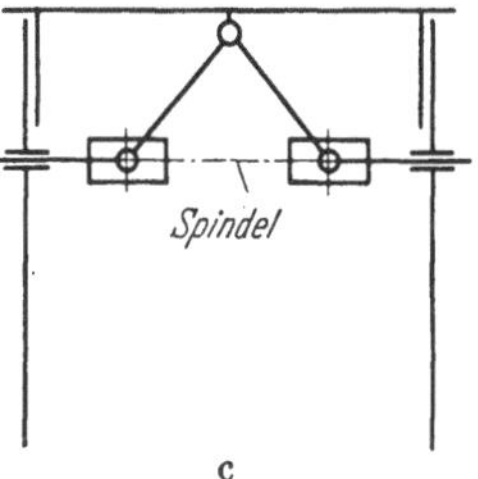

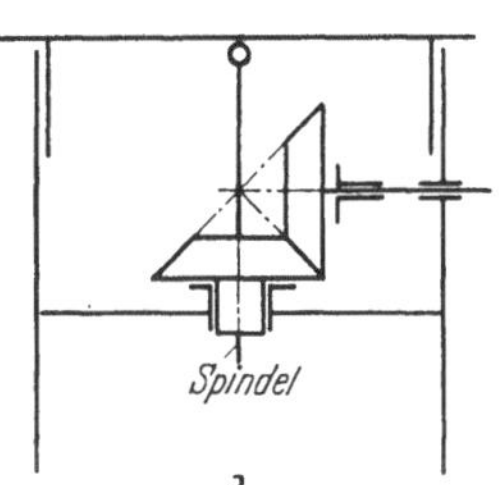

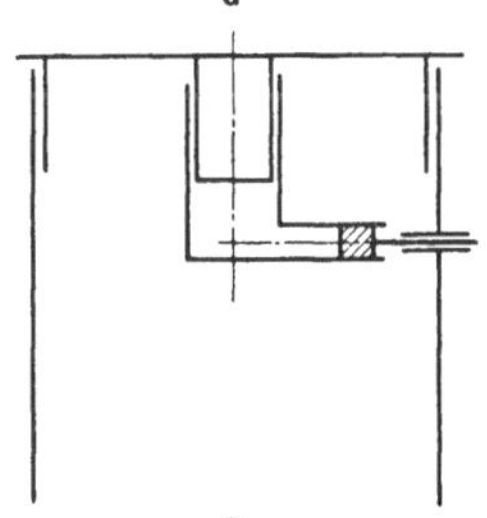

Abb. 279a—e.
Lösungsmöglichkeiten

der Lösungen die Kundenwünsche und die aus einer wirtschaftlichen Konstruktion sich ergebende Forderungen zur Verfügung.

Damit ergibt sich folgender Bewertungsplan (Abb. 280).

Abb. 280. *Bewertungsplan*

Lösungen	a	b	c	d	e	ideal
Geforderte Wirkung	2	3	2	3	3	3
Mechanische Beanspruchung	3	3	3	3	3	3
Feineinstellung	0	3	0	3	1	3
Einzuhaltende Maße	—	3	—	3	3	3
Handhabung	—	3	—	3	3	3
Betriebskosten	—	3	—	3	3	3
Betriebssicherheit	—	3	—	3	3	3
Herstellungskosten	—	2	—	3	2	3
Summe................................	—	23	—	24	21	24

Die Lösungen a und c scheiden aus, da gleichen Winkeln am Handrad keine gleichen Wege des Tisches entsprechen. Bei der Lösung e ist es nicht ganz sicher, daß Leckverluste auftreten und damit die Feineinstellung gewährleistet ist. So bleiben also nur die Ausführungsmöglichkeiten b und d. Die Punktzahl der beiden letzteren ist aber so wenig verschieden, daß sie vorläufig als gleichwertig zu betrachten sind. Wenn man die Lösungen b und d nochmals einer genauen Betrachtung bezüglich der Einfachheit der Konstruktion und der wahrscheinlichen Herstellungskosten unterzieht, so wird die Ausführung d am besten abschneiden.

5. Aufgabe. Lösungen für das vorliegende Problem sind in den Büchern über Kinematik zu finden. Wer sich die Mühe nimmt und die Patentschriften durchblättert, wird ebenfalls eine größere Anzahl von Ausführungsmöglichkeiten finden. Des Interesses halber seien hier die Lösungen angegeben (Abb. 281), wie sie zeitlich der Reihe nach zum Patent angemeldet wurden. Den Lösungen ist die Jahreszahl der Erteilung des Patents beigegeben.

Die erste patentierte und auf dem Markt erschienene Ausführung der „Pendelsäge" ist so bestechend einfach, daß man sich als Außenstehender wundert, wenn immer wieder neue Ausführungen mit komplizierteren Mechanismen entwickelt werden. Zum Teil mag der Grund dafür darin liegen, daß die Firmen ihre Ausführung patentiert haben wollen.

Um an Hand eines Bewertungsplans eine Auslese unter den verschiedenen Bauarten vorzunehmen, ist es natürlich notwendig, die genaueren Bedingungen dafür zu kennen, und zwar vor allem die Kundenwünsche. Aus dem Inhalt aller Patentschriften ergaben sich folgende Forderungen:

1. Leichte Bedienbarkeit, d.h. leichter Vor- und Rücklauf.
2. Große Schnittbreite.
3. Erschütterungsfreier Lauf.
4. Möglichst genaue geradlinige Bewegung der Kreissäge.
5. Seitliche Stabilität.
6. Sicherung gegen Aufsteigen des Sägeblattes.
7. Schutz gegen Verschmutzung der Gelenke und Führungen.
8. Niedere Bauart.
9. Einfache Bauart.
10. Geringer Raumbedarf.

Kann man alle Forderungen einwandfrei festlegen, was nur im Einvernehmen mit dem Kunden möglich ist, dann ist auch eine Auslese der besten Ausführung möglich. Eines ist sicher, die chronologisch geordneten Patente bedeuten nicht eine fortlaufende allgemeine Verbesserung der ersten Ausführung. Sie verweisen ja auch immer nur auf einen Punkt, in dem ein Fortschritt erzielt wurde, z.B. niedere Bauart, leichte Rückführung, genaue geradlinige Bewegung usw.

6. Aufgabe. Wenn der Anfänger ein Schneckengetriebe mit Gehäuse nach einem Vorbild konstruiert, dann wird er sich wahrscheinlich keine Gedanken darüber machen, ob man die Teilfugen auch anders, vielleicht sogar vorteilhafter legen kann. Auf jeden Fall wird es nur sein Nutzen sein, wenn er sich alle Möglichkeiten der Teilung des Gehäuses überlegt. In Abb. 282 sind alle Ausführungsmöglichkeiten zusammengestellt.

Wenn man hier eine Auswahl treffen soll, so muß man Forderungen stellen, welche mit den Kundenwünschen direkt nichts zu tun haben, sondern aus einer einwandfreien Konstruktion sich ergeben.

Es kommen folgende Gesichtspunkte in Betracht:

1. Leichte und genaue Montage ohne Paßstifte.
2. Keine Teilfuge durch die Lager.
3. Keine Teilfuge durch Ölbehälter.
4. Einfache Herstellungsmöglichkeit.

Auch ohne Bewertungsplan findet man leicht die beste Lösung. Es ist dies die Ausführung f. Sie erfordert, im Gegensatz zur Lösung c, nur Dreharbeiten und ergibt eine sehr genaue Montage. Die Lösung e ist schon nicht so vorteilhaft, weil hier die Teilfuge durch die Schnecken-

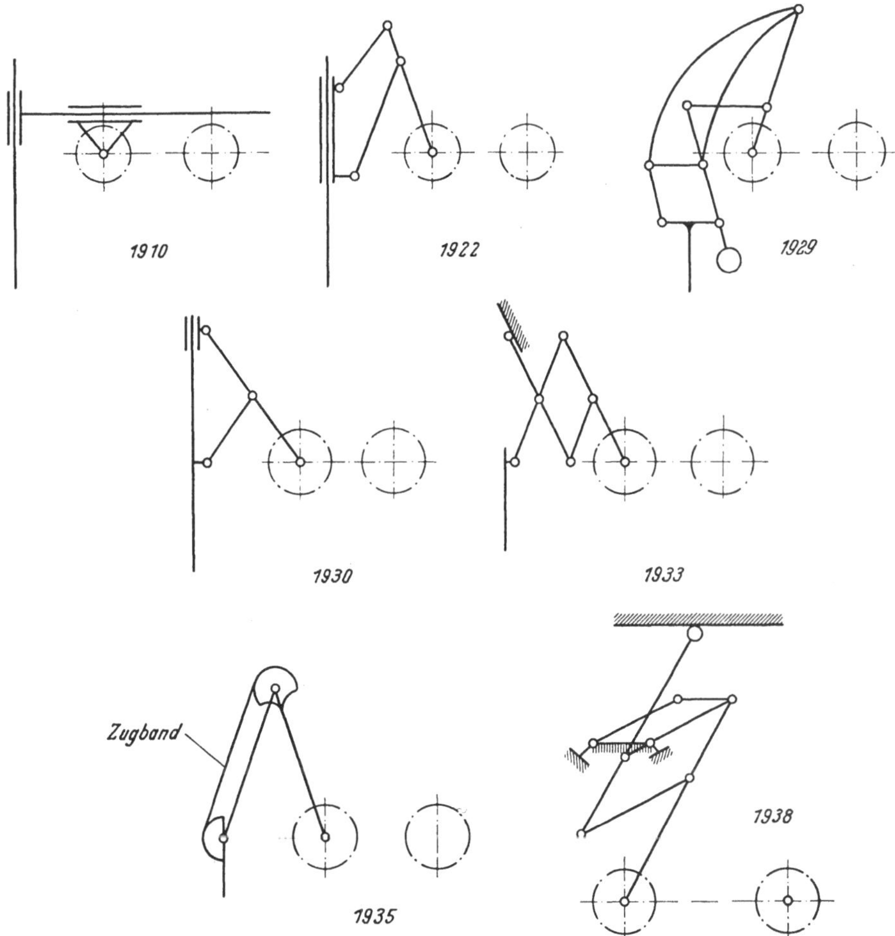

Abb. 281. Ausführungen von Pendelsägen

lager geht. Bei der Teilung nach Ausführung d muß wegen der kleinen Lagerschilder das Rad erst im Gehäuse zusammengesetzt werden. Die Ausführungen b und c ermöglichen keinen leichten Zusammenbau. Man sieht also, daß das bekannte Beispiel c vorteilhaft durch die Lösung f ersetzt werden kann.

7. Aufgabe. Man kann bei der Lösung ähnlicher Aufgaben systematisch vorgehen und der Reihe nach alle Gesichtspunkte untersuchen, welche die Anforderung des Kunden und des Betriebs berücksichtigen (S. 17). Bei der Durchsicht dieser Punkte ergibt sich nur der eine

Unterschied, daß die Ausführung b teurer wird als a, wegen der notwendigen Nut der Spindel zur Sicherung gegen Verdrehung. Die Beanspruchung der Spindel wird damit bei gleichem Spindeldurchmesser wegen der Kerbwirkung auch größer als bei a. Die Wirkung, die Bedienung, der Energieverbrauch sind in beiden Ausführungen gleich.

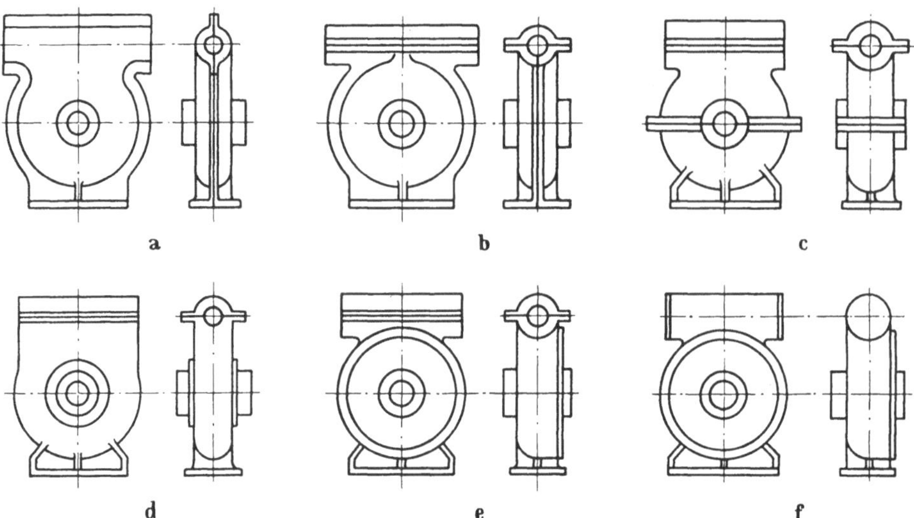

Abb. 282a–f. Verschiedene Anordnung von Teilfugen

8. Aufgabe. Zuerst suchen wir die äußeren Kräfte in den Gelenken B, C, D, E, F und G (Abb. 283). An der Stange A, E, F greifen in A die gegebene Kraft K an. Von den anderen beiden Kräften F und E sind die Richtungen bekannt und damit auch ihre Größe (siehe Krafteck) K, 1, 2. Kraft 2 in E kann man nach B verschieben. Damit erhalten wir die äußeren Kräfte auf die Stange G, D, B durch das Krafteck 2, 3, 4 und ebenso für die Stange C, D, F

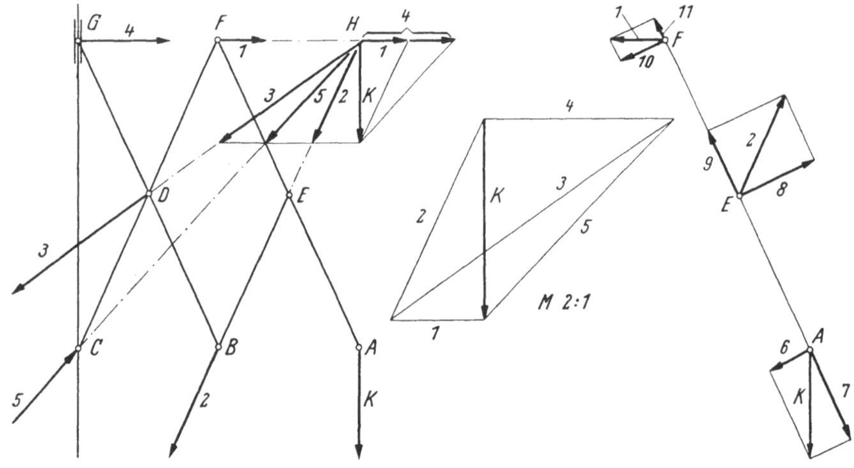

Abb. 283. Kraftverlegung

die äußeren Kräfte durch das Krafteck 1, 3, 5. Es greifen also in den Gelenken folgende äußere Kräfte an, in E Kraft 2, in F Kraft 1, in D Kraft 3, in B Kraft 2, in C Kraft 5 und in Gleitführung E Kraft 4.

Bis auf die Stange E, B werden alle anderen Stangen auf Biegung und Zug oder Druck beansprucht, wie man leicht durch Zerlegung der äußeren Kräfte sehen kann. Zum Beispiel wird die Stange A, E, F auf Biegung durch die Kräfte 6, 8 und 10 beansprucht, wobei für den Stangenteil E, A noch eine Zugbeanspruchung durch Kraft 7 und für Stangenteil E, F durch Kraft 11 hinzukommt.

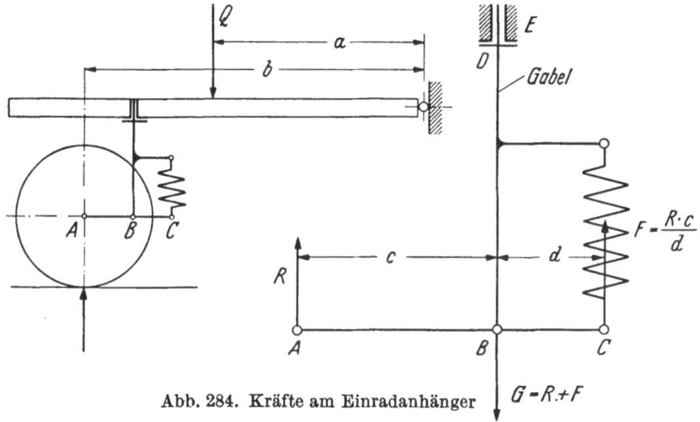

Abb. 284. Kräfte am Einradanhänger

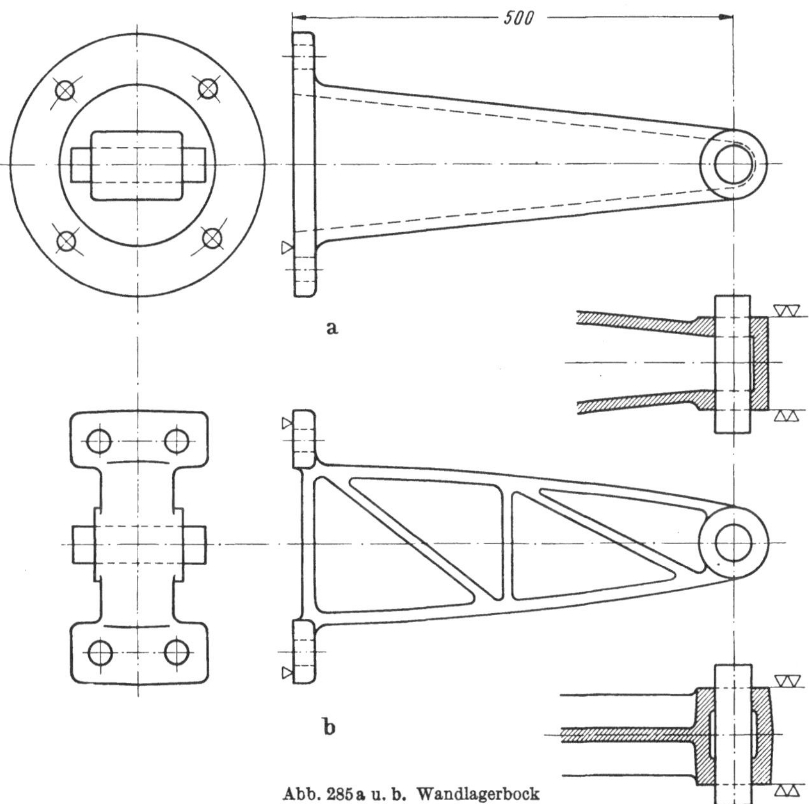

Abb. 285a u. b. Wandlagerbock

9. Aufgabe. Aus der Momentengleichung $\dfrac{Q \cdot a}{b} = R$ erhält man den Raddruck R und damit die Kraft, welche im Punkt A des Doppelhebels angreift (Abb. 284). Die äußeren Kräfte am

Doppelhebel sind dann nach bekannter Methode leicht zu finden, also Kraft G in B und Kraft F in C. Letztere wirkt als Zugkraft auf die Feder.

Die äußeren Kräfte R, G und F beanspruchen den Doppelhebel auf Biegung. Die Gabel wird auf die ganze Länge auf Druck mit der Kraft R beansprucht. Dazu kommt noch im unteren Teil die Druckkraft G. Außerdem muß die Gabel ein Biegungsmoment $R \cdot c$ aufnehmen. Auf das Drucklager D wirkt der Raddruck R, während das Gleitlager vom Biegungsmoment $R \cdot c$ beansprucht wird.

10. Aufgabe. Wir wissen bereits, daß die Gestaltung abhängig ist von vielen Faktoren. Bei diesem Beispiel sollen nur die Kräfte und der Werkstoff Gußeisen Berücksichtigung finden.

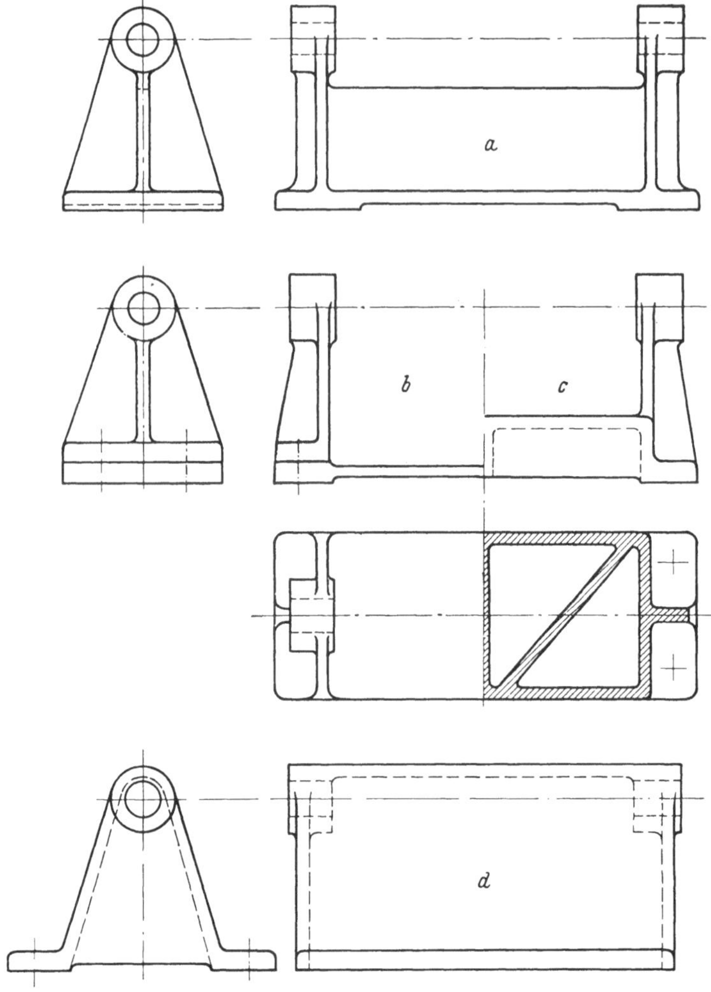

Abb. 286. Variationen eines Lagerbocks

Nachdem eine Verdrehungsbeanspruchung vorliegt, kommen in erster Linie der ringförmige oder der mit Diagonalrippen ausgesteifte kastenförmige Querschnitt in Frage (Abb. 285).

Es wäre schlecht, andere Querschnittsformen, etwa T- oder □ zu wählen, da dieselben nur auf Kosten größeren Werkstoffaufwandes genügend fest dimensioniert werden können. Bei kleinerer Ausladung wird man sich natürlich nur der Einfachheit halber für die Ausführung b, sogar ohne Diagonalrippen, entschließen.

11. Aufgabe. Man wird sofort den Eindruck haben, daß das Gußstück eine zu wenig geschlossene Form besitzt. Es wirkt sperrig. Aus diesem Grunde könnte man versucht sein, die Form dadurch „abzurunden", daß man die beiden Lagerböckchen durch eine Rippe verbindet (Abb. 286 a). Nebenbei bemerkt, wird man natürlich die Platte mit Arbeitsleisten versehen. Auch der Gedanke liegt nahe, die Sperrigkeit dadurch zu vermeiden, daß man die Böckchen nach Ausführung b von der Grundplatte trennt. Die beiden Ausführungen haben aber keine günstige Form bezüglich der Verdrehungsbeanspruchung. Sie sind an sich nicht verdrehungssteif, besonders die Ausführung b, und müssen erst durch das Festschrauben an die Anschlußfläche dazu gebracht werden. Durch die Wahl einer diagonal ausgesteiften Grundplatte (Ausführung c) wird der Lagerbock verdrehungssteif. Einfacher und eleganter ist aber die geschlossene Form nach d.

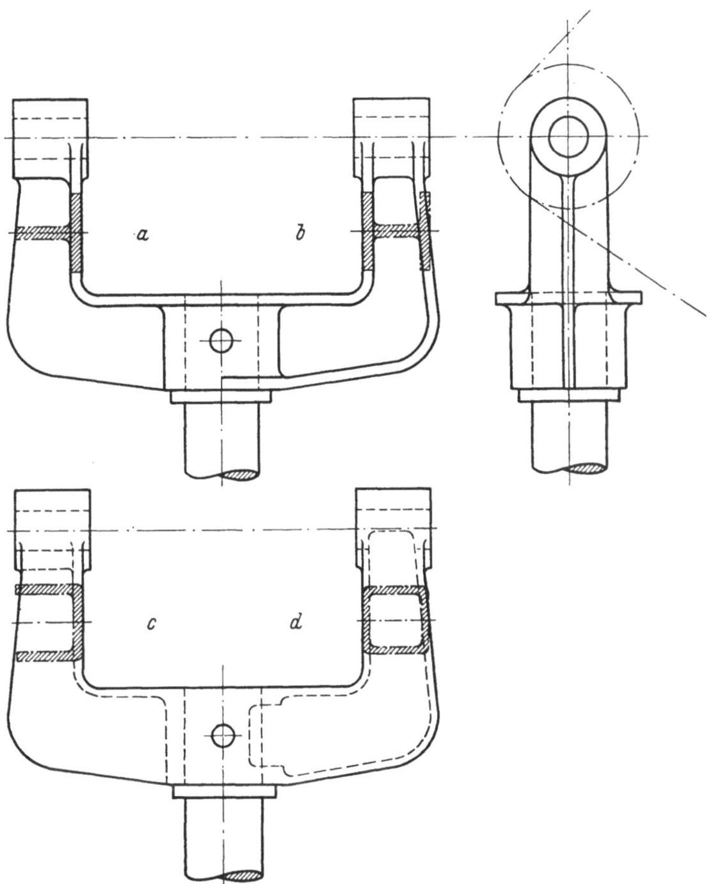

Abb. 287. Ausführungen einer Lagergabel

12. Aufgabe. Zuerst sind, wie immer, die Kräfte zu ermitteln. Hier interessieren uns die Lagerkräfte in A und B (Abb. 67). Sie beanspruchen die Arme auf Biegung und Verdrehung.
Für den einfachen Rippenguß eignen sich am besten die T- und Doppel-T-Form (Abb. 287).
Die Ausführung in Hohlguß wirkt zwar sehr ansprechend, wird aber teuer wegen der Kerne und ihrer umständlichen Stützung. Für geringe Beanspruchung dürfte Ausführung a genügen. Bei größeren Kräften wird man Ausführung b wählen, während die Gestaltung nach c wegen des schwierigeren Einformens teurer wird und keinen Vorteil gegenüber Ausführung a und b bringt.
13. Aufgabe. Wie bei allen Gestaltungsaufgaben fragen wir auch hier uns wieder zunächst nach den äußeren und inneren Kräften. Der Elektromotor überträgt ein Drehmoment von

13 E

4 mkg. Das gleiche Drehmoment wirkt verdrehend auf das Motorengehäuse und im entgegengesetzten Sinne auf das Pumpengehäuse. Da der Elektromotor und die Pumpe fest mit der Grundplatte verbunden sind, muß dieselbe das Drehmoment aufnehmen (Abb. 288). Diese Überlegung gibt uns einen Anhaltspunkt für die festigkeitsgerechte Gestaltung der Platte. Diese wird erreicht durch eine Diagonalverrippung zwischen den Angriffspunkten der ver-

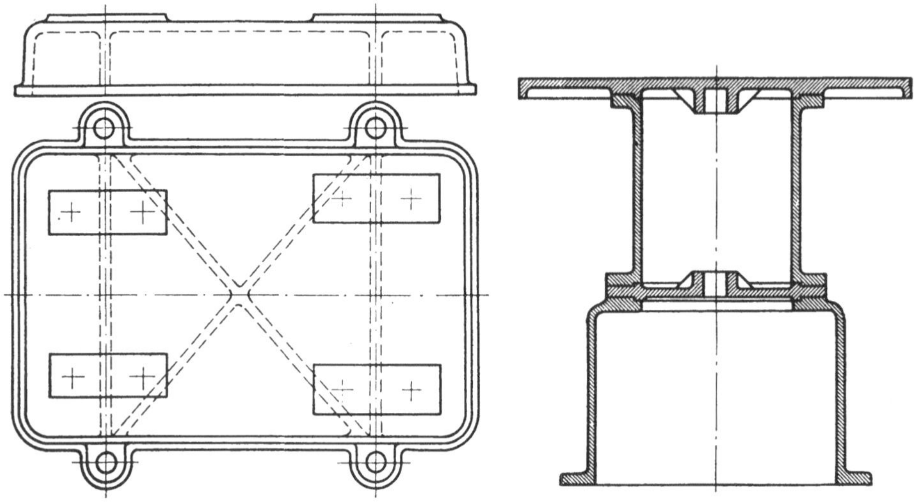

Abb. 288. Verdrehungssteife Grundplatte   Abb. 289. Tisch aus Grauguß

drehenden Kräfte. Eine Nachrechnung auf Verdrehung dürfte Schwierigkeiten begegnen, da dem Konstrukteur nur für die einfachen Querschnittsformen in den Taschenbüchern Formeln zur Verfügung stehen.

14. Aufgabe. Das Gußstück (Abb. 69) ist so ungünstig gestaltet, daß das Einformen, welches zwar möglich ist, mit erheblichen Schwierigkeiten verbunden wäre. Wir wissen bereits, daß Kerne gut gelagert werden müssen und eingezogene Formen, Ansteckteile und

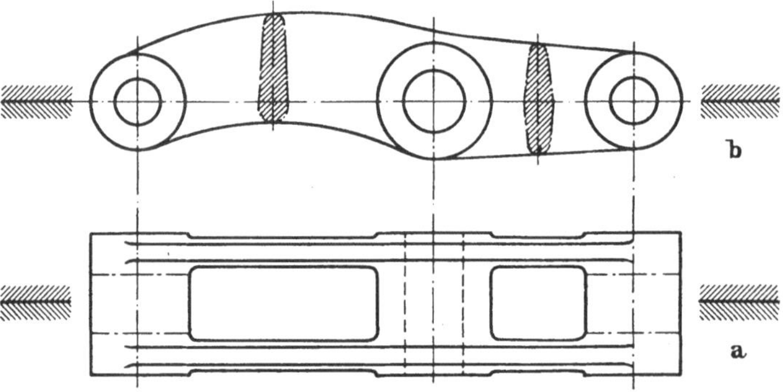

Abb. 290a u. b. Einformen eines Doppelhebels

sperrige Formen zu vermeiden sind. Außerdem muß der Kern nach dem Guß leicht zu entfernen sein. Gegen diese Richtlinien verstößt das gegebene Modell, daher werden folgende Änderungen vorgenommen. Eine Unterteilung des Gußstücke (Abb. 289) beseitigt alle diese Nachteile. Die neue Gestaltung erfordert zwar mehr Bearbeitung, dürfte aber kaum teurer kommen als die umständliche Bearbeitung des großen Gußstücks nach Abb. 69.

15. Aufgabe. Der Doppelhebel läßt sich auf zwei Arten einformen (Abb. 290a und b). Die Ausführung a erfordert zwei Kästen und einen Kern, während bei der Ausführung b nur zwei Kästen notwendig sind. Die Abb. 290 b zeigt die entsprechende Form der Armquerschnitte.

16. Aufgabe. Man wird für den ersten Entwurf die Abmessungen der Zapfen und der Bohrung mit der Büchse beibehalten können, da in den Festigkeitswerten von Stahl und Stahlguß kein zu großer Unterschied ist. Die Schmiedekonstruktion ist ein typisches Beispiel für die schlechte Ausnützung des Stoffs. Aus herstellungstechnischen Gründen ist die Gestalt so gewählt, daß der Querschnitt A im Arm sehr gering beansprucht ist, während in den gefährlichen Querschnitten B und C der Stoff bis zur zulässigen Grenze beansprucht wird. Von einem Körper gleicher Festigkeit kann man also hier nicht sprechen. Anders ist das bei der Gestaltung in Stahlguß. Man kann von vornherein schon den für die Beanspruchung günstigsten Querschnitt wählen. Außerdem ist es vorteilhaft gegenüber der Ausführung in Stahl, die Druckkraft von unten angreifen zu lassen, da-

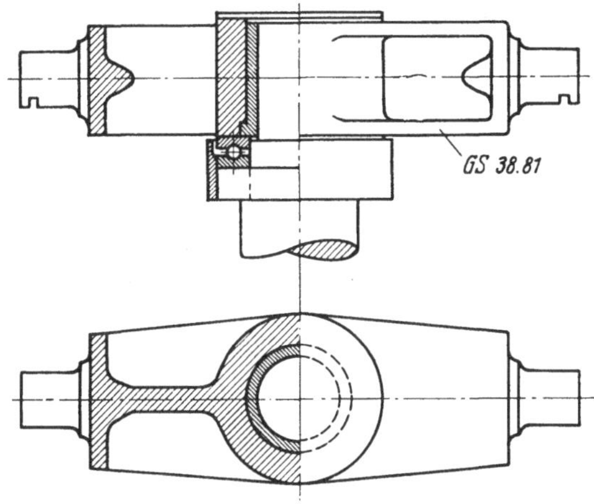

Abb. 291. Querhaupt in Stahlguß

mit der ganze Querschnitt C zum Tragen herangezogen werden kann. Die endgültige Gestalt in Stahlguß ist aus Abb. 291 zu ersehen. Für die Ausführung in Stahl sei St 37.11 und für Stahlguß GS 38.81 gewählt.

17. Aufgabe. Die Augen A und B werden am besten mit Bronze ausgebüchst, da die Lagerdrücke für Gußeisen sehr klein sind (bis 14 at) und zu große Abmessungen ergeben würden.

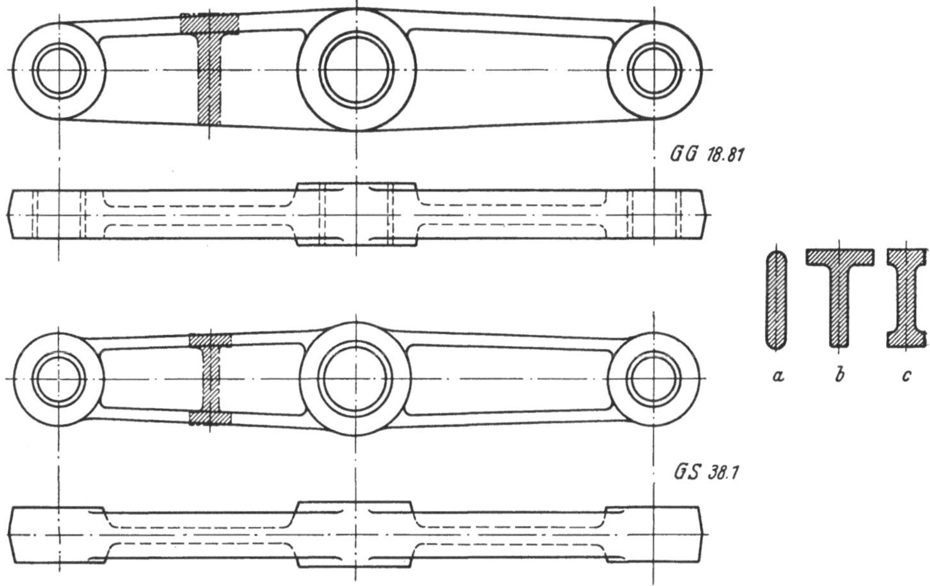

Abb. 292. Doppelhebel in Grau- und Stahlguß

Man kann dann die gleichen Abmessungen der Bohrungen A und B für Stahlguß übernehmen. Bei kleinen Kräften kann man bei Gußeisen die Hebelarmquerschnitte nach Abb. 292a aus-

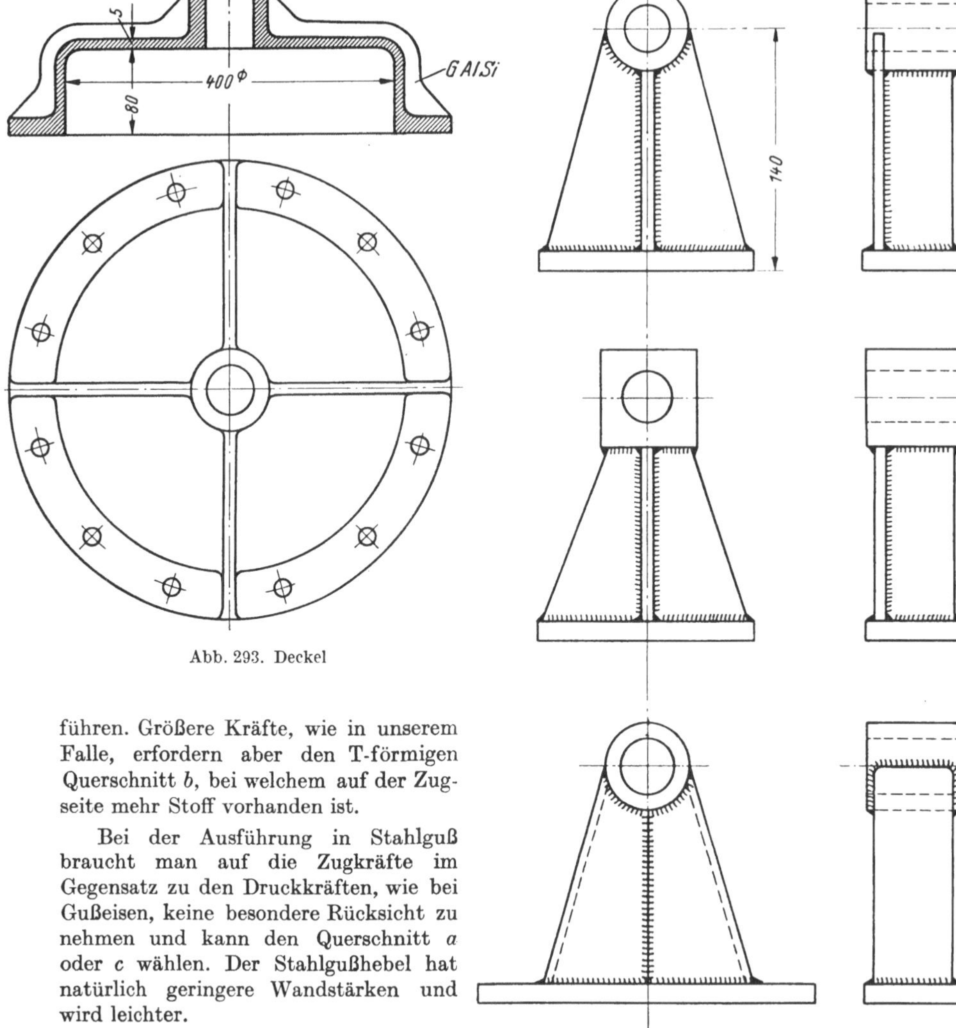

Abb. 293. Deckel

führen. Größere Kräfte, wie in unserem
Falle, erfordern aber den T-förmigen
Querschnitt *b*, bei welchem auf der Zug-
seite mehr Stoff vorhanden ist.

Bei der Ausführung in Stahlguß
braucht man auf die Zugkräfte im
Gegensatz zu den Druckkräften, wie bei
Gußeisen, keine besondere Rücksicht zu
nehmen und kann den Querschnitt *a*
oder *c* wählen. Der Stahlgußhebel hat
natürlich geringere Wandstärken und
wird leichter.

18. Aufgabe. Die Festigkeit der
Schweißkonstruktion ist annähernd durch
ihre Abmessungen gegeben. Wählt man
als Material für den Deckel Silumin, so
wird man nicht weit von den Festigkeitswerten der Schweißkonstruktion entfernt sein. Zur Erhöhung der Festigkeit
wurde aus gußtechnischen Gründen eine
Wandstärke von 5 mm angenommen. Die
Gestaltung des Gußstücks wird mit möglichst gleichmäßiger Wandstärke durchgeführt. Eine Verrippung der Nabe, des
Deckels und des Flansches erhöht die
Festigkeit und Formsteifigkeit. Der
Flansch sollte wegen der geringeren
Druckfestigkeit der Aluminiumlegierung

Abb. 294.
Variation eines Lagerböckchens in Stahl

etwas breiter gehalten werden. Die Elastizität erfordert mehr Schrauben. Diese Gesichtspunkte ergeben die Ausführung Abb. 293.

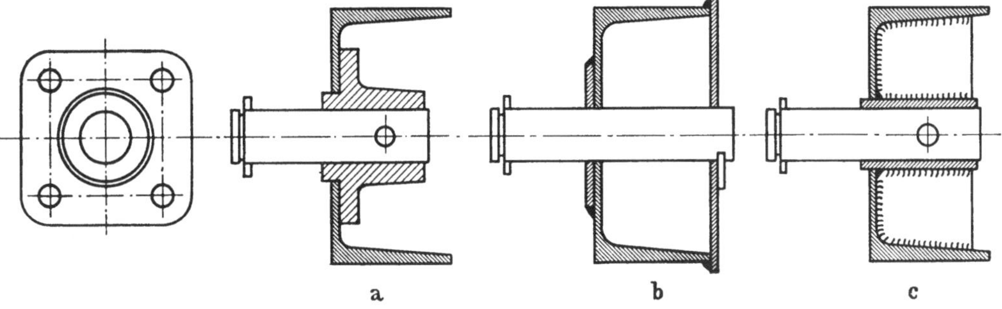

Abb. 295. Lösungsmöglichkeiten

19. Aufgabe. Wir wissen bereits, daß man Schweißkonstruktionen entweder nur in Blech oder in Blech kombiniert mit Walzprofilen herstellen kann.

Nachdem das Lager bei der Ausführung in Grauguß ausgebüchst ist, können die gleichen Abmessungen auch für die Schweißkonstruktion angenommen werden. Es ergeben sich dann bei Annahme der halben Wandstärke gegenüber Gußeisen folgende vier Ausführungen (Abb. 294).

Über die Auswahl der geeignetsten Ausführung entscheiden natürlich auch hier die gestellten Anforderungen.

20. Aufgabe. Die Lösung der Aufgabe ist in Abb. 295 a, b und c zu sehen. Wichtig ist dabei die Erleichterung der Montage durch Verwendung einer Zentrierung bei a und c. Die Ausführung b dürfte am billigsten kommen.

Es ist dem angehenden Konstrukteur sehr zu empfehlen, die räumlichen Bedingungen dieser Aufgabe zu variieren und dann die entsprechende Lösung zu suchen.

21. Aufgabe. Solche Lagerböcke sind zwar käuflich. Es kann aber vorkommen, daß außergewöhnliche Maßverhältnisse zu einer Selbstanfertigung zwingen. In diesem Falle wird man bei ganz geringer Stückzahl nur an eine Schweißkonstruktion denken, welche nach Abb. 296 ausgeführt werden kann.

22. Aufgabe. Man kann, wie auf S. 115 ausgeführt wurde, entweder nur mit Blechen die Konstruktion ausführen oder man verwendet bei der Konstruktion Walzprofile in Verbindung mit Blechen. Da es sich im vorliegenden

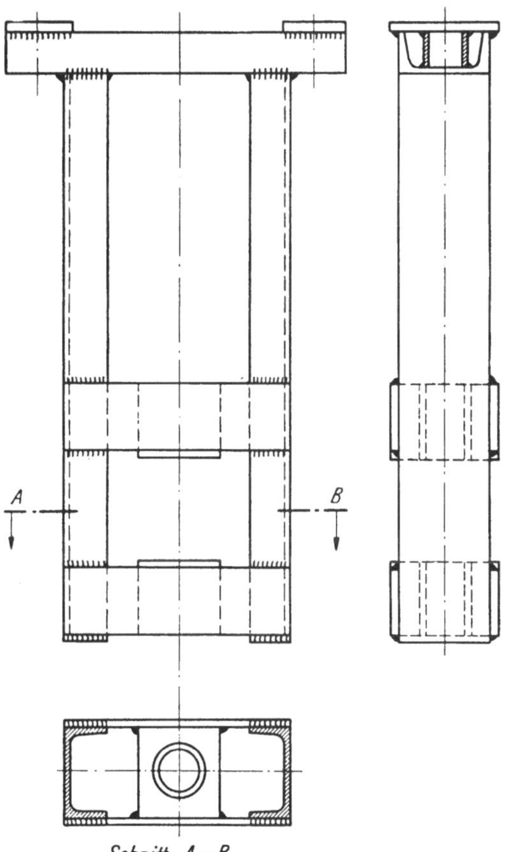

Abb. 296. Hängelagerbock in Schweißkonstruktion

Falle um eine kleinere Bauart handelt, kommt nur die Plattenbauweise a und b, die Hohlbauweise c und die Ausführung in Formstahl d in Frage (Abb. 297).

23. Aufgabe. Jeder Konstruktionsteil muß so gestaltet sein, daß er die äußeren Kräfte, welche auf ihn wirken, am günstigsten, d.h. mit geringstem Stoffaufwand aufnehmen kann. Auf die Grundplatte wirken entgegengesetzt gleiche Drehmomente. Sie sollte daher verdrehungssteif gestaltet sein. Das läßt sich erreichen durch die Ausführung Abb. 298a bis d.

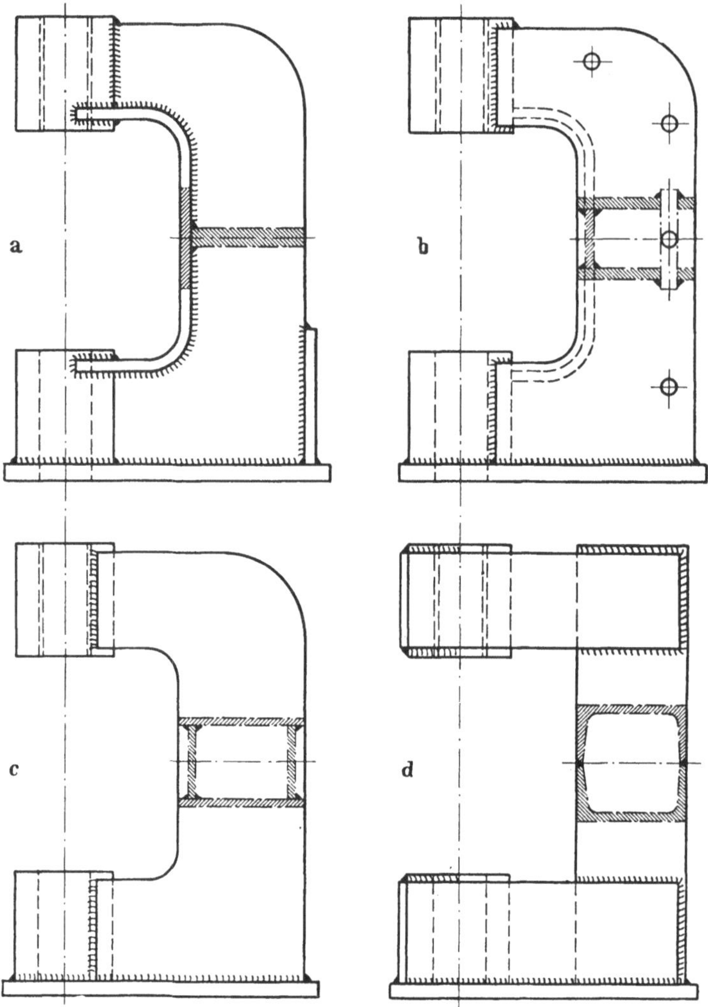

Abb. 297a–d. Gestell einer Einständerpresse in verschiedener Ausführung

Die verdrehungsfeste Schweißkonstruktion kann verschieden durchgeführt werden. In Abb. 298a und b ist die Verdrehungssteifigkeit durch Diagonalrippen erreicht. Da aber der Rohrquerschnitt bei gleichem Stoffaufwand das größte polare Trägheitsmoment hat, kann man mit Vorteil dasselbe besonders bei Schweißkonstruktionen zum Aufbau der Grundplatte verwenden (Abb. 298c und d).

24. Aufgabe. In den früheren Zeiten des Maschinenbaues legte man keinen sehr großen Wert auf eine rationelle Fertigung. Durch Handschmieden lassen sich bekanntlich von Meisterhand die verwickeltsten Formen herstellen. Man denke nur an die kunstvollen Gitter der Barock- oder Rokkokozeit mit ihren überreichen Blumengewinden in den lebhaftesten Formen, die immer wieder bestaunt und bewundert werden.

Der moderne Maschinenbau verlangt aber eine möglichst einfache Formgebung, welche mit dem normalen Handwerkszeug und ohne viel Vorrichtung hergestellt werden kann.

Bei der in Abb. 180 dargestellten Kurbel sind die schräg angesetzten Naben nicht einfach

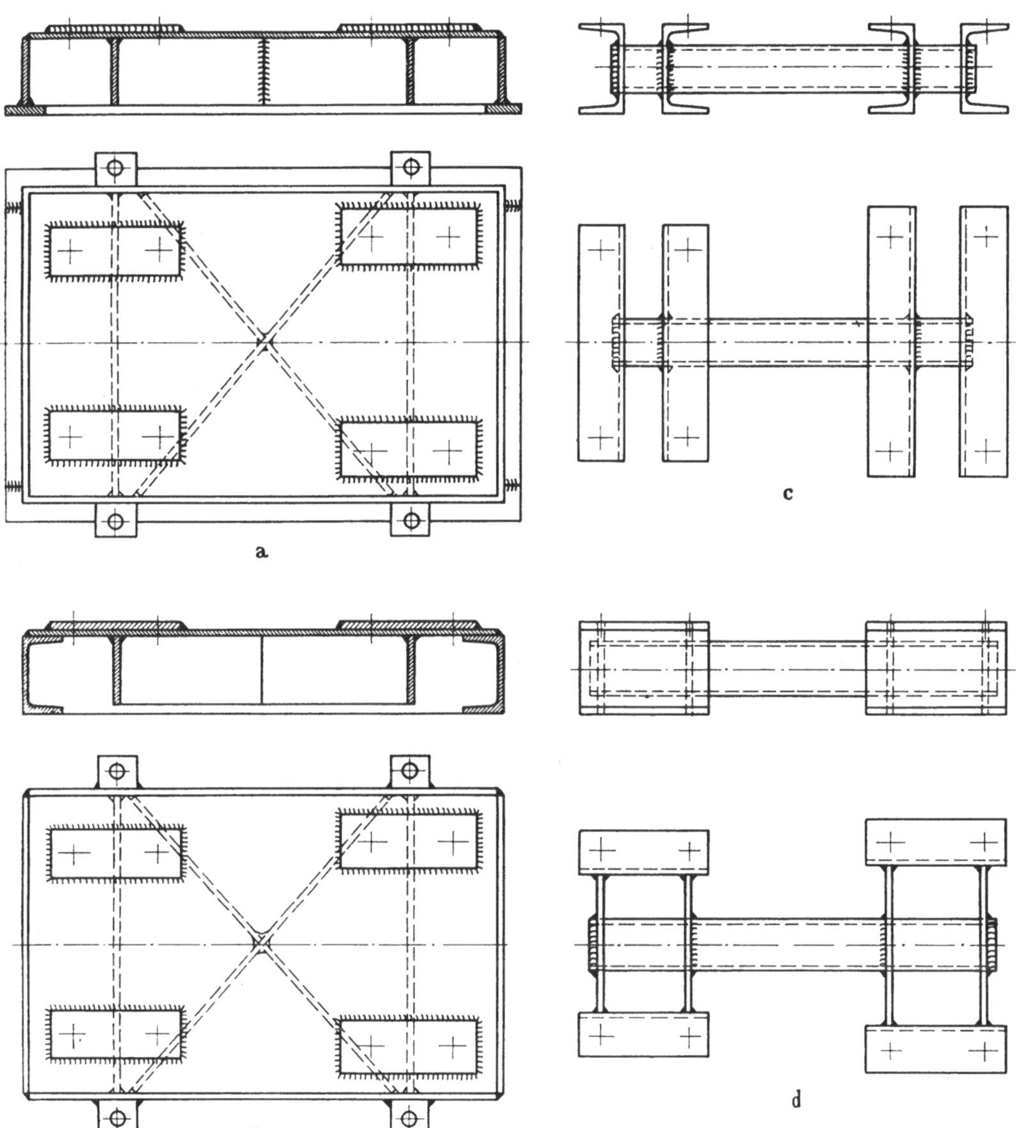

Abb. 298a–d. Verschiedene Ausführungen einer Grundplatte in Schweißkonstruktion

und ohne Gesenk nicht sauber herzustellen. Viel leichter wird die Schmiedearbeit, wenn man nach Abb. 299a die Kurbel gestaltet.

Ähnlich liegt der Fall beim Gabelhebel. Die runden Augen werden auch hier besser scharfkantig abgesetzt. Das runde Ausschmieden des mittleren Stangenauges wäre sehr umständlich. Die Gestaltung, welche eine einfache Herstellung gewährleistet, erfolgt am besten nach Abb. 299b.

25. Aufgabe. Das saubere Ausschmieden der kegeligen Flächen des Querhauptes erfordert ein entsprechendes Gesenk, welches erst angefertigt werden müßte. Der Konstrukteur vermeidet daher am besten die Kegelflächen und gestaltet unter Berücksichtigung der Merkregel Nr. 7 das Querhaupt nach Abb. 300.

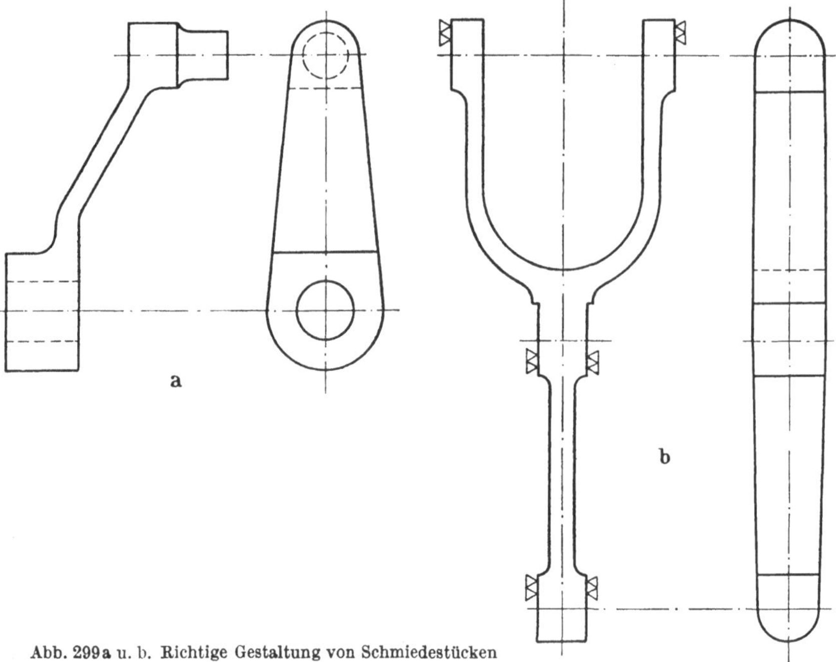

Abb. 299a u. b. Richtige Gestaltung von Schmiedestücken

26. Aufgabe. An eine Herstellung des Rahmens ohne Schweißen ist nicht zu denken. Die Herstellung erfolgte früher in folgenden Arbeitsgängen (Abb. 301).

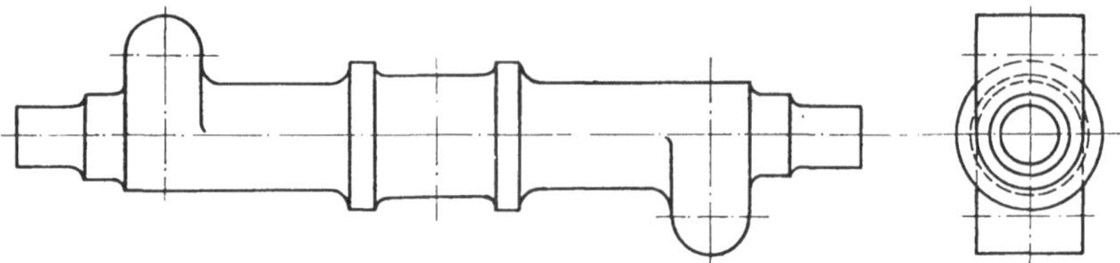

Abb. 300. Richtige Gestaltung eines Schmiedeteils

1. Rohblock von der Dicke der stärksten Stelle des Rahmens.
2. Einkerben des Blockes und Strecken des linken Teils.
3. Lochen und Spalten.
4. Umbiegen und Ausschmieden der gespaltenen Enden.
5. Umbiegen der Schenkel.
6. Verschweißen der beiden Rahmenhälften von Hand.
7. Ausschmieden der runden Stangen und des Stangenauges.

Die Form der Rahmenschieberstange wird heute einen Konstrukteur gleich auf den Gedanken bringen, dieselbe am einfachsten durch Schweißen herzustellen, ohne an der Gestaltung viel zu ändern (Abb. 302).

27. Aufgabe. Nachdem es nicht möglich ist, das Gegengewicht normal, wie in Abb. 227 anzubringen, wird man versuchen, dasselbe in den Raum zu verlegen, wo es ungestört ausschwingen kann. Das ist am einfachsten durch die Anordnung Abb. 303 möglich.

28. Aufgabe. Der Einbau in den vorgeschriebenen Raum ist nur möglich, wenn die Wälzlager zwischen Riemenscheibennabe und Gehäuse angeordnet werden (Abb. 304). Setzt man das Wälzlager auf den Wellenstummel, so müßte die Riemenscheibennabe auf die verlängerte Welle gesetzt werden, was nicht zulässig ist.

29. Aufgabe. Wenn man den Bügel aus zwei Balken aufbaut, dann ist für die Berechnung im Gegensatz zur Ausführung nach Abb. 247 eine einfache Berechnungsgrundlage geschaffen. Der Aufbau ergibt sich dann in Schweißkonstruktion nach Abb. 305. Es ist einleuchtend, daß bei dieser Formgebung gegenüber der Ausführung in GS bedeutend an Gewicht gespart werden kann, da hier die Spannungsverhältnisse im Bauteil viel klarer und der Berechnung leichter zugänglich sind.

30. Aufgabe. Der in Abb. 249 dargestellte genietete Rahmen ist schon so einfach in der Konstruktion (keine Knotenbleche, keine Versteifungswinkel, keine Überlappungen), daß man versucht ist, zu glauben, es könnte im Aufbau nicht mehr viel vereinfacht und damit Gewicht gespart werden.

Von dem genieteten Rahmen wird man sicherlich auch eine gewisse Steifigkeit gegen Verwindung verlangen. Dieselbe läßt sich aber mit einem Rohr am günstigsten bezüglich der Ausnützung des Werkstoffs durchführen. Die Ausführung nach Abb. 306 wird daher verdrehungssteifer und gleichzeitig, wie die Nachrechnung zeigt, um 58% leichter als die Ausführung nach Abb. 249.

31. Aufgabe. Die Umstellung einer Graugußkonsole auf Schweißen bringt selbst bei einer reinen Nachbildung des Gußteils immer eine Gewichtsminderung, da infolge der höheren Festigkeitswerte von Stahl die

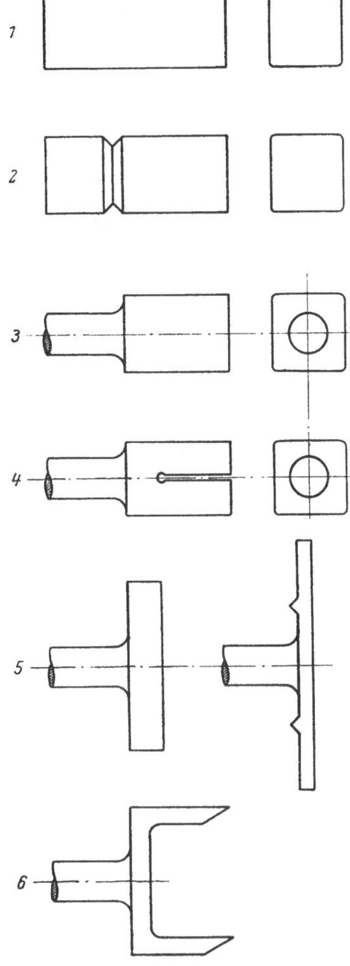

Abb. 301. Arbeitsgänge (nach PREGER)

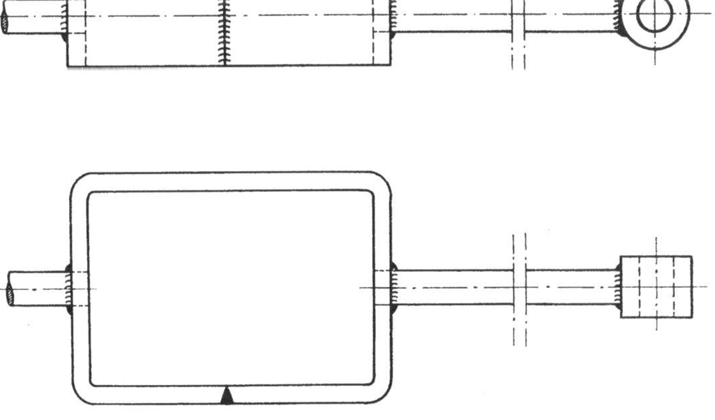

Abb. 302. Ausführung in Schweißkonstruktion

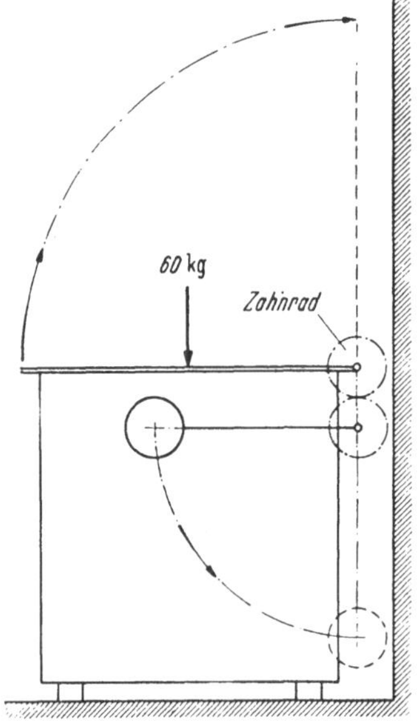

Abb. 303. Deckel mit Ausgleichgewicht

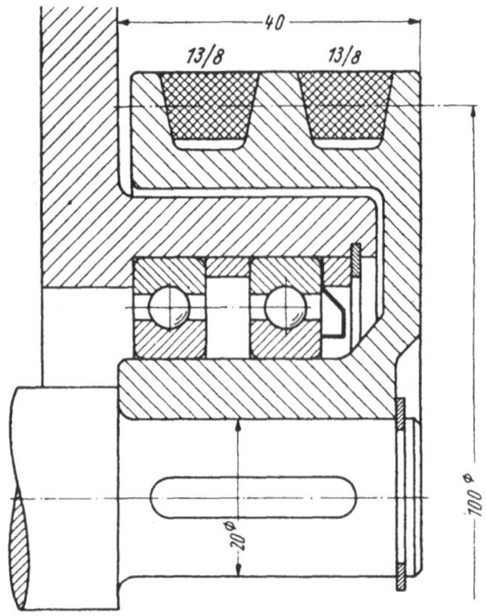

Abb. 304. Lagerung einer Keilriemenscheibe

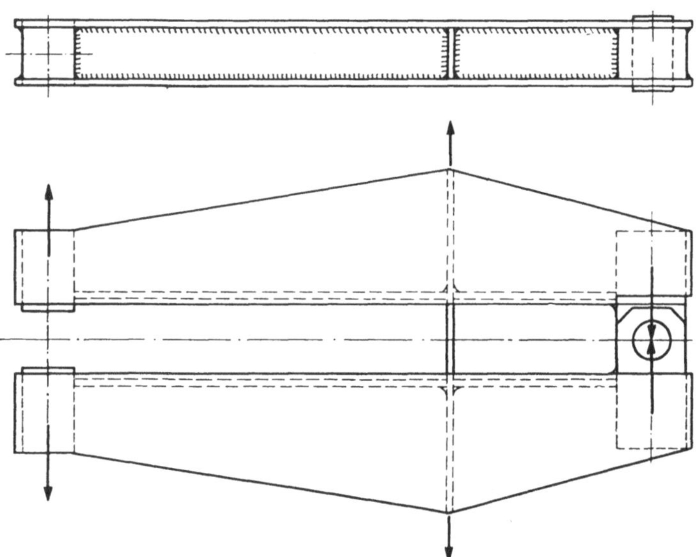

Abb. 305. Leichtbau eines Bügels

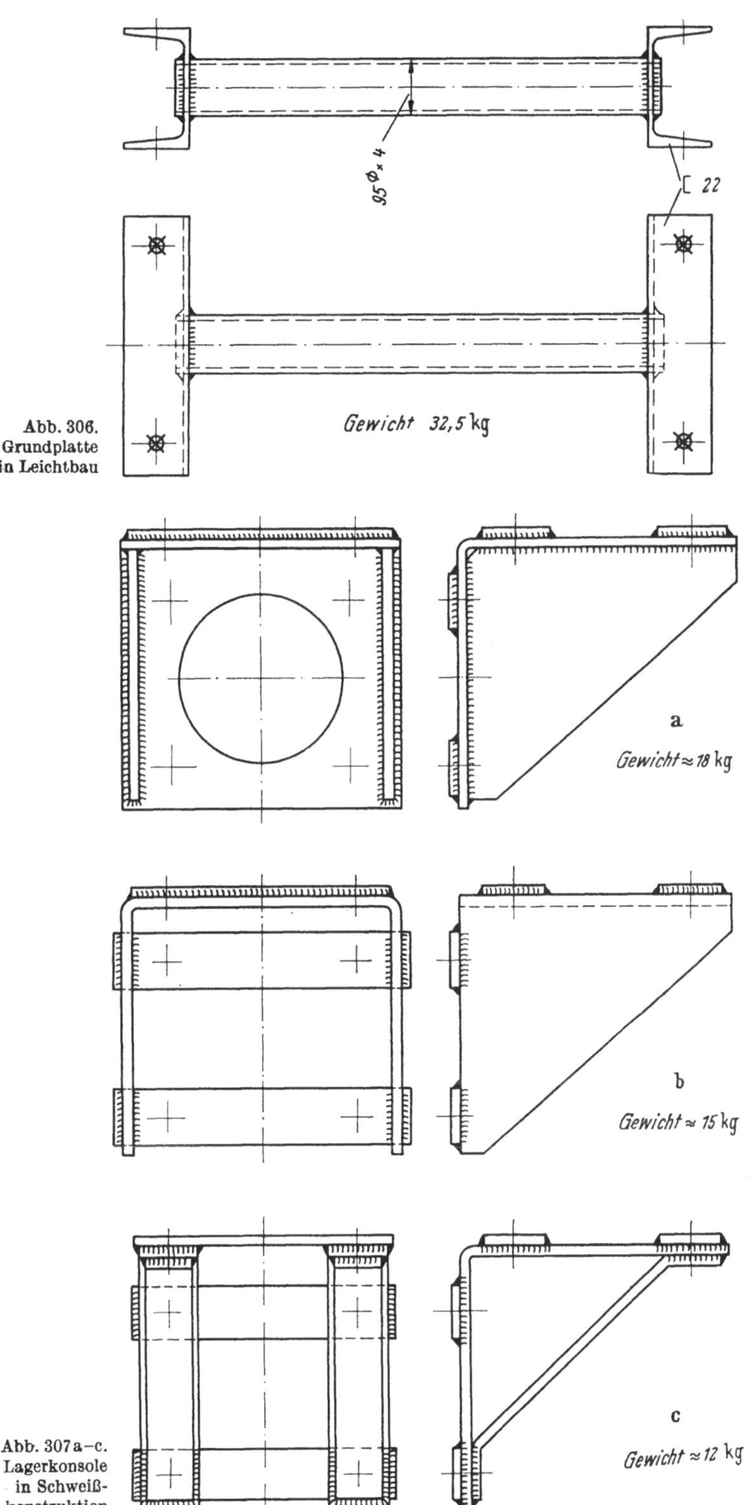

Abb. 306.
Grundplatte
in Leichtbau

Abb. 307a–c.
Lagerkonsole
in Schweiß-
konstruktion

Wandstärken mindestens auf die Hälfte reduziert werden können. Ein Beispiel dafür ist in Abb. 307a gezeigt. Macht man sich von diesem Vorbild frei und bildet die Konsole nach Abb. 307b aus, dann kann das Gewicht noch weiter gesenkt werden. Das kleinste Gewicht erzielt man durch eine Schweißkonstruktion, welche nur aus Flachstahl aufgebaut ist (Abb. 307c).

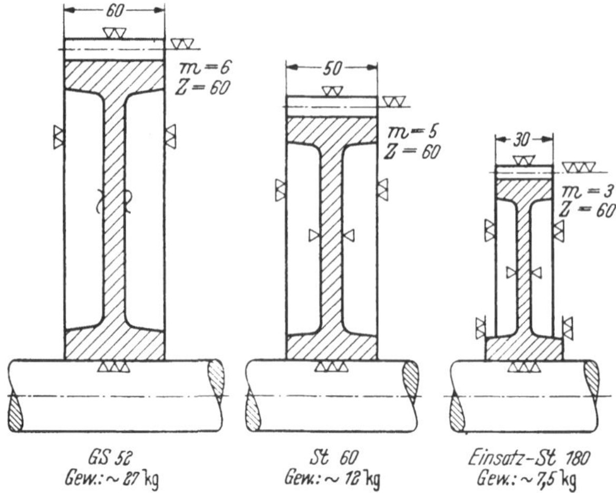

Abb. 308. Einfluß hochwertigen Stahls auf Größe und Gewicht

32. Aufgabe. Die überschlägige Berechnung ergibt hier für St 60 eine Gewichtsminderung von 55% und für den Einsatzstahl 180 eine solche von 72% (Abb. 308), ganz abgesehen davon, daß mit höherwertigerem Baustoff auch kleinere Abmessungen erzielt werden.

Literaturverzeichnis

[1] KESSELRING, F.: Die starke Konstruktion. ZVDI 1942, H. 21/22. – Konstruieren und Konstrukteur. ZVDI 1937, H. 13. – Technische Kompositionslehre. Berlin/Göttingen/Heidelberg: Springer 1954. – WÖGERBAUER, H.: Die Technik des Konstruierens, 2. Aufl. München u. Berlin: R. Oldenbourg 1943.

[2] VOLK, C.: Das Maschinenzeichnen des Konstrukteurs, 9. Aufl. Berlin/Göttingen/Heidelberg: Springer 1954. – Die maschinentechnischen Bauformen und das Skizzieren in Perspektive, 9. Aufl. Berlin/Göttingen/Heidelberg: Springer 1949. – BEINHOFF, W.: Das Lesen technischer Zeichnungen. Werkstattbücher, H. 112. Berlin/Göttingen/Heidelberg: Springer 1954. – BACHMANN, A., u. R. FORBERG: Technisches Zeichnen, 9. Aufl. Stuttgart: Teubner 1955. – SCHNEIDER, W.: Technisches Zeichnen für die Praxis. Braunschweig: Westermann 1953.

[3] RÖTSCHER, F.: Die Maschinenelemente, Bd. I 1927, Bd. II 1929. Berlin: Springer. – NIEMANN, G.: Maschinenelemente, Bd. I, 2. bericht. Neudruck 1955, Bd. II in Vorb. Berlin/Göttingen/Heidelberg: Springer. – TEN BOSCH, M.: Berechnung der Maschinenelemente, 3. Aufl., bericht. Neudruck. Berlin/Göttingen/Heidelberg: Springer 1953. – TOCHTERMANN, W.: Maschinenelemente, 7. Aufl. Berlin/Göttingen/Heidelberg: Springer 1956. – FINDEISEN, F.: Neuzeitliche Maschinenelemente, Bd. I 1950, Bd. II 1951, Bd. III 1953. Zürich: Schweizer Druck- u. Verlagshaus.

[4] RAUH, K.: Praktische Getriebelehre, 2. Aufl., Bd. I 1951, Bd. II 1954. Berlin/Göttingen/Heidelberg: Springer. – BEYER, R.: Einführung in die Kinematik. Leipzig: Jänecke 1928. – FRANKE, R.: Vom Aufbau der Getriebe, Bd. I 1948, Bd. II 1951. Düsseldorf: VDI-Verlag. – FISCHER, O.: Theoretische Grundlagen für eine Mechanik der lebenden Körper.

[5] VOLK, C.: Der konstruktive Fortschritt, 3. Aufl. Berlin/Göttingen/Heidelberg: Springer 1952. – RÖGNITZ, H.: Das Gestalten der Form. Leipzig: B. G. Teubner 1950. – BRANDENBERGER, H.: Fertigungsgerechtes Konstruieren. Zürich: Schweizer Druck- u. Verlagshaus. – QUANTZ, L.: Gestaltungslehre (Beispielsammlung). Leipzig: Jänecke 1939.

[6] KESSELRING, F.: Die starke Konstruktion. ZVDI 1942, H. 21/22.

[7] „Hütte", Taschenbuch der Stoffkunde, hrsg. vom Akad. Verein Hütte, e. V., 3. Aufl. Berlin: Ernst u. Sohn 1941. – DUBBELS Taschenbuch für den Maschinenbau, 11. Aufl., bericht. Neudruck. Berlin/Göttingen/Heidelberg: Springer 1955. – Werkstoffhandbuch „Stahl und Eisen", hrsg. vom Verein der Eisenhüttenleute, 3. Aufl. Düsseldorf: Verlag Stahl u. Eisen 1953. – OBERHOFFER, P.: Das technische Eisen, 3. Aufl. v. W. EILENDER u. H. ESSER. Berlin: Springer.

[8] PIWOWARSKY, E.: Hochwertiges Gußeisen, 3. Aufl. in Vorber. Berlin/Göttingen/Heidelberg: Springer. – KOTHNY, E.: Einwandfreier Formguß. Werkstattbücher, H. 30. Berlin/Göttingen/Heidelberg: Springer 1953.

[9] AWF-Betriebsblatt 29 „Der Stahlformguß". Köln: Beuth-Vertrieb. – Handbuch der Eisen- und Stahlgießerei, hrsg. von C. GEIGER, 2. Aufl. Berlin: Springer 1925/31. – KOTHNY, E.: Stahl- und Temperguß, 3. Aufl., Werkstattbücher, H. 24. Berlin/Göttingen/Heidelberg: Springer 1953.

[10] SCHÜZ, E., u. R. STOTZ: Der Temperguß. Berlin: Springer 1930. – RÖSCH: Heutiger Stand des Tempergusses. Stahl u. Eisen 1934.

[11] OBERHOFFER, P.: Das technische Eisen, 3. Aufl. v. W. EILENDER u. H. ESSER. Berlin: Springer 1936. – Werkstoffhandbuch „Stahl und Eisen", hrsg. vom Verein der Eisenhüttenleute, 3. Aufl. Düsseldorf: Verlag Stahl u. Eisen 1953. – „Hütte", Taschenbuch der Stoffkunde, hrsg. vom Akad. Verein Hütte, e. V., 3. Aufl. Berlin: Ernst u. Sohn 1941. – HOUDREMONT, E.: Einführung in die Sonderstahlkunde. Berlin: Springer 1935. – RAPATZ, F.: Die Edelstähle, 5. Aufl. in Vorb. Berlin/Göttingen/Heidelberg: Springer.

[12] Werkstoffhandbuch „Nichteisenmetalle und Leichtmetalle", hrsg. von der Deutschen Ges. f. Metallkunde im VDI. Berlin: VDI-Verlag 1936–1946. – HINZMANN, R.: Nichteisenmetalle, Werkstattbücher, H. 45 u. 53. Berlin: Springer.

[13] Werkstoffhandbuch s. unter [12]. – Aluminium-Zentrale: Aluminium-Taschenbuch, 11. Aufl. Düsseldorf: Aluminium-Verlag 1955. – PIWOWARSKY, E.: Leichtmetallguß, VDI-Verlag 1937. – KOTHNY, E.: Leichtmetallguß. Werkstattstechnik 1938.

[14] Werkstoff Magnesium, 2. Aufl. Berlin: VDI-Verlag 1939. – BUNGARDT, K.: Magnesium und seine Legierungen. VDI-Verlag 1937. Eigenschaften und Verwendungsmöglichkeiten von Mg-Legierungen. ZVDI 1937, 1487.

[15] PABST, F.: Kunststoff-Taschenbuch, 11. (4. neubearb.) Aufl. München: Hanser 1955. – MEHDORN, W.: Kunstharzpreßstoffe und andere Kunststoffe, 3. Aufl. Berlin/Göttingen/Heidelberg: Springer 1949. – BRANDENBERGER, K.: Kunststoffratgeber, 2. Aufl. Essen: Girardet 1950.

[16] LAUDIEN, K., u. R. SALADIN: Wie konstruiere ich ein Gußstück? Leipzig: Jänecke Verlag 1925. – ERKENS, ALFR.: Werkstattgerechtes Konstruieren (Gießen). Regeln und Beispiele für den Konstrukteur. Im Auftrag des ADKI zusammengestellt u. hrsg. von A. ERKENS. Berlin: VDI-Verlag 1938.

[17] Aluminium-Zentrale: Aluminium-Taschenbuch, 11. Aufl. Düsseldorf: Aluminium-Verlag 1955. – Aluminium-Merkblatt G 2: Gestaltung von Aluminium. – PÜTTNER, H.: Werkstoffgerechter Sandguß. Gestaltung von Maschinenteilen aus Leichtmetallguß. Metallwirtschaft 1939. – SCHÖNBERG, M.: Winke für die wirtschaftliche Konstruktion von Leichtmetall. Konstruktion 1950.

[18] LIEBY, G.: Gestaltung von Druckgußteilen. Aluminium-Taschenbuch, 11. Aufl., S. 452. Düsseldorf: Aluminium-Verlag 1955. – VDI 2501: Richtlinien für Metalldruckguß.

[19] GOROL, H.: Gestaltung von Kunstharzpreßteilen. VDI-Verlag 1943. – VDI 2001: Richtlinien für die Gestaltung von Kunstharzpreßteilen. – BRANDENBURGER, K.: Herstellung und Verarbeitung von Kunstharzpreßmassen, 2. Aufl. München u. Berlin: J. F. Lehmann 1938.

[20] SCHIMPKE, P., u. H. HORN: Praktisches Handbuch der gesamten Schweißtechnik, 3 Bde. Berlin/Göttingen/Heidelberg: Springer. – HOLLER, H., u. A. D. FINK: Ausgewählte Schweißkonstruktionen, Bd. III. Berlin: VDI-Verlag 1932.

[21] STODT, A.: Freiformschmiede II, 3. Aufl., Werkstattbücher, H. 12. Berlin/Göttingen/Heidelberg: Springer 1950. – ERKENS, ALFR.: Werkstattgerechtes Konstruieren (Gießen). Regeln und Beispiele für den Konstrukteur. Im Auftrag des ADKI zusammengestellt u. hrsg. von A. ERKENS. Berlin: VDI-Verlag 1938. – DIN 7522: Schmiedestücke aus Stahl, Allgemeine Richtlinien, 3 Blätter.

[22] KAESSBERG, H.: Gesenkschmieden von Stahl, 1. Tl., 3. Aufl., Werkstattbücher, H. 31. Berlin/Göttingen/Heidelberg: 1950. – DIN 7523: Gesenkschmiedestücke, Allgemeine Richtlinien, 3 Blätter. – ERKENS, ALFR.: Werkstattgerechtes Konstruieren (Gießen). Regeln und Beispiele für den Konstrukteur. Im Auftrage des ADKI zusammengestellt u. hrsg. von A. ERKENS. Berlin: VDI-Verlag 1938. – RIEDEL, M.: Gestaltungsrichtlinien für Gesenkschmiedestücke aus Leichtmetall. Aluminium 1941.

[23] GENSEL, C.: Wirtschaftlich Konstruieren. Braunschweig: Friedr. Vieweg 1929. – DUFFING, P.: Zur wirtschaftlichen Wahl von Werkstoff und Gestalt. ZVDI 1943, H. 21/22.

[24] FLATZ, E.: Werkstoffsparen im Maschinenbau. ZVDI 1937, H. 52. – ERKER, E.: Werkstoffausnützung durch festigkeitsgerechtes Konstruieren. ZVDI 1942, 385. – MAYR, F.: Werkstoffeinsparung bei Stütz- und Tragbauteilen im Maschinenbau. ZVDI, Sonderheft 1942. – THUM, A.: Leichtbauweise in Gußeisen. Gießerei 1938, 237–241.

[25] HÄHNCHEN, R.: Berechnung und Gestaltung der Maschinenteile auf Dauerhaltbarkeit. Berlin: Pädagog. Verlag Berthold Schulz 1950. – THUM, A., u. W. BUCHMANN: Dauerfestigkeit und Konstruktion. Berlin: VDI-Verlag 1932. – LEHR, E.: Spannungsverteilung in Konstruktionselementen. Berlin: VDI-Verlag 1934. – NEUBER, H.: Kerbspannungslehre. Berlin: Springer 1937. – THUM, A.: Die Entwicklung der Lehre von der Gestaltfestigkeit. ZVDI 1944, H. 45 u. 46.

[26] Stahlbaukalender 1956, hrsg. v. Deutschen Stahlbau-Verband, Berlin. Berlin: Ernst u. Sohn 1956. – HAAS, K.: Ausgewählte Schweißkonstruktionen, Bd. II. Berlin: VDI-Verlag 1931.

[27] Schwerber, P.: Stahlleichtbau und Leichtmetallsparbau. ZVDI 1942, 431. – Möbius, W.: Zur Entwicklung der Stahlleichtbaudrehbänke. ZVDI 1944, H. 21 u. 22. – Bobek, K., W. Metzger u. F. Schmidt: Stahlleichtbau von Maschinen, Konstruktionsbücher, Bd. I. Berlin: Springer 1939.

[28] Schwerber, P.: Stahlleichtbau und Leichtmetallsparbau. ZVDI 1942, 431.

[29] Suhr, O.: 10-t-Laufkran aus Aluminium mit 27,4 m Spannweite. ZVDI 1941, 243. – Reidemeister, Fr.: Kranlaufkatzen aus Aluminium. ZVDI 1939, 61. – Aluminium und seine Legierungen als Konstruktionswerkstoff. T. M. Essen 1938. – Taschinger, O.: Der Leichtbau beim Eisenbahnfahrzeugbau. T. M. Essen 1938, 489. – Deutsche Bundesbahn: Leichtmetall-Gliedertriebzüge. 1953. – Suppus, H.: Der Fahrzeugaufbau aus Leichtmetall. Düsseldorf: Aluminium-Verlag 1954. – Bleicher, W.: Der heutige Stand der Leichtmetallverwendung im Fahrzeugbau. ZVDI 1942, 49. – Sutter, K.: Erfahrungen im Berechnen von Leichtmetallkonstruktionen. Zürich: A. Grob 1951. – Bergmann, W.: Probleme des Leichtbaus. Broschüre T. Wuppermann. Zu beziehen von der Firma T. Wuppermann, Leverkusen-Schlebusch.

[30] Bobek, K., A. Heiss u. F. Schmidt: Stahlleichtbau von Maschinen, 2. Aufl., Konstruktionsbücher, Bd. I. Berlin/Göttingen/Heidelberg: Springer 1955.

[31] Wagner, H.: Einige Bemerkungen über Knickstärke und Biegeträger. ZFM Bd. 19, 241–249.

Sachverzeichnis